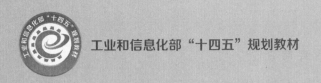

北京理工大学"双一流"建设精品出版工程

Fundamentals of the Mechanics of Solids and Structures
固体与结构力学基础

刘刘　周萧明　霍波　刘晓宁　马沁巍 ◎ 编

北京理工大学出版社
BEIJING INSTITUTE OF TECHNOLOGY PRESS

内容简介

本书主要介绍小变形弹性固体的静力学行为，按照"从一般到特殊"的原则对固体力学基础概念进行梳理与整合。全书分为19章，第1~7章属于"弹性力学"内容，第8章属于"有限元数值方法"内容，第9~15章属于"材料力学"内容，第16~18章属于"结构力学"内容，第19章及部分章节中的实验专题属于"实验固体力学"内容。

本书具有固体力学概念确切、说理透彻、内容丰富的特点，可作为高等学校力学、机械、航空航天、土建类等专业的固体力学类核心贯通课程教材，也可供相关工程技术人员参考。

版权专有　侵权必究

图书在版编目（CIP）数据

固体与结构力学基础 / 刘刘等编. -- 北京：北京理工大学出版社，2024.5

工业和信息化部"十四五"规划教材

ISBN 978-7-5763-4110-2

Ⅰ.①固… Ⅱ.①刘… Ⅲ.①固体力学-高等学校-教材②结构力学-高等学校-教材 Ⅳ.①O34

中国国家版本馆 CIP 数据核字（2024）第 109345 号

责任编辑：曾　仙　　**文案编辑**：曾　仙
责任校对：刘亚男　　**责任印制**：李志强

出版发行 / 北京理工大学出版社有限责任公司
社　　址 / 北京市丰台区四合庄路 6 号
邮　　编 / 100070
电　　话 / （010）68944439（学术售后服务热线）
网　　址 / http://www.bitpress.com.cn

版 印 次 / 2024 年 5 月第 1 版第 1 次印刷
印　　刷 / 廊坊市印艺阁数字科技有限公司
开　　本 / 787 mm × 1092 mm　1/16
印　　张 / 24
字　　数 / 560 千字
定　　价 / 69.00 元

图书出现印装质量问题，请拨打售后服务热线，负责调换

前言

随着科学技术的快速发展，时代对未来工程师的知识体系和创新能力提出了新的要求：一方面，要有广泛的适用性，以应对未来多变的环境；另一方面，要有厚实的基础，能从源头进行思考和解决问题。目前我国科技发展仍面临严峻挑战，尤其在高科技领域，急需培养具有扎实基础、创新精神的工程科学家。

力学作为工程科学的基础，在我国现代化建设中一直发挥着重要支撑作用。在传统工科高等教育中，力学类课程是诸多后续专业课程的基础，通常被分配较长的学时，相应课程体系主要从特殊实例出发，在高年级阶段逐步过渡到一般性力学原理，遵循由特殊到一般的讲授原则，注重长周期的课程设计和数理基础的强化。然而，科学技术的快速发展促使知识的积累速度日益加快，因此有必要压缩基础知识内容的讲授学时，增加前沿科学和技术的介绍及实践类课程内容，以扩展学生的视野和培养其对知识的运用能力；另外，力学类课程数量多、学时长，传统讲授方式容易造成内容不连贯和重复、体系化不足等问题，学生较难自主建立对力学基础理论体系的全面与深入认识，难以适应工程科学家的培养理念，因此有必要重塑教学理念，重构知识体系，通过问题引导、课程贯通、知识融合等方式，构建高效知识传授和能力培养的课程体系和配套教材。

在上述背景下，北京理工大学宇航学院力学系固体力学教研室开展了固体力学类核心贯通课的课程改革。针对固体力学核心贯通课的整体培养目标，从内容、方法和形式等方面，按照"学生中心、产出导向、持续改进"的理念，创新课程设计和组织模式，旨在将"固体力学核心贯通课"打造为力学基础课程群中的核心课程。该课程的目标是：介绍固体力学基础理论及工程材料力学的理论与方法，培训力学实验和数值分析等具体技能，使学生具备综合应用固体力学理论与技能，以实现固体力学基础知识的掌握与创新能力的培养。

在工科专业本科阶段，固体力学类课程主要包含"材料力学""弹性力学""结构力学"和"有限元数值方法"等内容。为了深入贯彻工程科学家的培养理念，提升学生对力学基础知识的体系化认识，"固体力学核心贯通课"重塑了知识讲授体系，将上述内容模块融会贯通，削减重复部分，并将讲授方法调整为从一般到特殊（即从一般性力学原理出发，过渡到特殊实例），以增强知识的连贯性、系统性和综合性。"固体力学核心贯通课"于 2016 年春季学期首次面向北京理工大学徐特立学院开课，至今已开设 8 年。针对"固体力学核心贯通课"这一全新课程设计，2020 年教学团队在内部讲义的基础上开始编写面向"固体力学核心贯通课"的配套教材，即本书。

  本书主要介绍小变形弹性固体的静力学行为，按"从一般到特殊"的原则对固体力学基础概念进行梳理与整合。第 1~7 章属于"弹性力学"内容，第 8 章属于"有限元数值方法"内容，第 9~15 章属于"材料力学"内容，第 16~18 章属于"结构力学"内容，第 19 章及部分章节中的实验专题属于"实验固体力学"内容。值得指出，针对上述内容已有大量中外优秀教材，本书也将其作为重要参考，在编写中除了努力保证各部分内容模块语言表述的连贯与一致性，也着重对模块内容之间的衔接进行设计。例如，通过对圣维南原理和圣维南问题的一般原理介绍和弹性力学解答，衔接材料力学特殊构件-杆件拉、压、弯、扭的应力分析；通过实测孔边非均匀应力分布量化应力集中系数，引入实验力学测试方法；通过单位载荷法求解位移衔接能量法。由此，建立从一般到特殊、从基础理论到工程实际完整连贯的固体力学分析问题基本方法，力图使学生建立对固体力学基础理论体系的全面认识。

  第 1~7 章主要介绍固体力学的基础理论，在连续介质力学框架下通过张量语言给出弹性体变形、受力的描述方法，以及所遵循的基本方程，并给出几类典型边值问题的一般性求解方法。传统固体力学课程内容的讲授以材料力学为开端，在学生建立起对弹性体变形与受力等基本概念的认识后，介绍更具一般性的固体弹性理论。与传统讲授方式不同，本书先介绍张量概念及由其表述的一般性理论，这有助于学生形成更加体系化的知识结构，但对学生的理解掌握具有挑战性。经认真构思，本内容模块重点参考了 Introduction to Continuum Mechanics[1] 的框架思路与内容体系，通过突出张量概念的物理含义，使学生建立起对变形和受力描述的形象化理解；此外，还参考了《弹性力学》[2]、《弹性力学教程》[3]、Theory of Elasticity[4] 等中外知名教材，对相关内容进行了遴选和增减，以适应本书的贯通性特点。第 1 章，介绍矢量和张量概念等固体力学分析与计算所需的预备知识。第 2 章，介绍刻画弹性连续体变形的应变张量，导出了几何方程和应变协调方程。第 3 章，定义刻画弹性连续体内部受力的柯西应力张量，通过线动量守恒和角动量守恒原理推导出了平衡方程。第 4 章，介绍应变能的定义，进而在小变形假设下给出了广义 Hooke 定律，并介绍各向同性弹性材料和几种常用的工程弹性常数，进而将其拓展到各向异性弹性材料，还简要介绍了典型韧性和脆性材料正应力-应变力学响应的行为特征。第 5 章，综合第 2~4 章中介绍的普遍原理，再结合边界条件，给出三维弹性力学问题的完整数学表达，并形成求解弹性力学边值问题的基本公式体系，还引入应力函数来给出"二维"退化情况下平面应力、平面应变和平面极坐标的边值问题表达。第 6、7 章，介绍圣维南原理和圣维南问题，以及若干经典圣维南问题的弹性力学解答（包括长柱体轴向拉压、柱体扭转、悬臂梁弯曲、受均布载荷的梁及曲梁纯弯曲问题），并通过受内外压圆环及含圆孔无限大板拉伸两个典型的平面应力问题，展示了采用平面极坐标方法求解弹性力学解的基本思路和过程。

  以弹性力学为理论框架建立的偏微分方程边值问题只在有限的几何构形、材料属性和边界条件情况下才能得到解析解答。针对复杂的工程问题，第 8 章阐述固体力学有限元数值求解的理论基础，给出了以伽辽金方法为基础导出的微分方程弱形式（即积分形式），该形式对应于弹性力学问题中的虚功原理和最小势能原理，进而介绍等参单元、单元刚度矩阵、单元载荷向量、整体刚度矩阵组装及约束的处理等有限元法基本要素,最后通过一个问题示例展示了有限元求解的过程。有限元法将复杂的求解域(如弹性材料域)分解为多个简单的小的构元,以节点位移为基本未知量对弹性力学问题进行数值近似求解,其在数学上已经高度抽象为求解偏微分方程数值解的重要工具,适用于以偏微分方程描述的一切连续系统的数值求解。

第1~8章的内容已构建出求解外载作用下弹性变形体位移矢量、应力和应变张量的一般理论框架,以及与求解过程密切相关的数值分析方法。这8章是面向三维弹性变形体的一般抽象理论,其理论体系和求解过程仅依赖于牛顿三大定律,连续性、线弹性和小变形假设,在求解过程中不再预设其他条件,因此弹性力学给出的解答一般为力学问题的精确解答,但精确解局限于有限的几何构形、材料属性和边界条件。在工程结构初步设计阶段中,常常需要对复杂载荷下的具体杆件,也就是长度远大于高度和宽度的构件(如柱体、梁和轴等)做近似处理,以快速评价其的变形和应力水平,开展强度、刚度和稳定性校核,为后续开展构件详细设计提供重要参考。在这种条件下,采用弹性力学或者开展基于有限元法的数值分析往往是非必要的。圣维南问题中的静力等效边界条件在弹性力学理论中为已知边界条件。因此,如何确定外载作用下的弹性变形体任意截面处的合力及合力矩,这是求解弹性问题圣维南问题中的必要条件。针对上述问题,本书在第9~12章首先介绍基于求解变形体任意截面处合力和合力矩的基本方法——截面法,进而针对细长杆件结构,采用工程近似方法分析其受轴向拉压载荷、扭转、纯弯曲和横向载荷作用下的变形和应力。这部分内容重点参考了 Mechanics of Materials[5] 的框架思路与内容体系,重点突出了变形对称性和连续性在细长杆件分析中的应用,此外也参考了 Mechanics of Materials[6]、An Introduction to the Mechanics of Solids[7]、《材料力学教程》[8] 等教材相关内容。与弹性力学解答过程不同的是,在对细长杆件静力学行为的工程分析过程中,通常采用观察法或推理法对其变形特征引入一些假设。相比于弹性力学解答,这些假设的引入可大大简化数学分析过程,但这些假设的引入也使得细长杆件的工程分析解答为近似解。通过与第6章和第7章给出的典型弹性力学解答进行比较可见,在绝大多数情况下,工程近似分析过程中针对细长杆件变形的假设是合理的,近似解答与弹性力学解析解之间的误差小,在工程设计中是可以接受的。第13章通过叠加法分析复杂载荷作用下杆件的应力,进而展示通过莫尔圆开展应力坐标变换的方法,为引入四大强度准则开展材料复杂载荷下的强度校核奠定基础。

针对已知外载的细长杆件,采用截面法并结合牛顿三大定律,可确定杆件任意截面处的合力和合力矩,为求解弹性力学圣维南问题和采用工程近似方法分析拉/压、弯、扭和剪杆件的开展变形和应力分析提供了必要的条件。然而,针对边界存在多余约束的杆件,由于未知广义约束反力的个数小于平衡方程个数,仅采用平衡方程已经无法确定所有的约束反力。对于边界广义约束反力个数大于平衡方程个数的超静定杆件,补充多余约束处的位移协调条件成为求解的必要条件。因此,在求解超静定杆件静力学问题需求的驱动下,计算杆件任意位置处沿任意方向的位移成为必要。第15章在弹性变形体虚功原理的上,介绍针对杆件的单位载荷法及图乘法,为快速计算杆件任意位置处沿任意方向的位移提供了方法。针对工程中普遍存在的超静定杆件(包括多个杆件组成的超静定杆件体系),第16~18章介绍复杂杆系结构的几何构造分析,以及以力为未知量和以位移为未知量求解超静定杆件体系的力法及位移法。

此外，第14章针对广泛用于结构工程中的受压杆件，通过静力平衡法和能量法明确了杆件平衡的稳定性及欧拉临界载荷的基本概念，并针对不同支承条件，给出了压杆的临界载荷。第19章，简要介绍了力学实验中的加载设备、变形测试方法和实验数据的处理方式，并将对各向同性材料工程弹性常数的测量作为示例，展示了典型力学实验流程，并综述了实验固体力学作为一个重要分支的前沿和发展趋势。

本书在逻辑架构上力图体现"固体力学核心贯通课"教学的基本思想，建立力学原理从一般到特殊、工程应用从简单到复杂的完整连贯的固体力学问题分析基本方法，形成精炼、严谨的固体力学基础理论体系。本书的主要内容已面向北京理工大学徐特立学院、宇航学院等相关专业的本科生讲授过多次，收到良好的教学效果。本书可作为"固体力学核心贯通课"的基本教材，也可作为学习"固体力学"课程的参考书。在课程讲授中，教师还可结合不同工科专业的特点，增加工程实例课题的实践学习，在理论联系实践过程中通过明确工程背景、提炼力学问题、分析解决思路、评价计算结果和讨论应用条件这一阐述逻辑，为学生建立从抽象复杂力学理论到具体简单工程结构之间的桥梁，展示力学基础理论在工程实践中的应用，体现基础理论在工程实践中的重要意义。

本书在编写过程中得到了北京理工大学宇航学院力学系多位教师的关心、支持与帮助。胡海岩院士对本书的编写和出版工作十分关心，他以严谨的科学态度和丰富的专业知识，对教材的内容和形式进行了深入指导和具体建议，他不仅关注本书的学术性和准确性，还注重本书作为教材的实用性和可读性。胡更开教授多次组织编写人员对本书的逻辑框架和编写思路进行讨论，并针对具体章节的编排提供了大量宝贵建议，他不仅关注了教材的内容质量和教学价值，还对教材的编写和校对工作给予了细致的指导。力学系的部分授课教师认真阅读了本书的初稿，针对每一章节的内容进行指导和建议，不仅涉及本书的内容是否准确、完整，还关注本书作为教材能为读者带来的体验。他们细致地考虑读者的需求，帮助完善教材的呈现方式，使之更符合读者的理解能力。以上各位教师对本书编写所给予的关心和指导，对本书的内容提升起到了至关重要的作用，在此表示深深的谢意。

本书由刘刘、周萧明、霍波、刘晓宁、马沁巍编写，其中，第1~7章由周萧明执笔，第8章由刘晓宁执笔，第9~15章由刘刘执笔，第16~18章由霍波执笔，第19章及部分章节中的实验专题由马沁巍执笔。鉴于编写团队水平有限，不当之处在所难免，恳请广大读者批评指正。

编　者
2024年3月

目 录
CONTENTS

第 1 章　张量基础 ·· 001

1.1　张量定义 ·· 001
1.2　指标符号 ·· 002
1.3　张量分量定义 ·· 003
1.4　张量基本运算 ·· 005
1.5　坐标转换关系 ·· 008
1.6　特征值和特征矢量 ·· 009
1.7　张量微分 ·· 010
习题 ··· 014

第 2 章　应变分析 ·· 015

2.1　物质运动的描述 ·· 015
2.2　物质导数 ·· 016
2.3　应变张量 ·· 017
2.4　应变分量的几何意义 ·· 018
2.5　应变张量的协调条件 ·· 020
2.6　主应变和主方向 ·· 021
习题 ··· 023

第 3 章　应力分析 ·· 025

3.1　应力张量 ·· 025
3.2　线动量守恒 ·· 027
3.3　角动量守恒 ·· 028
3.4　应力极值 ·· 029
习题 ··· 032

第 4 章 本构关系 035

4.1 应变能 035
4.2 热力学关系 036
4.3 广义 Hooke 定律 036
4.4 各向同性弹性材料 037
4.5 几种工程弹性常数 038
4.6 各向异性弹性材料 040
4.7 材料单轴拉伸/压缩应力 – 应变行为 042
习题 045

第 5 章 弹性力学基本方程 047

5.1 弹性连续体力学边值问题 047
5.2 平面应变问题 048
5.3 平面应力问题 050
5.4 平面极坐标表示 051
5.5 最小势能原理 054
5.6 最小余能原理 055
习题 056

第 6 章 长柱体的拉扭问题 057

6.1 圣维南原理 057
6.2 长柱体轴向拉压 058
6.3 圆截面杆的扭转 058
6.4 柱体扭转一般解 059
6.5 椭圆截面杆扭转 061
6.6 扭转的薄膜比拟 062
习题 063

第 7 章 弹性力学平面问题 065

7.1 悬臂梁的弯曲 065
7.2 受均布载荷的梁 066
7.3 受内外压的圆环 068
7.4 含圆孔无限大板拉伸 070
7.5 曲梁的纯弯曲 072
习题 073

第 8 章 有限元法 076

8.1 有限元法概述 076

8.2 弱形式与近似解 ……………………………………………………………… 077
8.3 有限单元离散和等参单元 ……………………………………………………… 079
8.4 单元刚度矩阵与载荷向量 ……………………………………………………… 082
8.5 总体刚度矩阵组装与位移约束 ………………………………………………… 085
8.6 一维问题的有限元过程 ………………………………………………………… 086
8.7 有限元软件应用实例 …………………………………………………………… 093
  8.7.1 对径圆盘受压有限元分析 …………………………………………… 093
  8.7.2 小孔应力集中有限元分析 …………………………………………… 094
习题 ………………………………………………………………………………… 096

第 9 章 轴向载荷作用下的杆件 098

9.1 截面上合力和合力矩 …………………………………………………………… 098
9.2 轴向拉压杆件的弹性变形 ……………………………………………………… 100
9.3 受扭圆截面杆件的弹性变形 …………………………………………………… 104
9.4 轴向载荷下的超静定杆件 ……………………………………………………… 111
9.5 热应力 …………………………………………………………………………… 117
9.6 应力集中 ………………………………………………………………………… 120
9.7 实验专题：含圆孔矩形铝合金板孔边应力集中系数测量 …………………… 121
习题 ………………………………………………………………………………… 123

第 10 章 弯曲 130

10.1 剪力图与弯矩图 ………………………………………………………………… 130
10.2 绘图法快速作剪力图和弯矩图 ………………………………………………… 135
10.3 梁的弯曲变形 …………………………………………………………………… 141
10.4 弯曲应力公式 …………………………………………………………………… 144
10.5 非对称弯曲 ……………………………………………………………………… 152
10.6 组合梁 …………………………………………………………………………… 157
习题 ………………………………………………………………………………… 161

第 11 章 横向剪切 167

11.1 直梁的剪切 ……………………………………………………………………… 167
11.2 剪切应力公式 …………………………………………………………………… 169
11.3 典型梁横截面上的切应力 ……………………………………………………… 171
11.4 组合杆件中的剪流 ……………………………………………………………… 177
11.5 薄壁杆件中的剪流 ……………………………………………………………… 181
11.6 薄壁截面梁的弯心 ……………………………………………………………… 185
习题 ………………………………………………………………………………… 187

第 12 章 梁的弹性变形 191

12.1 挠曲线 …………………………………………………………………………… 191

12.2	积分法求梁的挠度和截面转角	194
12.3	叠加法	199
12.4	超静定杆件	202
12.5	积分法分析超静定梁	203
12.6	叠加法分析超静定梁	206
习题		212

第 13 章　组合载荷下结构应力分析　215

13.1	薄壁压力容器的应力分析	215
13.2	组合载荷作用下杆件的应力分析	218
13.3	平面应力的莫尔圆	220
13.4	莫尔圆用于三维应力分析	227
13.5	平面应力状态下的材料失效准则	233
13.6	实验专题：弯扭组合变形应力应变状态测量与分析	238
习题		240

第 14 章　压杆稳定性　248

14.1	稳定性的基本概念和临界载荷	248
14.2	铰支理想压杆	252
14.3	不同支承条件下的压杆临界载荷	258
14.4	正割公式	261
14.5	实验专题：单杆双铰支压杆稳定实验	265
习题		266

第 15 章　能量法　272

15.1	变形体的弹性应变能	272
15.2	载荷作用时杆件的外力功和应变能	281
15.2.1	单一载荷作用下杆件的外力功和应变能	281
15.2.2	若干个载荷同时作用时杆件的外力功和应变能	282
15.3	单位载荷法	287
15.4	直杆的图乘法	296
习题		299

第 16 章　复杂杆系结构的几何构造分析　303

16.1	复杂杆系结构	303
16.2	结构的分类及计算模型简化	304
16.3	结构的几何特性、自由度和约束	307
16.4	几何不变系统的组成规则	310
16.5	基本组成规律的应用技巧	312

16.6 体系的几何构造与静定性 ……………………………………………… 313
习题 …………………………………………………………………………… 314

第 17 章　超静定结构的力法 …………………………………………… 317

17.1 力法基本概念 ………………………………………………………… 318
17.2 力法原理与力法方程 ………………………………………………… 318
17.3 力法解超静定结构 …………………………………………………… 323
17.4 对称性的应用 ………………………………………………………… 328
17.5 支座位移、温度变化等作用下超静定结构的内力计算 …………… 331
17.6 超静定结构的位移计算 ……………………………………………… 334
17.7 实验专题：超静定桁架结构应力分析实验 ………………………… 336
习题 …………………………………………………………………………… 337

第 18 章　求解超静定结构的位移法 …………………………………… 339

18.1 位移法基本概念 ……………………………………………………… 339
18.2 基本超静定杆件的形常数和载常数 ………………………………… 340
18.3 位移法的基本未知量和基本结构 …………………………………… 343
18.4 位移法基本方程及超静定结构的求解 ……………………………… 345
习题 …………………………………………………………………………… 348

第 19 章　力学实验技术简介 …………………………………………… 350

19.1 力学实验的加载 ……………………………………………………… 350
19.2 力学实验的测量 ……………………………………………………… 351
19.3 力学实验的数据处理 ………………………………………………… 361
19.4 各向同性材料工程弹性常数的测量 ………………………………… 362
19.5 力学实验技术的展望 ………………………………………………… 365
习题 …………………………………………………………………………… 366

参考文献 ………………………………………………………………………… 367

第 1 章

张量基础

本章将介绍张量的定义、运算规则、张量的微分运算等基础知识，为力学中的物理量（如力、变形、速度和加速度等）所表达的力学定律和守恒律提供有效的数学表达工具。

1.1 张量定义

若 T 代表一种映射，将矢量 a 映射为矢量 c，将矢量 b 映射为矢量 d，可分别记为 $Ta=c$ 和 $Tb=d$。如果 T 满足如下线性性质：

$$T(\alpha a+\beta b)=\alpha Ta+\beta Tb \tag{1.1}$$

其中，a 和 b 是任意矢量，α 和 β 是任意标量，则称 T 为线性映射，也称为二阶张量，或简称张量。例如，投影、旋转、镜面反射均属于线性映射。

对于张量 T 和张量 S，若能将任意矢量 a 映射为同一个矢量，即有 $Ta=Sa$，则称这两个张量是相同的，即 $T=S$。

例 1.1 考虑沿着一根轴旋转的刚体，在刚体中取一个矢量，该矢量在刚体旋转时会改变方向，将旋转映射记为 R，该映射是否为张量？

解：由图 1.1 可知，$R(a+b)=Ra+Rb$，类似可以证明 $R(\alpha a)=\alpha(Ra)$，因此 R 是张量。

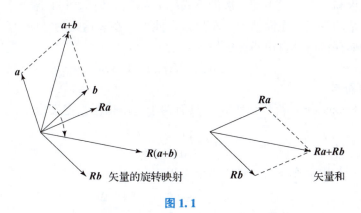

图 1.1

在给定参考坐标系后，就可以写出张量的分量形式，从而可以在数学上严谨地表述张量的性质与运算规则。在给出张量分量形式之前，需要先了解张量的指标符号规则。

1.2 指标符号

1. 哑指标

在表达式中常常会出现如下形式的求和运算：
$$s = a_1 x_1 + a_2 x_2 + \cdots + a_N x_N \tag{1.2}$$

引入求和符号，上式可以简写为
$$s = \sum_{i=1}^{N} a_i x_i \text{ 或 } s = \sum_{m=1}^{N} a_m x_m \text{ 或 } s = \sum_{j=1}^{N} a_j x_j \tag{1.3}$$

从上式可以看出，成对出现的下指标 i, m, j 可用任何字母表示，对运算结果并不产生任何影响，被称为哑指标。当一项求和表达式中出现成对的下指标时，根据爱因斯坦（Einstein）求和约定，可以将求和符号去掉，将表达式简写为
$$s = a_i x_i = a_m x_m = a_j x_j \tag{1.4}$$

在张量运算中，成对出现的哑指标服从爱因斯坦求和约定，即意味着存在求和运算。下列求和运算都符合爱因斯坦求和约定：
$$\begin{cases} \sum_{i=1}^{N} a_i x_i = a_i x_i, \quad \sum_{i=1}^{N} a_{ii} = a_{ii}, \quad \sum_{i=1}^{N} a_i \boldsymbol{e}_i = a_i \boldsymbol{e}_i \\ \sum_{i=1}^{N} \sum_{j=1}^{M} a_{ij} x_i x_j = a_{ij} x_i x_j, \quad \sum_{i=1}^{N} \sum_{j=1}^{M} \sum_{k=1}^{L} a_{ijk} x_i x_j x_k = a_{ijk} x_i x_j x_k \end{cases} \tag{1.5}$$

2. 自由指标

在表达式的一项中只出现一次的指标被称为自由指标。例如，对于如下方程组：
$$\begin{cases} x'_1 = a_{11} x_1 + a_{12} x_2 + a_{13} x_3 \\ x'_2 = a_{21} x_1 + a_{22} x_2 + a_{23} x_3 \\ x'_3 = a_{31} x_1 + a_{32} x_2 + a_{33} x_3 \end{cases}$$

利用哑指标和自由指标，可将其简写为 $x'_i = a_{im} x_m (i, m = 1, 2, 3)$，其中成对出现的下指标 m 为哑指标，代表求和运算，只出现一次的下指标 i 为自由指标。可以看出，利用哑指标和自由指标可以将复杂的等式关系简洁地表示出来。此外，在表达式的一项中可以存在多个自由指标的情况，例如存在两个自由指标的情况：
$$T_{ij} = A_{im} A_{jm}, \quad i, j, m = 1, 2, 3 \tag{1.6}$$

3. 克罗内克符号

克罗内克（Kronecker）符号记作 δ_{ij}，具有两个自由指标，定义为
$$\delta_{ij} = \begin{cases} 1, & i = j \\ 0, & i \neq j \end{cases} \tag{1.7}$$

克罗内克符号若用矩阵表示，对应为单位矩阵：
$$[\delta_{ij}] = \begin{bmatrix} \delta_{11} & \delta_{12} & \delta_{13} \\ \delta_{21} & \delta_{22} & \delta_{23} \\ \delta_{31} & \delta_{32} & \delta_{33} \end{bmatrix} = \begin{bmatrix} 1 & 0 & 0 \\ 0 & 1 & 0 \\ 0 & 0 & 1 \end{bmatrix} \tag{1.8}$$

与克罗内克符号有关的运算包括：
$$\boldsymbol{e}_i \cdot \boldsymbol{e}_j = \delta_{ij}, \quad \boldsymbol{e}_1, \boldsymbol{e}_2, \boldsymbol{e}_3 \text{ 是单位正交矢量} \tag{1.9}$$

$$\delta_{ii} = 3 \, (i=1,2,3), \quad \delta_{im}a_m = a_i, \quad \delta_{im}T_{mj} = T_{ij} \tag{1.10}$$

4. 置换符号

置换符号记作 ε_{ijk}，具有三个自由指标，定义为

$$\varepsilon_{ijk} = \begin{cases} +1 \\ -1 \\ 0 \end{cases} \text{当 } i,j,k \text{ 为 1,2,3 的} \begin{cases} \text{偶数次} \\ \text{奇数次} \\ \text{不构成} \end{cases} \text{置换} \tag{1.11}$$

例如：$\varepsilon_{123} = \varepsilon_{231} = \varepsilon_{312} = 1$，$\varepsilon_{132} = \varepsilon_{213} = \varepsilon_{321} = -1$，$\varepsilon_{112} = \varepsilon_{333} = 0$。

与置换符号有关的运算包括：

$$\boldsymbol{e}_i \times \boldsymbol{e}_j = \varepsilon_{ijk}\boldsymbol{e}_k \tag{1.12}$$

$$\boldsymbol{a} \times \boldsymbol{b} = a_i\boldsymbol{e}_i \times b_j\boldsymbol{e}_j = a_ib_j\varepsilon_{ijk}\boldsymbol{e}_k \tag{1.13}$$

$$\varepsilon_{ijk} = \varepsilon_{jki} = \varepsilon_{kij} = -\varepsilon_{jik} = -\varepsilon_{kji} = -\varepsilon_{ikj} \tag{1.14}$$

克罗内克符号 δ_{ij} 与置换符号 ε_{ijk} 存在以下关系：

$$\varepsilon_{ijk}\varepsilon_{pqk} = \delta_{ip}\delta_{jq} - \delta_{iq}\delta_{jp}, \quad \varepsilon_{ijk}\varepsilon_{pjk} = 2\delta_{pi}, \quad \varepsilon_{ijk}\varepsilon_{ijk} = 6 \tag{1.15}$$

从式（1.15）可推导得到双重矢积公式：

$$(\boldsymbol{a} \times \boldsymbol{b}) \times \boldsymbol{c} = (\boldsymbol{a} \cdot \boldsymbol{c})\boldsymbol{b} - (\boldsymbol{b} \cdot \boldsymbol{c})\boldsymbol{a} \tag{1.16}$$

矢量的混合积可通过置换符号 ε_{ijk} 表示为

$$(\boldsymbol{a} \cdot \boldsymbol{b}) \times \boldsymbol{c} = \varepsilon_{ijk}a_ib_jc_k \tag{1.17}$$

常用的指标符号运算包括以下几类。

（1）代入运算：

$$\left.\begin{aligned} a_i &= U_{im}b_m \\ b_i &= V_{im}c_m \end{aligned}\right\} \Rightarrow a_i = U_{im}V_{mn}c_n \tag{1.18}$$

（2）相乘运算：

$$\left.\begin{aligned} p &= a_mb_m \\ q &= c_md_m \end{aligned}\right\} \Rightarrow pq = a_mb_mc_nd_n \tag{1.19}$$

（3）提取公因式：

$$T_{ij}n_j - \lambda n_i = 0 \Rightarrow (T_{ij} - \lambda\delta_{ij})n_j = 0 \tag{1.20}$$

（4）缩并运算：

$$T_{ij} = \lambda\theta\delta_{ij} + 2\mu E_{ij} \underset{i=j}{\Rightarrow} T_{ii} = 3\lambda\theta + 2\mu E_{ii} \tag{1.21}$$

1.3　张量分量定义

矢量的分量取决于所选择的坐标系，张量也是如此，下面借助指标符号给出张量的分量表示及其运算规则。在笛卡儿正交直角坐标系中，记单位基矢量为 $(\boldsymbol{e}_1, \boldsymbol{e}_2, \boldsymbol{e}_3)$，在张量 $\boldsymbol{T}$ 映射下，这些基矢量变换为 $\boldsymbol{Te}_1, \boldsymbol{Te}_2, \boldsymbol{Te}_3$，变换后矢量 $\boldsymbol{Te}_i$ 的分量形式记作

$$\begin{cases} \boldsymbol{Te}_1 = T_{11}\boldsymbol{e}_1 + T_{21}\boldsymbol{e}_2 + T_{31}\boldsymbol{e}_3 \\ \boldsymbol{Te}_2 = T_{12}\boldsymbol{e}_1 + T_{22}\boldsymbol{e}_2 + T_{32}\boldsymbol{e}_3 \\ \boldsymbol{Te}_3 = T_{13}\boldsymbol{e}_1 + T_{23}\boldsymbol{e}_2 + T_{33}\boldsymbol{e}_3 \end{cases} \tag{1.22}$$

或利用指标符号简写为

$$Te_j = T_{ij}e_i \tag{1.23}$$

式中，T_{ij} 称为张量 T 的分量形式，其矩阵形式记为 $[T]_{e_i}$，或简写为 $[T]$，给作

$$[T] = \begin{bmatrix} T_{11} & T_{12} & T_{13} \\ T_{21} & T_{22} & T_{23} \\ T_{31} & T_{32} & T_{33} \end{bmatrix} \tag{1.24}$$

考虑基矢量是单位正交的，可以进一步得到

$$T_{ij} = e_i \cdot Te_j \tag{1.25}$$

根据式（1.23），可以推导出由矢量 a 经张量 T 映射后所得矢量 b 的分量形式。记 $a = a_j e_j$，经变换 T 后的矢量为 $b = Ta = Ta_j e_j = a_j T_{ij} e_i$，则矢量 b 的分量形式为

$$b_i = T_{ij}a_j = a_j T_{ij} \tag{1.26}$$

与 $b_i = T_{ij}a_j$ 对应的矩阵运算形式为

$$\begin{bmatrix} b_1 \\ b_2 \\ b_3 \end{bmatrix} = [T] \begin{bmatrix} a_1 \\ a_2 \\ a_3 \end{bmatrix} \tag{1.27}$$

与 $b_i = a_j T_{ij}$ 对应的矩阵运算形式为

$$[b_1 \, b_2 \, b_3] = [a_1 \, a_2 \, a_3][T]^{\mathrm{T}} \tag{1.28}$$

式中，上标"T"表示矩阵转置。

例 1.2 张量 R 表示沿着 e_3 轴正向旋转 θ 角的刚体转动。

（1）确定 R 的分量。

（2）考虑 $\theta = 90°$，确定矢量 $a = e_1 + e_2$ 经变换 R 后的矢量。

解：（1）根据图 1.2 可以得到

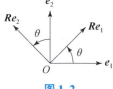

图 1.2

$$\begin{cases} Re_1 = \cos\theta e_1 + \sin\theta e_2 \\ Re_2 = -\sin\theta e_1 + \cos\theta e_2 \\ Re_3 = e_3 \end{cases}$$

根据张量分量定义式（1.22），可以得到 R 的分量为

$$[R] = \begin{bmatrix} \cos\theta & -\sin\theta & 0 \\ \sin\theta & \cos\theta & 0 \\ 0 & 0 & 1 \end{bmatrix}$$

（2）$\theta = 90°$ 时，R 的分量为

$$[R] = \begin{bmatrix} 0 & -1 & 0 \\ 1 & 0 & 0 \\ 0 & 0 & 1 \end{bmatrix}$$

根据式（1.27）可知

$$[b] = [R][a] = \begin{bmatrix} -1 \\ 1 \\ 0 \end{bmatrix}$$

因此，变换后的矢量为 $b = -e_1 + e_2$。

1.4 张量基本运算

1. 矢量并矢

矢量 a 和 b 的并矢构成一个二阶张量，记作 $a \otimes b$，或简写为 ab，并矢对矢量的映射规则如下：

$$(ab)c = a(b \cdot c) \tag{1.29}$$

下面证明，满足上述映射规则的并矢 ab 是一个线性变换，即一个张量。

$$\begin{aligned}(ab)(\alpha c + \beta d) &= a[b \cdot (\alpha c + \beta d)] \\ &= \alpha a(b \cdot c) + \beta a(b \cdot d) \\ &= \alpha(ab)c + \beta(ab)d \end{aligned} \tag{1.30}$$

并矢 ab 的分量为

$$(ab)_{ij} = e_i \cdot (ab)e_j = (e_i \cdot a)(b \cdot e_j) = a_i b_j \tag{1.31}$$

用单位基矢量的并矢构造二阶张量 $e_i e_j$，则任意张量 T 可写为如下并矢形式：

$$T = T_{ij} e_i e_j \tag{1.32}$$

为了证明式（1.32），分别计算张量 $T_{ij} e_i e_j$ 与 T 的分量形式：

$$(T_{ij} e_i e_j)_{mn} = e_m \cdot (T_{ij} e_i e_j) e_n = T_{ij}(e_m \cdot e_i)(e_j \cdot e_n) = T_{mn} \tag{1.33a}$$

$$(T)_{mn} = e_m \cdot T e_n = T_{mn} \tag{1.33b}$$

由式（1.33）可知，张量 $T_{ij} e_i e_j$ 与 T 的分量相同，因此式（1.32）成立。

2. 张量求和

两个张量 T 和 S 的和是一个张量，记为 $T+S$，其对矢量的映射规则如下：

$$(T+S)a = Ta + Sa \tag{1.34}$$

根据式（1.25），可求得张量 $T+S$ 的分量形式为

$$(T+S)_{ij} = e_i \cdot (T+S) e_j = e_i \cdot T e_j + e_i \cdot S e_j = T_{ij} + S_{ij} \tag{1.35}$$

上式的矩阵运算形式为

$$[T+S] = [T] + [S] \tag{1.36}$$

3. 张量乘法

两个张量 T 和 S 的乘积也是一个张量，记为 TS，其对矢量的映射规则如下：

$$(TS)a = T(Sa) \tag{1.37}$$

根据式（1.25），可推导出张量 TS 的分量形式为

$$(TS)_{ij} = e_i \cdot (TS) e_j = e_i \cdot T(S e_j) = e_i \cdot T S_{mj} e_m = T_{im} S_{mj} \tag{1.38}$$

上式的矩阵运算形式为

$$[TS] = [T][S] \tag{1.39}$$

同样可以推导出张量 ST 的分量矩阵计算方法：

$$[ST] = [S][T] \tag{1.40}$$

一般而言，张量之间的乘积不可交换顺序，即 $TS \neq ST$，故 $[TS] \neq [ST]$。

例 1.3 张量 R 表示沿着 e_3 轴正向旋转 90°的刚体转动，张量 S 表示沿着 e_1 轴正向旋转 90°的刚体转动，确定：

（1）先以 R 变换再以 S 变换的张量 SR 分量形式；

(2) 先以 S 变换再以 R 变换的张量 RS 分量形式。

解：(1) 图 1.3 给出了先以 R 变换再以 S 变换后的坐标系，从中可得张量 SR 的分量形式为

$$\left.\begin{array}{r} SRe_1 = e_3 \\ SRe_2 = -e_1 \\ SRe_3 = -e_2 \end{array}\right\} \Rightarrow [SR] = \begin{bmatrix} 0 & -1 & 0 \\ 0 & 0 & -1 \\ 1 & 0 & 0 \end{bmatrix}$$

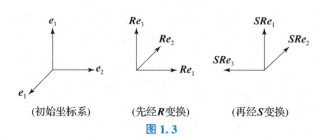

（初始坐标系）　　（先经 R 变换）　　（再经 S 变换）

图 1.3

(2) 图 1.4 给出了先以 S 变换再以 R 变换后的坐标系，从中可得张量 RS 的分量形式为

$$\left.\begin{array}{r} RSe_1 = e_2 \\ RSe_2 = e_3 \\ RSe_3 = e_1 \end{array}\right\} \Rightarrow [RS] = \begin{bmatrix} 0 & 0 & 1 \\ 1 & 0 & 0 \\ 0 & 1 & 0 \end{bmatrix}$$

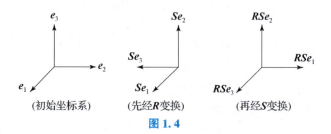

（初始坐标系）　　（先经 R 变换）　　（再经 S 变换）

图 1.4

从上述结果可以看出，$[SR] \ne [RS]$。

4. 张量的逆

任意矢量经变换后仍保持不变的线性变换，称为等同张量，记为 I，满足

$$Ia = a \tag{1.41}$$

等同张量的分量形式为

$$(I)_{ij} = e_i \cdot Ie_j = e_i \cdot e_j = \delta_{ij} \tag{1.42}$$

对于两个张量 T 和 S，如果 $ST = I$，则称 S 为张量 T 的逆张量，记作

$$S = T^{-1} \tag{1.43}$$

若张量 S 的行列式不为零，则张量 S 存在逆张量。

根据式 (1.43) 和张量乘法规则，张量 S 的分量矩阵满足下式：

$$[SS^{-1}] = [S][S^{-1}] = [I] \tag{1.44}$$

由式 (1.44) 可知，S 张量与其逆张量的分量矩阵之间有如下关系：

$$[S^{-1}] = [S]^{-1} \tag{1.45}$$

关于张量的求逆运算存在下述关系：

$$Sa = b \Rightarrow a = S^{-1}b, \quad (S^{-1})^{T} = (S^{T})^{-1}, \quad (ST)^{-1} = T^{-1}S^{-1} \tag{1.46}$$

5. 张量的迹

矢量 a 和 b 的并矢 ab 的迹定义为

$$\mathrm{tr}(ab) = a \cdot b \tag{1.47}$$

由于任意张量 T 可表示为 $T = T_{ij}e_i e_j$，则张量 T 的迹为

$$\mathrm{tr}(T) = \mathrm{tr}(T_{ij}e_i e_j) = T_{ij}e_i \cdot e_j = T_{ij}\delta_{ij} = T_{ii} \tag{1.48}$$

对于任意张量 T 与 S，存在如下运算规则：

$$\mathrm{tr}(T + S) = \mathrm{tr}(T) + \mathrm{tr}(S) = T_{ii} + S_{ii}$$
$$\mathrm{tr}(TS) = \mathrm{tr}(ST) = T_{ij}S_{ji} \tag{1.49}$$

6. 转置张量

张量 T 的转置张量记为 T^{T}，满足如下运算规则：

$$a \cdot Tb = b \cdot T^{\mathrm{T}}a \tag{1.50}$$

取 $a = e_j$ 和 $b = e_i$，从式（1.50）可以得到

$$e_j \cdot Te_i = e_i \cdot T^{\mathrm{T}}e_j \tag{1.51}$$

根据张量分量的定义（式（1.25）），可以得到

$$T_{ji} = T_{ij}^{\mathrm{T}} \text{ 或 } [T]^{\mathrm{T}} = [T^{\mathrm{T}}] \tag{1.52}$$

即转置张量的分量为原张量分量的矩阵转置。若通过基矢量并矢表示转置张量，则有

$$T^{\mathrm{T}} = T_{ji}e_i e_j \tag{1.53}$$

例 1.4 证明张量 T 与张量 S 满足 $(TS)^{\mathrm{T}} = S^{\mathrm{T}}T^{\mathrm{T}}$。

解： 对于任意矢量 a 和 b，可知

$$a \cdot (TS)^{\mathrm{T}}b = b \cdot (TS)a = b \cdot T(Sa) = (Sa) \cdot T^{\mathrm{T}}b = (T^{\mathrm{T}}b) \cdot Sa = a \cdot (S^{\mathrm{T}}T^{\mathrm{T}})b$$

即有 $(TS)^{\mathrm{T}} = S^{\mathrm{T}}T^{\mathrm{T}}$，得证。

例 1.5 证明 $(T^{\mathrm{T}})^{-1} = (T^{-1})^{\mathrm{T}}$。

解： 对于任意矢量 a 和 b，可知

$$a \cdot b = a \cdot T^{-1}Tb = (Tb) \cdot (T^{-1})^{\mathrm{T}}a = (T^{-1})^{\mathrm{T}}a \cdot Tb = b \cdot T^{\mathrm{T}}(T^{-1})^{\mathrm{T}}a$$

从上式可得 $T^{\mathrm{T}}(T^{-1})^{\mathrm{T}} = I$，因此有 $(T^{-1})^{\mathrm{T}} = (T^{\mathrm{T}})^{-1}$，得证。

7. 正交张量

正交张量记作 Q，矢量经正交张量变换后保持长度和夹角不变。对于任意矢量 a 和 b，根据定义有

$$|Qa| = |a|, \quad |Qb| = |b|, \quad \cos(Qa, Qb) = \cos(a, b) \tag{1.54}$$

从式（1.54）可以得到

$$Qa \cdot Qb = a \cdot b \tag{1.55}$$

式（1.55）等号左侧可进一步写为

$$Qa \cdot Qb = b \cdot Q^{\mathrm{T}}(Qa) = b \cdot (Q^{\mathrm{T}}Q)a \tag{1.56}$$

比较式（1.55）和式（1.56），可以得到

$$Q^{\mathrm{T}}Q = I \text{ 或 } Q^{-1} = Q^{\mathrm{T}} \tag{1.57}$$

因此，对于正交张量 Q 存在如下关系：

$$Q^{\mathrm{T}}Q = QQ^{\mathrm{T}} = I \tag{1.58}$$

上式的分量形式为

$$Q_{mi}Q_{mj} = Q_{im}Q_{jm} = \delta_{ij} \tag{1.59}$$

8. 对称和反对称张量

如果一个张量 $\boldsymbol{S}$ 和它的转置张量相同，即满足关系 $\boldsymbol{S} = \boldsymbol{S}^{\mathrm{T}}$，则称张量 $\boldsymbol{S}$ 为对称张量，其分量具有如下性质：

$$S_{ij} = S_{ji} \tag{1.60}$$

如果一个张量 $\boldsymbol{A}$ 和它的转置张量满足关系 $\boldsymbol{A} = -\boldsymbol{A}^{\mathrm{T}}$，则称张量 $\boldsymbol{A}$ 为反对称张量，其分量具有如下性质：

$$A_{ij} = -A_{ji} \tag{1.61}$$

由式（1.61）可知，反对称张量的对角线分量恒为零，即 $A_{11} = A_{22} = A_{33} = 0$。

任何一个张量 $\boldsymbol{T}$ 均可表示为一个对称张量 $\boldsymbol{S}$ 和一个反对称张量 $\boldsymbol{A}$ 的和，即

$$\boldsymbol{T} = \boldsymbol{S} + \boldsymbol{A} \tag{1.62}$$

其中，

$$\boldsymbol{S} = \frac{1}{2}(\boldsymbol{T} + \boldsymbol{T}^{\mathrm{T}}), \quad \boldsymbol{A} = \frac{1}{2}(\boldsymbol{T} - \boldsymbol{T}^{\mathrm{T}}) \tag{1.63}$$

反对称张量 $\boldsymbol{A}$ 只有三个独立分量，与矢量的分量个数相同。因此，可以为其定义相应的矢量 $\boldsymbol{t}^{\mathrm{A}}$，使其满足如下运算规则：

$$\boldsymbol{A}\boldsymbol{a} = \boldsymbol{t}^{\mathrm{A}} \times \boldsymbol{a} \tag{1.64}$$

矢量 $\boldsymbol{t}^{\mathrm{A}}$ 称为反对称张量 $\boldsymbol{A}$ 的对偶矢量，或轴矢量。下面给出反对称张量与其对偶矢量之间的换算关系：

$$A_{ij} = \boldsymbol{e}_i \cdot \boldsymbol{A}\boldsymbol{e}_j = \boldsymbol{e}_i \cdot \boldsymbol{t}^{\mathrm{A}} \times \boldsymbol{e}_j = \boldsymbol{e}_i \cdot t_k^{\mathrm{A}}(\boldsymbol{e}_k \times \boldsymbol{e}_j) = -\varepsilon_{ijk} t_k^{\mathrm{A}} \tag{1.65}$$

将式（1.65）两边同乘以 ε_{ijm}，可得

$$\varepsilon_{ijm} A_{ij} = -\varepsilon_{ijk}\varepsilon_{ijm} t_k^{\mathrm{A}} = -2\delta_{km} t_k^{\mathrm{A}} = -2 t_m^{\mathrm{A}} \tag{1.66}$$

从式（1.66）可以得到如下关系：

$$t_i^{\mathrm{A}} = -\frac{1}{2}\varepsilon_{ijk} A_{jk} \tag{1.67}$$

1.5 坐标转换关系

假设 $\{\boldsymbol{e}_i\}$ 和 $\{\boldsymbol{e}_i'\}$ 是两套不同正交直角坐标系的单位矢量（显然它们之间的映射关系满足正交张量变换），将从 $\{\boldsymbol{e}_i\}$ 到 $\{\boldsymbol{e}_i'\}$ 的变换记作 $\boldsymbol{Q}$，则有

$$\boldsymbol{e}_i' = \boldsymbol{Q}\boldsymbol{e}_i = Q_{ji}\boldsymbol{e}_j \tag{1.68}$$

则 $\{\boldsymbol{e}_i\}$ 可视为对 $\{\boldsymbol{e}_i'\}$ 的逆映射 $\boldsymbol{Q}^{-1}$，即有 $\boldsymbol{e}_i = \boldsymbol{Q}^{-1}\boldsymbol{e}_i'$，由于正交张量满足 $\boldsymbol{Q}^{-1} = \boldsymbol{Q}^{\mathrm{T}}$，进而可以得到

$$\boldsymbol{e}_i = \boldsymbol{Q}^{\mathrm{T}}\boldsymbol{e}_i' = Q_{ij}'\boldsymbol{e}_j' \tag{1.69}$$

根据式（1.68）可知

$$\boldsymbol{e}_i' \cdot \boldsymbol{e}_k = Q_{ji}\boldsymbol{e}_j \cdot \boldsymbol{e}_k = Q_{ji}\delta_{jk} = Q_{ki} \tag{1.70}$$

根据式（1.69）可知

$$\boldsymbol{e}_i' \cdot \boldsymbol{e}_k = \boldsymbol{e}_i' \cdot Q_{kj}'\boldsymbol{e}_j' = Q_{kj}'\delta_{ij} = Q_{ki}' \tag{1.71}$$

比较式（1.70）和式（1.71），可得 $Q_{ki} = Q_{ki}'$，因此式（1.69）可进一步写为

$$e_i = Q^T e'_i = Q_{ij} e'_j \tag{1.72}$$

可以看出，正交张量可以完全刻画两套坐标系之间的转换关系，其分量矩阵 Q_{ij} 称为坐标转换矩阵。通过该矩阵可以确定矢量或张量的分量在不同坐标系之间的转换关系。

对于任意矢量 a，在坐标系 $\{e_i\}$ 中的分量为 $a_i = a \cdot e_i$，在坐标系 $\{e'_i\}$ 中的分量为 $a'_i = a \cdot e'_i$，根据坐标转换关系 $e'_i = Q_{ji} e_j$，可得

$$a'_i = a \cdot e'_i = a \cdot Q_{ji} e_j = Q_{ji} a_j \Rightarrow [a]' = [Q]^T [a] \tag{1.73}$$

或根据坐标转换关系 $e_i = Q_{ij} e'_j$，可得

$$a_i = a \cdot e_i = a \cdot Q_{ij} e'_j = Q_{ij} a'_j \Rightarrow [a] = [Q][a]' \tag{1.74}$$

式（1.73）和式（1.74）为矢量分量在不同坐标系之间的转换关系。

类似可以推导出张量 T 的分量在坐标系 $\{e_i\}$ 和 $\{e'_i\}$ 之间的转换关系为

$$T'_{ij} = e'_i \cdot T e'_j = Q_{mi} e_m \cdot T Q_{nj} e_n = Q_{mi} T_{mn} Q_{nj} \Rightarrow [T]' = [Q]^T [T][Q] \tag{1.75}$$

$$T_{ij} = e_i \cdot T e_j = Q_{im} e'_m \cdot T Q_{jn} e'_n = Q_{im} T'_{mn} Q_{jn} \Rightarrow [T] = [Q][T]'[Q]^T \tag{1.76}$$

例 1.6 将坐标系 $\{e_i\}$ 沿着 e_3 轴正向旋转 90°，将新坐标系记为 $\{e'_i\}$，确定矢量 $a = e_1 + e_2$ 在新坐标系 $\{e'_i\}$ 中的分量形式。

解： 将沿着 e_3 轴正向旋转 90° 的旋转变换记作张量 Q，其分量为

$$[Q] = \begin{bmatrix} 0 & -1 & 0 \\ 1 & 0 & 0 \\ 0 & 0 & 1 \end{bmatrix}$$

根据式（1.73）可得

$$[a]' = [Q]^T [a] = \begin{bmatrix} 0 & 1 & 0 \\ -1 & 0 & 0 \\ 0 & 0 & 1 \end{bmatrix} \begin{bmatrix} 1 \\ 1 \\ 0 \end{bmatrix} = \begin{bmatrix} 1 \\ -1 \\ 0 \end{bmatrix}$$

因此矢量 a 在新坐标系中的分量形式为 $a = e'_1 - e'_2$。

1.6 特征值和特征矢量

如果一个矢量 a 在经张量 T 变换后仍与原矢量平行，即满足

$$Ta = \lambda a \tag{1.77}$$

则称 a 为特征矢量，λ 是相应的特征值。显然，任何平行于 a 的矢量 αa 也为特征矢量，特征值均为 λ，通常定义特征矢量具有单位长度。

接下来，介绍张量特征值和特征矢量的计算方法。记张量 T 的特征矢量为 $n = \alpha_i e_i$，满足 $n \cdot n = 1$ 或 $\alpha_i \alpha_i = 1$，相应特征值为 λ，根据式（1.77）可得

$$Tn = \lambda n = \lambda I n \tag{1.78}$$

从式（1.78）可以得到

$$(T - \lambda I) n = 0 \tag{1.79}$$

式（1.79）的分量形式为

$$(T_{ij} - \lambda \delta_{ij}) \alpha_j = 0 \tag{1.80}$$

在式（1.80）中若获得非平凡特征矢量解，则要求系数矩阵的行列式为零，即满足

$$\det(T - \lambda I) = 0 \tag{1.81}$$

或

$$\begin{vmatrix} T_{11} - \lambda & T_{12} & T_{13} \\ T_{21} & T_{22} - \lambda & T_{23} \\ T_{31} & T_{32} & T_{33} - \lambda \end{vmatrix} = 0 \qquad (1.82)$$

式（1.82）称为张量 T 的特征值方程，从中可以解出特征值 λ，进而可以通过求解式（1.80）得到特征矢量 n。

如果 T 是实对称张量，则可以证明其特征值均为实数，并至少存在三个实特征矢量，称为主方向，相应的特征值称为主值。下面证明，实对称张量一定存在三个相互垂直的主方向。设实对称张量 T 的任意两个特征矢量为 n_1 和 n_2，相应的特征值分别为 λ_1 和 λ_2，则有

$$Tn_1 = \lambda_1 n_1 \qquad (1.83a)$$
$$Tn_2 = \lambda_2 n_2 \qquad (1.83b)$$

从式（1.83）可得

$$n_2 \cdot Tn_1 = n_2 \cdot \lambda_1 n_1 \qquad (1.84a)$$
$$n_1 \cdot Tn_2 = n_1 \cdot \lambda_2 n_2 \qquad (1.84b)$$

由于 T 是对称张量，因此存在关系 $n_2 \cdot Tn_1 = n_1 \cdot Tn_2$。将式（1.84a）与式（1.84b）相减，可得

$$(\lambda_1 - \lambda_2) n_1 \cdot n_2 = 0 \qquad (1.85)$$

如果 $\lambda_1 \neq \lambda_2$，则有 $n_1 \cdot n_2 = 0$，即 n_1 和 n_2 是垂直的。因此，如果三个特征值均不相同，则相应的三个特征矢量互相垂直。

当特征值方程有重根时，例如 $\lambda_1 = \lambda_2 = \lambda \neq \lambda_3$，则有

$$Tn_1 = \lambda n_1 \qquad (1.86a)$$
$$Tn_2 = \lambda n_2 \qquad (1.86b)$$

从式（1.86）可知

$$T(\alpha n_1 + \beta n_2) = \alpha Tn_1 + \beta Tn_2 = \lambda(\alpha n_1 + \beta n_2) \qquad (1.87)$$

式中，α, β——任意常数。

式（1.87）表明，$\alpha n_1 + \beta n_2$ 也是特征值 λ 的特征矢量，即由 n_1 和 n_2 所构成平面上的任何矢量均为特征矢量。此外，与 λ_3 对应的特征矢量 n_3 与该面垂直，因此总是可以找到三个相互垂直的特征矢量。若三个特征值均相同，此时 T 为等同张量，任何矢量均为等同张量的特征矢量。

1.7 张量微分

1. 张量导数

设张量 $T = T(t)$ 为标量 t 的函数，张量 T 对 t 的导数仍为张量，定义为

$$\frac{dT}{dt} = \lim_{\Delta t \to 0} \frac{T(t + \Delta t) - T(t)}{\Delta t} \qquad (1.88)$$

根据定义式（1.88），张量导数的分量形式为

$$\left(\frac{dT}{dt}\right)_{ij} = e_i \cdot \frac{dT}{dt} e_j = \lim_{\Delta t \to 0} \frac{T_{ij}(t + \Delta t) - T_{ij}(t)}{\Delta t} = \frac{dT_{ij}}{dt} \qquad (1.89)$$

与张量导数有关的等式关系如下：

$$\frac{d}{dt}(\boldsymbol{T}\boldsymbol{a}) = \frac{d\boldsymbol{T}}{dt}\boldsymbol{a} + \boldsymbol{T}\frac{d\boldsymbol{a}}{dt} \tag{1.90a}$$

$$\frac{d}{dt}[\alpha(t)\boldsymbol{T}] = \frac{d\alpha}{dt}\boldsymbol{T} + \alpha\frac{d\boldsymbol{T}}{dt} \tag{1.90b}$$

$$\frac{d}{dt}(\boldsymbol{T}^T) = \left(\frac{d\boldsymbol{T}}{dt}\right)^T \tag{1.90c}$$

$$\frac{d}{dt}(\boldsymbol{T}+\boldsymbol{S}) = \frac{d\boldsymbol{T}}{dt} + \frac{d\boldsymbol{S}}{dt} \tag{1.90d}$$

$$\frac{d}{dt}(\boldsymbol{T}\boldsymbol{S}) = \frac{d\boldsymbol{T}}{dt}\boldsymbol{S} + \boldsymbol{T}\frac{d\boldsymbol{S}}{dt} \tag{1.90e}$$

以式（1.90e）为例，其证明如下：

$$\begin{aligned}
\frac{d}{dt}(\boldsymbol{TS}) &= \lim_{\Delta t \to 0}\frac{\boldsymbol{T}(t+\Delta t)\boldsymbol{S}(t+\Delta t) - \boldsymbol{T}(t)\boldsymbol{S}(t)}{\Delta t} \\
&= \lim_{\Delta t \to 0}\frac{\boldsymbol{T}(t+\Delta t)\boldsymbol{S}(t+\Delta t) - \boldsymbol{T}(t)\boldsymbol{S}(t+\Delta t) + \boldsymbol{T}(t)\boldsymbol{S}(t+\Delta t) - \boldsymbol{T}(t)\boldsymbol{S}(t)}{\Delta t} \\
&= \lim_{\Delta t \to 0}\frac{\boldsymbol{T}(t+\Delta t) - \boldsymbol{T}(t)}{\Delta t}\boldsymbol{S}(t+\Delta t) + \lim_{\Delta t \to 0}\boldsymbol{T}(t)\frac{\boldsymbol{S}(t+\Delta t) - \boldsymbol{S}(t)}{\Delta t} \\
&= \frac{d\boldsymbol{T}}{dt}\boldsymbol{S} + \boldsymbol{T}\frac{d\boldsymbol{S}}{dt}
\end{aligned} \tag{1.91}$$

2. 梯度

1) 标量场的梯度

设 $\phi(\boldsymbol{x})$ 是位置矢量 $\boldsymbol{x}$ 的一个标量函数，如密度、温度等物理场。在点 $\boldsymbol{x}$ 处标量场 ϕ 的梯度定义为矢量，记作 $\nabla\phi$ 或 $\text{grad}\phi$，其大小是标量场 ϕ 在该点处的最大变化率，其方向是指向该标量变化最快的方向。根据上述定义，下面推导标量场梯度的数学形式。

分析点 $\boldsymbol{x}$ 附近标量场 ϕ 的变化量 $d\phi = \phi(\boldsymbol{x}+d\boldsymbol{x}) - \phi(\boldsymbol{x})$，可得如下关系：

$$d\phi = \frac{\partial\phi(\boldsymbol{x})}{\partial x_i}dx_i = \left(\frac{\partial\phi(\boldsymbol{x})}{\partial x_i}\boldsymbol{e}_i\right)\cdot(dx_j\boldsymbol{e}_j) = \left(\frac{\partial\phi(\boldsymbol{x})}{\partial x_i}\boldsymbol{e}_i\right)\cdot d\boldsymbol{x} \tag{1.92}$$

记 $d\boldsymbol{x} = dr\boldsymbol{e}$，其中 $dr = |d\boldsymbol{x}|$ 为矢径微元 $d\boldsymbol{x}$ 的大小，$\boldsymbol{e} = d\boldsymbol{x}/dr$ 为其方向单位矢量，从式（1.92）可以得到

$$\frac{d\phi}{dr} = \left(\frac{\partial\phi(\boldsymbol{x})}{\partial x_i}\boldsymbol{e}_i\right)\cdot\boldsymbol{e} \tag{1.93}$$

根据梯度的定义，分析式（1.93）可知标量场 $\phi(\boldsymbol{x})$ 的梯度为

$$\nabla\phi = \frac{\partial\phi(\boldsymbol{x})}{\partial x_i}\boldsymbol{e}_i \tag{1.94}$$

式（1.93）可重新表示为

$$\frac{d\phi}{dr} = \nabla\phi\cdot\boldsymbol{e} \tag{1.95}$$

式（1.95）表明，标量场 ϕ 在 $d\boldsymbol{x}$ 方向的单位变化率等于该标量场的梯度 $\nabla\phi$ 在其单位方向矢量 $\boldsymbol{e}$ 上的投影。

2) 矢量场的梯度

设 $\boldsymbol{v}(\boldsymbol{x})$ 是位置矢量 $\boldsymbol{x}$ 的一个矢量函数，如位移、速度等物理场。矢量场 $\boldsymbol{v}(\boldsymbol{x})$ 的梯度记

作 ∇v 或 grad v，是一个二阶张量，下面给出矢量场梯度的数学形式。分析点 x 附近矢量场 v 的变化量 $dv = v(x+dx) - v(x)$，可得如下关系：

$$dv = \frac{\partial v(x)}{\partial x_i}dx_i = \left(\frac{\partial v(x)}{\partial x_i} \otimes e_i\right)(dx_j e_j) = \left(\frac{\partial v(x)}{\partial x_i} \otimes e_i\right)dx \tag{1.96}$$

从式（1.96）可知，矢量场 $v(x)$ 的梯度为

$$\nabla v = \frac{\partial v(x)}{\partial x_i} \otimes e_i \tag{1.97}$$

式（1.96）可重新表示为

$$dv = (\nabla v)dx \tag{1.98}$$

接下来，推导 ∇v 的分量形式。取 $dx = dx_j e_j$，代入式（1.98）可得

$$(\nabla v)e_j = \frac{\partial v}{\partial x_j} \tag{1.99}$$

根据式（1.99）可以推导出矢量场梯度 ∇v 的分量形式：

$$(\nabla v)_{ij} = e_i \cdot (\nabla v)e_j = e_i \cdot \frac{\partial v}{\partial x_j} = \frac{\partial v_i}{\partial x_j} \tag{1.100}$$

矢量场梯度 ∇v 可表示为

$$\nabla v = \frac{\partial v_i}{\partial x_j} e_i e_j \tag{1.101}$$

3. 哈密顿算子

可以将梯度运算中出现的符号 ∇ 看作一个矢量，称为哈密顿（Hamilton）算子，给作

$$\nabla(\cdot) = \frac{\partial(\cdot)}{\partial x_i} e_i \tag{1.102}$$

式（1.102）也可简写为指标形式：$\nabla(\cdot) = (\cdot)_{,i} e_i$。

哈密顿算子的运算规则有如下约定。

（1）并矢（梯度）：

$$\nabla \otimes (\cdot) = \frac{\partial(\cdot)}{\partial x_i} \otimes e_i \tag{1.103}$$

（2）内积（散度）：

$$\nabla \cdot (\cdot) = \frac{\partial(\cdot)}{\partial x_i} \cdot e_i \tag{1.104}$$

（3）矢积（旋度）：

$$\nabla \times (\cdot) = e_i \times \frac{\partial(\cdot)}{\partial x_i} \tag{1.105}$$

根据式（1.103），梯度属于哈密顿算子的并矢运算，与前文所得标量场梯度（式（1.94））和矢量场梯度（式（1.97））的结论一致。值得指出，矢量场梯度属于左梯度 $\nabla \otimes v$，根据式（1.103）也可以定义右梯度 $v \otimes \nabla$，其与左梯度为张量转置关系，证明如下：

$$v \otimes \nabla = e_i \otimes \frac{\partial v}{\partial x_i} = e_i \otimes \frac{\partial(v_j e_j)}{\partial x_i} = v_{j,i} e_i e_j = (\nabla \otimes v)^T \tag{1.106}$$

4. 散度

矢量场 $v(x)$ 的散度为标量，记作 $\nabla \cdot v$ 或 div v，服从哈密顿算子的内积运算，即式（1.104），可以得到

$$\nabla \cdot \boldsymbol{v} = \frac{\partial \boldsymbol{v}}{\partial x_i} \cdot \boldsymbol{e}_i = \frac{\partial v_i}{\partial x_i} = v_{i,i} \tag{1.107}$$

张量场 $\boldsymbol{T}(\boldsymbol{x})$ 的散度为矢量场,记作 $\nabla \cdot \boldsymbol{T}$ 或 div $\boldsymbol{T}$,根据式(1.104)可得

$$\nabla \cdot \boldsymbol{T} = \frac{\partial \boldsymbol{T}}{\partial x_k} \cdot \boldsymbol{e}_k = \frac{\partial (T_{ij}\boldsymbol{e}_i\boldsymbol{e}_j)}{\partial x_k} \cdot \boldsymbol{e}_k = \frac{\partial T_{ij}}{\partial x_j}\boldsymbol{e}_i = T_{ij,j}\boldsymbol{e}_i \tag{1.108}$$

5. 旋度

矢量场 $\boldsymbol{v}(\boldsymbol{x})$ 的旋度仍是矢量场,记作 $\nabla \times \boldsymbol{v}$ 或 curl $\boldsymbol{v}$,服从哈密顿算子的矢积运算,即式(1.105)。矢量场 $\boldsymbol{v}(\boldsymbol{x})$ 的左旋度为

$$\nabla \times \boldsymbol{v} = \boldsymbol{e}_i \times \frac{\partial (v_j \boldsymbol{e}_j)}{\partial x_i} = \varepsilon_{ijk} v_{j,i} \boldsymbol{e}_k \tag{1.109}$$

矢量场 $\boldsymbol{v}(\boldsymbol{x})$ 的右旋度为

$$\boldsymbol{v} \times \nabla = \frac{\partial (v_i \boldsymbol{e}_i)}{\partial x_j} \times \boldsymbol{e}_j = \varepsilon_{ijk} v_{i,j} \boldsymbol{e}_k \tag{1.110}$$

矢量场旋度存在如下关系:

$$\nabla \times \boldsymbol{v} = 2\boldsymbol{t}^{\text{A}} \tag{1.111}$$

式中,$\boldsymbol{t}^{\text{A}}$——矢量场梯度 $\nabla \boldsymbol{v}$ 反对称部分的对偶矢量。

下面给出证明。根据式(1.109),可得

$$\begin{aligned} \nabla \times \boldsymbol{v} &= \frac{1}{2}(\varepsilon_{ijk} v_{j,i} + \varepsilon_{jik} v_{i,j}) \boldsymbol{e}_k \\ &= \frac{1}{2}\varepsilon_{ijk}(v_{j,i} - v_{i,j}) \boldsymbol{e}_k \\ &= -\varepsilon_{ijk} (\nabla \boldsymbol{v})^{\text{A}}_{ij} \boldsymbol{e}_k \end{aligned} \tag{1.112}$$

结合式(1.112)与式(1.67),可以证明式(1.111)成立。

6. 拉普拉斯算符

拉普拉斯(Laplace)算符,记作 $\nabla^2(\cdot)$,其运算规则为

$$\begin{aligned} \nabla^2(\cdot) &= \nabla \cdot \nabla(\cdot) = \nabla \cdot \frac{\partial(\cdot)}{\partial x_i}\boldsymbol{e}_i \\ &= \frac{\partial^2(\cdot)}{\partial x_i \partial x_j}\boldsymbol{e}_i \cdot \boldsymbol{e}_j = \frac{\partial^2(\cdot)}{\partial x_i \partial x_i} = \partial_{,ii}(\cdot) \end{aligned} \tag{1.113}$$

根据定义式(1.113),标量场 $\phi(\boldsymbol{x})$ 的拉普拉斯运算为

$$\nabla^2 \phi = \frac{\partial^2 \phi}{\partial x_i \partial x_i} = \phi_{,ii} \tag{1.114}$$

其分量形式为

$$\nabla^2 \phi = \frac{\partial^2 \phi}{\partial x_1^2} + \frac{\partial^2 \phi}{\partial x_2^2} + \frac{\partial^2 \phi}{\partial x_3^2} \tag{1.115}$$

矢量场 $\boldsymbol{v}(\boldsymbol{x})$ 的拉普拉斯运算为

$$\nabla^2 \boldsymbol{v} = \nabla^2 v_i \boldsymbol{e}_i = v_{i,jj} \boldsymbol{e}_i \tag{1.116}$$

其分量形式为

$$\nabla^2 \boldsymbol{v} = \left(\frac{\partial^2 v_1}{\partial x_1^2} + \frac{\partial^2 v_1}{\partial x_2^2} + \frac{\partial^2 v_1}{\partial x_3^2}\right)\boldsymbol{e}_1 + \left(\frac{\partial^2 v_2}{\partial x_1^2} + \frac{\partial^2 v_2}{\partial x_2^2} + \frac{\partial^2 v_2}{\partial x_3^2}\right)\boldsymbol{e}_2 + \left(\frac{\partial^2 v_3}{\partial x_1^2} + \frac{\partial^2 v_3}{\partial x_2^2} + \frac{\partial^2 v_3}{\partial x_3^2}\right)\boldsymbol{e}_3 \tag{1.117}$$

习　题

1.1　已知张量 A 和矢量 b，计算 A_{ii}，$A_{ij}A_{ij}$，$A_{ij}A_{jk}$，$A_{ij}b_j$，$A_{ij}b_ib_j$，b_ib_i，b_ib_j。

$$[A] = \begin{bmatrix} 1 & 2 & 0 \\ 0 & 1 & 4 \\ 0 & 1 & 2 \end{bmatrix}, \quad [b] = \begin{bmatrix} 2 \\ 1 \\ 0 \end{bmatrix}$$

1.2　用指标符号表示下述矩阵运算：

$$[A] = [B][C], \quad [A] = [B][C]^{\mathrm{T}}, \quad [A] = [B][C][D]^{\mathrm{T}}$$

1.3　证明等式：$(a \times b) \cdot (c \times d) = (a \cdot c)(b \cdot d) - (a \cdot d)(b \cdot c)$。

1.4　证明等式：$T(a \otimes b) = (Ta) \otimes b$，$(a \otimes b)T = a \otimes (T^{\mathrm{T}}b)$。

1.5　计算张量 T 的对称和反对称部分，以及反对称部分的对偶矢量。

$$[T] = \begin{bmatrix} 1 & 2 & 3 \\ 4 & 5 & 6 \\ 7 & 8 & 9 \end{bmatrix}$$

1.6　张量 R 表示沿着 e_1 轴正向旋转 α 角的刚体转动，计算张量 R 的分量，并证明 R^2 表示沿着 e_1 轴正向旋转 2α 角的刚体转动。

1.7　R 是一个旋转张量，n 为沿旋转轴方向的单位矢量，证明 R 的反对称张量的对偶矢量平行于 n。

1.8　将坐标系 $\{e_i\}$ 沿着 e_3 轴正向旋转 $45°$，将新坐标系记为 $\{e_i'\}$，计算张量 T 在新坐标系 $\{e_i'\}$ 中的分量形式。

$$[T] = \begin{bmatrix} 1 & 0 & 3 \\ 0 & 2 & 2 \\ 3 & 2 & 4 \end{bmatrix}$$

1.9　计算张量 T 的特征值和特征矢量。

$$[T] = \begin{bmatrix} 2 & 0 & 0 \\ 0 & 3 & 4 \\ 0 & 4 & -3 \end{bmatrix}$$

1.10　已知标量场 $\phi = x_1 x_2 x_3 + x_2$，计算在点 $(1,1,1)$ 处垂直于等 ϕ 面的单位矢量。

1.11　已知矢量场 $u = x_2 x_3 e_1 + x_1 x_2 x_3 e_2 + x_1 e_3$，计算 $\nabla \cdot u$，$\nabla \times u$，∇u，$\nabla^2 u$。

1.12　对于标量场 ϕ，矢量场 u, v 和张量场 T，证明下述等式：

(1) $\nabla \cdot (\phi u) = \phi \nabla \cdot u + u \cdot \nabla \phi$

(2) $\nabla \cdot (\phi T) = \phi \nabla \cdot T + T(\nabla \phi)$

(3) $\nabla \cdot (u \times v) = v \cdot (\nabla \times u) - u \cdot (\nabla \times v)$

(4) $\nabla \cdot (u \otimes v) = (\nabla u)v + u(\nabla \cdot v)$

(5) $\nabla(\phi u) = u \otimes (\nabla \phi) + \phi \nabla u$

(6) $\nabla \times (\phi u) = (\nabla \phi) \times u + \phi \nabla \times u$

(7) $\nabla \times (u \times v) = u \nabla \cdot v - v \nabla \cdot u + (\nabla u)v - (\nabla v)u$

(8) $\nabla \times (\nabla \times u) = \nabla(\nabla \cdot u) - \nabla^2 u$

第 2 章
应变分析

材料在外载作用下将发生体积和形状的改变，称为变形。本章引入应变张量概念来刻画材料的小变形问题，给出描述位移与应变关系的几何方程，并介绍应变张量的协调条件。

2.1 物质运动的描述

在给出材料的变形描述之前，需要先给出粒子及其运动轨迹的描述方式，这里我们将材料看作一个连续体，粒子指代无限小材料微元，连续体中的粒子由参考时刻的空间坐标刻画。设在参考时刻 t_0，连续体中粒子的空间坐标为 (X_1, X_2, X_3)，那么就用该坐标来标记粒子，该类坐标称为物质坐标。连续体中任意粒子的运动轨迹可以表示为

$$\boldsymbol{x} = \boldsymbol{x}(\boldsymbol{X}, t)，\text{其中 } \boldsymbol{X} = \boldsymbol{x}(\boldsymbol{X}, t_0) \tag{2.1}$$

式（2.1）称为粒子运动的轨迹方程，其中 $\boldsymbol{X} = X_i \boldsymbol{e}_i$ 为粒子物质坐标，$\boldsymbol{x} = x_i \boldsymbol{e}_i$ 表示粒子在时刻 t 的空间坐标。

当连续体运动时，与之相关的标量场 ϕ、矢量场 $\boldsymbol{v}$ 和张量场 $\boldsymbol{T}$ 会随之发生变化，该变化可以通过下面两种方式描述：

（1）跟随粒子考察场量的变化，此时将场量表示为物质坐标 $\boldsymbol{X}$ 和时间 t 的函数：

$$\phi = \phi(\boldsymbol{X}, t)，\boldsymbol{v} = \boldsymbol{v}(\boldsymbol{X}, t)，\boldsymbol{T} = \boldsymbol{T}(\boldsymbol{X}, t) \tag{2.2}$$

这种描述称为物质描述或拉格朗日描述。

（2）在空间固定位置观察场量的变化，此时将场量表示为空间位置 $\boldsymbol{x}$ 和时间 t 的函数：

$$\phi = \phi(\boldsymbol{x}, t)，\boldsymbol{v} = \boldsymbol{v}(\boldsymbol{x}, t)，\boldsymbol{T} = \boldsymbol{T}(\boldsymbol{x}, t) \tag{2.3}$$

这种描述称为空间描述或欧拉描述。空间描述刻画了某空间点处场量随时间的变化，在不同时刻空间点通常被不同物质粒子所占据，因此空间描述不能直接给出粒子场量的变化信息。

例 2.1 考虑连续体运动的轨迹方程

$$x_1 = X_1 + ktX_3，x_2 = X_2，x_3 = (1 + 2kt)X_3$$

温度场的空间描述给作：$T(\boldsymbol{x}, t) = \alpha(x_1 + x_3)$。

（1）给出温度场的物质描述；

（2）确定物质粒子的速度场和温度场的时间变化率，并分别用物质描述和空间描述给出。

解：（1）将轨迹方程代入温度场的空间描述，可得

$$T(\boldsymbol{X}, t) = \alpha X_1 + \alpha(1 + 3kt)X_3$$

上式即温度场的物质描述。

（2）轨迹方程对时间取导数可得粒子速度场，其物质描述给作

其空间描述给作

$$v_1 = kX_3, \quad v_2 = 0, \quad v_3 = 2kX_3$$

$$v_1 = \frac{kx_3}{1+2kt}, \quad v_2 = 0, \quad v_3 = \frac{2kx_3}{1+2kt}$$

将温度场的物质描述 $T(\boldsymbol{X},t)$ 对时间取导数，可得温度场时间变化率的物质描述：

$$(\partial T(\boldsymbol{X},t)/\partial t)_X = 3\alpha k X_3$$

代入轨迹方程可得其空间描述为

$$(\partial T(\boldsymbol{x},t)/\partial t)_X = 3\alpha k x_3/(1+2kt)$$

2.2 物质导数

物质粒子场量属性的时间变化率，称为物质导数，记作 D/Dt。对于一个标量场 ϕ，当由物质描述 $\phi(\boldsymbol{X},t)$ 给出时，其物质导数给作

$$\frac{\mathrm{D}\phi}{\mathrm{D}t} = \left(\frac{\partial \phi(\boldsymbol{X},t)}{\partial t}\right)_X \tag{2.4}$$

式中，下标"$\boldsymbol{X}$"表示在求导运算中 $\boldsymbol{X}$ 为固定值。

当标量场 ϕ 由空间描述 $\phi(\boldsymbol{x},t)$ 给出时，其物质导数给作

$$\frac{\mathrm{D}\phi}{\mathrm{D}t} = \left(\frac{\partial \phi(\boldsymbol{x},t)}{\partial t}\right)_X = \frac{\partial \phi(\boldsymbol{x},t)}{\partial x_i}\frac{\partial x_i}{\partial t} + \left(\frac{\partial \phi(\boldsymbol{x},t)}{\partial t}\right)_x \tag{2.5}$$

式中，下标"$\boldsymbol{x}$"表示在求导运算中 $\boldsymbol{x}$ 为固定值。引入速度场 $\boldsymbol{v} = \partial x_i/\partial t$，式（2.5）可进一步表示为

$$\frac{\mathrm{D}\phi}{\mathrm{D}t} = \frac{\partial \phi(\boldsymbol{x},t)}{\partial t} + \boldsymbol{v}\cdot\nabla_x\phi(\boldsymbol{x},t) \tag{2.6}$$

式中，$\nabla_x\phi(\boldsymbol{x},t)$ 表示标量场 ϕ 在坐标空间 $\boldsymbol{x}$ 中的梯度。

根据式（2.4）和式（2.6），可以得到矢量场的物质导数形式。以粒子加速度 $\boldsymbol{a}$ 为例，加速度为粒子速度的物质导数。当速度场 $\boldsymbol{v}$ 为物质描述 $\boldsymbol{v}(\boldsymbol{X},t)$ 时，加速度给作

$$\boldsymbol{a} = \frac{\mathrm{D}\boldsymbol{v}}{\mathrm{D}t} = \left(\frac{\partial \boldsymbol{v}(\boldsymbol{X},t)}{\partial t}\right)_X \tag{2.7}$$

当速度场 $\boldsymbol{v}$ 为空间描述 $\boldsymbol{v}(\boldsymbol{x},t)$ 时，加速度给作

$$a_i = \frac{\mathrm{D}v_i}{\mathrm{D}t} = \frac{\partial v_i}{\partial t} + v_j\frac{\partial v_i}{\partial x_j} \tag{2.8}$$

上式的张量形式为

$$\boldsymbol{a} = \frac{\partial \boldsymbol{v}}{\partial t} + (\nabla \boldsymbol{v})\boldsymbol{v} \tag{2.9}$$

例 2.2 以角速度 $\boldsymbol{\omega} = \omega \boldsymbol{e}_1$ 作刚体转动的速度场为 $\boldsymbol{v} = \boldsymbol{\omega} \times \boldsymbol{x}$，给出其加速度场。

解： 将角速度矢量代入速度场，可得速度场的空间描述：

$$\boldsymbol{v} = \omega \boldsymbol{e}_1 \times (x_1\boldsymbol{e}_1 + x_2\boldsymbol{e}_2 + x_3\boldsymbol{e}_3) = -\omega x_3\boldsymbol{e}_2 + \omega x_2\boldsymbol{e}_3$$

式（2.8）的展开形式为

$$a_i = \frac{\partial v_i}{\partial t} + v_1\frac{\partial v_i}{\partial x_1} + v_2\frac{\partial v_i}{\partial x_2} + v_3\frac{\partial v_i}{\partial x_3}$$

从上式可以计算出加速度的各分量：

$$\begin{cases} a_1 = 0 + 0 + (-\omega x_3)(0) + (\omega x_2)(0) = 0 \\ a_2 = 0 + 0 + (-\omega x_3)(0) + (\omega x_2)(-\omega) = -\omega^2 x_2 \\ a_3 = 0 + 0 + (-\omega x_3)(\omega) + (\omega x_2)(0) = -\omega^2 x_3 \end{cases}$$

因此，加速度场的空间描述给作

$$\boldsymbol{a} = -\omega^2 (x_2 \boldsymbol{e}_2 + x_3 \boldsymbol{e}_3)$$

2.3 应变张量

粒子运动的位移矢量 $\boldsymbol{u}$ 定义为

$$\boldsymbol{u}(\boldsymbol{X}, t) = \boldsymbol{x}(\boldsymbol{X}, t) - \boldsymbol{X} \tag{2.10}$$

可以看出，连续体的运动既可以由轨迹方程（式（2.1））描述，也可以通过位移方程（式（2.10））描述，如图 2.1 所示。

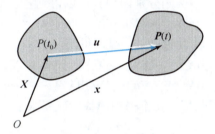

图 2.1

考虑一个连续体发生构型的变化如图 2.2 所示，取坐标 $\boldsymbol{X}$ 处的物质点 P，其轨迹方程用位移场表示为

$$\boldsymbol{x} = \boldsymbol{X} + \boldsymbol{u}(\boldsymbol{X}, t) \tag{2.11}$$

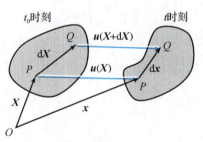

图 2.2

在 P 点附近（相差 d$\boldsymbol{X}$）取另一物质点 Q，其物质坐标为 $\boldsymbol{X} + \mathrm{d}\boldsymbol{X}$，在当前时刻 t 的空间坐标记为 $\boldsymbol{x} + \mathrm{d}\boldsymbol{x}$，则 Q 点的轨迹方程可以表示为

$$\boldsymbol{x} + \mathrm{d}\boldsymbol{x} = \boldsymbol{X} + \mathrm{d}\boldsymbol{X} + \boldsymbol{u}(\boldsymbol{X} + \mathrm{d}\boldsymbol{X}, t) \tag{2.12}$$

将式（2.11）和式（2.12）相减，可以得到

$$\mathrm{d}\boldsymbol{x} = \mathrm{d}\boldsymbol{X} + \boldsymbol{u}(\boldsymbol{X} + \mathrm{d}\boldsymbol{X}, t) - \boldsymbol{u}(\boldsymbol{X}, t) \tag{2.13}$$

根据矢量场梯度（式（1.98））的定义，式（2.13）可写为

$$\mathrm{d}\boldsymbol{x} = \mathrm{d}\boldsymbol{X} + (\nabla \boldsymbol{u}) \mathrm{d}\boldsymbol{X} \tag{2.14}$$

式中，$\nabla \boldsymbol{u}$——位移梯度，为二阶张量，其分量形式为

$$[\nabla \boldsymbol{u}] = \begin{bmatrix} \dfrac{\partial u_1}{\partial X_1} & \dfrac{\partial u_1}{\partial X_2} & \dfrac{\partial u_1}{\partial X_3} \\ \dfrac{\partial u_2}{\partial X_1} & \dfrac{\partial u_2}{\partial X_2} & \dfrac{\partial u_2}{\partial X_3} \\ \dfrac{\partial u_3}{\partial X_1} & \dfrac{\partial u_3}{\partial X_2} & \dfrac{\partial u_3}{\partial X_3} \end{bmatrix} \tag{2.15}$$

式（2.14）给出了连接 P、Q 两点的物质线元 $\mathrm{d}\boldsymbol{X}$ 经连续体运动后的变化关系。

在 P 点附近取两个不同的物质点 $Q^{(1)}$（相差 $\mathrm{d}\boldsymbol{X}^{(1)}$）和 $Q^{(2)}$（相差 $\mathrm{d}\boldsymbol{X}^{(2)}$），点 $Q^{(1)}$ 和点 $Q^{(2)}$ 的物质坐标分别记为 $\boldsymbol{X} + \mathrm{d}\boldsymbol{X}^{(1)}$ 和 $\boldsymbol{X} + \mathrm{d}\boldsymbol{X}^{(2)}$，在当前时刻 t 的空间坐标分别记为 $\boldsymbol{x} + \mathrm{d}\boldsymbol{x}^{(1)}$ 和 $\boldsymbol{x} + \mathrm{d}\boldsymbol{x}^{(2)}$，根据式（2.14）可知

$$\mathrm{d}\boldsymbol{x}^{(1)} = \mathrm{d}\boldsymbol{X}^{(1)} + (\nabla \boldsymbol{u})\mathrm{d}\boldsymbol{X}^{(1)} \tag{2.16a}$$

$$\mathrm{d}\boldsymbol{x}^{(2)} = \mathrm{d}\boldsymbol{X}^{(2)} + (\nabla \boldsymbol{u})\mathrm{d}\boldsymbol{X}^{(2)} \tag{2.16b}$$

将式（2.16a）与式（2.16b）的两侧分别内积，可以得到

$$\mathrm{d}\boldsymbol{x}^{(1)} \cdot \mathrm{d}\boldsymbol{x}^{(2)} = [\mathrm{d}\boldsymbol{X}^{(1)} + (\nabla \boldsymbol{u})\mathrm{d}\boldsymbol{X}^{(1)}] \cdot [\mathrm{d}\boldsymbol{X}^{(2)} + (\nabla \boldsymbol{u})\mathrm{d}\boldsymbol{X}^{(2)}] \tag{2.17}$$

对式（2.17）化简并利用张量转置的定义，可以得到

$$\mathrm{d}\boldsymbol{x}^{(1)} \cdot \mathrm{d}\boldsymbol{x}^{(2)} = \mathrm{d}\boldsymbol{X}^{(1)} \cdot \mathrm{d}\boldsymbol{X}^{(2)} + \mathrm{d}\boldsymbol{X}^{(1)} \cdot [\nabla \boldsymbol{u} + (\nabla \boldsymbol{u})^{\mathrm{T}}]\mathrm{d}\boldsymbol{X}^{(2)} + \mathrm{d}\boldsymbol{X}^{(1)} \cdot (\nabla \boldsymbol{u})^{\mathrm{T}}(\nabla \boldsymbol{u})\mathrm{d}\boldsymbol{X}^{(2)} \tag{2.18}$$

引入张量 $\boldsymbol{\varGamma}$，称为小变形应变张量，在本书中简称为应变张量，定义为

$$\boldsymbol{\varGamma} = \frac{\nabla \boldsymbol{u} + (\nabla \boldsymbol{u})^{\mathrm{T}}}{2} \tag{2.19}$$

此外引入张量 $\boldsymbol{G}$，称为格林应变张量，定义为

$$\boldsymbol{G} = \frac{\nabla \boldsymbol{u} + (\nabla \boldsymbol{u})^{\mathrm{T}}}{2} + \frac{(\nabla \boldsymbol{u})^{\mathrm{T}}(\nabla \boldsymbol{u})}{2} \tag{2.20}$$

利用式（2.20），式（2.18）可表示为

$$\mathrm{d}\boldsymbol{x}^{(1)} \cdot \mathrm{d}\boldsymbol{x}^{(2)} = \mathrm{d}\boldsymbol{X}^{(1)} \cdot \mathrm{d}\boldsymbol{X}^{(2)} + 2\mathrm{d}\boldsymbol{X}^{(1)} \cdot \boldsymbol{G}\mathrm{d}\boldsymbol{X}^{(2)} \tag{2.21}$$

本书主要关注材料的小变形问题，此时式（2.20）中的高阶项 $(\nabla \boldsymbol{u})^{\mathrm{T}}(\nabla \boldsymbol{u})$ 可以忽略，则有 $\boldsymbol{G} \approx \boldsymbol{\varGamma}$，从式（2.21）可以得到

$$\mathrm{d}\boldsymbol{x}^{(1)} \cdot \mathrm{d}\boldsymbol{x}^{(2)} = \mathrm{d}\boldsymbol{X}^{(1)} \cdot \mathrm{d}\boldsymbol{X}^{(2)} + 2\mathrm{d}\boldsymbol{X}^{(1)} \cdot \boldsymbol{\varGamma}\mathrm{d}\boldsymbol{X}^{(2)} \tag{2.22}$$

应变张量 $\boldsymbol{\varGamma}$ 的分量形式记作 $\boldsymbol{\varGamma} = \varepsilon_{ij}\boldsymbol{e}_i\boldsymbol{e}_j$，式（2.19）的指标形式为

$$\varepsilon_{ij} = \frac{1}{2}\left(\frac{\partial u_i}{\partial X_j} + \frac{\partial u_j}{\partial X_i}\right) \tag{2.23}$$

由于所取考察点 $Q^{(1)}$ 和点 $Q^{(2)}$ 具有任意性，从式（2.22）出发利用应变张量 $\boldsymbol{\varGamma}$ 可以完全刻画 P 点邻域内材料的变形行为，如下节详述。式（2.19）是刻画小变形材料力学行为的基本方程之一，称为几何方程。

2.4　应变分量的几何意义

1. 应变张量的对角线分量

在式（2.22）中令点 $Q^{(1)}$ 和点 $Q^{(2)}$ 重合，将物质线元重新记为 $\mathrm{d}\boldsymbol{X}^{(1)} = \mathrm{d}\boldsymbol{X}^{(2)} = \mathrm{d}\boldsymbol{X} =$

$\mathrm{d}X\boldsymbol{n}$，其中 $\mathrm{d}X = |\mathrm{d}\boldsymbol{X}|$，$\boldsymbol{n} = \mathrm{d}\boldsymbol{X}/\mathrm{d}X$，将线元 $\mathrm{d}\boldsymbol{X}$ 变形后的长度记为 $\mathrm{d}x = |\mathrm{d}\boldsymbol{x}^{(1)}| = |\mathrm{d}\boldsymbol{x}^{(2)}|$。根据式（2.22）可得

$$\mathrm{d}\boldsymbol{x} \cdot \mathrm{d}\boldsymbol{x} = \mathrm{d}\boldsymbol{X} \cdot \mathrm{d}\boldsymbol{X} + 2\mathrm{d}\boldsymbol{X} \cdot \boldsymbol{\Gamma}\mathrm{d}\boldsymbol{X} \tag{2.24}$$

即有

$$(\mathrm{d}x)^2 - (\mathrm{d}X)^2 = 2(\mathrm{d}X)^2(\boldsymbol{n} \cdot \boldsymbol{\Gamma}\boldsymbol{n}) \tag{2.25}$$

对于材料小变形问题，存在如下近似关系：

$$(\mathrm{d}x)^2 - (\mathrm{d}X)^2 = (\mathrm{d}x + \mathrm{d}X)(\mathrm{d}x - \mathrm{d}X) \approx 2\mathrm{d}X(\mathrm{d}x - \mathrm{d}X) \tag{2.26}$$

将式（2.26）代入式（2.25），可得

$$\boldsymbol{n} \cdot \boldsymbol{\Gamma}\boldsymbol{n} = \frac{\mathrm{d}x - \mathrm{d}X}{\mathrm{d}X} \tag{2.27}$$

上式等号右边的几何意义是线元 $\mathrm{d}\boldsymbol{X}$ 变形后的单位伸长量。

应变张量 $\boldsymbol{\Gamma}$ 的对角线分量为

$$\varepsilon_{11} = \boldsymbol{e}_1 \cdot \boldsymbol{\Gamma}\boldsymbol{e}_1, \quad \varepsilon_{22} = \boldsymbol{e}_2 \cdot \boldsymbol{\Gamma}\boldsymbol{e}_2, \quad \varepsilon_{33} = \boldsymbol{e}_3 \cdot \boldsymbol{\Gamma}\boldsymbol{e}_3 \tag{2.28}$$

在式（2.27）中分别取 $\boldsymbol{n} = \boldsymbol{e}_1$、$\boldsymbol{e}_2$ 或 $\boldsymbol{e}_3$，结合式（2.28）可以得到应变张量对角线分量的几何意义：ε_{11}、ε_{22} 和 ε_{33} 分别表示沿着 $\boldsymbol{e}_1$、$\boldsymbol{e}_2$ 和 $\boldsymbol{e}_3$ 方向线元的单位伸长量。应变张量的对角线分量 ε_{11}、ε_{22} 和 ε_{33} 也称为正应变。

2. 应变张量的非对角分量

在式（2.22）中取相互垂直的两个线元 $\mathrm{d}\boldsymbol{X}^{(1)}$ 和 $\mathrm{d}\boldsymbol{X}^{(2)}$，将其分别表示为 $\mathrm{d}\boldsymbol{X}^{(1)} = \mathrm{d}X_1\boldsymbol{m}$ 和 $\mathrm{d}\boldsymbol{X}^{(2)} = \mathrm{d}X_2\boldsymbol{n}$，其中 $\boldsymbol{m}$ 和 $\boldsymbol{n}$ 是单位正交矢量，将 $\mathrm{d}\boldsymbol{X}^{(1)}$ 和 $\mathrm{d}\boldsymbol{X}^{(2)}$ 变形后的线元矢量分别记作 $\mathrm{d}\boldsymbol{x}^{(1)}$ 和 $\mathrm{d}\boldsymbol{x}^{(2)}$，长度分别记为 $\mathrm{d}x_1 = |\mathrm{d}\boldsymbol{x}^{(1)}|$ 和 $\mathrm{d}x_2 = |\mathrm{d}\boldsymbol{x}^{(2)}|$，夹角记为 θ。根据式（2.22）可以得到

$$\mathrm{d}x_1\mathrm{d}x_2\cos\theta = 2\mathrm{d}X_1\mathrm{d}X_2\boldsymbol{m} \cdot \boldsymbol{\Gamma}\boldsymbol{n} \tag{2.29}$$

定义角度 γ 满足 $\gamma = \frac{\pi}{2} - \theta$，$\gamma$ 描述了线元 $\mathrm{d}\boldsymbol{X}^{(1)}$ 和 $\mathrm{d}\boldsymbol{X}^{(2)}$ 变形后夹角的减小量。对于小变形问题存在近似关系：$\cos\theta = \sin\gamma \approx \gamma$，$\mathrm{d}x_1 \approx \mathrm{d}X_1$，$\mathrm{d}x_2 \approx \mathrm{d}X_2$，则式（2.29）可以化简为

$$\boldsymbol{m} \cdot \boldsymbol{\Gamma}\boldsymbol{n} = \frac{\gamma}{2} \tag{2.30}$$

应变张量 $\boldsymbol{\Gamma}$ 的非对角分量为

$$\varepsilon_{12} = \boldsymbol{e}_1 \cdot \boldsymbol{\Gamma}\boldsymbol{e}_2, \quad \varepsilon_{13} = \boldsymbol{e}_1 \cdot \boldsymbol{\Gamma}\boldsymbol{e}_3, \quad \varepsilon_{23} = \boldsymbol{e}_2 \cdot \boldsymbol{\Gamma}\boldsymbol{e}_3 \tag{2.31}$$

在式（2.30）中取 $\boldsymbol{m} = \boldsymbol{e}_1$ 和 $\boldsymbol{n} = \boldsymbol{e}_2$，结合式（2.31）可以得到应变分量 ε_{12} 的几何意义：$2\varepsilon_{12}$ 表示沿 $\boldsymbol{e}_1$ 和 $\boldsymbol{e}_2$ 方向两线元夹角的减小量。类似地，$2\varepsilon_{13}$ 和 $2\varepsilon_{23}$ 分别表示沿 $\boldsymbol{e}_1$ 和 $\boldsymbol{e}_3$ 方向，及 $\boldsymbol{e}_2$ 和 $\boldsymbol{e}_3$ 方向线元夹角的减小量。应变张量的非对角分量 ε_{12}、ε_{13} 和 ε_{23} 也称为剪应变。

例 2.3 平面运动的位移场给作 $u_1 = k(X_1 + X_2^2)$，$u_2 = k(-X_1^2 + X_2^2)$，其中 $k = 10^{-4}$。确定：(1) 点 $\boldsymbol{X} = \boldsymbol{e}_1 + 2\boldsymbol{e}_2$ 处线元 $\mathrm{d}\boldsymbol{X}^{(1)} = \mathrm{d}X_1\boldsymbol{e}_1$ 和 $\mathrm{d}\boldsymbol{X}^{(2)} = \mathrm{d}X_2\boldsymbol{e}_2$ 的单位伸长量及其夹角的变化量；(2) 该点处线元 $\mathrm{d}\boldsymbol{X} = \mathrm{d}X(\boldsymbol{e}_1 + \boldsymbol{e}_2)$ 的单位伸长量；(3) $\mathrm{d}\boldsymbol{X}^{(1)}$ 和 $\mathrm{d}\boldsymbol{X}^{(2)}$ 变形后的线元矢量。

解：(1) 首先根据位移场表达式，计算位移梯度

$$[\nabla\boldsymbol{u}] = \begin{bmatrix} k & 2kX_2 \\ -2kX_1 & 2kX_2 \end{bmatrix}$$

点 $\boldsymbol{X} = \boldsymbol{e}_1 + 2\boldsymbol{e}_2$ 处的位移梯度为

$$[\nabla \boldsymbol{u}] = \begin{bmatrix} k & 4k \\ -2k & 4k \end{bmatrix}$$

根据式（2.19），该点处应变张量的分量形式为

$$[\boldsymbol{\Gamma}] = \frac{1}{2}([\nabla \boldsymbol{u}] + [\nabla \boldsymbol{u}]^{\mathrm{T}}) = \begin{bmatrix} k & k \\ k & 4k \end{bmatrix}$$

根据应变分量的几何意义可知，线元 $\mathrm{d}\boldsymbol{X}^{(1)}$ 和 $\mathrm{d}\boldsymbol{X}^{(2)}$ 的单位伸长量分别为 k 和 $4k$，其夹角的变化量为 $2k$。

（2）线元 $\mathrm{d}\boldsymbol{X} = \mathrm{d}X(\boldsymbol{e}_1 + \boldsymbol{e}_2)$ 的单位方向矢量记为 $\boldsymbol{n}$，可知 $\boldsymbol{n} = (\sqrt{2}/2)(\boldsymbol{e}_1 + \boldsymbol{e}_2)$。根据式（2.27），线元 $\mathrm{d}\boldsymbol{X}$ 的单位伸长量计算如下：

$$\boldsymbol{n} \cdot \boldsymbol{\Gamma} \boldsymbol{n} = \begin{bmatrix} \sqrt{2}/2 & \sqrt{2}/2 \end{bmatrix} \begin{bmatrix} k & k \\ k & 4k \end{bmatrix} \begin{bmatrix} \sqrt{2}/2 \\ \sqrt{2}/2 \end{bmatrix} = 3.5k$$

（3）记 $\mathrm{d}\boldsymbol{X}^{(1)}$ 和 $\mathrm{d}\boldsymbol{X}^{(2)}$ 变形后的线元矢量分别为 $\mathrm{d}\boldsymbol{x}^{(1)}$ 和 $\mathrm{d}\boldsymbol{x}^{(2)}$，根据式（2.16）可以解得

$$[\mathrm{d}\boldsymbol{x}^{(1)}] = \begin{bmatrix} \mathrm{d}X_1 \\ 0 \end{bmatrix} + \begin{bmatrix} k & 4k \\ -2k & 4k \end{bmatrix} \begin{bmatrix} \mathrm{d}X_1 \\ 0 \end{bmatrix} = \mathrm{d}X_1 \begin{bmatrix} 1+k \\ -2k \end{bmatrix}$$

$$[\mathrm{d}\boldsymbol{x}^{(2)}] = \begin{bmatrix} 0 \\ \mathrm{d}X_2 \end{bmatrix} + \begin{bmatrix} k & 4k \\ -2k & 4k \end{bmatrix} \begin{bmatrix} 0 \\ \mathrm{d}X_2 \end{bmatrix} = \mathrm{d}X_2 \begin{bmatrix} 4k \\ 1+4k \end{bmatrix}$$

因此，变形后的线元矢量分别为

$$\mathrm{d}\boldsymbol{x}^{(1)} = \mathrm{d}X_1[(1+k)\boldsymbol{e}_1 - 2k\boldsymbol{e}_2]$$
$$\mathrm{d}\boldsymbol{x}^{(2)} = \mathrm{d}X_2[4k\boldsymbol{e}_1 + (1+4k)\boldsymbol{e}_2]$$

2.5 应变张量的协调条件

几何方程（式（2.19））的分量形式给作：

$$\begin{cases} \varepsilon_{11} = \dfrac{\partial u_1}{\partial X_1}, \quad \varepsilon_{22} = \dfrac{\partial u_2}{\partial X_2}, \quad \varepsilon_{33} = \dfrac{\partial u_3}{\partial X_3} \\ \varepsilon_{12} = \dfrac{1}{2}\left(\dfrac{\partial u_1}{\partial X_2} + \dfrac{\partial u_2}{\partial X_1}\right) \\ \varepsilon_{13} = \dfrac{1}{2}\left(\dfrac{\partial u_1}{\partial X_3} + \dfrac{\partial u_3}{\partial X_1}\right) \\ \varepsilon_{23} = \dfrac{1}{2}\left(\dfrac{\partial u_2}{\partial X_3} + \dfrac{\partial u_3}{\partial X_2}\right) \end{cases} \quad (2.32)$$

给定位移场 (u_1, u_2, u_3) 时，可以唯一确定 6 个应变分量 $(\varepsilon_{11}, \varepsilon_{22}, \varepsilon_{33}, \varepsilon_{12}, \varepsilon_{13}, \varepsilon_{23})$。反之，当给定应变张量时，可能并不存在相应的位移场以满足式（2.32）。例如，考虑某应变场 $\varepsilon_{22} = kX_1^2$（$k$ 为常数），其他应变分量均为零。根据式（2.32）可知

$$\varepsilon_{11} = \frac{\partial u_1}{\partial X_1} = 0, \quad \varepsilon_{22} = \frac{\partial u_2}{\partial X_2} = kX_1^2 \quad (2.33)$$

从式（2.33）可以得到

$$u_1 = g(X_2, X_3), \quad u_2 = kX_2 X_1^2 + f(X_1, X_3) \quad (2.34)$$

式中，f 和 g 为积分函数。

将上述位移场代入 $\varepsilon_{12}=0$，可以得到

$$2kX_1X_2 + \frac{\partial f(X_1,X_3)}{\partial X_1} + \frac{\partial g(X_2,X_3)}{\partial X_2} = 0 \tag{2.35}$$

而上式永远不能成立，这说明该应变场并不真实存在，称这些应变分量是不协调的。

如果应变场 $\varepsilon_{ij}(X_1,X_2,X_3)$ 在单连通域内二阶连续可导，那么存在单值连续位移场的充要条件是应变和位移需满足下述 6 个方程：

$$\frac{\partial^2 \varepsilon_{11}}{\partial X_2^2} + \frac{\partial^2 \varepsilon_{22}}{\partial X_1^2} = 2\frac{\partial^2 \varepsilon_{12}}{\partial X_1 \partial X_2} \tag{2.36}$$

$$\frac{\partial^2 \varepsilon_{22}}{\partial X_3^2} + \frac{\partial^2 \varepsilon_{33}}{\partial X_2^2} = 2\frac{\partial^2 \varepsilon_{23}}{\partial X_2 \partial X_3} \tag{2.37}$$

$$\frac{\partial^2 \varepsilon_{33}}{\partial X_1^2} + \frac{\partial^2 \varepsilon_{11}}{\partial X_3^2} = 2\frac{\partial^2 \varepsilon_{31}}{\partial X_3 \partial X_1} \tag{2.38}$$

$$\frac{\partial}{\partial X_1}\left(-\frac{\partial \varepsilon_{23}}{\partial X_1} + \frac{\partial \varepsilon_{31}}{\partial X_2} + \frac{\partial \varepsilon_{12}}{\partial X_3}\right) = \frac{\partial^2 \varepsilon_{11}}{\partial X_2 \partial X_3} \tag{2.39}$$

$$\frac{\partial}{\partial X_2}\left(-\frac{\partial \varepsilon_{31}}{\partial X_2} + \frac{\partial \varepsilon_{12}}{\partial X_3} + \frac{\partial \varepsilon_{23}}{\partial X_1}\right) = \frac{\partial^2 \varepsilon_{22}}{\partial X_3 \partial X_1} \tag{2.40}$$

$$\frac{\partial}{\partial X_3}\left(-\frac{\partial \varepsilon_{12}}{\partial X_3} + \frac{\partial \varepsilon_{23}}{\partial X_1} + \frac{\partial \varepsilon_{31}}{\partial X_2}\right) = \frac{\partial^2 \varepsilon_{33}}{\partial X_1 \partial X_2} \tag{2.41}$$

式（2.36）~式（2.41）称为应变协调方程。

下面以式（2.36）为例证明其成立。根据几何方程

$$\varepsilon_{11} = \frac{\partial u_1}{\partial X_1}, \quad \varepsilon_{22} = \frac{\partial u_2}{\partial X_2} \tag{2.42}$$

可以得到

$$\frac{\partial^2 \varepsilon_{11}}{\partial X_2^2} = \frac{\partial^3 u_1}{\partial X_1 \partial X_2^2} \tag{2.43a}$$

$$\frac{\partial^2 \varepsilon_{22}}{\partial X_1^2} = \frac{\partial^3 u_2}{\partial X_1^2 \partial X_2} \tag{2.43b}$$

将式（2.43a）和式（2.43b）相加，可得

$$\frac{\partial^2 \varepsilon_{11}}{\partial X_2^2} + \frac{\partial^2 \varepsilon_{22}}{\partial X_1^2} = \frac{\partial^2}{\partial X_1 \partial X_2}\left(\frac{\partial u_1}{\partial X_2} + \frac{\partial u_2}{\partial X_1}\right) = 2\frac{\partial^2 \varepsilon_{12}}{\partial X_1 \partial X_2} \tag{2.44}$$

式（2.44）即式（2.36）。

2.6 主应变和主方向

应变张量 $\boldsymbol{\Gamma}$ 是实对称张量，根据 1.6 节，至少存在三个相互垂直的主方向（$\boldsymbol{n}_1, \boldsymbol{n}_2, \boldsymbol{n}_3$），相应特征值称为主应变（$\varepsilon_1, \varepsilon_2, \varepsilon_3$）。在主方向所构成的坐标系下，$\boldsymbol{\Gamma}$ 的分量形式表示为

$$[\boldsymbol{\Gamma}] = \begin{bmatrix} \varepsilon_1 & 0 & 0 \\ 0 & \varepsilon_2 & 0 \\ 0 & 0 & \varepsilon_3 \end{bmatrix}_{n_i} \tag{2.45}$$

下面证明，主应变包含了所有正应变的最大值和最小值。设任意单位矢量 $\boldsymbol{m} = \alpha\boldsymbol{n}_1 + \beta\boldsymbol{n}_2 + \gamma\boldsymbol{n}_3$，其中 α、β 和 γ 为任意常数，满足 $\alpha^2 + \beta^2 + \gamma^2 = 1$，则正应变 ε_d 可一般性地表示为

$$\varepsilon_d = \boldsymbol{m} \cdot \boldsymbol{\Gamma}\boldsymbol{m} = \begin{bmatrix} \alpha & \beta & \gamma \end{bmatrix} \begin{bmatrix} \varepsilon_1 & 0 & 0 \\ 0 & \varepsilon_2 & 0 \\ 0 & 0 & \varepsilon_3 \end{bmatrix} \begin{bmatrix} \alpha \\ \beta \\ \gamma \end{bmatrix} \tag{2.46}$$

由式（2.46）可得

$$\varepsilon_d = \varepsilon_1\alpha^2 + \varepsilon_2\beta^2 + \varepsilon_3\gamma^2 \tag{2.47}$$

假设关系 $\varepsilon_1 \geqslant \varepsilon_2 \geqslant \varepsilon_3$，从式（2.47）可以得到

$$\begin{cases} \varepsilon_d \leqslant \varepsilon_1\alpha^2 + \varepsilon_1\beta^2 + \varepsilon_1\gamma^2 = \varepsilon_1 \\ \varepsilon_d \geqslant \varepsilon_3\alpha^2 + \varepsilon_3\beta^2 + \varepsilon_3\gamma^2 = \varepsilon_3 \end{cases} \tag{2.48}$$

因此，主应变的最大（小）值是任何坐标系下所有正应变集合中的最大（小）值。

应变张量的特征值方程 $\det(\boldsymbol{\Gamma} - \lambda\boldsymbol{I}) = 0$，可以进一步写为

$$\lambda^3 - I_1\lambda^2 + I_2\lambda - I_3 = 0 \tag{2.49}$$

其中，

$$I_1 = \varepsilon_{11} + \varepsilon_{22} + \varepsilon_{33} = \varepsilon_1 + \varepsilon_2 + \varepsilon_3 \tag{2.50}$$

$$I_2 = \begin{vmatrix} \varepsilon_{11} & \varepsilon_{12} \\ \varepsilon_{21} & \varepsilon_{22} \end{vmatrix} + \begin{vmatrix} \varepsilon_{22} & \varepsilon_{23} \\ \varepsilon_{32} & \varepsilon_{33} \end{vmatrix} + \begin{vmatrix} \varepsilon_{33} & \varepsilon_{31} \\ \varepsilon_{13} & \varepsilon_{11} \end{vmatrix} = \varepsilon_1\varepsilon_2 + \varepsilon_2\varepsilon_3 + \varepsilon_1\varepsilon_3 \tag{2.51}$$

$$I_3 = \begin{vmatrix} \varepsilon_{11} & \varepsilon_{12} & \varepsilon_{13} \\ \varepsilon_{21} & \varepsilon_{22} & \varepsilon_{23} \\ \varepsilon_{31} & \varepsilon_{32} & \varepsilon_{33} \end{vmatrix} = \varepsilon_1\varepsilon_2\varepsilon_3 \tag{2.52}$$

由于特征值 λ 与坐标系的选取无关，因而式（2.49）中的系数 I_1、I_2 和 I_3 也不随坐标系的改变而变化，这些系数分别称为应变张量的第一、第二和第三不变量。

下面给出第一不变量 I_1 的几何意义。沿三个主方向分别取三根线元，其初始长度分别为 dS_1、dS_2 和 dS_3，变形后的线元仍沿着主方向，长度分别变为 $dS_1(1+\varepsilon_1)$，$dS_2(1+\varepsilon_2)$ 和 $dS_3(1+\varepsilon_3)$。三根线元所围微元体积的变化量为

$$\Delta(dV) = dS_1 dS_2 dS_3(1+\varepsilon_1)(1+\varepsilon_2)(1+\varepsilon_3) - dS_1 dS_2 dS_3 \tag{2.53}$$

考虑小变形情况，在式（2.53）中忽略应变高阶项后可近似得到

$$\Delta(dV) \approx dV(\varepsilon_1 + \varepsilon_2 + \varepsilon_3) \tag{2.54}$$

结合式（2.50）可以得到

$$I_1 = \frac{\Delta(dV)}{dV} \tag{2.55}$$

式（2.55）表明，应变张量的第一不变量 I_1 刻画了微元体的单位体积变化量。单位体积变化量也称为体积应变 e，存在下述等价关系：

$$e = I_1 = \varepsilon_{ii} = \frac{\partial u_i}{\partial X_i} = \nabla \cdot \boldsymbol{u} \tag{2.56}$$

习 题

2.1 $v_1 = 2x_1$,$v_2 = -2x_3$,$v_3 = 2x_2$,计算加速度场。

2.2 已知位移场 $u_1 = k(X_1^2 + 2X_1X_2)$,$u_2 = kX_2^2$,$u_3 = 0$,其中 $k = 10^{-4}$。确定在点 $X = e_1 + e_2$ 处:

(1) 线元 $dX^{(1)} = dX_1 e_1$ 和 $dX^{(2)} = dX_2 e_2$ 的单位伸长量、夹角的变化量及变形后的线元矢量;

(2) 线元 $dX = dX(e_1 + 2e_2)$ 的单位伸长量;

(3) 最大单位伸长量。

2.3 已知应变张量 $\mathbf{\Gamma}$,计算沿 $e_1 + e_2 + e_3$ 方向的单位伸长量。

(1) $[\mathbf{\Gamma}] = \begin{bmatrix} 1 & 2 & 3 \\ 2 & 4 & 5 \\ 3 & 5 & 6 \end{bmatrix} \times 10^{-4}$;

(2) $[\mathbf{\Gamma}] = \begin{bmatrix} 5 & 3 & 6 \\ 3 & 4 & 1 \\ 6 & 1 & 2 \end{bmatrix} \times 10^{-4}$。

2.4 已知应变张量 $\mathbf{\Gamma}$,确定在哪些点处的微元体没有体积变形。$k = 10^{-4}$。

(1) $[\mathbf{\Gamma}] = \begin{bmatrix} kX_3 & 0 & 0 \\ 0 & kX_1 & 0 \\ 0 & 0 & kX_2 \end{bmatrix}$;

(2) $[\mathbf{\Gamma}] = \begin{bmatrix} kX_2 & kX_1^2 & kX_3^2 \\ kX_1^2 & 2kX_1 & kX_2 \\ kX_3^2 & kX_2 & kX_3 \end{bmatrix}$。

2.5 已知某点的应变张量 $\mathbf{\Gamma}$,分析该点处是否存在长度减小的线元。$k = 10^{-4}$。

(1) $[\mathbf{\Gamma}] = \begin{bmatrix} 2k & k & 0 \\ k & 2k & 0 \\ 0 & 0 & 2k \end{bmatrix}$;

(2) $[\mathbf{\Gamma}] = \begin{bmatrix} -k & k & 0 \\ k & 3k & 0 \\ 0 & 0 & 2k \end{bmatrix}$。

2.6 材料表面的正应变实验上通过粘贴应变片测量,将三个应变片呈一定角度摆放,可以测量出材料的表面应变状态。

(1) 三个应变片呈 $45°$ 角摆放,将沿 e_1,$e_1 + e_2$,e_2 方向的单位伸长量分别记为 a,b,c,计算应变分量 $\varepsilon_{11}, \varepsilon_{22}, \varepsilon_{12}$;

(2) 三个应变片呈 $60°$ 角摆放,将沿 e_1,$e_1 + \sqrt{3}e_2$,$-e_1 + \sqrt{3}e_2$ 方向的单位伸长量分别记为 a,b,c,计算应变分量 $\varepsilon_{11}, \varepsilon_{22}, \varepsilon_{12}$。

2.7 已知位移场:$u_1 = k(5X_1 + 3X_2 + X_3)$,$u_2 = k(3X_1 + 4X_2 - 3X_3)$,$u_3 = k(-X_1 +$

$X_2 + 2X_3$),$k = 10^{-4}$,计算应变张量的第一、第二和第三不变量。

2.8 判断下列应变场是否满足协调条件,其中 k 为常数。

(1) $[\boldsymbol{\Gamma}] = \begin{bmatrix} kX_3 & kX_3^2 & kX_1 \\ kX_3^2 & 0 & 2kX_1X_3 \\ kX_1 & 2kX_1X_3 & 0 \end{bmatrix}$;

(2) $[\boldsymbol{\Gamma}] = \begin{bmatrix} kX_1 & kX_2 & kX_2X_3 \\ kX_2 & kX_3 & kX_1X_3 \\ kX_2X_3 & kX_1X_3 & 2kX_1X_2 \end{bmatrix}$。

第 3 章
应力分析

本章介绍连续体内部受力的描述方法,给出应力矢量和应力张量概念,根据线动量和角动量守恒原理,导出平衡方程和剪应力互等关系。

3.1 应力张量

物质由原子、分子等基本粒子组成,因此物体内部的受力就是粒子间的相互作用力。在材料的连续体描述中,一个无限小的截面包含足够多的粒子间作用力,这时用单位微元面积上粒子作用力的合力来描述材料内部受力。假想一连续体被任意截面剖分成两部分,如图 3.1 所示,左侧物体截面的单位法向矢量为 $\boldsymbol{n}$,考察该截面上一块面积为 ΔA 的微元面,其上粒子间作用力的合力效果可以归结为合力 $\Delta \boldsymbol{F}$ 与合力矩 $\Delta \boldsymbol{M}$。假设面元 ΔA 上的合力矩 $\Delta \boldsymbol{M}$ 可以忽略,由此建立的力描述方法称为柯西应力理论。引入截面 $\boldsymbol{n}$ 上的应力矢量 $\boldsymbol{t}_n$,定义为

$$\boldsymbol{t}_n = \lim_{\Delta A \to 0} \frac{\Delta \boldsymbol{F}}{\Delta A} \tag{3.1}$$

根据作用力与反作用力定律,可知左、右两侧物体截面上的应力矢量满足如下关系:

$$\boldsymbol{t}_n = -\boldsymbol{t}_{-n} \tag{3.2}$$

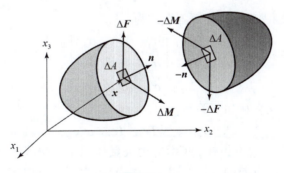

图 3.1

在时刻 t 过点 x 的应力矢量 $\boldsymbol{t}_n = \boldsymbol{t}(\boldsymbol{x}, t, \boldsymbol{n})$ 与所在截面的法线矢量 $\boldsymbol{n}$ 存在一一对应关系,因此可以假设存在变换 $\boldsymbol{T}$,并定义如下映射关系:

$$\boldsymbol{t}_n = \boldsymbol{T}\boldsymbol{n} \tag{3.3}$$

下面证明 $\boldsymbol{T}$ 是线性变换,即一个二阶张量。为此考虑过点 x(设为 P 点)的一个四面体微元如图 3.2 所示,截面 PBC 的面积记为 ΔA_1,外法向矢量为 $-\boldsymbol{e}_1$,该面上的应力矢量记为

t_{-e_1}，则作用力为 $t_{-e_1}(\Delta A_1)$。类似地，在截面 PAC、PAB 和斜面 ABC 上的作用力分别表示为 $t_{-e_2}(\Delta A_2)$，$t_{-e_3}(\Delta A_3)$ 和 $t_n(\Delta A_n)$。根据牛顿第二定律，四面体的平衡方程写为

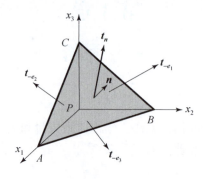

图 3.2

$$\sum F = t_{-e_1}(\Delta A_1) + t_{-e_2}(\Delta A_2) + t_{-e_3}(\Delta A_3) + t_n(\Delta A_n) = \rho \Delta V a \tag{3.4}$$

由于四面体微元的体积是面积的高阶小量，上式右侧近似为零，得到

$$t_{-e_1}(\Delta A_1) + t_{-e_2}(\Delta A_2) + t_{-e_3}(\Delta A_3) + t_n(\Delta A_n) = 0 \tag{3.5}$$

设斜面 ABC 上单位矢量 n 的分量形式为 $n = n_i e_i$，则存在关系式 $\Delta A_i = \Delta A_n n \cdot e_i = n_i \Delta A_n$，代入式（3.5）可得

$$t_{-e_1} n_1 + t_{-e_2} n_2 + t_{-e_3} n_3 + t_n = 0 \tag{3.6}$$

根据式（3.2），式（3.6）可以写为

$$t_n = n_1 t_{e_1} + n_2 t_{e_2} + n_3 t_{e_3} \tag{3.7}$$

利用式（3.3）所示映射关系，式（3.7）可重新表示为

$$T(n_1 e_1 + n_2 e_2 + n_3 e_3) = n_1 T e_1 + n_2 T e_2 + n_3 T e_3 \tag{3.8}$$

式（3.8）对于任意矢量 n 均成立，由此可知 T 为线性变换，称为柯西应力张量，在本书中简称为应力张量。

应力张量 T 的分量记作 σ_{ij}，其矩阵形式为

$$[T] = \begin{bmatrix} \sigma_{11} & \sigma_{12} & \sigma_{13} \\ \sigma_{21} & \sigma_{22} & \sigma_{23} \\ \sigma_{31} & \sigma_{32} & \sigma_{33} \end{bmatrix} \tag{3.9}$$

根据张量分量的定义存在如下关系：

$$\sigma_{ij} = e_i \cdot T e_j, \quad T e_j = \sigma_{ij} e_i \tag{3.10}$$

由上式可知，应力分量 σ_{ij} 的下指标 j 表示应力矢量作用于外法线矢量为 e_j 的面上，而下指标 i 表示该应力矢量在 e_i 方向的分量，图 3.3（a）给出了 e_1 面上应力分量的示意图，在给定坐标系下应力分量正方向的定义如图 3.3（b）所示。通常将应力张量对角线分量 σ_{11}、σ_{22}、σ_{33} 称为正应力、拉应力或压应力，非对角线分量称为剪应力或切应力，应力分量的单位为 Pa（1 Pa = 1 N/m²），常用单位还有 MPa（1 MPa = 10^6 N/m²）和 GPa（1 GPa = 10^9 N/m²）。例如，深潜器在水下 7 000 m 所承受的静水压应力约为 70 MPa；1 m 长钢制圆棒伸长 1 mm 所需的拉应力约为 0.2 GPa。

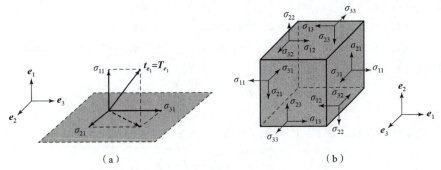

图 3.3

如果应力张量 T 已知，则在法线方向为 n 的任何斜面上应力矢量为

$$t_n = Tn = T(n_j e_j) = \sigma_{ij} n_j e_i \tag{3.11}$$

上式的分量形式为 $t_i = \sigma_{ij} n_j$，因此一点的应力状态可由应力张量完全刻画。

例 3.1 某点的应力状态给作

$$[T] = \begin{bmatrix} 2 & 4 & 3 \\ 4 & 0 & 0 \\ 3 & 0 & -1 \end{bmatrix} (\text{MPa})$$

(1) 确定 $x_1 + 2x_2 + 2x_3 - 6 = 0$ 面上的应力矢量及正应力的大小；

(2) 确定面 $e_1' = \frac{1}{3}(2e_1 + 2e_2 + e_3)$ 上沿 $e_2' = \frac{1}{\sqrt{2}}(e_1 - e_2)$ 方向的应力 T_{12}'。

解：(1) 设 $\phi = x_1 + 2x_2 + 2x_3 - 6$，则垂直于该面的单位矢量 n 为

$$n = \frac{\nabla \phi}{|\nabla \phi|} = \frac{1}{3}(e_1 + 2e_2 + 2e_3)$$

该面上应力矢量的分量为

$$[t_n] = [T][n] = \frac{1}{3} \begin{bmatrix} 2 & 4 & 3 \\ 4 & 0 & 0 \\ 3 & 0 & -1 \end{bmatrix} \begin{pmatrix} 1 \\ 2 \\ 2 \end{pmatrix} = \frac{1}{3} \begin{pmatrix} 16 \\ 4 \\ 1 \end{pmatrix}$$

则应力矢量为 $t_n = (16e_1 + 4e_2 + e_3)/3$，该面上的正应力为

$$t_n \cdot n = \frac{1}{9}(16 + 8 + 2) = 2.89(\text{MPa})$$

(2) 应力 T_{12}' 的求解结果如下：

$$T_{12}' = e_2' \cdot T e_1' = \frac{1}{3\sqrt{2}} (1 \quad -1 \quad 0) \begin{bmatrix} 2 & 4 & 3 \\ 4 & 0 & 0 \\ 3 & 0 & -1 \end{bmatrix} \begin{pmatrix} 2 \\ 2 \\ 1 \end{pmatrix} = \frac{7}{3\sqrt{2}} = 1.65(\text{MPa})$$

3.2 线动量守恒

连续体中物质微元的运动服从线动量守恒原理。本节从微元体的受力与运动出发来推导微分形式的线动量守恒方程。图 3.4 给出了立方体微元的表面受力示意图，设单位体积微元所受的体力为 f（如重力等），微元体所受的合力为

$$\sum \boldsymbol{F} = [\boldsymbol{t}_{e_1}(x_1+\Delta x_1,x_2,x_3)+\boldsymbol{t}_{-e_1}(x_1,x_2,x_3)](\Delta x_2 \Delta x_3) +$$
$$[\boldsymbol{t}_{e_2}(x_1,x_2+\Delta x_2,x_3)+\boldsymbol{t}_{-e_2}(x_1,x_2,x_3)](\Delta x_1 \Delta x_3) +$$
$$[\boldsymbol{t}_{e_3}(x_1,x_2,x_3+\Delta x_3)+\boldsymbol{t}_{-e_3}(x_1,x_2,x_3)](\Delta x_1 \Delta x_2) + \boldsymbol{f}(\Delta x_1 \Delta x_2 \Delta x_3) \quad (3.12)$$

考虑关系式 $\boldsymbol{t}_{-e_i} = -\boldsymbol{t}_{e_i}$，当 $\Delta x_i \to 0$ 时，式（3.12）可写为

$$\sum \boldsymbol{F} = \left(\frac{\partial \boldsymbol{t}_{e_1}}{\partial x_1} + \frac{\partial \boldsymbol{t}_{e_2}}{\partial x_2} + \frac{\partial \boldsymbol{t}_{e_3}}{\partial x_3} + \boldsymbol{f}\right)\Delta x_1 \Delta x_2 \Delta x_3 \quad (3.13)$$

根据线动量守恒原理，从式（3.13）可得

$$\frac{\partial \boldsymbol{t}_{e_1}}{\partial x_1} + \frac{\partial \boldsymbol{t}_{e_2}}{\partial x_2} + \frac{\partial \boldsymbol{t}_{e_3}}{\partial x_3} + \boldsymbol{f} = \rho \dot{\boldsymbol{v}} \quad (3.14)$$

式中，$\dot{\boldsymbol{v}}$——速度场的物质导数，即加速度矢量 $\boldsymbol{a}$。

根据 $\boldsymbol{t}_{e_i} = \boldsymbol{T}\boldsymbol{e}_i$，式（3.14）可进一步表示为

$$\frac{\partial \boldsymbol{T}}{\partial x_i} \cdot \boldsymbol{e}_i + \boldsymbol{f} = \rho \boldsymbol{a} \quad (3.15)$$

参考散度算子规则（式（1.104）），式（3.15）的张量和分量形式分别为

$$\nabla \cdot \boldsymbol{T} + \boldsymbol{f} = \rho \boldsymbol{a} \quad (3.16a)$$

$$\frac{\partial \sigma_{ij}}{\partial x_j} + f_i = \rho a_i \quad (3.16b)$$

忽略惯性力（$\rho \boldsymbol{a} = 0$）时，从上式可得静力平衡方程：

$$\nabla \cdot \boldsymbol{T} + \boldsymbol{f} = 0, \quad \frac{\partial \sigma_{ij}}{\partial x_j} + f_i = 0 \quad (3.17)$$

式（3.17）为刻画弹性体静力学行为的基本方程之一。

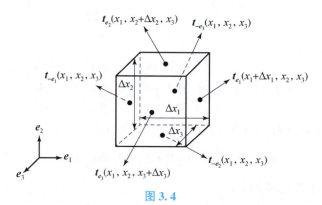

图 3.4

3.3 角动量守恒

连续体中物质微元的运动除了遵循线动量守恒，还需服从角动量守恒，根据该原理可以证明应力张量是对称的，具体证明过程如下。

在连续体中取立方体微元如图 3.5 所示，不失一般性，这里只分析沿 e_3 方向的角动量守恒，其结论可以推广至其他方向。

过立方体微元中心点沿 e_3 方向的合力矩记为 M_3，根据图 3.5 的受力分析，合力矩只与两对剪应力分量有关，给作

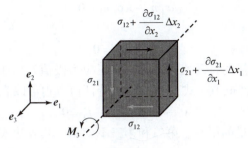

图 3.5

$$M_3 = \sigma_{21}(\Delta x_2 \Delta x_3)\frac{\Delta x_1}{2} + \left(\sigma_{21} + \frac{\partial \sigma_{21}}{\partial x_1}\Delta x_1\right)(\Delta x_2 \Delta x_3)\frac{\Delta x_1}{2} -$$
$$\sigma_{12}(\Delta x_1 \Delta x_3)\frac{\Delta x_2}{2} - \left(\sigma_{12} + \frac{\partial \sigma_{12}}{\partial x_2}\Delta x_2\right)(\Delta x_1 \Delta x_3)\frac{\Delta x_2}{2} \qquad (3.18)$$

在式（3.18）中忽略应力的高阶小量，可得

$$M_3 = (\sigma_{21} - \sigma_{12})\Delta x_1 \Delta x_2 \Delta x_3 \qquad (3.19)$$

根据角动量守恒原理可得

$$M_3 = I_{33}\alpha \qquad (3.20)$$

式中，α——角加速度；

I_{33}——立方体微元的惯性矩，给作

$$I_{33} = \frac{1}{12}\rho \Delta x_1 \Delta x_2 \Delta x_3 \left[(\Delta x_1)^2 + (\Delta x_1)^2\right] \qquad (3.21)$$

当 $\Delta x_i \to 0$ 时，分析式（3.19）~式（3.21）可以得到 $M_3 \approx 0$，从而可以导出剪应力互等关系 $\sigma_{12} = \sigma_{21}$。同理，考察沿 $\boldsymbol{e}_1$ 和 $\boldsymbol{e}_2$ 方向的角动量守恒可以得到 $\sigma_{23} = \sigma_{32}$ 和 $\sigma_{13} = \sigma_{31}$。因此，应力张量是对称的，即满足 $\boldsymbol{T} = \boldsymbol{T}^{\mathrm{T}}$，应力张量只有 6 个独立分量。

3.4 应力极值

1. 正应力极值

根据式（3.11），在法向单位矢量为 $\boldsymbol{n}$ 的面元上的正应力 σ 为

$$\sigma = \boldsymbol{n} \cdot \boldsymbol{T}\boldsymbol{n} = \sigma_{ij}n_i n_j \qquad (3.22)$$

式中，$\boldsymbol{n} = n_i \boldsymbol{e}_i$。已知材料的应力状态 $\boldsymbol{T}$，确定在所有面元 $\boldsymbol{n}$ 上正应力集合中的极值解，对于评估固体结构的安全性具有重要意义。该极值问题可以通过拉格朗日乘子法求解，为此构造拉格朗日函数 L：

$$L(\boldsymbol{n}) = \sigma_{ij}n_i n_j - \lambda(n_i n_i - 1) \qquad (3.23)$$

式中，λ——拉格朗日乘子，进而正应力的极值解可以通过求解下式获得：

$$\frac{\partial L}{\partial n_k} = 0 \qquad (3.24)$$

从式（3.24）可得

$$\delta_{ik}\sigma_{ij}n_j + n_i \sigma_{ij}\delta_{jk} - 2\lambda n_i \delta_{ik} = 0 \qquad (3.25)$$

上式可化简整理如下：

$$\sigma_{ki}n_i - \lambda\delta_{ki}n_i = 0 \tag{3.26}$$

或用张量形式表示为

$$\boldsymbol{Tn} - \lambda\boldsymbol{n} = 0 \tag{3.27}$$

式（3.27）描述了应力张量的特征值问题，表明正应力极值发生于特征矢量所决定的平面，此时极值解即应力张量的特征值。式（3.27）的特征值方程可以表示为

$$\lambda^3 - I_1\lambda^2 + I_2\lambda - I_3 = 0 \tag{3.28}$$

式中，I_1, I_2, I_3——应力张量的第一、第二和第三不变量，其表达式如下：

$$\begin{cases} I_1 = \operatorname{tr}\boldsymbol{T} \\ I_2 = \dfrac{1}{2}[(\operatorname{tr}\boldsymbol{T})^2 - \operatorname{tr}(\boldsymbol{T})^2] \\ I_3 = \det\boldsymbol{T} \end{cases} \tag{3.29}$$

应力张量的特征值称为主应力，记为 σ_i；特征矢量称为主方向，记为 $\hat{\boldsymbol{n}}_i$，以主方向为法向的平面称为主平面。在由主方向所构成的坐标系中应力张量可表示为

$$\boldsymbol{T} = \sum_{i=1}^{3}\sigma_i\hat{\boldsymbol{n}}_i\hat{\boldsymbol{n}}_i \tag{3.30}$$

其矩阵形式为

$$[\boldsymbol{T}]_{\hat{\boldsymbol{n}}_i} = \begin{bmatrix} \sigma_1 & 0 & 0 \\ 0 & \sigma_2 & 0 \\ 0 & 0 & \sigma_3 \end{bmatrix}_{\hat{\boldsymbol{n}}_i} \tag{3.31}$$

主应力中的最大值和最小值即正应力的极值解。

2. 剪应力极值

下面分析剪应力的极值解。选取以主方向 $\hat{\boldsymbol{n}}_i$ 为基矢量的坐标系，任意面元 $\boldsymbol{n} = v_i\hat{\boldsymbol{n}}_i$ 上的应力矢量表示为

$$\boldsymbol{t_n} = v_1\sigma_1\hat{\boldsymbol{n}}_1 + v_2\sigma_2\hat{\boldsymbol{n}}_2 + v_3\sigma_3\hat{\boldsymbol{n}}_3 \tag{3.32}$$

该面上的正应力 σ 和剪应力 τ 分别为

$$\sigma = v_1^2\sigma_1 + v_2^2\sigma_2 + v_3^2\sigma_3 \tag{3.33}$$

$$\tau^2 = |\boldsymbol{t_n}|^2 - \sigma^2 \tag{3.34}$$

将式（3.32）和式（3.33）代入式（3.34）可得

$$\tau^2 = v_1^2v_2^2(\sigma_1 - \sigma_2)^2 + v_1^2v_3^2(\sigma_1 - \sigma_3)^2 + v_2^2v_3^2(\sigma_2 - \sigma_3)^2 \tag{3.35}$$

剪应力的极值条件之一为

$$\frac{\partial\tau^2}{\partial v_1} = \frac{\partial\tau^2}{\partial v_2} = 0, \quad v_3^2 = 1 - v_1^2 - v_2^2 \tag{3.36}$$

将式（3.35）代入式（3.36），可得

$$\begin{cases} \dfrac{\partial\tau^2}{\partial v_1} = 2v_1(\sigma_1 - \sigma_3)\{\sigma_1 - \sigma_3 - 2[(\sigma_1 - \sigma_3)v_1^2 + (\sigma_2 - \sigma_3)v_2^2]\} = 0 \\ \dfrac{\partial\tau^2}{\partial v_2} = 2v_2(\sigma_2 - \sigma_3)\{\sigma_2 - \sigma_3 - 2[(\sigma_1 - \sigma_3)v_1^2 + (\sigma_2 - \sigma_3)v_2^2]\} = 0 \end{cases} \tag{3.37}$$

满足式（3.37）的一类解是 $v_1 = v_2 = 0$，此时 $v_3 = \pm 1$，代入式（3.35）可知 $\tau = 0$，是剪应力具有极小值解的情况。满足式（3.37）的另一类解是

$$v_1 = 0, \ \sigma_2 - \sigma_3 - 2[(\sigma_1 - \sigma_3)v_1^2 + (\sigma_2 - \sigma_3)v_2^2] = 0 \tag{3.38}$$

从中可得 $v_2 = \pm\sqrt{2}/2$ 和 $v_3 = \pm\sqrt{2}/2$，代入式（3.35）可知 $\tau^2 = \frac{1}{4}(\sigma_2 - \sigma_3)^2$，是剪应力具有极大值解的情况。遍历所有情况，最终剪应力极大值所在平面的法向矢量，以及相应剪应力和正应力的结果总结如下：

$$\boldsymbol{n} = \pm\frac{\sqrt{2}}{2}\hat{\boldsymbol{n}}_2 \pm \frac{\sqrt{2}}{2}\hat{\boldsymbol{n}}_3, \ \tau^2 = \frac{1}{4}(\sigma_2 - \sigma_3)^2, \ \sigma = \frac{1}{2}(\sigma_2 + \sigma_3) \tag{3.39}$$

$$\boldsymbol{n} = \pm\frac{\sqrt{2}}{2}\hat{\boldsymbol{n}}_1 \pm \frac{\sqrt{2}}{2}\hat{\boldsymbol{n}}_3, \ \tau^2 = \frac{1}{4}(\sigma_1 - \sigma_3)^2, \ \sigma = \frac{1}{2}(\sigma_1 + \sigma_3) \tag{3.40}$$

$$\boldsymbol{n} = \pm\frac{\sqrt{2}}{2}\hat{\boldsymbol{n}}_1 \pm \frac{\sqrt{2}}{2}\hat{\boldsymbol{n}}_2, \ \tau^2 = \frac{1}{4}(\sigma_1 - \sigma_2)^2, \ \sigma = \frac{1}{2}(\sigma_1 + \sigma_2) \tag{3.41}$$

记主应力极大值和极小值分别为 $\sigma_{\max}$ 和 $\sigma_{\min}$，则剪应力的极大值为 $\tau_{\max} = \frac{1}{2}(\sigma_{\max} - \sigma_{\min})$，并处于相应两主平面的45°平分面上。

3. 莫尔圆

正应力和剪应力的极值解问题也可以通过莫尔圆理解，将式（3.33）和式（3.34）重新整理如下：

$$\begin{cases} \sigma_1^2 v_1^2 + \sigma_2^2 v_2^2 + \sigma_3^2 v_3^2 = \sigma^2 + \tau^2 \\ \sigma_1 v_1^2 + \sigma_2 v_2^2 + \sigma_3 v_3^2 = \sigma \\ v_1^2 + v_2^2 + v_3^2 = 1 \end{cases} \tag{3.42}$$

假设 $\sigma_1 \geqslant \sigma_2 \geqslant \sigma_3$，从式（3.42）可以解得

$$\begin{cases} v_1^2 = \dfrac{\tau^2 + (\sigma - \sigma_2)(\sigma - \sigma_3)}{(\sigma_1 - \sigma_2)(\sigma_1 - \sigma_3)} \\ v_2^2 = \dfrac{\tau^2 + (\sigma - \sigma_3)(\sigma - \sigma_1)}{(\sigma_2 - \sigma_1)(\sigma_2 - \sigma_3)} \\ v_3^2 = \dfrac{\tau^2 + (\sigma - \sigma_1)(\sigma - \sigma_2)}{(\sigma_3 - \sigma_1)(\sigma_3 - \sigma_2)} \end{cases} \tag{3.43}$$

从上式可得如下不等式关系：

$$\begin{cases} \tau^2 + (\sigma - \sigma_2)(\sigma - \sigma_3) \geqslant 0 \\ \tau^2 + (\sigma - \sigma_3)(\sigma - \sigma_1) \leqslant 0 \\ \tau^2 + (\sigma - \sigma_1)(\sigma - \sigma_2) \geqslant 0 \end{cases} \tag{3.44}$$

式（3.44）可重新整理为

$$\begin{cases} \tau^2 + \left(\sigma - \dfrac{\sigma_2 + \sigma_3}{2}\right)^2 \geqslant \left(\dfrac{\sigma_2 - \sigma_3}{2}\right)^2 \\ \tau^2 + \left(\sigma - \dfrac{\sigma_1 + \sigma_3}{2}\right)^2 \leqslant \left(\dfrac{\sigma_1 - \sigma_3}{2}\right)^2 \\ \tau^2 + \left(\sigma - \dfrac{\sigma_1 + \sigma_2}{2}\right)^2 \geqslant \left(\dfrac{\sigma_1 - \sigma_2}{2}\right)^2 \end{cases} \tag{3.45}$$

根据式（3.45），当给定主应力时，以正应力 σ 和剪应力 τ 为坐标轴可以绘制出应力状态的取值范围，如图 3.6 中的阴影区域所示，从中可以直观地理解正应力和剪应力的极值解情况。

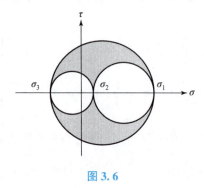

图 3.6

习 题

3.1 已知应力状态：

$$[T] = \begin{bmatrix} 2 & 1 & 3 \\ 1 & 4 & 0 \\ 3 & 0 & 1 \end{bmatrix} (\text{MPa})$$

(1) 计算法向为 $e_1 + 2e_2 + e_3$ 的面上的应力矢量，以及正应力和剪应力大小；

(2) 计算 $2x_1 - x_2 + x_3 = 0$ 面上的应力矢量，以及正应力和剪应力大小。

3.2 已知应力状态：

$$[T] = \begin{bmatrix} 7 & 0 & 14 \\ 0 & 8 & 0 \\ 14 & 0 & -4 \end{bmatrix} (\text{MPa})$$

(1) 计算主应力和相应的主方向；

(2) 计算最大剪应力和所在的平面。

3.3 已知应力状态 $\sigma_{12} = \sigma_{13} = \tau$，其余应力分量为零，计算主应力、主方向、最大剪应力和所在的平面。

3.4 考虑空间某点存在任意应力状态，过该点取两个平面 M 和 N，其单位法向矢量分别为 m 和 n，应力矢量分别为 t_m 和 t_n。证明：

(1) t_m 在 n 方向的分量等于 t_n 在 m 方向的分量；

(2) 在包含矢量 t_m 的任何平面上的应力矢量都在 M 平面上；

(3) 将 t_m 和 t_n 所构成的平面记作 K，那么在平面 K 上的应力矢量垂直于 m 和 n。

3.5 在由主方向 $\hat{n}_i$ 所构成的坐标系中，证明在单位法向矢量为 $(\hat{n}_1 + \hat{n}_2 + \hat{n}_3)/\sqrt{3}$ 的平面上的正应力 σ 和剪应力 τ 分别为

$$\sigma = \frac{1}{3}(\sigma_1 + \sigma_2 + \sigma_3), \quad \tau = \frac{1}{3}\sqrt{(\sigma_1 - \sigma_2)^2 + (\sigma_2 - \sigma_3)^2 + (\sigma_1 - \sigma_3)^2}$$

3.6 在 $(x_1 - x_2)$ 面上的平面应力状态满足 $\sigma_{33} = \sigma_{13} = \sigma_{23} = 0$,证明该平面上的主应力 σ_1、σ_2 和最大剪应力 $\tau_{\max}$ 分别为 $\sigma_{1,2} = \dfrac{\sigma_{11} + \sigma_{22}}{2} \pm \sqrt{\left(\dfrac{\sigma_{11} - \sigma_{22}}{2}\right)^2 + \sigma_{12}^2}$, $\tau_{\max} = \sqrt{\left(\dfrac{\sigma_{11} - \sigma_{22}}{2}\right)^2 + \sigma_{12}^2}$

3.7 已知应力状态(A、B、C 为常数):

$$[T] = \begin{bmatrix} A & C & 0 \\ C & B & 0 \\ 0 & 0 & 0 \end{bmatrix}$$

如图 P3.7 所示,计算 N 面上的应力矢量、正应力和剪应力。

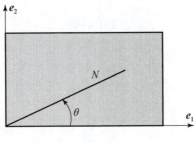

图 P3.7

3.8 已知应力场:

$$[T] = \begin{bmatrix} 2x_1 + x_2 & \sigma_{12}(x_1, x_2) & 0 \\ \sigma_{12}(x_1, x_2) & x_1 - 2x_2 & 0 \\ 0 & 0 & x_1 \end{bmatrix}$$

计算 σ_{12},使得 T 满足无体力静力平衡方程,且作用在 $x_1 = 2$ 平面上的应力矢量为 $(4 + x_2)\boldsymbol{e}_1 + (5 - 2x_2)\boldsymbol{e}_2$。

3.9 已知应力场:

$$[T] = \begin{bmatrix} Ax_2 & 2x_1 & 0 \\ 2x_1 & Bx_1 + Cx_2 & 0 \\ 0 & 0 & Cx_1 \end{bmatrix}$$

计算常数 A、B、C,使得 T 满足无体力静力平衡方程,并且在面 $x_1 + x_2 = 0$ 上的应力为零。

3.10 半径为 R 的圆盘对径受集中力 F 的平面应力解给作:

$$\sigma_{11} = -\frac{2F}{\pi}\left[\frac{(R - x_2)x_1^2}{r_1^4} + \frac{(R + x_2)x_1^2}{r_2^4} - \frac{1}{2R}\right]$$

$$\sigma_{22} = -\frac{2F}{\pi}\left[\frac{(R - x_2)^3}{r_1^4} + \frac{(R + x_2)^3}{r_2^4} - \frac{1}{2R}\right]$$

$$\sigma_{12} = \frac{2F}{\pi}\left[\frac{(R - x_2)^2 x_1}{r_1^4} - \frac{(R + x_2)^2 x_1}{r_2^4}\right]$$

其中，$r_1 = \sqrt{x_1^2 + (R-x_2)^2}$，$r_2 = \sqrt{x_1^2 + (R+x_2)^2}$。计算圆盘各点的最大剪应力，绘制最大剪应力等值线，并与图 19.18 中的实验测试结果进行对比分析。

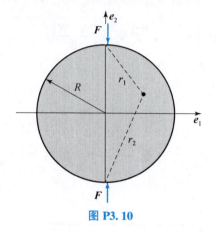

图 P3.10

第 4 章
本构关系

前两章介绍了材料变形与受力的描述方法,并导出了几何方程、应变协调方程与平衡方程。这些方程对于任何材料均需满足,从中无法区分材料力学行为的不同,例如无法区分钢和橡胶在相同载荷下所表现出的不同变形响应。因此,需要建立描述材料应力与应变关系的本构方程,以区别不同材料力学行为的差异。虽然材料的本构关系多种多样,但这些本构关系总会遵循一些基本规律(如热力学定律),基于此,本章将介绍理想线弹性介质的力学行为与性质。

4.1 应变能

考虑某变形体占有空间区域 Ω,其边界记为 $\partial\Omega$,受体力 f 和面力 t 载荷作用,其应力场 T 满足静力平衡条件

$$\begin{cases} \nabla \cdot T + f = 0, & \Omega \\ Tn = t, & \partial\Omega \end{cases} \tag{4.1}$$

下面考察变形体的位移 u 经历微小变化 δu 时,外力所做的功:

$$\delta R = \int_{\partial\Omega} t \cdot \delta u \, dS + \int_{\Omega} f \cdot \delta u \, dV \tag{4.2}$$

上式右侧第一项可进一步推导为

$$\int_{\partial\Omega} t \cdot \delta u \, dS = \int_{\partial\Omega} \delta u \cdot (Tn) \, dS = \int_{\partial\Omega} (T^T \delta u) \cdot n \, dS = \int_{\Omega} \nabla \cdot (T^T \delta u) \, dV \tag{4.3}$$

其中,

$$\nabla \cdot (T^T \delta u) = \frac{\partial(\sigma_{ji} \delta u_j e_i)}{\partial x_k} \cdot e_k = \frac{\partial \sigma_{ji}}{\partial x_i} \delta u_j + \frac{\partial \delta u_j}{\partial x_i} \sigma_{ji} \tag{4.4}$$

式(4.4)中右侧第一项的张量形式为

$$\frac{\partial \sigma_{ji}}{\partial x_i} \delta u_j = (\nabla \cdot T) \cdot \delta u \tag{4.5}$$

右侧第二项满足关系

$$\frac{\partial \delta u_j}{\partial x_i} \sigma_{ji} = \frac{1}{2}\left(\frac{\partial \delta u_j}{\partial x_i} + \frac{\partial \delta u_i}{\partial x_j}\right)\sigma_{ji} + \frac{1}{2}\left(\frac{\partial \delta u_j}{\partial x_i} - \frac{\partial \delta u_i}{\partial x_j}\right)\sigma_{ji} \tag{4.6}$$

从式(4.6)可进一步得到

$$\frac{\partial \delta u_j}{\partial x_i} \sigma_{ji} = \sigma_{ij} \delta \varepsilon_{ij} \tag{4.7}$$

式(4.7)的张量形式记为

$$\sigma_{ij}\delta\varepsilon_{ij} = \boldsymbol{T}:\delta\boldsymbol{\Gamma} \tag{4.8}$$

其中引入了二阶张量 $\boldsymbol{A}$ 和 $\boldsymbol{B}$ 的双重缩并运算 $\boldsymbol{A}:\boldsymbol{B}$，其定义如下：

$$\boldsymbol{A}:\boldsymbol{B} = A_{ij}\boldsymbol{e}_i\boldsymbol{e}_j : B_{kl}\boldsymbol{e}_k\boldsymbol{e}_l = A_{ij}B_{kl}\delta_{ik}\delta_{jl} = A_{ij}B_{ij} \tag{4.9}$$

根据式（4.3）~式（4.8），式（4.2）可进一步表示为

$$\delta R = \int_\Omega (\boldsymbol{T}:\delta\boldsymbol{\Gamma})\mathrm{d}V + \int_\Omega (\nabla \cdot \boldsymbol{T} + \boldsymbol{f}) \cdot \delta\boldsymbol{u}\,\mathrm{d}V \tag{4.10}$$

根据静力平衡条件（式（4.1）），从式（4.10）可以最终得到

$$\delta R = \int_\Omega (\boldsymbol{T}:\delta\boldsymbol{\Gamma})\mathrm{d}V \tag{4.11}$$

定义：

$$\delta W = \boldsymbol{T}:\delta\boldsymbol{\Gamma} \tag{4.12}$$

式中，δW——单位体积材料变形时内力所做的功，将 $W(\boldsymbol{\Gamma})$ 称为应变能密度。

4.2 热力学关系

当物体的变形非常小，并且在载荷消失后物体可以恢复到变形前的状态，该过程称为弹性变形；相反，若存在残余变形导致无法恢复到初始状态，则该过程称为塑性变形。此外，假设变形过程非常缓慢，在每一时刻变形体均处于热力学平衡状态，则称其为热力学可逆过程。下面给出材料经历弹性可逆过程时本构方程的一般形式。

单位体积材料的内能称为比内能 $\boldsymbol{\Phi}$，对于可逆过程，比内能为材料的热吸收率和应变能密度之和。根据热力学第一和第二定律，可逆过程时变形体比内能的微分形式表达为

$$\mathrm{d}\boldsymbol{\Phi} = \Theta\mathrm{d}S + \sigma_{ij}\mathrm{d}\varepsilon_{ij} \tag{4.13}$$

式中，Θ——绝对温度；

S——比熵（单位体积的熵）。

从式（4.13）可以看出，比内能是熵和应变的函数，即 $\boldsymbol{\Phi} = \boldsymbol{\Phi}(S,\varepsilon_{ij})$，称比内能为材料的状态函数，而自变量 S 和 ε_{ij} 为状态变量。由于熵作为状态变量难以观测和控制，通过勒让德变换引入 Helmholtz 自由能 $F = \boldsymbol{\Phi} - \Theta S$，根据式（4.13）可得

$$\mathrm{d}F = -S\mathrm{d}\Theta + \sigma_{ij}\mathrm{d}\varepsilon_{ij} \tag{4.14}$$

由式（4.14）可见，以 Helmholtz 自由能为状态函数，其独立状态变量为绝对温度与应变，即 $F = F(\Theta,\varepsilon_{ij})$。由内能或 Helmholtz 自由能可以导出热弹性本构关系，以 Helmholtz 自由能为例，有

$$S = -\frac{\partial F(\Theta,\varepsilon_{ij})}{\partial \Theta},\quad \sigma_{ij} = \frac{\partial F(\Theta,\varepsilon_{ij})}{\partial \varepsilon_{ij}} \tag{4.15}$$

在等熵（$\mathrm{d}S=0$）或等温（$\mathrm{d}\Theta=0$）条件下，可以给出纯弹性本构方程，即应力是应变的响应函数：

$$\sigma_{ij} = (\partial\boldsymbol{\Phi}/\partial\varepsilon_{ij})_S = (\partial F/\partial\varepsilon_{ij})_\Theta \tag{4.16}$$

4.3 广义 Hooke 定律

考虑等温过程，自由能即应变能 $F(\Theta_0,\varepsilon_{ij}) = W(\varepsilon_{ij})$，本构方程写为

$$\sigma_{ij} = \frac{\partial W}{\partial \varepsilon_{ij}} \tag{4.17}$$

考虑小变形假设及变形前无初始应力，对 W 作 Taylor 级数展开并取线性项可得

$$\sigma_{ij} = C_{ijkl}\varepsilon_{kl} \tag{4.18}$$

该式称为广义 Hooke 定律，是描述一般各向异性线弹性固体的本构方程。C_{ijkl} 称为四阶弹性张量分量，其具有如下对称性质：

$$C_{ijkl} = \frac{\partial \sigma_{ij}}{\partial \varepsilon_{kl}} = \frac{\partial^2 W}{\partial \varepsilon_{ij}\partial \varepsilon_{kl}} = \frac{\partial^2 W}{\partial \varepsilon_{kl}\partial \varepsilon_{ij}} = \frac{\partial \sigma_{kl}}{\partial \varepsilon_{ij}} = C_{klij} \tag{4.19}$$

此外，由于 $\sigma_{ij} = \sigma_{ji}$ 和 $\varepsilon_{ij} = \varepsilon_{ji}$，因此弹性张量分量 C_{ijkl} 存在如下对称性质：

$$C_{ijkl} = C_{jikl} = C_{ijlk} = C_{klij} \tag{4.20}$$

根据式（4.17）可知

$$dW = \sigma_{ij}d\varepsilon_{ij} = C_{ijkl}\varepsilon_{kl}d\varepsilon_{ij} \tag{4.21}$$

其等价形式为

$$dW = C_{klij}\varepsilon_{ij}d\varepsilon_{kl} = C_{ijkl}\varepsilon_{ij}d\varepsilon_{kl} \tag{4.22}$$

将式（4.21）和式（4.22）相加，得

$$2dW = C_{ijkl}d(\varepsilon_{ij}\varepsilon_{kl}) \tag{4.23}$$

从中得到应变能的表达式为

$$W = \frac{1}{2}C_{ijkl}\varepsilon_{ij}\varepsilon_{kl} \tag{4.24}$$

4.4 各向同性弹性材料

各向同性材料的力学属性沿各个方向均相同，否则称为各向异性材料，许多金属材料均可认为具有各向同性性质。考虑任意两个指向不同的直角坐标系 $\{e_i\}$ 和 $\{e_i'\}$，本构方程分别写为 $\sigma_{ij} = C_{ijkl}\varepsilon_{kl}$ 和 $\sigma_{ij}' = C_{ijkl}'\varepsilon_{kl}'$。如果材料为各向同性，则意味着弹性张量分量在坐标系旋转改变下保持不变，即有 $C_{ijkl} = C_{ijkl}'$，满足该性质的张量称为各向同性张量。等同张量 $I = \delta_{ij}e_ie_j$ 是唯一的各向同性二阶张量，而各向同性四阶张量共有三种，分别给作

$$A_{ijkl} = \delta_{ij}\delta_{kl}, \quad B_{ijkl} = \delta_{ik}\delta_{jl}, \quad H_{ijkl} = \delta_{il}\delta_{jk} \tag{4.25}$$

因此，各向同性弹性张量的一般形式为

$$C_{ijkl} = \lambda\delta_{ij}\delta_{kl} + \mu_1\delta_{ik}\delta_{jl} + \mu_2\delta_{il}\delta_{jk} \tag{4.26}$$

将式（4.26）代入式（4.18），可得

$$\sigma_{ij} = \lambda\delta_{ij}\delta_{kl}\varepsilon_{kl} + \mu_1\delta_{ik}\delta_{jl}\varepsilon_{kl} + \mu_2\delta_{il}\delta_{jk}\varepsilon_{kl} \tag{4.27}$$

考虑应力与应变张量的对称性，式（4.27）可进一步化简为

$$\sigma_{ij} = \lambda\varepsilon_{kk}\delta_{ij} + (\mu_1 + \mu_2)\varepsilon_{ij} \tag{4.28}$$

引入常数 $\mu = (\mu_1 + \mu_2)/2$，从式（4.28）得到各向同性线弹性固体的本构方程为

$$\sigma_{ij} = \lambda\varepsilon_{kk}\delta_{ij} + 2\mu\varepsilon_{ij} \tag{4.29}$$

式中，λ, μ——Lamé 常数。

从式（4.29）可以发现，各向同性材料本构方程只包含两个独立常数。

式（4.29）的张量形式为

$$T = \lambda \operatorname{tr}(\boldsymbol{\Gamma})\boldsymbol{I} + 2\mu\boldsymbol{\Gamma} \tag{4.30}$$

分量展开形式为

$$\begin{cases} \sigma_{11} = \lambda(\varepsilon_{11} + \varepsilon_{22} + \varepsilon_{33}) + 2\mu\varepsilon_{11}, & \sigma_{12} = 2\mu\varepsilon_{12} \\ \sigma_{22} = \lambda(\varepsilon_{11} + \varepsilon_{22} + \varepsilon_{33}) + 2\mu\varepsilon_{22}, & \sigma_{13} = 2\mu\varepsilon_{13} \\ \sigma_{33} = \lambda(\varepsilon_{11} + \varepsilon_{22} + \varepsilon_{33}) + 2\mu\varepsilon_{33}, & \sigma_{23} = 2\mu\varepsilon_{23} \end{cases} \tag{4.31}$$

对式（4.29）取张量的迹可得

$$\varepsilon_{kk} = \sigma_{kk}/(3\lambda + 2\mu) \tag{4.32}$$

代入本构方程（4.29），重新整理得到

$$\varepsilon_{ij} = \frac{1}{2\mu}\sigma_{ij} - \frac{\lambda\sigma_{kk}}{2\mu(3\lambda + 2\mu)}\delta_{ij} \tag{4.33}$$

式（4.33）为本构方程的等价形式，其中应变表示为应力的函数，其张量形式为

$$\boldsymbol{\Gamma} = \frac{1}{2\mu}\boldsymbol{T} - \frac{\lambda\sigma_{kk}}{2\mu(3\lambda + 2\mu)}\boldsymbol{I} \tag{4.34}$$

将式（4.29）代入式（4.24），可得各向同性材料的应变能为

$$W = \frac{1}{2}\lambda(\varepsilon_{kk})^2 + \mu\varepsilon_{ij}\varepsilon_{ij} \tag{4.35}$$

应变能正定条件要求 $\lambda > 0$ 和 $\mu > 0$。

4.5 几种工程弹性常数

1. 单轴应力状态

只有一个正应力不为零的应力状态称为单轴应力状态。假设 $\sigma_{11} \neq 0$，其他应力分量均为零，根据式（4.33）可得非零应变分量为

$$\varepsilon_{11} = \frac{\lambda + \mu}{\mu(3\lambda + 2\mu)}\sigma_{11} \tag{4.36}$$

$$\varepsilon_{22} = \varepsilon_{33} = -\frac{\lambda}{2\mu(3\lambda + 2\mu)}\sigma_{11} = -\frac{\lambda}{2(\lambda + \mu)}\varepsilon_{11} \tag{4.37}$$

可以看出，在拉应力作用下，材料在相应方向伸长，而在与之垂直方向发生收缩。针对上述应力状态，定义弹性模量（或杨氏模量）为 $E = \sigma_{11}/\varepsilon_{11}$，定义泊松比为 $\nu = -\varepsilon_{22}/\varepsilon_{11}$，其与 Lamé 常数的关系可推导如下：

$$E = \frac{\mu(3\lambda + 2\mu)}{\lambda + \mu}, \quad \nu = \frac{\lambda}{2(\lambda + \mu)} \tag{4.38}$$

从式（4.38）也可以得到

$$\lambda = \frac{E\nu}{(1+\nu)(1-2\nu)}, \quad \mu = \frac{E}{2(1+\nu)} \tag{4.39}$$

将式（4.39）代入式（4.33），可以得到由弹性模量和泊松比表示的本构方程：

$$\varepsilon_{ij} = \frac{1}{E}[(1+\nu)\sigma_{ij} - \nu\sigma_{kk}\delta_{ij}] \tag{4.40}$$

根据应变能正定条件可知泊松比的取值范围为 $-1 < \nu < 0.5$。常规材料的泊松比为正值，负泊松比可以通过拉胀结构实现。

2. 纯剪应力状态

只有一对剪应力不为零的应力状态称为纯剪应力状态。假设 $\sigma_{12} = \sigma_{21} = \tau$，其他应力分量均为零，根据式（4.33）得到非零应变分量为

$$\varepsilon_{12} = \varepsilon_{21} = \frac{\tau}{2\mu} \tag{4.41}$$

定义剪切模量 G 为

$$G = \frac{\tau}{2\varepsilon_{12}} = \mu \tag{4.42}$$

剪切模量刻画了材料抵抗剪切变形的能力。

3. 静水应力状态

静水应力状态定义为 $\boldsymbol{T} = \sigma\boldsymbol{I}$，代入式（4.34）可得

$$\boldsymbol{\varGamma} = \frac{\sigma}{3\lambda + 2\mu}\boldsymbol{I} \tag{4.43}$$

此时材料变形以体积变化为主要特征，定义体积模量 κ 为

$$\kappa = \frac{\sigma}{\varepsilon_{kk}} = \lambda + \frac{2}{3}\mu \tag{4.44}$$

体积模量刻画了材料抵抗体积变形的能力。

弹性模量、泊松比、剪切模量和体积模量是在特定应力状态下定义的工程弹性常数。表 4.1 给出了不同弹性常数之间的转换关系，当用于表征线弹性材料本构力学行为时，只需使用其中两个弹性常数。表 4.2 给出了一些常见各向同性固体材料的弹性常数值。

表 4.1

涉及变量	λ 的表达式	μ 的表达式	κ 的表达式	E 的表达式	ν 的表达式
λ,μ	λ	μ	$\dfrac{3\lambda+2\mu}{3}$	$\dfrac{\mu(3\lambda+2\mu)}{\lambda+\mu}$	$\dfrac{\lambda}{2(\lambda+\mu)}$
λ,ν	λ	$\dfrac{\lambda(1-2\nu)}{2\nu}$	$\dfrac{\lambda(1+\nu)}{3\nu}$	$\dfrac{\lambda(1+\nu)(1-2\nu)}{\nu}$	ν
λ,κ	λ	$\dfrac{3(\kappa-\lambda)}{2}$	κ	$\dfrac{9\kappa(\kappa-\lambda)}{3\kappa-\lambda}$	$\dfrac{\lambda}{3\kappa-\lambda}$
E,ν	$\dfrac{E\nu}{(1+\nu)(1-2\nu)}$	$\dfrac{E}{2(1+\nu)}$	$\dfrac{E}{3(1-2\nu)}$	E	ν
E,μ	$\dfrac{\mu(E-2\mu)}{3\mu-E}$	μ	$\dfrac{\mu E}{3(3\mu-E)}$	E	$\dfrac{E}{2\mu}-1$
E,κ	$\dfrac{3\kappa(3\kappa-E)}{9\kappa-E}$	$\dfrac{3\kappa E}{9\kappa-E}$	κ	E	$\dfrac{1}{2}-\dfrac{E}{6\kappa}$
κ,μ	$\dfrac{3\kappa-2\mu}{3}$	μ	κ	$\dfrac{9\kappa\mu}{3\kappa+\mu}$	$\dfrac{3\kappa-2\mu}{2(3\kappa+\mu)}$

表 4.2

材料	E/GPa	ν	λ/GPa	μ/GPa	κ/GPa
铝	68.9	0.34	54.6	25.7	71.8
钢	207	0.29	111	80.2	164
铜	89.6	0.34	71	33.4	93.3
玻璃	68.9	0.25	27.6	27.6	45.9
橡胶	0.0019	0.499	0.326	0.654×10^{-3}	0.326
混凝土	27.6	0.2	7.7	11.5	15.3

4.6 各向异性弹性材料

为了方便理解，下面以较简单的热膨胀本构关系为例，给出各向异性材料对称面的概念，进而将其结论推广至一般各向异性弹性材料。

材料受热变形是一种很常见的热力学行为，描述该行为的热膨胀本构关系给作

$$\boldsymbol{\Gamma} = \boldsymbol{\alpha} \Delta T \text{ 或 } \varepsilon_{ij} = \alpha_{ij} \Delta T \tag{4.45}$$

式中，α_{ij}——热膨胀系数；

ε_{ij}——在温度变化 ΔT 时产生的应变。

式（4.45）为热膨胀本构关系的一般各向异性形式，下面给出材料对称面的概念，并分析热膨胀本构关系存在不同对称面情况时的退化形式。

记面 S_1 的法线方向为 $\boldsymbol{e}_1$，引入相对于面 S_1 的镜像映射变换 $\boldsymbol{Q}$，给作

$$\boldsymbol{e}'_i = \boldsymbol{Q} \boldsymbol{e}_i, \quad [\boldsymbol{Q}] = \begin{bmatrix} -1 & 0 & 0 \\ 0 & 1 & 0 \\ 0 & 0 & 1 \end{bmatrix} \tag{4.46}$$

如果材料的本构关系在经历变换 $\boldsymbol{Q}$ 后保持不变，则称面 S_1 为材料的对称面。

对于热膨胀本构关系，如果 S_1 为材料的对称面，则意味着

$$[\boldsymbol{Q}]^{\mathrm{T}} [\boldsymbol{\alpha}] [\boldsymbol{Q}] = [\boldsymbol{\alpha}] \text{ 或 } Q_{mi} Q_{nj} \alpha_{mn} = \alpha_{ij} \tag{4.47}$$

从上式可以得到如下关系：

$$\begin{bmatrix} \alpha_{11} & -\alpha_{12} & -\alpha_{13} \\ -\alpha_{21} & \alpha_{22} & \alpha_{23} \\ -\alpha_{31} & \alpha_{32} & \alpha_{33} \end{bmatrix} = \begin{bmatrix} \alpha_{11} & \alpha_{12} & \alpha_{13} \\ \alpha_{21} & \alpha_{22} & \alpha_{23} \\ \alpha_{31} & \alpha_{32} & \alpha_{33} \end{bmatrix} \tag{4.48}$$

从中可知 $\alpha_{12} = \alpha_{13} = \alpha_{21} = \alpha_{23} = 0$，此时热膨胀系数退化为

$$[\boldsymbol{\alpha}] = \begin{bmatrix} \alpha_{11} & 0 & 0 \\ 0 & \alpha_{22} & \alpha_{23} \\ 0 & \alpha_{32} & \alpha_{33} \end{bmatrix} \tag{4.49}$$

如果法向矢量为 e_2 的 S_2 面也是材料的对称面，通过类似分析可以得到 $\alpha_{23}=\alpha_{32}=0$，热膨胀系数（4.49）可进一步退化为

$$[\boldsymbol{\alpha}]=\begin{bmatrix} \alpha_{11} & 0 & 0 \\ 0 & \alpha_{22} & 0 \\ 0 & 0 & \alpha_{33} \end{bmatrix} \tag{4.50}$$

此时法向矢量为 e_3 的 S_3 面自动满足对称面要求，该类材料称为正交各向异性材料。

如果过 e_3 轴的所有平面都是材料的对称面，此时称 e_3 为对称轴，则 $\boldsymbol{\alpha}$ 需满足如下关系：

$$[\boldsymbol{R}]^{\mathrm{T}}[\boldsymbol{\alpha}][\boldsymbol{R}]=[\boldsymbol{\alpha}] \tag{4.51}$$

其中，

$$[\boldsymbol{R}]=\begin{bmatrix} \cos\theta & -\sin\theta & 0 \\ \sin\theta & \cos\theta & 0 \\ 0 & 0 & 1 \end{bmatrix}$$

根据式（4.51）可知，热膨胀系数在式（4.50）基础上需进一步满足 $\alpha_{11}=\alpha_{22}$，从而得到

$$[\boldsymbol{\alpha}]=\begin{bmatrix} \alpha_{11} & 0 & 0 \\ 0 & \alpha_{11} & 0 \\ 0 & 0 & \alpha_{33} \end{bmatrix} \tag{4.52}$$

该类材料称为横观各向同性材料。进一步如果 e_1 也为对称轴，则可以得到 $\alpha_{11}=\alpha_{33}$，即成为各向同性材料。

将上述结论推广至线弹性材料本构方程，可以给出具有不同对称面性质的各向异性弹性材料本构形式。根据式（4.18），一般各向异性弹性本构方程的矩阵形式为

$$\begin{bmatrix} \sigma_{11} \\ \sigma_{22} \\ \sigma_{33} \\ \sigma_{23} \\ \sigma_{31} \\ \sigma_{12} \end{bmatrix}=\begin{bmatrix} C_{1111} & C_{1122} & C_{1133} & C_{1123} & C_{1113} & C_{1112} \\ C_{1122} & C_{2222} & C_{2233} & C_{2223} & C_{1322} & C_{1222} \\ C_{1133} & C_{2233} & C_{3333} & C_{2333} & C_{1333} & C_{1233} \\ C_{1123} & C_{2223} & C_{2333} & C_{2323} & C_{1323} & C_{1223} \\ C_{1113} & C_{1322} & C_{1333} & C_{1323} & C_{1313} & C_{1213} \\ C_{1112} & C_{1222} & C_{1233} & C_{1223} & C_{1213} & C_{1212} \end{bmatrix}\begin{bmatrix} \varepsilon_{11} \\ \varepsilon_{22} \\ \varepsilon_{33} \\ 2\varepsilon_{23} \\ 2\varepsilon_{31} \\ 2\varepsilon_{12} \end{bmatrix} \tag{4.53}$$

其中共有 21 个独立的弹性常数。

如果 S_1 为材料的对称面，则在式（4.46）所示变换 Q 下，四阶弹性张量分量需满足：

$$C_{ijkl}=Q_{mi}Q_{nj}Q_{pk}Q_{ql}C_{mnpq} \tag{4.54}$$

满足上述对称面性质的本构方程具有如下形式：

$$\begin{bmatrix} \sigma_{11} \\ \sigma_{22} \\ \sigma_{33} \\ \sigma_{23} \\ \sigma_{31} \\ \sigma_{12} \end{bmatrix}=\begin{bmatrix} C_{1111} & C_{1122} & C_{1133} & C_{1123} & 0 & 0 \\ C_{1122} & C_{2222} & C_{2233} & C_{2223} & 0 & 0 \\ C_{1133} & C_{2233} & C_{3333} & C_{2333} & 0 & 0 \\ C_{1123} & C_{2233} & C_{2333} & C_{2323} & 0 & 0 \\ 0 & 0 & 0 & 0 & C_{1313} & C_{1213} \\ 0 & 0 & 0 & 0 & C_{1213} & C_{1212} \end{bmatrix}\begin{bmatrix} \varepsilon_{11} \\ \varepsilon_{22} \\ \varepsilon_{33} \\ 2\varepsilon_{23} \\ 2\varepsilon_{31} \\ 2\varepsilon_{12} \end{bmatrix} \tag{4.55}$$

此时存在 13 个独立的弹性常数。

如果 S_2 面也是材料的对称面，将得到正交各向异性材料，其本构形式为

$$\begin{bmatrix} \sigma_{11} \\ \sigma_{22} \\ \sigma_{33} \\ \sigma_{23} \\ \sigma_{31} \\ \sigma_{12} \end{bmatrix} = \begin{bmatrix} C_{1111} & C_{1122} & C_{1133} & 0 & 0 & 0 \\ C_{1122} & C_{2222} & C_{2233} & 0 & 0 & 0 \\ C_{1133} & C_{2233} & C_{3333} & 0 & 0 & 0 \\ 0 & 0 & 0 & C_{2323} & 0 & 0 \\ 0 & 0 & 0 & 0 & C_{1313} & 0 \\ 0 & 0 & 0 & 0 & 0 & C_{1212} \end{bmatrix} \begin{bmatrix} \varepsilon_{11} \\ \varepsilon_{22} \\ \varepsilon_{33} \\ 2\varepsilon_{23} \\ 2\varepsilon_{31} \\ 2\varepsilon_{12} \end{bmatrix} \quad (4.56)$$

此时存在 9 个独立的弹性常数。

如果 e_3 为对称轴，则得到横观各向同性材料，其本构形式为

$$\begin{bmatrix} \sigma_{11} \\ \sigma_{22} \\ \sigma_{33} \\ \sigma_{23} \\ \sigma_{31} \\ \sigma_{12} \end{bmatrix} = \begin{bmatrix} C_{1111} & C_{1122} & C_{1133} & 0 & 0 & 0 \\ C_{1122} & C_{1111} & C_{1133} & 0 & 0 & 0 \\ C_{1133} & C_{1133} & C_{3333} & 0 & 0 & 0 \\ 0 & 0 & 0 & C_{1313} & 0 & 0 \\ 0 & 0 & 0 & 0 & C_{1313} & 0 \\ 0 & 0 & 0 & 0 & 0 & (C_{1111}-C_{1122})/2 \end{bmatrix} \begin{bmatrix} \varepsilon_{11} \\ \varepsilon_{22} \\ \varepsilon_{33} \\ 2\varepsilon_{23} \\ 2\varepsilon_{31} \\ 2\varepsilon_{12} \end{bmatrix} \quad (4.57)$$

此时存在 5 个独立的弹性常数。进一步考虑如果 e_1 也为对称轴，则最终成为各向同性材料，其本构形式为

$$\begin{bmatrix} \sigma_{11} \\ \sigma_{22} \\ \sigma_{33} \\ \sigma_{23} \\ \sigma_{31} \\ \sigma_{12} \end{bmatrix} = \begin{bmatrix} C_{1111} & C_{1122} & C_{1122} & 0 & 0 & 0 \\ C_{1122} & C_{1111} & C_{1122} & 0 & 0 & 0 \\ C_{1122} & C_{1122} & C_{1111} & 0 & 0 & 0 \\ 0 & 0 & 0 & (C_{1111}-C_{1122})/2 & 0 & 0 \\ 0 & 0 & 0 & 0 & (C_{1111}-C_{1122})/2 & 0 \\ 0 & 0 & 0 & 0 & 0 & (C_{1111}-C_{1122})/2 \end{bmatrix} \begin{bmatrix} \varepsilon_{11} \\ \varepsilon_{22} \\ \varepsilon_{33} \\ 2\varepsilon_{23} \\ 2\varepsilon_{31} \\ 2\varepsilon_{12} \end{bmatrix}$$

$$(4.58)$$

其中，弹性张量分量与 Lamé 常数的关系为

$$C_{1111} = \lambda + 2\mu, \quad C_{1122} = \lambda \quad (4.59)$$

4.7　材料单轴拉伸/压缩应力-应变行为

图 4.1 所示为典型各向同性均质金属材料单轴拉伸下的完整应力-应变曲线，通常采用材料的单轴拉伸或压缩试验获得（详见第 19 章力学实验技术简介）。以试样标距区内的平均轴向正应变 ε 为横坐标，以横截面平均轴向正应力 σ 为纵坐标，可绘制出材料的应力-应变曲线。该曲线在工程应用中非常重要，主要体现在两方面：一方面，可实测获得与试样尺寸和形状等几何性质无关的材料工程弹性常数，包括弹性模量和泊松比；另一方面，可获得材料一些重要的力学特征参数，如比例极限、弹性极限、屈服强度、极限应力和破坏应力等。

不同材料的应力-应变关系曲线存在很大差异，下面以低碳钢为例，简要介绍材料拉伸应力-应变曲线的基本特征。

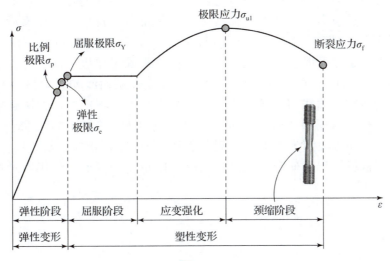

图 4.1

弹性阶段：在加载开始阶段，材料的应变处于图 4.1 中的弹性阶段，材料的变形为弹性变形，由式（4.29）刻画。在该区域内，试样的拉伸正应力随着正应变线性增加，因此应力-应变关系曲线的开始部分是一条斜直线，即应力、应变成正比。此时称材料的行为是线性的，该线性段的斜率为弹性模量，该线性段的最高应力水平称为比例极限 σ_p。如果应力超过比例极限，材料仍然可以保持弹性，但曲线不再保持直线，这种行为可持续到应力达到弹性极限。弹性极限之前，材料在卸载后可恢复初始尺寸。对于低碳钢材料来说，其弹性极限和比例极限非常接近。

屈服阶段：当材料的单轴拉伸应力超过弹性极限后，应力的增加将导致材料出现永久不可恢复的变形，此时材料卸载后无法再完全恢复初始尺寸，这种现象称为屈服，导致材料出现屈服的应力称为屈服应力或屈服强度（屈服极限），不可恢复的变形称为塑性变形。屈服强度是引起材料发生永久不可恢复变形的应力水平，是材料的重要力学特性之一，也是表征和评价材料强度的重要指标之一。由于绝大多数材料的屈服强度、弹性极限和比例极限非常接近，故本书中不对其进行区分。一旦应力达到屈服点，试样出现应变不断增加但载荷不再增加的现象，应力-应变曲线表现为一段水平直线，当材料处于这个阶段时，通常称为完全塑性阶段。

应变强化阶段：当屈服阶段结束时，应变和试样上的载荷都可以继续增加，从而使应力-应变曲线继续上升，直到最大应力，即极限应力 σ_{ul}，此时应力-应变曲线表现出非线性行为，这个阶段称为应变强化阶段，如图 4.1 所示。

颈缩阶段：当拉伸应力超过极限应力后，拉伸试样的横截面在某一区域内急剧减小，这种现象称为颈缩（图 4.1），该现象是由于金属材料内部形成滑移面所导致。因为颈缩区域的横截面积不断减小，较小的横截面积只能承受持续减小的载荷，因此应力-应变曲线开始下降，直到在断裂应力 σ_f 处试样发生断裂。

根据材料的应力-应变曲线特征，可将材料分为两大类：韧性材料、脆性材料。韧性材料的特性是在常温断裂前可以产生较大的应变，低碳钢为典型的韧性材料。除了低碳钢，其他金属材料如铜、锌也表现出典型的塑性变形特征，存在弹性应力应变阶段、屈服阶段、应变强化阶段和最后的颈缩阶段直至断裂。但对于铝合金等很多韧性材料，开始产生屈服的特征并不是应力-应变关系曲线上的水平部分，这些材料屈服后，应力一直是增加的，直到应力达到强度极限，但应力与应变的关系不是线性的。对于这样的材料，可以用偏移法来确定屈服强度 σ_Y，如取 0.2% 偏移来确定屈服强度，可以过横坐标轴上 $\varepsilon = 0.2\%$（即 $\varepsilon = 0.002$）的点作一条与应力-应变关系曲线初直线段平行的直线（图 4.2），其与应力-应变曲线的交点的应力值为屈服强度，将用这种方法确定的屈服应力定义为 0.2% 偏置时的屈服强度（屈服极限）。韧性材料受轴向压缩时，所得到的应力-应变曲线开始的直线部分、屈服的起始部分以及应变强化部分都与拉伸时基本相同。对于给定的一种钢材，其拉伸和压缩时的屈服极限也是相同的，但压缩时材料不会发生颈缩现象。

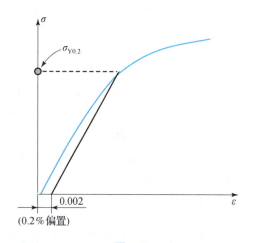

图 4.2

脆性材料是在破坏前没有屈服或出现很小屈服的材料，因此脆性材料的极限应力与破坏应力是相同的。此外，脆性材料断裂时的应变也远小于韧性材料断裂时的应变。与拉伸特性相比，脆性材料受轴向压缩时表现出更高的抗压缩破坏强度。这是因为，脆性材料中存在微裂纹或微孔洞等缺陷，会大大削弱脆性材料抵抗拉伸的能力。当受压时，材料内的缺陷将闭合，因此这些缺陷不会影响其抵抗压缩失效的能力。随着轴向压力的增加，由于泊松比效应，圆柱状试样不断外鼓膨胀，应变更大时试样变为桶状。混凝土是一种典型的脆性材料，但其拉伸和压缩特性不同，其完整的单轴应力-应变曲线如图 4.3 所示。在曲线图的拉伸一侧，可以看到应力与应变成正比的线弹性部分，到达屈服极限之后，应变的增加相比应力的增加更快，这种情形一直持续到发生断裂。材料在压缩时的表现与拉伸时不同，首先线弹性部分显著地比拉伸时更大；其次，断裂并不是发生在压缩应力达到最大值的位置，而是在压缩应力值下降、压缩应变持续增加时。此外，不论是拉伸还是压缩，材料应力-应变曲线直线部分的斜率是相同的，即材料拉伸和压缩时的弹性模量是相同的。以上特性对大多数脆性材料都成立。

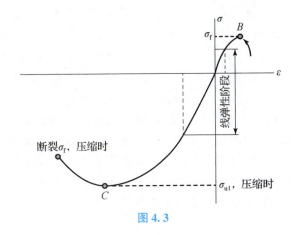

图 4.3

习 题

4.1 对于各向同性线弹性材料，证明四阶弹性张量分量 C_{ijkl} 可写为如下形式：

(1) $C_{ijkl} = \lambda \delta_{ij}\delta_{kl} + \mu(\delta_{ik}\delta_{jl} + \delta_{il}\delta_{jk})$

(2) $C_{ijkl} = \dfrac{E}{(1+\nu)(1-2\nu)}\delta_{ij}\delta_{kl} + \dfrac{E}{2(1+\nu)}(\delta_{ik}\delta_{jl} + \delta_{il}\delta_{jk})$

4.2 对于不可压缩（无体积变形）材料，证明：
$$\nu \to 1/2, \quad \mu = E/3, \quad \kappa \to \infty, \quad \lambda \to \infty, \quad \kappa - \lambda = 2\mu/3$$

4.3 证明：各向同性线弹性材料的应力主方向与应变主方向是一致的。

4.4 计算下列材料分别在单轴应力 σ_{11}、纯剪应力 τ 和静水应力 σ 作用下所产生的应变（材料参数参考表 4.2）。

(1) 铝：$\sigma_{11} = 150$ MPa, $\tau = 75$ MPa, $\sigma = -500$ MPa；

(2) 钢：$\sigma_{11} = 300$ MPa, $\tau = 150$ MPa, $\sigma = -500$ MPa；

(3) 橡胶：$\sigma_{11} = 19$ MPa, $\tau = 6.5$ MPa, $\sigma = -500$ MPa。

4.5 线弹性材料的弹性常数为 $\lambda = 120$ GPa 和 $\mu = 80$ GPa，已知应变分量：

$$[\boldsymbol{\Gamma}] = \begin{bmatrix} 40 & 15 & 30 \\ 15 & 50 & 10 \\ 30 & 10 & 28 \end{bmatrix} \times 10^{-6}$$

计算应力状态。

4.6 线弹性材料的弹性模量和泊松比分别为 $E = 210$ GPa 和 $\nu = 0.3$，已知应力状态：

$$[\boldsymbol{T}] = \begin{bmatrix} 100 & 50 & 60 \\ 50 & -200 & 30 \\ 60 & 30 & 400 \end{bmatrix} \text{(MPa)}$$

计算应变分量，以及边长为 1 cm 的立方体的体积变化量。

4.7 将一小块材料放入高压容器，在静水压力 1.8 MPa 作用下测得体积应变为 -6×10^{-5}，若泊松比 $\nu = 0.2$，计算该材料的弹性模量 E。

4.8 已知线弹性材料的位移场 $u_1 = k(X_1 + X_2X_3)$，$u_2 = k(X_2 + X_1X_3)$，$u_3 = k(X_3 +$

X_1X_2),$k=10^{-4}$,计算应力场,并分析该应力场是否满足无体力静力平衡方程。

4.9 各向同性线弹性材料受力状态为 $\sigma_{11}=\sigma$,$\sigma_{12}=\sigma_{13}=\sigma_{23}=0$,变形约束为 $\varepsilon_{22}=\varepsilon_{33}=0$,定义等效模量 $E_{\text{eff}}=\sigma_{11}/\varepsilon_{11}$,用弹性模量和泊松比给出 E_{eff} 的表达式。

4.10 张量可分解为球张量和偏张量部分,为此应力分量和应变张量分量可写作

$$\sigma_{ij}=s_{ij}+\sigma_0\delta_{ij},\quad \varepsilon_{ij}=e_{ij}+\varepsilon_0\delta_{ij}$$

其中,$\sigma_0=\sigma_{kk}/3$ 和 s_{ij} 分别为应力张量分量 σ_{ij} 的球张量和偏张量部分,$\varepsilon_0=\varepsilon_{kk}/3$ 和 e_{ij} 分别为应变张量分量 ε_{ij} 的球张量和偏张量部分。对于各向同性线弹性材料,给出:

(1) 应力与应变球张量之间的关系,及其与偏张量之间的关系;

(2) 用应变张量的球张量和偏张量表示应变能密度;

(3) 用应力张量的球张量和偏张量表示应变能密度。

第 5 章

弹性力学基本方程

本章将总结弹性理论的基本方程，结合边界条件建立弹性力学边值问题，进而介绍平面应力和平面应变问题，给出平面弹性问题的极坐标表示，最后介绍最小势能和最小余能原理。

5.1 弹性连续体力学边值问题

对于均匀连续、各向同性、线弹性、小变形材料，弹性静力学基本方程为

（1）几何方程：

$$\boldsymbol{\varGamma} = [\nabla \boldsymbol{u} + (\nabla \boldsymbol{u})^{\mathrm{T}}]/2 \tag{5.1}$$

（2）平衡方程：

$$\nabla \cdot \boldsymbol{T} + \boldsymbol{f} = \boldsymbol{0} \tag{5.2}$$

（3）本构方程：

$$\boldsymbol{T} = \lambda (\operatorname{tr} \boldsymbol{\varGamma}) \boldsymbol{I} + 2\mu \boldsymbol{\varGamma} \tag{5.3}$$

式（5.1）~式（5.3）共包含 15 个独立方程，应变张量 $\boldsymbol{\varGamma}$、位移矢量 $\boldsymbol{u}$ 和应力张量 $\boldsymbol{T}$ 共包含 15 个基本量，方程数与变量数相同，构成了完备的弹性力学问题。上述基本方程是普适的，材料力学行为的复杂和多样性往往来源于边界条件的不同，弹性体在边界 $\partial\Omega$ 上的约束分如下三种情况。

（1）位移边界条件：

$$\boldsymbol{u} = \boldsymbol{u}_0 \quad (\partial_u \Omega) \tag{5.4}$$

式中，$\boldsymbol{u}_0$ 为给定位移约束。将该边界记为 $\partial_u \Omega$。

（2）应力边界条件：

$$\boldsymbol{Tn} = \boldsymbol{t}_0 \quad (\partial_t \Omega) \tag{5.5}$$

式中，$\boldsymbol{t}_0$ 为给定面力约束。将该边界记为 $\partial_t \Omega$。

（3）弹性边界条件：

$$\boldsymbol{Tn} + k\boldsymbol{u} = \boldsymbol{0} \quad (\partial_e \Omega) \tag{5.6}$$

式中，k 为正常数。将该边界记为 $\partial_e \Omega$。

上述三类边界互不重叠且需覆盖全部边界 $\partial\Omega$。式（5.1）~式（5.6）构成了求解弹性力学边值问题的基本方程体系，从中可以求解出弹性体的位移、应变和应力。

1. 唯一性原理

当体力和边界条件给定时，如果满足应变能正定条件，则边值问题确定的应力场和应变场是唯一的，证明如下。

假设边值问题存在两类解：$\boldsymbol{\varGamma}^{(i)}$、$\boldsymbol{u}^{(i)}$、$\boldsymbol{T}^{(i)}$（$i=1,2$），记差值解为

$$\boldsymbol{\varGamma} = \boldsymbol{\varGamma}^{(1)} - \boldsymbol{\varGamma}^{(2)}, \quad \boldsymbol{u} = \boldsymbol{u}^{(1)} - \boldsymbol{u}^{(2)}, \quad \boldsymbol{T} = \boldsymbol{T}^{(1)} - \boldsymbol{T}^{(2)} \tag{5.7}$$

根据式（5.1）~式（5.6），差值解满足的边值问题为

$$\begin{cases} \boldsymbol{\varGamma} = [\nabla \boldsymbol{u} + (\nabla \boldsymbol{u})^{\mathrm{T}}]/2 \\ \nabla \cdot \boldsymbol{T} = \boldsymbol{0} \\ \boldsymbol{T} = \lambda (\operatorname{tr} \boldsymbol{\varGamma}) \boldsymbol{I} + 2\mu \boldsymbol{\varGamma} \end{cases} \tag{5.8}$$

$$\begin{cases} \boldsymbol{u} = \boldsymbol{0} & (\partial_u \Omega) \\ \boldsymbol{T}\boldsymbol{n} = \boldsymbol{0} & (\partial_t \Omega) \\ \boldsymbol{T}\boldsymbol{n} + k\boldsymbol{u} = \boldsymbol{0} & (\partial_e \Omega) \end{cases} \tag{5.9}$$

将弹性体的应变能密度 $W = \sigma_{ij}\varepsilon_{ij}/2$ 在体内积分，参考4.1节中类似推导可得

$$2\int_\Omega W \mathrm{d}V = \int_{\partial\Omega} \boldsymbol{t} \cdot \boldsymbol{u} \mathrm{d}V + \int_\Omega \boldsymbol{f} \cdot \boldsymbol{u} \mathrm{d}V = -\iint_{\partial_e\Omega} k\boldsymbol{u} \cdot \boldsymbol{u} \mathrm{d}s \leqslant 0 \tag{5.10}$$

由于应变能始终为正，则满足式（5.10）的差值解所对应的应变能 $W=0$，因此有 $\sigma_{ij} = \varepsilon_{ij} = 0$，即两类边值问题解是相同的，边值问题解具有唯一性。

2. 叠加原理

对于同一个弹性体设有两组解 $\boldsymbol{\varGamma}^{(i)}$、$\boldsymbol{u}^{(i)}$、$\boldsymbol{T}^{(i)}$（$i=1,2$），分别满足下述两个边值问题：

$$\begin{cases} \boldsymbol{\varGamma}^{(i)} = [\nabla \boldsymbol{u}^{(i)} + (\nabla \boldsymbol{u}^{(i)})^{\mathrm{T}}]/2 \\ \nabla \cdot \boldsymbol{T}^{(i)} + \boldsymbol{f}^{(i)} = \boldsymbol{0} \\ \boldsymbol{T}^{(i)} = \lambda(\operatorname{tr}\boldsymbol{\varGamma}^{(i)})\boldsymbol{I} + 2\mu \boldsymbol{\varGamma}^{(i)} \end{cases} \quad \begin{cases} \boldsymbol{u}^{(i)} = \boldsymbol{u}_0^{(i)} & (\partial_u\Omega) \\ \boldsymbol{T}^{(i)}\boldsymbol{n} = \boldsymbol{t}_0^{(i)} & (\partial_t\Omega) \\ \boldsymbol{T}^{(i)}\boldsymbol{n} + k\boldsymbol{u}^{(i)} = \boldsymbol{0} & (\partial_e\Omega) \end{cases} \tag{5.11}$$

将两组基本方程和边界条件相加，可以得到

$$\begin{cases} \boldsymbol{\varGamma} = [\nabla \boldsymbol{u} + (\nabla \boldsymbol{u})^{\mathrm{T}}]/2 \\ \nabla \cdot \boldsymbol{T} + \boldsymbol{f}^{(1)} + \boldsymbol{f}^{(2)} = \boldsymbol{0} \\ \boldsymbol{T} = \lambda(\operatorname{tr}\boldsymbol{\varGamma})\boldsymbol{I} + 2\mu \boldsymbol{\varGamma} \end{cases} \quad \begin{cases} \boldsymbol{u} = \boldsymbol{u}_0^{(1)} + \boldsymbol{u}_0^{(2)} & (\partial_u\Omega) \\ \boldsymbol{T}\boldsymbol{n} = \boldsymbol{t}_0^{(1)} + \boldsymbol{t}_0^{(2)} & (\partial_t\Omega) \\ \boldsymbol{T}\boldsymbol{n} + k\boldsymbol{u} = \boldsymbol{0} & (\partial_e\Omega) \end{cases} \tag{5.12}$$

上式表明，将两类边值问题的体力条件和边界条件叠加，所产生新的边值问题的解服从叠加性原理：

$$\boldsymbol{\varGamma} = \boldsymbol{\varGamma}^{(1)} + \boldsymbol{\varGamma}^{(2)}, \quad \boldsymbol{u} = \boldsymbol{u}^{(1)} + \boldsymbol{u}^{(2)}, \quad \boldsymbol{T} = \boldsymbol{T}^{(1)} + \boldsymbol{T}^{(2)} \tag{5.13}$$

利用叠加性原理，可以将一个复杂边值问题分解为若干个简单问题来求解，为边值问题求解带来一定方便。

5.2 平面应变问题

在工程实际中，弹性体可能满足如下特点：弹性体在某方向（记为 x_3 轴）长度远大于横向尺寸，体力与侧面外力在 x_3 方向的分量为零，并在 $x_1 - x_2$ 平面构成平衡力系。具有以上特点的弹性体位移场满足

$$\boldsymbol{u} = \begin{bmatrix} u_1(x_1,x_2) \\ u_2(x_1,x_2) \\ 0 \end{bmatrix} \tag{5.14}$$

根据式（5.1），此时应变张量退化为"二维"情况：

$$[\boldsymbol{\Gamma}] = \begin{bmatrix} \varepsilon_{11} & \varepsilon_{12} & 0 \\ \varepsilon_{12} & \varepsilon_{22} & 0 \\ 0 & 0 & 0 \end{bmatrix} \tag{5.15}$$

上述问题称为平面应变问题。相应应力张量给作：

$$[\boldsymbol{T}] = \begin{bmatrix} \sigma_{11} & \sigma_{12} & 0 \\ \sigma_{12} & \sigma_{22} & 0 \\ 0 & 0 & \sigma_{33} \end{bmatrix} \tag{5.16}$$

值得注意的是，此时 $\sigma_{33} = \nu(\sigma_{11} + \sigma_{22}) \neq 0$，用以保证长柱体沿 x_3 方向无轴向变形。

平面应变问题的本构方程给作：

$$\begin{cases} \varepsilon_{11} = \dfrac{1+\nu}{E}[(1-\nu)\sigma_{11} - \nu\sigma_{22}] \\ \varepsilon_{22} = \dfrac{1+\nu}{E}[(1-\nu)\sigma_{22} - \nu\sigma_{11}] \\ \varepsilon_{12} = \dfrac{1+\nu}{E}\sigma_{12} \end{cases} \tag{5.17}$$

平衡方程给作：

$$\begin{cases} \dfrac{\partial \sigma_{11}}{\partial x_1} + \dfrac{\partial \sigma_{12}}{\partial x_2} + f_1 = 0 \\ \dfrac{\partial \sigma_{12}}{\partial x_1} + \dfrac{\partial \sigma_{22}}{\partial x_2} + f_2 = 0 \end{cases} \tag{5.18}$$

对于应变协调方程，除式（2.33）外，其他恒成立。将式（5.17）代入式（2.33），并结合式（5.18），可以得到应力协调方程如下：

$$\nabla^2(\sigma_{11} + \sigma_{22}) = -\dfrac{1}{1-\nu}\left(\dfrac{\partial f_1}{\partial x_1} + \dfrac{\partial f_2}{\partial x_2}\right) \tag{5.19}$$

式中，$\nabla^2 = (\partial^2/\partial x_1^2 + \partial^2/\partial x_2^2)$。

式（5.18）、式（5.19）和式（5.5）构成了以应力表示的平面应变边值问题，下面给出其求解方法。假设存在体力势函数 F，满足如下关系：

$$f_1 = -\dfrac{\partial F}{\partial x_1}, \quad f_2 = -\dfrac{\partial F}{\partial x_2} \tag{5.20}$$

在上述假设下，式（5.18）可以写为

$$\begin{cases} \dfrac{\partial(\sigma_{11} - F)}{\partial x_1} + \dfrac{\partial \sigma_{12}}{\partial x_2} = 0 \\ \dfrac{\partial \sigma_{12}}{\partial x_1} + \dfrac{\partial(\sigma_{22} - F)}{\partial x_2} = 0 \end{cases} \tag{5.21}$$

根据式（5.21），存在积分函数 $U(x_1, x_2)$，也称为 Airy 应力函数，与应力分量满足如下关系：

$$\sigma_{11} = \dfrac{\partial^2 U}{\partial x_2^2} + F, \quad \sigma_{22} = \dfrac{\partial^2 U}{\partial x_1^2} + F, \quad \sigma_{12} = -\dfrac{\partial^2 U}{\partial x_1 \partial x_2} \tag{5.22}$$

将式（5.22）代入式（5.19），可得

$$\nabla^4 U = -\frac{1-2\nu}{1-\nu}\nabla^2 F \tag{5.23}$$

式中，$\nabla^4 U = \nabla^2\nabla^2 U$。忽略体力时，$U$ 满足双调和方程：

$$\nabla^4 U = \frac{\partial^4 U}{\partial x_1^4} + 2\frac{\partial^4 U}{\partial x_1^2 \partial x_2^2} + \frac{\partial^4 U}{\partial x_2^4} = 0 \tag{5.24}$$

因此，平面应变问题最终归结为在给定边界条件下求解式（5.24）。

5.3 平面应力问题

考虑弹性薄板，其厚度远小于板面横向尺寸，记垂直于板面方向为 x_3 轴，板的侧面受均匀外力（与 x_3 无关），板上下表面无外力（$\sigma_{13}=\sigma_{23}=\sigma_{33}=0$）。由于板非常薄，板面应力自由条件可扩展到板内，则应力场具有如下特点：

$$[\boldsymbol{T}] = \begin{bmatrix} \sigma_{11}(x_1,x_2) & \sigma_{12}(x_1,x_2) & 0 \\ \sigma_{12}(x_1,x_2) & \sigma_{22}(x_1,x_2) & 0 \\ 0 & 0 & 0 \end{bmatrix} \tag{5.25}$$

上述问题称为平面应力问题。相应的应变张量给作：

$$[\boldsymbol{\Gamma}] = \begin{bmatrix} \varepsilon_{11} & \varepsilon_{12} & 0 \\ \varepsilon_{12} & \varepsilon_{22} & 0 \\ 0 & 0 & \varepsilon_{33} \end{bmatrix} \tag{5.26}$$

平面应力问题的本构方程给作：

$$\begin{cases} \varepsilon_{11} = \dfrac{1}{E}(\sigma_{11} - \nu\sigma_{22}) \\ \varepsilon_{22} = \dfrac{1}{E}(\sigma_{22} - \nu\sigma_{11}) \\ \varepsilon_{12} = \dfrac{1+\nu}{E}\sigma_{12} \\ \varepsilon_{33} = -\dfrac{\nu}{E}(\sigma_{11} + \sigma_{22}) \end{cases} \tag{5.27}$$

平面应力问题的平衡方程仍为式（5.18）。将式（5.27）代入式（2.33），并结合式（5.18），可以得到应力协调方程：

$$\nabla^2(\sigma_{11} + \sigma_{22}) = -(1+\nu)\left(\frac{\partial f_1}{\partial x_1} + \frac{\partial f_2}{\partial x_2}\right) \tag{5.28}$$

式（5.18）、式（5.28）和式（5.5）构成了以应力表示的平面应力边值问题，与平面应变问题求解方法类似，引入体力势函数 F 和 Airy 应力函数 U，式（5.28）可以写为

$$\nabla^4 U = -(1-\nu)\nabla^2 F \tag{5.29}$$

忽略体力时，U 同样满足式（5.24）。

平面应变和平面应力问题具有相同的式（5.18）、式（2.33）和式（5.5），其区别仅在于本构方程中与弹性常数 E 和 ν 有关的系数项。因此，当求解一种平面问题后，可以通过弹性常数的转换，自动获得另一种平面问题的解。从平面应变问题转为平面应力问题，可以简单地将弹性常数作如下替换：

$$E \to \frac{E(1+2\nu)}{(1+2\nu)^2}, \quad \nu \to \frac{\nu}{1+\nu} \tag{5.30}$$

反之，从平面应力问题转为平面应变问题，可将弹性常数作如下替换：

$$E \to \frac{E}{1-\nu^2}, \quad \nu \to \frac{\nu}{1-\nu} \tag{5.31}$$

当泊松比为零（$\nu=0$）时，两类问题的解相同。

在上述平面应力问题分析中，尚未考虑应变协调方程（式（2.34）~式（2.38））。对于平面应力状态，式（2.36）和式（2.37）恒成立，从式（2.34）、式（2.35）和式（2.38）可得

$$\frac{\partial^2 \varepsilon_{33}}{\partial x_1^2} = \frac{\partial^2 \varepsilon_{33}}{\partial x_2^2} = \frac{\partial^2 \varepsilon_{33}}{\partial x_1 \partial x_2} = 0 \tag{5.32}$$

结合式（5.32）和式（5.27）可知，应变分量 ε_{33} 或 $\sigma_{11}+\sigma_{22}$ 应当是 x_1 和 x_2 的线性函数。对于厚度极小的薄板问题，如果无法满足式（5.32）所描述的约束条件，则平面应力状态仍是一个很好的近似。

5.4 平面极坐标表示

在工程问题中，会经常遇到圆形或楔形物体的载荷受力分析，在求解此类问题时用极坐标系将更加方便求解。下面给出二维平面弹性力学问题的极坐标表示。

空间矢径 $\boldsymbol{x}$ 在二维直角坐标系 $(\boldsymbol{e}_1, \boldsymbol{e}_2)$ 可表示为 $\boldsymbol{x} = x_i \boldsymbol{e}_i$，矢径微元 $\mathrm{d}\boldsymbol{x}$ 为

$$\mathrm{d}\boldsymbol{x} = \frac{\partial \boldsymbol{x}}{\partial x_1}\mathrm{d}x_1 + \frac{\partial \boldsymbol{x}}{\partial x_2}\mathrm{d}x_2 = \mathrm{d}x_i \boldsymbol{e}_i \tag{5.33}$$

取极坐标系 (r, θ)，矢径 $\boldsymbol{x}(r, \theta)$ 可表示为

$$\boldsymbol{x}(r,\theta) = r\cos\theta \boldsymbol{e}_1 + r\sin\theta \boldsymbol{e}_2 \tag{5.34}$$

相应的矢径微元 $\mathrm{d}\boldsymbol{x}$ 为

$$\mathrm{d}\boldsymbol{x} = \frac{\partial \boldsymbol{x}}{\partial r}\mathrm{d}r + \frac{\partial \boldsymbol{x}}{\partial \theta}\mathrm{d}\theta \tag{5.35}$$

将式（5.34）代入式（5.35）可得

$$\mathrm{d}\boldsymbol{x} = (\cos\theta \boldsymbol{e}_1 + \sin\theta \boldsymbol{e}_2)\mathrm{d}r + (-r\sin\theta \boldsymbol{e}_1 + r\cos\theta \boldsymbol{e}_2)\mathrm{d}\theta \tag{5.36}$$

定义平面极坐标系的基矢量 $(\boldsymbol{e}_r, \boldsymbol{e}_\theta)$ 为

$$\begin{cases} \boldsymbol{e}_r = \cos\theta \boldsymbol{e}_1 + \sin\theta \boldsymbol{e}_2 \\ \boldsymbol{e}_\theta = -\sin\theta \boldsymbol{e}_1 + \cos\theta \boldsymbol{e}_2 \end{cases} \tag{5.37}$$

利用式（5.37），式（5.36）可重新表示为

$$\mathrm{d}\boldsymbol{x} = \mathrm{d}r \boldsymbol{e}_r + r\mathrm{d}\theta \boldsymbol{e}_\theta \tag{5.38}$$

式（5.37）也给出了直角坐标与极坐标的转换关系：

$$\begin{bmatrix} \boldsymbol{e}_r \\ \boldsymbol{e}_\theta \end{bmatrix} = [\boldsymbol{Q}] \begin{bmatrix} \boldsymbol{e}_1 \\ \boldsymbol{e}_2 \end{bmatrix}, \quad [\boldsymbol{Q}] = \begin{bmatrix} \cos\theta & \sin\theta \\ -\sin\theta & \cos\theta \end{bmatrix} \tag{5.39}$$

在极坐标系 $(\boldsymbol{e}_r, \boldsymbol{e}_\theta)$ 中，位移 $\boldsymbol{u}$、应变 $\boldsymbol{\Gamma}$ 和应力 $\boldsymbol{T}$ 的分量形式分别记作：

$$\boldsymbol{u} = u_r \boldsymbol{e}_r + u_\theta \boldsymbol{e}_\theta \tag{5.40}$$

$$\boldsymbol{\Gamma} = \varepsilon_r \boldsymbol{e}_r \boldsymbol{e}_r + \varepsilon_\theta \boldsymbol{e}_\theta \boldsymbol{e}_\theta + \gamma_{r\theta} \boldsymbol{e}_r \boldsymbol{e}_\theta + \gamma_{\theta r} \boldsymbol{e}_\theta \boldsymbol{e}_r \tag{5.41}$$

$$\boldsymbol{T} = \sigma_r \boldsymbol{e}_r \boldsymbol{e}_r + \sigma_\theta \boldsymbol{e}_\theta \boldsymbol{e}_\theta + \tau_{r\theta} \boldsymbol{e}_r \boldsymbol{e}_\theta + \tau_{\theta r} \boldsymbol{e}_\theta \boldsymbol{e}_r \tag{5.42}$$

参考 1.5 节内容，根据式 (5.39) 可得位移分量在直角坐标和极坐标之间的转换关系为

$$\begin{cases} u_r = u_1 \cos\theta + u_2 \sin\theta \\ u_\theta = u_1 \sin\theta - u_2 \cos\theta \end{cases}, \quad \begin{cases} u_1 = u_r \cos\theta - u_\theta \sin\theta \\ u_2 = u_r \sin\theta + u_\theta \cos\theta \end{cases} \tag{5.43}$$

应力分量的坐标转换关系为

$$\begin{cases} \sigma_r = \sigma_{11} \cos^2\theta + \sigma_{22} \sin^2\theta + \sigma_{12} \sin(2\theta) \\ \sigma_\theta = \sigma_{11} \sin^2\theta + \sigma_{22} \cos^2\theta - \sigma_{12} \sin(2\theta) \\ \tau_{r\theta} = \dfrac{\sigma_{22} - \sigma_{11}}{2} \sin(2\theta) + \sigma_{12}(\cos^2\theta - \sin^2\theta) \end{cases} \tag{5.44}$$

$$\begin{cases} \sigma_{11} = \sigma_r \cos^2\theta + \sigma_\theta \sin^2\theta - \tau_{r\theta} \sin(2\theta) \\ \sigma_{22} = \sigma_r \sin^2\theta + \sigma_\theta \cos^2\theta + \tau_{r\theta} \sin(2\theta) \\ \sigma_{12} = \dfrac{\sigma_r - \sigma_\theta}{2} \sin(2\theta) + \tau_{r\theta}(\cos^2\theta - \sin^2\theta) \end{cases} \tag{5.45}$$

将式 (5.44) 和式 (5.45) 中的应力换作应变，可以得到应变分量的坐标转换关系。

下面分析标量场 $\phi(\boldsymbol{x})$ 的梯度，从中给出哈密顿算子的极坐标形式。参考 1.7 节内容，分析点 $\boldsymbol{x}$ 附近标量场 ϕ 的变化量 $d\phi = \phi(\boldsymbol{x} + d\boldsymbol{x}) - \phi(\boldsymbol{x})$，在极坐标下可得如下关系：

$$\begin{aligned} d\phi &= \frac{\partial \phi(\boldsymbol{x})}{\partial r} dr + \frac{\partial \phi(\boldsymbol{x})}{\partial \theta} d\theta \\ &= \left(\frac{\partial \phi(\boldsymbol{x})}{\partial r} \boldsymbol{e}_r + \frac{1}{r} \frac{\partial \phi(\boldsymbol{x})}{\partial \theta} \boldsymbol{e}_\theta \right) \cdot (dr \boldsymbol{e}_r + r d\theta \boldsymbol{e}_\theta) \end{aligned} \tag{5.46}$$

利用式 (5.38)，式 (5.46) 可重新表示为

$$d\phi = \left(\frac{\partial \phi(\boldsymbol{x})}{\partial r} \boldsymbol{e}_r + \frac{1}{r} \frac{\partial \phi(\boldsymbol{x})}{\partial \theta} \boldsymbol{e}_\theta \right) \cdot d\boldsymbol{x} \tag{5.47}$$

根据梯度的含义，从式 (5.47) 可知标量场 $\phi(\boldsymbol{x})$ 的梯度为

$$\nabla \phi = \frac{\partial \phi}{\partial r} \boldsymbol{e}_r + \frac{1}{r} \frac{\partial \phi}{\partial \theta} \boldsymbol{e}_\theta \tag{5.48}$$

因此极坐标下的哈密顿算符给作：

$$\nabla(\cdot) = \boldsymbol{e}_r \frac{\partial(\cdot)}{\partial r} + \boldsymbol{e}_\theta \frac{1}{r} \frac{\partial(\cdot)}{\partial \theta} \tag{5.49}$$

基于哈密顿算符可以写出弹性力学基本方程的极坐标形式，详见如下。

1. 几何方程

位移场的梯度给作：

$$\nabla \boldsymbol{u} = \boldsymbol{e}_r \boldsymbol{e}_r \frac{\partial u_r}{\partial r} + \boldsymbol{e}_r \boldsymbol{e}_\theta \frac{1}{r}\left(\frac{\partial u_r}{\partial \theta} - u_\theta\right) + \boldsymbol{e}_\theta \boldsymbol{e}_r \frac{\partial u_\theta}{\partial r} + \boldsymbol{e}_\theta \boldsymbol{e}_\theta \frac{1}{r}\left(\frac{\partial u_\theta}{\partial \theta} + u_r\right) \tag{5.50}$$

将式 (5.50) 代入几何方程（式 (5.1)），可得

$$\boldsymbol{\Gamma} = \boldsymbol{e}_r \boldsymbol{e}_r \frac{\partial u_r}{\partial r} + \boldsymbol{e}_\theta \boldsymbol{e}_\theta \left(\frac{1}{r}\frac{\partial u_\theta}{\partial \theta} + \frac{u_r}{r}\right) + \frac{1}{2}(\boldsymbol{e}_r \boldsymbol{e}_\theta + \boldsymbol{e}_\theta \boldsymbol{e}_r)\left(\frac{\partial u_\theta}{\partial r} + \frac{1}{r}\frac{\partial u_r}{\partial \theta} - \frac{u_\theta}{r}\right) \tag{5.51}$$

结合式 (5.41) 可得几何方程的极坐标形式为

$$\begin{cases} \varepsilon_r = \dfrac{\partial u_r}{\partial r} \\ \varepsilon_\theta = \dfrac{1}{r}\dfrac{\partial u_\theta}{\partial \theta} + \dfrac{u_r}{r} \\ \gamma_{r\theta} = \gamma_{\theta r} = \dfrac{1}{2}\left(\dfrac{\partial u_\theta}{\partial r} + \dfrac{1}{r}\dfrac{\partial u_r}{\partial \theta} - \dfrac{u_\theta}{r}\right) \end{cases} \quad (5.52)$$

2. 平衡方程

应力张量的散度给作：

$$\nabla \cdot \boldsymbol{T} = \boldsymbol{e}_r\left(\dfrac{\partial \sigma_r}{\partial r} + \dfrac{1}{r}\dfrac{\partial \tau_{r\theta}}{\partial \theta} + \dfrac{\sigma_r - \sigma_\theta}{r}\right) + \boldsymbol{e}_\theta\left(\dfrac{\partial \tau_{r\theta}}{\partial r} + \dfrac{1}{r}\dfrac{\partial \sigma_\theta}{\partial \theta} + \dfrac{2\tau_{r\theta}}{r}\right) \quad (5.53)$$

将式（5.53）代入式（5.2），可得平衡方程的极坐标形式为

$$\begin{cases} \dfrac{\partial \sigma_r}{\partial r} + \dfrac{1}{r}\dfrac{\partial \tau_{r\theta}}{\partial \theta} + \dfrac{\sigma_r - \sigma_\theta}{r} + f_r = 0 \\ \dfrac{\partial \tau_{r\theta}}{\partial r} + \dfrac{1}{r}\dfrac{\partial \sigma_\theta}{\partial \theta} + \dfrac{2\tau_{r\theta}}{r} + f_\theta = 0 \end{cases} \quad (5.54)$$

其中剪应力分量仍然满足 $\tau_{r\theta} = \tau_{\theta r}$。

3. 本构方程

根据式（5.17）和式（5.27），平面应变问题本构方程的极坐标形式为

$$\begin{cases} \varepsilon_r = \dfrac{1+\nu}{E}\left[(1-\nu)\sigma_r - \nu\sigma_\theta\right] \\ \varepsilon_\theta = \dfrac{1+\nu}{E}\left[(1-\nu)\sigma_\theta - \nu\sigma_r\right] \\ \gamma_{r\theta} = \dfrac{1+\nu}{E}\tau_{r\theta} \end{cases} \quad (5.55)$$

平面应力问题本构方程的极坐标形式为

$$\begin{cases} \varepsilon_r = \dfrac{1}{E}(\sigma_r - \nu\sigma_\theta) \\ \varepsilon_\theta = \dfrac{1}{E}(\sigma_\theta - \nu\sigma_r) \\ \gamma_{r\theta} = \dfrac{1+\nu}{E}\tau_{r\theta} \end{cases} \quad (5.56)$$

4. 双调和方程与 Airy 应力函数

极坐标下的拉普拉斯算符给作：

$$\nabla^2 = \dfrac{\partial^2}{\partial r^2} + \dfrac{1}{r}\dfrac{\partial}{\partial r} + \dfrac{1}{r^2}\dfrac{\partial^2}{\partial \theta^2} \quad (5.57)$$

应力分量与 Airy 应力函数 U 的关系为

$$\begin{cases} \sigma_r = \dfrac{1}{r}\dfrac{\partial U}{\partial r} + \dfrac{1}{r^2}\dfrac{\partial^2 U}{\partial \theta^2} \\ \sigma_\theta = \dfrac{\partial^2 U}{\partial r^2} \\ \tau_{r\theta} = -\dfrac{1}{r}\dfrac{\partial^2 U}{\partial r \partial \theta} + \dfrac{1}{r^2}\dfrac{\partial U}{\partial \theta} \end{cases} \quad (5.58)$$

应力函数 U 所满足双调和方程的极坐标形式为

$$\left(\frac{\partial^2}{\partial r^2} + \frac{1}{r}\frac{\partial}{\partial r} + \frac{1}{r^2}\frac{\partial^2}{\partial \theta^2}\right)\left(\frac{\partial^2}{\partial r^2} + \frac{1}{r}\frac{\partial}{\partial r} + \frac{1}{r^2}\frac{\partial^2}{\partial \theta^2}\right)U = 0 \tag{5.59}$$

5.5 最小势能原理

式（5.1）~式（5.6）所构成边值问题的一组解 $[\boldsymbol{u}, \boldsymbol{\Gamma}, \boldsymbol{T}]$ 称为系统的真实解，该边值问题称为经典强形式。引入虚位移场的概念，可导出弹性力学边值问题的弱形式（即变分形式），可以得到虚功原理和最小势能原理，是力学中的重要概念，本节将对相关内容进行介绍。为方便分析，在下述讨论中仅考虑弹性体存在位移边界（式（5.4））和应力边界（式（5.5））的情况。

几何方程（式（5.1））与位移边界（式（5.4））仅涉及位移场和应变场，满足这两个方程的位移场 $\boldsymbol{u}_A$ 称为系统的运动学许可解，其与真实解 $\boldsymbol{u}$ 的关系表示为 $\boldsymbol{u}_A = \boldsymbol{u} + \delta\boldsymbol{u}$，其中 $\delta\boldsymbol{u}$ 称为虚位移。根据式（5.2）和式（5.5），对任意虚位移场 $\delta\boldsymbol{u}$ 有下式成立：

$$-\int_\Omega (\nabla \cdot \boldsymbol{T} + \boldsymbol{f}) \cdot \delta\boldsymbol{u}\,\mathrm{d}V + \int_{\partial_t\Omega} (\boldsymbol{T}\boldsymbol{n} - \boldsymbol{t}_0) \cdot \delta\boldsymbol{u}\,\mathrm{d}S = 0 \tag{5.60}$$

对于上式体积分的第一项，利用分部积分和应力张量的对称性可得

$$\int_\Omega (\nabla \cdot \boldsymbol{T}) \cdot \delta\boldsymbol{u}\,\mathrm{d}V = \int_\Omega [\nabla \cdot (\boldsymbol{T}\delta\boldsymbol{u}) - \boldsymbol{T} : \nabla(\delta\boldsymbol{u})]\,\mathrm{d}V$$

$$= \int_{\partial\Omega} (\boldsymbol{T}\delta\boldsymbol{u}) \cdot \boldsymbol{n}\,\mathrm{d}S - \int_\Omega \boldsymbol{T} : \delta\boldsymbol{\Gamma}\,\mathrm{d}V \tag{5.61}$$

由于在位移边界 $\partial_u\Omega$ 上 $\delta\boldsymbol{u} = 0$，从式（5.61）可进一步得到

$$\int_\Omega (\nabla \cdot \boldsymbol{T}) \cdot \delta\boldsymbol{u}\,\mathrm{d}V = \int_{\partial_t\Omega} (\boldsymbol{T}\boldsymbol{n}) \cdot \delta\boldsymbol{u}\,\mathrm{d}S - \int_\Omega \boldsymbol{T} : \delta\boldsymbol{\Gamma}\,\mathrm{d}V \tag{5.62}$$

将式（5.62）代入式（5.60），可得

$$\int_\Omega \boldsymbol{T} : \delta\boldsymbol{\Gamma}\,\mathrm{d}V = \int_\Omega \boldsymbol{f} \cdot \delta\boldsymbol{u}\,\mathrm{d}V + \int_{\partial_t\Omega} \boldsymbol{t}_0 \cdot \delta\boldsymbol{u}\,\mathrm{d}S \tag{5.63}$$

其中，虚应变定义为 $\delta\boldsymbol{\Gamma} = \{\nabla(\delta\boldsymbol{u}) + [\nabla(\delta\boldsymbol{u})]^\mathrm{T}\}/2$。

式（5.63）称为弹性体的虚功原理，是弹性力学边值问题的弱形式，其物理意义为：若应力场满足平衡方程（式（5.2））和应力边界条件（式（5.5）），则力在任意虚位移上做的虚功（等号右边）等于应力在相应协调虚应变上做的虚功（等号左边），反之亦然。虚功原理的导出只涉及静力和位移系统的平衡场和协调场，并没有涉及本构方程，因此虚功原理不仅适用于线弹性问题，对其他非线性材料也同样成立。

结合本构方程，从虚功原理可以导出弹性力学问题的最小势能原理。考虑一般各向异性本构方程（式（4.18）），将其代入式（5.63）可得

$$\int_\Omega (\delta\varepsilon_{ij} C_{ijkl}\varepsilon_{kl} - \boldsymbol{f} \cdot \delta\boldsymbol{u})\,\mathrm{d}V - \int_{\partial_t\Omega} \boldsymbol{t}_0 \cdot \delta\boldsymbol{u}\,\mathrm{d}S = 0 \tag{5.64}$$

在静态小变形假设下，弹性体所受到的体力和面力恒定，因此是有势力，即存在势函数 $V_f(\boldsymbol{u})$ 和 $V_t(\boldsymbol{u})$，满足关系 $\boldsymbol{f} = -\nabla_u V_f$ 和 $\boldsymbol{t}_0 = -\nabla_u V_t$，因此有

$$\delta V_f = -\boldsymbol{f} \cdot \delta\boldsymbol{u}, \quad \delta V_t = -\boldsymbol{t}_0 \cdot \delta\boldsymbol{u} \tag{5.65}$$

根据式（4.24），弹性体单位体积的应变能 $W = \varepsilon_{ij} C_{ijkl}\varepsilon_{kl}/2$，其变分 δW 为

$$\delta W = \delta\varepsilon_{ij} C_{ijkl} \varepsilon_{kl} \tag{5.66}$$

定义弹性体的总势能 Π 为

$$\begin{aligned}\Pi(\boldsymbol{u}) &= \int_{\Omega}(W+V_f)\mathrm{d}V + \int_{\partial_t\Omega}V_t\mathrm{d}S \\ &= \int_{\Omega}\left(\frac{1}{2}\varepsilon_{ij}C_{ijkl}\varepsilon_{kl} - \boldsymbol{f}\cdot\boldsymbol{u}\right)\mathrm{d}V - \int_{\partial_t\Omega}\boldsymbol{t}_0\cdot\boldsymbol{u}\mathrm{d}S\end{aligned} \tag{5.67}$$

根据式（5.64），显然有

$$\delta\Pi(\boldsymbol{u}) = 0 \tag{5.68}$$

式（5.68）表明，在所有满足位移边界条件的协调位移场中，真实解总是使系统的总势能取驻值。事实上，还能进一步证明真实解使系统总势能取最小值，即最小势能原理。对于任意运动学许可解 $\boldsymbol{u}_A = \boldsymbol{u} + \delta\boldsymbol{u}$，代入式（5.67）可得

$$\Pi(\boldsymbol{u}_A) = \Pi(\boldsymbol{u}) + \delta\Pi + \frac{1}{2}\delta^2\Pi \tag{5.69}$$

式中，$\delta\Pi$ 和 $\delta^2\Pi$ 分别为系统总势能的一阶和二阶变分。一阶变分即式（5.64），已证明对于真实位移场有 $\delta\Pi=0$。势能的二阶变分只包含应变能函数

$$\frac{1}{2}\delta^2\Pi = \frac{1}{2}\delta^2\int_{\Omega}W\mathrm{d}V = \frac{1}{2}\int_{\Omega}\delta\varepsilon_{ij}C_{ijkl}\delta\varepsilon_{kl}\mathrm{d}V \tag{5.70}$$

由于 C_{ijkl} 的正定性，恒有 $\delta^2\Pi \geq 0$，因此有 $\Pi(\boldsymbol{u}_A) \geq \Pi(\boldsymbol{u})$，上式等号仅在 $\delta\boldsymbol{u}=0$ 即真实位移场时发生，系统真实解的势能一定取极小值，上述结论称为最小势能原理。

5.6 最小余能原理

平衡方程（式（5.2））和应力边界条件（式（5.5））仅涉及应力场，满足这两个方程的应力场 $\boldsymbol{T}_B$ 称为系统的静力学许可解，其与真实解 $\boldsymbol{T}$ 的关系表示为 $\boldsymbol{T}_B = \boldsymbol{T} + \delta\boldsymbol{T}$，其中 $\delta\boldsymbol{T}$ 称为虚应力场。根据几何方程（式（5.1））和位移边界条件（式（5.4）），对任意虚应力场 $\delta\boldsymbol{T}$ 有下式成立：

$$\int_{\Omega}\left(\boldsymbol{\Gamma} - \frac{\nabla\boldsymbol{u}+(\nabla\boldsymbol{u})^{\mathrm{T}}}{2}\right):\delta\boldsymbol{T}\mathrm{d}V + \int_{\partial_u\Omega}(\boldsymbol{u}-\boldsymbol{u}_0)\cdot\delta\boldsymbol{T}\boldsymbol{n}\mathrm{d}S = 0 \tag{5.71}$$

上式体积分的第二项可以进一步给作：

$$\begin{aligned}\int_{\Omega}\frac{\nabla\boldsymbol{u}+(\nabla\boldsymbol{u})^{\mathrm{T}}}{2}:\delta\boldsymbol{T}\mathrm{d}V &= \int_{\Omega}\nabla\boldsymbol{u}:\delta\boldsymbol{T}\mathrm{d}V \\ &= \int_{\Omega}[\nabla\cdot(\delta\boldsymbol{T}^{\mathrm{T}}\boldsymbol{u}) - \boldsymbol{u}\cdot\nabla\cdot(\delta\boldsymbol{T})]\mathrm{d}V \\ &= \int_{\partial\Omega}(\delta\boldsymbol{T}^{\mathrm{T}}\boldsymbol{u})\cdot\boldsymbol{n}\mathrm{d}S + \int_{\Omega}\boldsymbol{u}\cdot\delta\boldsymbol{f}\mathrm{d}V\end{aligned} \tag{5.72}$$

由于体域 Ω 上 $\delta\boldsymbol{f}=\boldsymbol{0}$，上式等号右侧第二项为零，因此将式（5.72）代入式（5.71）可得

$$\int_{\Omega}\boldsymbol{\Gamma}:\delta\boldsymbol{T}\mathrm{d}V = \int_{\partial_u\Omega}\boldsymbol{u}_0\cdot\delta\boldsymbol{T}\boldsymbol{n}\mathrm{d}S \tag{5.73}$$

式（5.73）称为弹性体的虚余功原理。将应变视作应力加载的结果，可以定义弹性体的应变余能密度：

$$B(\boldsymbol{T}) = \int_0^{\boldsymbol{T}}\boldsymbol{\Gamma}:\mathrm{d}\boldsymbol{T} \tag{5.74}$$

并存在恒等式：

$$\frac{\partial B}{\partial T} = \boldsymbol{\Gamma} \tag{5.75}$$

式（5.73）等号右侧表示虚应力在位移边界上做的虚余功，与等号左侧应变余能的增量相等。同样，虚余功原理的导出不涉及本构方程，因此虚余功原理不仅适用于线弹性问题，也对其他非线性材料成立。从式（5.73）可以得到

$$\delta\left[\int_\Omega B\mathrm{d}V - \int_{\partial_u\Omega}\boldsymbol{u}_0\cdot\boldsymbol{Tn}\mathrm{d}S\right] = 0 \tag{5.76}$$

上式中括号部分代表系统的总余能，式（5.76）表明真实解总是使系统的总余能取驻值，还能进一步证明真实解使系统总余能取最小值，上述结论称为最小余能原理。

习　　题

5.1　根据式（5.1）~式（5.3），给出用位移表示的无体力静力平衡方程。

5.2　给出图 P5.2 所示问题的边界条件。

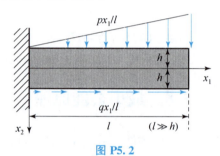

图 P5.2

5.3　函数 $\varphi(x_1,x_2)$ 满足方程 $\partial^2\varphi/\partial x_1^2 + \partial^2\varphi/\partial x_2^2 = 0$，证明下列应力函数均满足双调和方程，其中 α 为常数。

（1）$U = \alpha x_1\varphi$；（2）$U = \alpha x_2\varphi$；（3）$U = \alpha(x_1^2 + x_2^2)\varphi$。

5.4　已知应力函数 U，计算相应的应力场，并给出图 P5.4 所示在矩形区域四个边界上的应力合力。

（1）$U = ax_1^2 + bx_1x_2 + cx_2^2$；（2）$U = ax_1^3 + bx_1^2x_2 + cx_1x_2^2 + dx_2^3$。

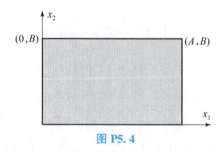

图 P5.4

5.5　已知应力函数 U，计算相应的应力场。

$$U(x_1,x_2) = -\frac{\alpha}{\pi}x_1\arctan\frac{x_2}{x_1}$$

第 6 章
长柱体的拉扭问题

弹性力学边值问题的精确解较难获得，本章将介绍圣维南原理基本概念，并针对长柱体拉扭问题，介绍基于圣维南原理的弹性边值问题近似求解方法。

6.1 圣维南原理

求解 5.1 节中的弹性力学边值问题可以获得精确解，如果改变边界条件的载荷分布，并保证其合力与合力矩不变，那么这种变化将主要影响载荷边界附近的力学响应，这种行为可以总结为圣维南原理：施加在弹性体局部边界上的载荷，如果替换为另一种不同分布但合力与合力矩保持不变的载荷，那么这两种载荷在远离作用边界的区域所产生的力学响应差异很小。根据叠加原理，上述载荷分布的变化等价于叠加一个零合力与零合力矩的力系统，该系统将主要影响载荷附近的弹性解。

本章将以长柱体的拉扭问题为例，介绍基于圣维南原理的弹性体边值问题求解方法。考虑长为 l 的弹性长柱体（图 6.1），长柱体侧面边界（G）应力自由 $Tn = 0$，柱体端面（D）受外载 $Tk = t$ 作用。

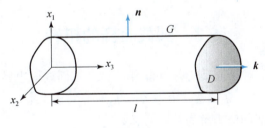

图 6.1

图 6.1 所示长柱体端面的合力与合力矩条件可以表示为

$$\iint_D \sigma_{31} \mathrm{d}x_1 \mathrm{d}x_2 = \iint_D t_1 \mathrm{d}x_1 \mathrm{d}x_2 = R_1 \tag{6.1}$$

$$\iint_D \sigma_{32} \mathrm{d}x_1 \mathrm{d}x_2 = \iint_D t_2 \mathrm{d}x_1 \mathrm{d}x_2 = R_2 \tag{6.2}$$

$$\iint_D \sigma_{33} \mathrm{d}x_1 \mathrm{d}x_2 = \iint_D t_3 \mathrm{d}x_1 \mathrm{d}x_2 = R_3 \tag{6.3}$$

$$\iint_D x_2 \sigma_{33} \mathrm{d}x_1 \mathrm{d}x_2 = \iint_D x_2 t_3 \mathrm{d}x_1 \mathrm{d}x_2 = M_1 \tag{6.4}$$

$$-\iint_D x_1 \sigma_{33} dx_1 dx_2 = -\iint_D x_1 t_3 dx_1 dx_2 = M_2 \quad (6.5)$$

$$\iint_D (x_1 \sigma_{32} - x_2 \sigma_{31}) dx_1 dx_2 = \iint_D (x_1 t_2 - x_2 t_1) dx_1 dx_2 = M_3 \quad (6.6)$$

式中，R_i，M_i——给定的合外力与合外力矩。

下面将以式 (6.1) ~ 式 (6.6) 所示放松边界条件取代精确边界条件 $Tk = t$，分析长柱体的拉压和扭转问题，根据圣维南原理，所得弹性解在远离端面的区域与真实解相差很小。

6.2 长柱体轴向拉压

考虑长柱体的简单拉伸问题，其端面的放松边界条件为

$$R_3 = P, \quad R_1 = R_2 = M_1 = M_2 = M_3 = 0 \quad (6.7)$$

根据式 (6.3)，一组可能的应力解为

$$\sigma_{33} = \sigma, \quad \sigma_{11} = \sigma_{22} = \sigma_{13} = \sigma_{23} = \sigma_{12} = 0 \quad (6.8)$$

式中，σ 为常数，即远离端面的柱体内部应力是均匀的。该解已满足所有基本方程和侧面边界条件，设横截面面积为 S，根据端面的合力条件可得

$$\sigma = \frac{P}{S} \quad (6.9)$$

式 (6.8) 刻画了单轴应力状态，参看 4.5 节内容，其所产生的应变响应为

$$\varepsilon_{11} = \varepsilon_{22} = -\frac{\nu P}{ES}, \quad \varepsilon_{33} = \frac{P}{ES} \quad (6.10)$$

不计刚体位移的位移场为

$$u_1 = -\frac{\nu P}{ES} x_1, \quad u_2 = -\frac{\nu P}{ES} x_2, \quad u_3 = \frac{P}{ES} x_3 \quad (6.11)$$

6.3 圆截面杆的扭转

考虑长柱体两端受一对等值反向力矩 M_t 作用，其端面放松边界条件为

$$M_3 = M_t, \quad R_1 = R_2 = R_3 = M_1 = M_2 = 0 \quad (6.12)$$

根据式 (6.6)，一组可能的应力解为

$$\sigma_{13}, \sigma_{23} \neq 0, \quad \sigma_{11} = \sigma_{22} = \sigma_{33} = \sigma_{12} = 0 \quad (6.13)$$

若该解满足所有基本方程和边界条件，则根据圣维南原理，在远离柱体端面的区域与精确解相差很小。非零应力分量 σ_{31} 和 σ_{32} 需满足如下平衡方程：

$$\frac{\partial \sigma_{13}}{\partial x_3} = \frac{\partial \sigma_{23}}{\partial x_3} = 0 \quad (6.14)$$

$$\frac{\partial \sigma_{13}}{\partial x_1} + \frac{\partial \sigma_{23}}{\partial x_2} = 0 \quad (6.15)$$

下面分析半径为 R 的圆截面柱体的扭转问题，由于圆柱体沿轴线存在旋转对称性，可以合理假设柱体的每个截面均经历刚体旋转，记 x_3 截面处的旋转角为 $\theta(x_3)$，则所引起的位移场为 $\boldsymbol{u} = \theta \boldsymbol{e}_3 \times (x_i \boldsymbol{e}_i)$，相应位移分量为

$$u_1 = -\theta x_2, \quad u_2 = \theta x_1, \quad u_3 = 0 \tag{6.16}$$

根据几何方程和本构关系，该位移场所产生的非零应力分量与式（6.13）所示的应力状态一致，表示为

$$\sigma_{13} = -\mu x_2 \frac{\mathrm{d}\theta}{\mathrm{d}x_3}, \quad \sigma_{23} = \mu x_1 \frac{\mathrm{d}\theta}{\mathrm{d}x_3} \tag{6.17}$$

将式（6.17）代入式（6.14）可得 $\mathrm{d}^2\theta/\mathrm{d}x_3^2 = 0$，可知 $\mathrm{d}\theta/\mathrm{d}x_3$ 为常数，记作 α，称为单位长度扭角。式（6.16）可重写为

$$u_1 = -\alpha x_3 x_2, \quad u_2 = \alpha x_3 x_1, \quad u_3 = 0 \tag{6.18}$$

下面分析柱体的边界条件，侧面边界的外法线单位矢量给作

$$\boldsymbol{n} = (x_1 \boldsymbol{e}_1 + x_2 \boldsymbol{e}_2)/R \tag{6.19}$$

根据式（6.17）和式（6.19），计算侧面边界载荷（$\boldsymbol{t} = \boldsymbol{T}\boldsymbol{n}$）为

$$[\boldsymbol{t}] = \frac{1}{R}\begin{bmatrix} 0 & 0 & \sigma_{13} \\ 0 & 0 & \sigma_{23} \\ \sigma_{13} & \sigma_{23} & 0 \end{bmatrix}\begin{bmatrix} x_1 \\ x_2 \\ 0 \end{bmatrix} = \boldsymbol{0} \tag{6.20}$$

从上式可知位移场（式（6.18））自然满足侧面应力自由条件（$\boldsymbol{Tn} = \boldsymbol{0}$）。

根据端面合力矩条件（式（6.6））可得

$$M_t = \mu I_p \alpha \tag{6.21}$$

式中，I_p——圆截面的极惯性矩，$I_p = \iint (x_1^2 + x_2^2)\mathrm{d}x_1 \mathrm{d}x_2 = \pi R^4/2$。

从式（6.21）可以解出单位长度扭角 $\alpha = M_t/(\mu I_p)$。由此可知，位移场（式（6.18））及其相应应力场（式（6.17））满足全部弹性力学基本方程，并在端面满足合力矩边界条件，根据圣维南原理，该解在远离端面的区域具有足够的精度。

6.4 柱体扭转一般解

基于上节对圆截面杆扭转问题的分析，本节给出非圆截面杆扭转的一般解法，此时柱体扭转时将产生轴向位移。可以合理假设，轴向位移在远离端面处在不同截面上均相同，进而对式（6.18）扩展可以写出位移场形式：

$$u_1 = -\alpha x_3 x_2, \quad u_2 = \alpha x_3 x_1, \quad u_3 = \varphi(x_1, x_2) \tag{6.22}$$

式中，$\varphi(x_1, x_2)$ 称为翘曲函数，描述了轴向位移在截面上的分布。

位移场（式（6.22））所产生的非零应力分量为

$$\sigma_{13} = -\mu x_2 \alpha + \mu \frac{\partial \varphi}{\partial x_1}, \quad \sigma_{23} = \mu x_1 \alpha + \mu \frac{\partial \varphi}{\partial x_2} \tag{6.23}$$

容易验证，式（6.23）已满足式（6.14）。根据式（6.15），可以定义应力函数 $\psi(x_1, x_2)$，满足下式：

$$\sigma_{13} = \frac{\partial \psi}{\partial x_2}, \quad \sigma_{23} = -\frac{\partial \psi}{\partial x_1} \tag{6.24}$$

$\psi(x_1, x_2)$ 也称为 Prandtl 应力函数。联立式（6.23）和式（6.24），可得应力函数与翘曲函数的关系：

$$\frac{\partial \psi}{\partial x_2} = -\mu x_2 \alpha + \mu \frac{\partial \varphi}{\partial x_1} \tag{6.25}$$

$$-\frac{\partial \psi}{\partial x_1} = \mu x_1 \alpha + \mu \frac{\partial \varphi}{\partial x_2} \tag{6.26}$$

从式（6.25）和式（6.26）可以进一步得到

$$\frac{\partial^2 \psi}{\partial x_2^2} = -\mu \alpha + \mu \frac{\partial^2 \varphi}{\partial x_1 \partial x_2} \tag{6.27}$$

$$\frac{\partial^2 \psi}{\partial x_1^2} = -\mu \alpha - \mu \frac{\partial^2 \varphi}{\partial x_1 \partial x_2} \tag{6.28}$$

将上两式相加，得

$$\frac{\partial^2 \psi}{\partial x_1^2} + \frac{\partial^2 \psi}{\partial x_2^2} = -2\mu \alpha \tag{6.29}$$

下面分析柱体的边界条件。设侧面边界由函数 $f(x_1, x_2) = C_0$ 描述，其中 C_0 为常数。考虑侧面边界上的微弧长 $\mathrm{d}s = \mathrm{d}s\boldsymbol{m}$，其外法线单位矢量记作 $\boldsymbol{n}$，可知

$$\boldsymbol{n} = \frac{\nabla f}{|\nabla f|} = \frac{1}{|\nabla f|} \left(\frac{\partial f}{\partial x_1} \boldsymbol{e}_1 + \frac{\partial f}{\partial x_2} \boldsymbol{e}_2 \right) \tag{6.30}$$

将式（6.24）和式（6.30）代入侧面边界应力自由条件 $\sigma_{13} n_1 + \sigma_{23} n_2 = 0$，可得

$$\frac{\partial \psi / \partial x_1}{\partial \psi / \partial x_2} = \frac{\partial f / \partial x_1}{\partial f / \partial x_2} \tag{6.31}$$

式（6.31）表明 $\nabla \psi$ 与 ∇f 平行，即 $\nabla \psi$ 平行于 $\boldsymbol{n}$。考察应力函数 ψ 沿微弧长 $\mathrm{d}s$ 的变化：

$$\frac{\mathrm{d}\psi}{\mathrm{d}s} = \nabla \psi \cdot \boldsymbol{m} \tag{6.32}$$

由于 $\boldsymbol{m}$ 与 $\boldsymbol{n}$ 垂直，因此得到

$$\frac{\mathrm{d}\psi}{\mathrm{d}s} = 0 \tag{6.33}$$

式（6.33）表明侧面边界是 ψ 的等值面，由于该常值不影响应力分量的取值，可令 $\psi = 0$。因此，扭转问题可归结为求解应力函数 ψ 的边值问题：

$$\frac{\partial^2 \psi}{\partial x_1^2} + \frac{\partial^2 \psi}{\partial x_2^2} = -2\mu \alpha, \quad \psi = 0 (\text{侧面边界}) \tag{6.34}$$

与圆截面杆类似，单位长度扭角 α 可以通过端面扭矩条件确定。将式（6.24）代入端面合力矩条件（式（6.6）），可得

$$M_\mathrm{t} = -\iint \left(x_1 \frac{\partial \psi}{\partial x_1} + x_2 \frac{\partial \psi}{\partial x_2} \right) \mathrm{d}x_1 \mathrm{d}x_2 \tag{6.35}$$

上式可重新写为

$$M_\mathrm{t} = -\iint \left[\frac{\partial}{\partial x_1}(x_1 \psi) + \frac{\partial}{\partial x_2}(x_2 \psi) - 2\psi \right] \mathrm{d}x_1 \mathrm{d}x_2 \tag{6.36}$$

考虑格林公式：

$$\iint \left(\frac{\partial Q}{\partial x_1} - \frac{\partial P}{\partial x_2} \right) \mathrm{d}x_1 \mathrm{d}x_2 = \oint_L (P \mathrm{d}x_1 + Q \mathrm{d}x_2) \tag{6.37}$$

在式（6.37）中令 $P = -x_2 \psi$ 和 $Q = x_1 \psi$，代入式（6.36）可得

$$M_t = -\oint_L(-x_2\psi dx_1 + x_1\psi dx_2) + 2\iint\psi dx_1 dx_2 \tag{6.38}$$

由于侧面边界上 $\psi = 0$，式（6.38）可以化简为

$$M_t = 2\iint\psi dx_1 dx_2 \tag{6.39}$$

结合式（6.29）和式（6.39），可以解出单位长度扭角 α。

为了方便分析，也可以引入函数 F 满足 $\psi = \mu\alpha F$，式（6.34）用函数 F 可重新表示为

$$\frac{\partial^2 F}{\partial x_1^2} + \frac{\partial^2 F}{\partial x_2^2} = -2,\quad F = 0(\text{侧面边界}) \tag{6.40}$$

给定截面几何形状，从式（6.40）中可以解出函数 F。进一步定义扭转刚度 D 为

$$D = 2\mu\iint F dx_1 dx_2 \tag{6.41}$$

结合式（6.39）可以解得单位长度扭角为 $\alpha = M_t/D$。

6.5 椭圆截面杆扭转

基于6.4节结果可以求解椭圆截面杆的扭转问题，椭圆截面边界可由如下函数描述：

$$\frac{x_1^2}{a^2} + \frac{x_2^2}{b^2} = 1 \tag{6.42}$$

式中，a,b——椭圆长短半轴，此处假定 $a \geq b$。

考虑侧面边界条件 $\psi = 0$，可以构造如下应力函数：

$$\psi = A\left(1 - \frac{x_1^2}{a^2} - \frac{x_2^2}{b^2}\right) \tag{6.43}$$

式中，A——待定常数。

将式（6.43）代入式（6.34），可以解得

$$A = \frac{\mu\alpha a^2 b^2}{a^2 + b^2} \tag{6.44}$$

则式（6.43）可重新表示为

$$\psi = \frac{\mu\alpha a^2 b^2}{a^2 + b^2}\left(1 - \frac{x_1^2}{a^2} - \frac{x_2^2}{b^2}\right) \tag{6.45}$$

为了确定 α，根据式（6.41）计算扭转刚度：

$$D = \frac{2\mu a^2 b^2}{a^2 + b^2}\iint\left(1 - \frac{x_1^2}{a^2} - \frac{x_2^2}{b^2}\right)dx_1 dx_2 \tag{6.46}$$

在式（6.46）中作变量代换 $x_1 = ar\cos\theta$ 和 $x_2 = br\sin\theta (0 \leq r \leq 1, 0 \leq \theta < 2\pi)$，并考虑关系 $dx_1 dx_2 = abrdrd\theta$，可得

$$D = \frac{2\mu a^3 b^3}{a^2 + b^2}\iint(1 - r^2)rdrd\theta = \frac{\mu\pi a^3 b^3}{a^2 + b^2} \tag{6.47}$$

则单位长度扭角 α 为

$$\alpha = \frac{M_t(a^2 + b^2)}{\mu\pi a^3 b^3} \tag{6.48}$$

将式（6.48）代入式（6.45），最终解得应力函数为

$$\psi = \frac{M_t}{\pi ab}\left(1 - \frac{x_1^2}{a^2} - \frac{x_2^2}{b^2}\right) \tag{6.49}$$

进而根据式（6.24）可得剪应力分布为

$$\sigma_{13} = -\frac{2M_t x_2}{\pi ab^3}, \quad \sigma_{23} = \frac{2M_t x_1}{\pi a^3 b} \tag{6.50}$$

沿截面方向位移 u_1 和 u_2 可以通过式（6.22）得到，轴向位移 u_3 可以通过对式（6.23）积分得到

$$u_3 = M_t \frac{(b^2 - a^2)x_1 x_2}{\mu \pi a^3 b^3} \tag{6.51}$$

当截面面积固定时 $\pi ab = S$，从式（6.47）可以分析得出，在圆截面情况（$a=b$）扭转刚度 D 最大，所产生扭角 α 最小。下面分析最大剪应力及所在位置，剪应力 τ 大小为

$$|\tau| = \sqrt{\sigma_{13}^2 + \sigma_{23}^2} = \frac{2M_t}{\pi ab}\sqrt{\frac{x_1^2}{a^4} + \frac{x_2^2}{b^4}} \tag{6.52}$$

分析式（6.52）可知，最大剪应力发生在边界上，为此将式（6.42）代入式（6.52）可得

$$|\tau| = \frac{2M_t}{\pi a^3 b^2}\sqrt{a^4 + (b^2 - a^2)x_1^2} \tag{6.53}$$

当 $a \geq b$ 时，可知在 $(x_1=0, x_2=\pm b)$ 处剪应力取最大值，即

$$|\tau_{max}| = \frac{2M_t}{\pi ab^2} \tag{6.54}$$

6.6 扭转的薄膜比拟

根据6.4节，扭转问题可归结为求解应力函数边值问题（式（6.34）），该问题与张紧薄膜受压产生横向位移问题存在类比关系，对于理解柱体扭转的基本性质具有参考价值。考虑一个张紧薄膜受均布压力 p（单位：N/m²）作用，面内张力记作 T（单位：N/m），横向位移记作 w，图6.2 给出了薄膜微元的受力示意图。

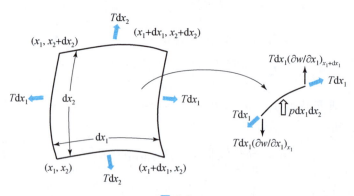

图6.2

沿薄膜横向的平衡方程写为

$$T\mathrm{d}x_2[(\partial w/\partial x_1)_{x_1+\mathrm{d}x_1} - (\partial w/\partial x_1)_{x_1}] + T\mathrm{d}x_1[(\partial w/\partial x_2)_{x_2+\mathrm{d}x_2} - (\partial w/\partial x_2)_{x_2}] + p\mathrm{d}x_1\mathrm{d}x_2 = 0 \tag{6.55}$$

上式可进一步表示为

$$\frac{\partial^2 w}{\partial x_1^2} + \frac{\partial^2 w}{\partial x_2^2} = -\frac{p}{T} \tag{6.56}$$

将薄膜固定在刚性框架（与柱体边界轮廓相同）上，则在压力 p 作用下求解薄膜位移的边值问题给作

$$\frac{\partial^2 w}{\partial x_1^2} + \frac{\partial^2 w}{\partial x_2^2} = -\frac{p}{T}, \quad w = 0 \text{（边界）} \tag{6.57}$$

将式（6.34）中的 $2\mu\alpha$ 替换为式（6.57）中的 p/T，可以发现求解应力函数 ψ 与求解薄膜位移 w 问题等价。

根据柱体扭转的薄膜比拟，可以得到如下类比关系：薄膜上某点处的横向位移相对于坐标轴 x_1 和 x_2 的斜率分别对应于剪应力 σ_{23} 和 σ_{13}；沿位移等高线方向位移斜率为零，对应剪应力为零，因此剪应力方向与膜表面相切且垂直于等高线；扭转刚度对应于变形后薄膜与变形前平面之间的体积；对于单连通截面形状（即其中无孔洞），容易理解在薄膜边界处位移斜率最大，即边界处剪应力最大。

习　题

6.1　如图 P6.1 所示，弹性模量分别为 E_1 和 E_2 的两个等截面长柱体紧密连接，在连接处受轴向载荷 P 作用，计算长柱体内的应力场。

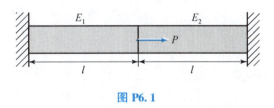

图 P6.1

6.2　如图 P6.2 所示，两个等截面圆柱通过刚性圆盘连接，圆盘受扭矩 M_t 作用，计算两圆柱各自所受扭矩。

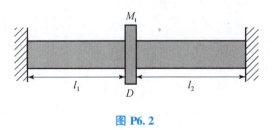

图 P6.2

6.3　一个钢制长圆柱受扭矩 $2\,500\ \mathrm{N\cdot m}$，许可拉应力为 $0.15\ \mathrm{GPa}$，许可剪应力是许可拉应力的 50%，确定所需的最小柱体直径。

6.4 半径为 R 的圆截面杆，端面受轴向拉力 P 和扭矩 M 共同作用，计算远离端面的杆内应力场，并给出最大正应力和最大剪应力。

6.5 如图 P6.5 所示，三角形截面杆受扭矩 M_t 作用，证明所给应力函数 ψ 仅是等边三角形截面杆的扭转解，给出该问题的应力解，并计算最大剪应力和扭角。

$$\psi = C(x_1 - a)(x_2 - \alpha x_1)(x_2 + \beta x_1)$$

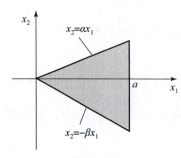

图 P6.5

第 7 章

弹性力学平面问题

根据弹性体的几何形状和受力情况，某些三维弹性力学问题可转为平面问题处理，本章将介绍在直角坐标系与极坐标系中一些平面问题的求解方法。

7.1 悬臂梁的弯曲

考虑截面为窄长矩形的悬臂梁，梁长为 l、高为 $2h$、厚度为 1 个单位长度，且满足关系 $l \geqslant h \geqslant 1$，悬臂梁一端固定，另一端受切向外力 P，梁的侧面均不受外力，如图 7.1 所示。根据 5.3 节，悬臂梁弯曲的求解可近似为平面应力问题，设坐标原点为固定端截面的中点，悬臂梁弯曲问题可归结为在给定边界条件下求解双调和方程：

$$\nabla^4 U(x,y) = 0 \tag{7.1}$$

侧面边界条件给作：

$$\tau_{yx} = \sigma_y = 0 \,(y = \pm h) \tag{7.2}$$

载荷端 $x = l$ 处满足放松边界条件：

$$\int_{-h}^{+h} \sigma_x \mathrm{d}y = 0, \quad \int_{-h}^{+h} \tau_{xy} \mathrm{d}y = P, \quad \int_{-h}^{+h} y\sigma_x \mathrm{d}y = 0 \tag{7.3}$$

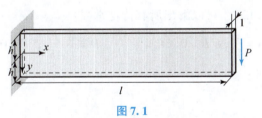

图 7.1

由于 $\sigma_y(y = \pm h) = 0$，并且梁弯曲变形过程中厚度始终保持不变，故可认为在梁内部也有 $\sigma_y = 0$。根据关系 $\sigma_y = \partial^2 U/\partial x^2$，可假设应力函数 $U(x,y)$ 具有如下形式：

$$U(x,y) = xf_1(y) + f_2(y) \tag{7.4}$$

式中，$f_1(y), f_2(y)$——待求函数。

将式 (7.4) 代入式 (7.1)，可得

$$x\frac{\mathrm{d}^4 f_1(y)}{\mathrm{d}y^4} + \frac{\mathrm{d}^4 f_2(y)}{\mathrm{d}y^4} = 0 \tag{7.5}$$

为保证上式对任意 x 满足，则要求：

$$\frac{\mathrm{d}^4 f_1(y)}{\mathrm{d}y^4} = 0, \quad \frac{\mathrm{d}^4 f_2(y)}{\mathrm{d}y^4} = 0 \tag{7.6}$$

对式（7.6）积分，并忽略不产生应力的低次项，可得
$$f_1(y) = Ay^3 + By^2 + Cy, \quad f_2(y) = Dy^3 + Ey^2 \tag{7.7}$$
式中，A, B, C, D, E——待定常数。

将式（7.7）代入式（7.4），可得
$$U(x,y) = x(Ay^3 + By^2 + Cy) + Dy^3 + Ey^2 \tag{7.8}$$
相应的应力分量为
$$\begin{cases} \sigma_x = \dfrac{\partial^2 U}{\partial y^2} = 6Axy + 2Bx + 6Dy + 2E \\ \sigma_y = \dfrac{\partial^2 U}{\partial x^2} = 0 \\ \tau_{xy} = -\dfrac{\partial^2 U}{\partial x \partial y} = -3Ay^2 - 2By - C \end{cases} \tag{7.9}$$

将应力表达（式（7.9））代入侧面边界条件（式（7.2）），可得
$$\begin{cases} \tau_{xy}(y=h) = -3Ah^2 - 2Bh - C = 0 \\ \tau_{xy}(y=-h) = -3Ah^2 + 2Bh - C = 0 \end{cases} \tag{7.10}$$

求解式（7.10）得到
$$B = 0, \quad C = -3Ah^2 \tag{7.11}$$

将式（7.9）代入端面边界条件（式（7.3）），可得
$$\begin{cases} \int_{-h}^{+h} \tau_{xy} \, dy = \int_{-h}^{+h} (-3Ay^2 + 3Ah^2) \, dy = P \\ \int_{-h}^{+h} \sigma_x \, dy = \int_{-h}^{+h} (6Axy + 6Dy + 2E) \, dy = 0 \\ \int_{-h}^{+h} y\sigma_x \, dy = \int_{-h}^{+h} y(6Axy + 6Dy + 2E) \, dy = 0 \end{cases} \tag{7.12}$$

结合式（7.11）和式（7.12），可以解出所有待定常数：
$$A = \dfrac{P}{4h^3}, \quad B = 0, \quad C = -\dfrac{3P}{4h}, \quad D = -\dfrac{Pl}{4h^3}, \quad E = 0 \tag{7.13}$$

代入式（7.9），最终得到
$$\begin{cases} \sigma_x = -\dfrac{P}{I}(l-x)y \\ \sigma_y = 0 \\ \tau_{xy} = \dfrac{P}{2I}(h^2 - y^2) \end{cases} \tag{7.14}$$

式中，I——梁截面绕对称轴的转动惯量，$I = \int_{-h}^{+h} y^2 \, dy = 2h^3/3$。

7.2 受均布载荷的梁

考虑窄长矩形梁的上表面受均布载荷 q，端面受切向力，如图 7.2 所示。该问题仍归结为求解双调和方程（式（7.1））的平面应力问题，取坐标原点为梁的中心点，上下表面的边界条件给作：

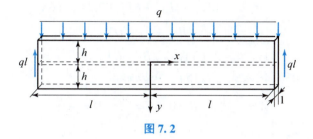

图 7.2

$$\tau_{xy}(y=\pm h)=0, \quad \sigma_y(y=h)=0, \quad \sigma_y(y=-h)=-q \tag{7.15}$$

端面满足放松边界条件

$$\begin{cases} \int_{-h}^{+h}\tau_{xy}\mathrm{d}y=-ql, & x=l \\ \int_{-h}^{+h}\tau_{xy}\mathrm{d}y=ql, & x=-l \\ \int_{-h}^{+h}\sigma_x\mathrm{d}y=\int_{-h}^{+h}\sigma_x y\mathrm{d}y=0, & x=\pm l \end{cases} \tag{7.16}$$

在远离端部的区域，σ_y 仅与 y 有关，则相应应力函数 U 写为

$$U=f_0(y)+xf_1(y)+x^2f_2(y) \tag{7.17}$$

式中，$f_0(y), f_1(y), f_2(y)$——待定函数。

由于梁载荷关于 yz 面对称，σ_x 应为 x 的偶函数，τ_{xy} 应为 x 的奇函数，则应力函数 U 可进一步表示为

$$U=f_0(y)+x^2f_2(y) \tag{7.18}$$

将式（7.18）代入式（7.1），可得

$$\frac{\mathrm{d}^4f_0(y)}{\mathrm{d}y^4}+4\frac{\mathrm{d}^2f_2(y)}{\mathrm{d}y^2}+x^2\frac{\mathrm{d}^4f_2(y)}{\mathrm{d}y^4}=0 \tag{7.19}$$

为保证上式对任意 x 满足，要求系数项和自由项全部为零，即有

$$\frac{\mathrm{d}^4f_2(y)}{\mathrm{d}y^4}=0 \tag{7.20}$$

$$\frac{\mathrm{d}^4f_0(y)}{\mathrm{d}y^4}+4\frac{\mathrm{d}^2f_2(y)}{\mathrm{d}y^2}=0 \tag{7.21}$$

对式（7.20）积分，可得函数 $f_2(y)$ 的表达式为

$$f_2(y)=Ay^3+By^2+Cy+D \tag{7.22}$$

将式（7.22）代入式（7.21），可得函数 $f_0(y)$ 的形式为

$$f_0(y)=-\frac{A}{5}y^5-\frac{B}{3}y^4+Ey^3+Fy^2 \tag{7.23}$$

在上式中已略去不产生应力的常数项和一次项。式（7.18）可重新写为

$$U=-\frac{A}{5}y^5-\frac{B}{3}y^4+Ey^3+Fy^2+x^2(Ay^3+By^2+Cy+D) \tag{7.24}$$

式中，A, B, C, D, E, F——待定常数。

相应应力分量为

$$\begin{cases} \sigma_x = -4Ay^3 - 4By^2 + 6Ey + 2F + x^2(6Ay + 2B) \\ \sigma_y = 2(Ay^3 + By^2 + Cy + D) \\ \tau_{xy} = -2x(3Ay^2 + 2By + C) \end{cases} \tag{7.25}$$

将应力表达式（7.25）代入式（7.15），可以解得

$$A = -\frac{q}{8h^3}, \quad B = 0, \quad C = \frac{3q}{8h}, \quad D = -\frac{q}{4} \tag{7.26}$$

将上述系数代入式（7.25），可得

$$\begin{cases} \sigma_x = -\frac{3q}{4h^3}x^2y + \frac{q}{2h^3}y^3 + 6Ey + 2F \\ \sigma_y = -\frac{q}{4h^3}y^3 + \frac{3q}{4h}y - \frac{q}{2} \\ \tau_{xy} = \frac{3q}{4h^3}xy^2 - \frac{3q}{4h}x \end{cases} \tag{7.27}$$

将上述应力表达式代入式（7.16），可以解得

$$E = \frac{ql^2}{8h^3} - \frac{q}{20h}, \quad F = 0 \tag{7.28}$$

最终可得应力分量为

$$\begin{cases} \sigma_x = \frac{q}{2I}(l^2 - x^2 + \frac{2}{3}y^2 - \frac{2}{5}h^2)y \\ \sigma_y = \frac{q}{6I}(-y^3 + 3h^2y - 2h^3) \\ \tau_{xy} = \frac{q}{2I}x(y^2 - h^2) \end{cases} \tag{7.29}$$

式中，I——梁的截面惯性矩，$I = 2h^3/3$。

7.3 受内外压的圆环

考虑一个内径为 a、外径为 b 的厚壁圆环，圆环受内压 P_a、外压 P_b，取圆心为坐标原点，如图 7.3 所示。

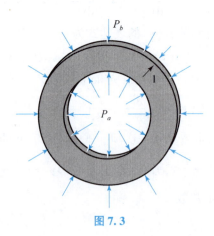

图 7.3

根据5.4节，该问题可通过极坐标下的平面应力问题求解，圆环内外表面的边界条件给作：

$$\sigma_r = -P_a, \quad \tau_{r\theta} = 0 \,(r = a) \tag{7.30}$$

$$\sigma_r = -P_b, \quad \tau_{r\theta} = 0 \,(r = b) \tag{7.31}$$

由于载荷分布是轴对称的，因此应力函数 U 只是 r 的函数，极坐标下的双调和方程（式（5.59））简化为

$$\left(\frac{d^2}{dr^2} + \frac{1}{r}\frac{d}{dr}\right)\left(\frac{d^2}{dr^2} + \frac{1}{r}\frac{d}{dr}\right)U(r) = 0 \tag{7.32}$$

式（7.32）的通解为

$$U = A\ln r + Br^2\ln r + Cr^2 + D \tag{7.33}$$

式中，A, B, C, D——常数。

根据式（5.58），可得轴对称问题的应力分量为

$$\begin{cases} \sigma_r = \dfrac{A}{r^2} + B(1 + 2\ln r) + 2C \\ \sigma_\theta = -\dfrac{A}{r^2} + B(3 + 2\ln r) + 2C \\ \tau_{r\theta} = 0 \end{cases} \tag{7.34}$$

将式（7.34）代入式（7.30）和式（7.31），可以得到

$$\begin{cases} \dfrac{A}{a^2} + B(1 + 2\ln a) + 2C = -P_a \\ \dfrac{A}{b^2} + B(1 + 2\ln b) + 2C = -P_b \end{cases} \tag{7.35}$$

从式（7.35）仍无法解出系数 A, B, C，为了进一步确定其约束条件，下面分析轴对称问题的应变和位移。将式（7.34）代入式（5.56），可得应变分量为

$$\varepsilon_r = \frac{\partial u_r}{\partial r} = \frac{1}{E}\left[(1+\nu)\frac{A}{r^2} + (1-3\nu)B + 2(1-\nu)B\ln r + 2(1-\nu)C\right] \tag{7.36}$$

$$\varepsilon_\theta = \frac{u_r}{r} + \frac{1}{r}\frac{\partial u_\theta}{\partial \theta} = \frac{1}{E}\left[-(1+\nu)\frac{A}{r^2} + (3-\nu)B + 2(1-\nu)B\ln r + 2(1-\nu)C\right] \tag{7.37}$$

对式（7.36）积分得到 u_r 的一般表达式，并代入式（7.37），可得如下关系：

$$\frac{\partial u_\theta}{\partial \theta} = \frac{4Br}{E} - f(\theta) \tag{7.38}$$

式中，$f(\theta)$——θ 的函数。

对式（7.38）积分，可得

$$u_\theta = \frac{4Br\theta}{E} - \int f(\theta)d\theta + f_1(r) \tag{7.39}$$

式中，$f_1(r)$——r 的任意函数。

针对环向位移 u_θ 的第一项 $4Br\theta/E$，考虑圆环上的同一个点 (r_1, θ_1) 和 $(r_1, \theta_1 + 2\pi)$，环向位移 u_θ 将相差 $8Br_1\theta_1/E$，这显然违背了位移单值条件，因此可知 $B = 0$，进而可以从式（7.35）解出：

$$A = \frac{a^2 b^2 (P_b - P_a)}{b^2 - a^2}, \quad C = \frac{P_a a^2 - P_b b^2}{2(b^2 - a^2)} \tag{7.40}$$

将式（7.40）代入式（7.34），可得圆环内的应力分布为

$$\begin{cases} \sigma_r = \dfrac{a^2}{b^2 - a^2}\left(1 - \dfrac{b^2}{r^2}\right)P_a - \dfrac{b^2}{b^2 - a^2}\left(1 - \dfrac{a^2}{r^2}\right)P_b \\ \sigma_\theta = \dfrac{a^2}{b^2 - a^2}\left(1 + \dfrac{b^2}{r^2}\right)P_a - \dfrac{b^2}{b^2 - a^2}\left(1 + \dfrac{a^2}{r^2}\right)P_b \\ \tau_{r\theta} = 0 \end{cases} \tag{7.41}$$

7.4 含圆孔无限大板拉伸

考虑一个很大的薄板，中心含有半径为 a 的小圆孔，在 x 方向薄板边界受均匀拉力 P 作用，取小孔圆心为坐标原点，如图 7.4 所示。

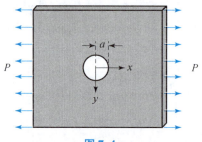

图 7.4

该问题可归结为求解双调和方程（式（5.59））的平面应力问题，圆孔边界为应力自由条件：

$$\sigma_r = \tau_{r\theta} = 0, \quad r = a \tag{7.42}$$

无限远处薄板边界的应力条件为

$$\sigma_x = P, \quad \sigma_y = \tau_{xy} = 0 \tag{7.43}$$

根据坐标转换关系（式（5.44）），无限远（$r \to \infty$）处应力条件的极坐标形式为

$$\begin{cases} \sigma_r = \dfrac{1}{2}P(1 + \cos(2\theta)) \\ \sigma_\theta = \dfrac{1}{2}P(1 - \cos(2\theta)) \\ \tau_{r\theta} = -\dfrac{1}{2}P\sin(2\theta) \end{cases} \tag{7.44}$$

根据叠加原理，可将边界条件（式（7.44））分为如下两种情况：

情况一：

$$\sigma_r^{(1)} = \sigma_\theta^{(1)} = \frac{P}{2}, \quad \tau_{r\theta}^{(1)} = 0 \tag{7.45}$$

情况二：

$$\sigma_r^{(2)} = \frac{P}{2}\cos(2\theta), \quad \sigma_\theta^{(2)} = -\frac{P}{2}\cos(2\theta), \quad \tau_{r\theta}^{(2)} = -\frac{P}{2}\sin(2\theta) \tag{7.46}$$

对于情况一，相应边值问题属于 7.3 节中 $b \gg a$ 且无内压力（即 $P_a = 0$）的情况，考虑上述条件并令 $P_b = -P/2$，从式（7.41）可以得到该问题的应力解为

$$\sigma_r^{(1)} = \frac{P}{2}\left(1 - \frac{a^2}{r^2}\right), \quad \sigma_\theta^{(1)} = \frac{P}{2}\left(1 + \frac{a^2}{r^2}\right), \quad \tau_{r\theta}^{(1)} = 0 \tag{7.47}$$

对于情况二，相应边值问题的应力函数可以设为

$$U = f(r)\cos(2\theta) \tag{7.48}$$

将式（7.48）代入式（5.59），可得

$$\frac{d^4 f(r)}{dr^4} + \frac{2}{r}\frac{d^3 f(r)}{dr^3} - \frac{9}{r^2}\frac{d^2 f(r)}{dr^2} + \frac{9}{r^3}\frac{df(r)}{dr} = 0 \tag{7.49}$$

上述方程的一般解为

$$f(r) = Ar^4 + Br^2 + C + \frac{D}{r^2} \tag{7.50}$$

代入式（7.48），相应应力函数为

$$U = \left(Ar^4 + Br^2 + C + \frac{D}{r^2}\right)\cos(2\theta) \tag{7.51}$$

代入式（5.58），可得情况二的应力解为

$$\begin{cases} \sigma_r^{(2)} = -\left(2B + \frac{4C}{r^2} + \frac{6D}{r^4}\right)\cos(2\theta) \\ \sigma_\theta^{(2)} = \left(12Ar^2 + 2B + \frac{6D}{r^4}\right)\cos(2\theta) \\ \tau_{r\theta}^{(2)} = \left(6Ar^2 + 2B - \frac{2C}{r^2} - \frac{6D}{r^4}\right)\sin(2\theta) \end{cases} \tag{7.52}$$

根据式（7.42）和式（7.46），可以解得

$$A = 0, \quad B = -\frac{P}{4}, \quad C = \frac{P}{2}a^2, \quad D = -\frac{P}{4}a^4 \tag{7.53}$$

情况二的应力解给作

$$\begin{cases} \sigma_r^{(2)} = \frac{P}{2}\left(1 + \frac{3a^4}{r^4} - \frac{4a^2}{r^2}\right)\cos(2\theta) \\ \sigma_\theta^{(2)} = -\frac{P}{2}\left(1 + \frac{3a^4}{r^4}\right)\cos(2\theta) \\ \tau_{r\theta}^{(2)} = -\frac{P}{2}\left(1 - \frac{3a^4}{r^4} + \frac{2a^2}{r^2}\right)\sin(2\theta) \end{cases} \tag{7.54}$$

将式（7.47）和式（7.54）中两种情况的应力解叠加，可得原问题的解为

$$\begin{cases} \sigma_r = \frac{P}{2}\left(1 - \frac{a^2}{r^2}\right) + \frac{P}{2}\left(1 + \frac{3a^4}{r^4} - \frac{4a^2}{r^2}\right)\cos(2\theta) \\ \sigma_\theta = \frac{P}{2}\left(1 + \frac{a^2}{r^2}\right) - \frac{P}{2}\left(1 + \frac{3a^4}{r^4}\right)\cos(2\theta) \\ \tau_{r\theta} = -\frac{P}{2}\left(1 - \frac{3a^4}{r^4} + \frac{2a^2}{r^2}\right)\sin(2\theta) \end{cases} \tag{7.55}$$

根据式（7.55），在圆孔边界（$r = a$）处的应力为

$$\sigma_r = 0, \quad \tau_{r\theta} = 0, \quad \sigma_\theta = P(1 - 2\cos(2\theta)) \tag{7.56}$$

从式（7.56）可知，当 $\theta = \pm \pi/2$ 时，环向正应力 σ_θ 达到最大值 $3P$，应力值为无孔板情况的 3 倍，称为应力集中现象。孔边的高度应力集中现象在许多工程实际问题中都会存在，应力集中对构件的疲劳寿命影响很大，无论是脆性还是塑性材料的疲劳问题，都必须考虑应力集中的影响。

7.5 曲梁的纯弯曲

考虑截面为窄长矩形的圆弧形曲梁，其内半径为 a、外半径为 b，厚度远小于弧面尺寸，曲梁的两端受弯矩 M 作用，内外表面无外力，如图 7.5 所示。

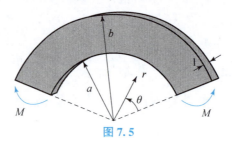

图 7.5

曲梁内外表面的边界条件为

$$\sigma_r = \tau_{r\theta} = 0, \quad r = a, b \tag{7.57}$$

端部满足放松边界条件：

$$\int_a^b \sigma_\theta \mathrm{d}r = 0, \quad \int_a^b \tau_{r\theta} \mathrm{d}r = 0, \quad \int_a^b \sigma_\theta r \mathrm{d}r = -M \tag{7.58}$$

由于在梁内各径向截面上的弯矩均相同，因而可认为各截面上的应力分布相同，因此曲梁的纯弯曲属于轴对称平面应力问题，应力分量满足式（7.34），代入式（7.57）可得

$$\begin{cases} \dfrac{A}{a^2} + B(1+2\ln a) + 2C = 0 \\ \dfrac{A}{b^2} + B(1+2\ln b) + 2C = 0 \end{cases} \tag{7.59}$$

将式（7.34）代入式（7.58），并利用式（7.59）化简，可以得到

$$A\ln\frac{b}{a} + B(b^2\ln b - a^2\ln a) + C(b^2 - a^2) = M \tag{7.60}$$

结合式（7.59）和式（7.60）可以解出

$$\begin{cases} A = -\dfrac{4M}{N}a^2 b^2 \ln\dfrac{b}{a} \\ B = -\dfrac{2M}{N}(b^2 - a^2) \\ C = \dfrac{M}{N}[b^2 - a^2 + 2(b^2\ln b - a^2\ln a)] \end{cases} \tag{7.61}$$

式中，

$$N = (b^2 - a^2)^2 - 4a^2 b^2 \left(\ln\frac{b}{a}\right)^2$$

代入式（7.34），可得曲梁内的应力分布为

$$\begin{cases} \sigma_r = -\dfrac{4M}{N}\left(\dfrac{a^2b^2}{r^2}\ln\dfrac{b}{a} + b^2\ln\dfrac{r}{b} + a^2\ln\dfrac{a}{r}\right) \\ \sigma_\theta = -\dfrac{4M}{N}\left(\dfrac{-a^2b^2}{r^2}\ln\dfrac{b}{a} + b^2\ln\dfrac{r}{b} + a^2\ln\dfrac{a}{r} + b^2 - a^2\right) \\ \tau_{r\theta} = 0 \end{cases} \qquad (7.62)$$

习　题

7.1　如图 P7.1 所示，窄长悬臂梁末端受切向合力 P 和法向合力 N 共同作用，计算梁内应力场。

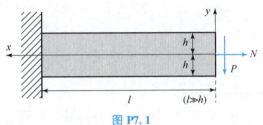

图 P7.1

7.2　如图 P7.2 所示，窄长悬臂梁上边界受均匀剪力作用，利用应力函数 U 计算梁内应力场。

$$U = C_1 xy + C_2 xy^2 + C_3 xy^3 + C_4 y^2 + C_5 y^3$$

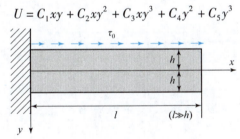

图 P7.2

7.3　如图 P7.3 所示，圆环内边界（$r = r_1$）自由、外边界（$r = r_2$）受径向载荷 $\sigma_r = \sigma_0 \sin^2\theta$ 作用，利用应力函数 U 计算圆环内应力场。

$$U = A\ln r + Br^2 + (Cr^2 + Dr^4 + Er^{-2} + F)\cos(2\theta)$$

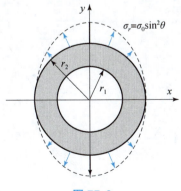

图 P7.3

7.4 如图 P7.4 所示，曲梁两端受切向合力 P 作用，利用应力函数 U 计算梁内应力场。

$$U = (Ar^3 + Br^{-1} + Cr + Dr\ln r)\sin\theta$$

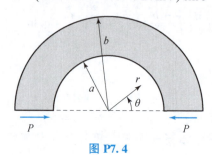

图 P7.4

7.5 如图 P7.5 所示，含小圆孔无限大薄板受双向均匀拉力作用，计算板内应力场。

7.6 如图 P7.6 所示，含小圆孔无限大薄板受均匀剪力作用，计算板内应力场及孔边的最大和最小正应力。

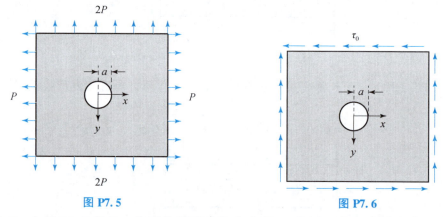

图 P7.5　　　　图 P7.6

7.7 如图 P7.7 所示，楔形体顶端受集中力偶 M 作用，其余边界自由，利用应力函数 U 计算楔形体内的应力场。

$$U = A\cos(2\theta) + B\sin(2\theta) + C\theta + D$$

7.8 如图 P7.8 所示，楔形体侧边受均匀剪力 p 作用，利用应力函数 U 计算楔形体内的应力场。

$$U = r^2[A\cos(2\theta) + B\sin(2\theta) + C\theta + D]$$

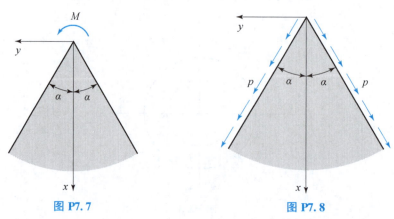

图 P7.7　　　　图 P7.8

7.9 如图 P7.9 所示，楔形体顶端受集中力 P 作用，其余边界自由，利用应力函数 U 计算楔形体内的应力场。

$$U = Ar\cos\theta + Br\sin\theta + r\theta(C\cos\theta + D\sin\theta)$$

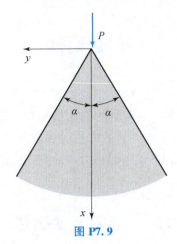

图 P7.9

7.10 如图 P7.10 所示，半平面受集中力 P 作用可以看作习题 7.9 中 $\alpha = \pi/2$ 的情况，利用习题 7.9 的应力解，绘制半平面问题径向正应力 σ_r 的等值线。

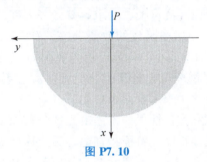

图 P7.10

第 8 章 有限元法

弹性力学理论建立了平衡方程、几何方程和本构方程，这些偏微分方程组只有在很有限的几何构形、材料属性和边界条件的情况下才能得到解析结果。对于大多数实际的工程问题，人们只能求助于近似数值解。本章我们对力学计算中应用最为普遍的数值求解方法——有限元法——做简单介绍。

8.1 有限元法概述

有限元法（finite element method，FEM）最初是为解决力学问题而被提出的，现在已成为多个领域中最主要的数值计算工具，包括固体力学、热传导、流体力学、电磁场、声学等。事实上，有限元在数学上已经高度抽象为求解偏微分方程数值解的主要工具，因此它适用于能够以偏微分方程描述的一切场函数的数值求解。有限元法的思想是将复杂的求解域（如弹性材料域）分解为多个简单的小的构元，称为有限元。通过导出单元刚度矩阵建立简单构元的基本规律，然后按照物理规则将其组装成整体方程系统，从而使复杂问题得以解决。对于连续体力学场，有限元法求解有限个单元节点处离散自由度，在单元内部则通过插值获得全场解，单元的协调性和完备性保证了当单元划分数趋于无穷时，有限元结果将逼近真实解。有限元法的矩阵格式和程序化特征特别适合于计算机求解，因此自20世纪80年代以来，伴随着计算机技术的高速发展，有限元法的最有效和最成熟的算法均已高度商业化，形成了各种规模的商业软件，为工程应用和科学研究提供科学计算。当前，较为流行的商业软件有 ANSYS、ABAQUS、NASTRAN、COMSOL 等。

对于杆系结构，其单元与节点划分与连接是十分自然的，如图 8.1（a）所示。同时，梁-杆结构的力学分析和平衡关系使单元刚度计算和总体刚度的组装具有清晰而自然的物理图像。

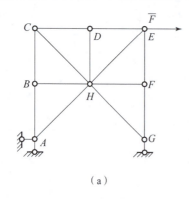
（a）

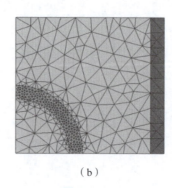
（b）

（c）

图 8.1

然而，对于板壳结构及二维和三维连续体来说（图 8.1（b）（c）），有限单元法的概念和发展经过了较长的过程。有限元法是工程师、力学家和数学家共同促进发展成熟的。

现今对各类物理问题导致的偏微分方程初边值问题，有限元数值求解方法的共同基础是以伽辽金（Galerkin）方法导出的微分方程弱形式（weak form），即积分形式。对于弹性力学问题，则对应于虚功原理和最小势能原理。弱形式降低了对有限单元插值函数要求，而等参单元的提出则使插值函数的构造和积分程式化，从而使有限元法适应于计算机编码求解。本章首先介绍弹性力学的能量原理，进而概述等参单元、单元刚度矩阵、单元载荷向量、整体刚度矩阵组装以及约束的处理等有限单元法基本要素，最后通过一个一维问题熟悉有限元分析的基本过程。需要指出的是，对于应用级软件，有限元法已经发展成为一个庞大的系统，如不同几何单元、结构单元（梁、板壳）、大型线性方程组和特征值问题的求解、多点约束方程、动力学问题、非线性问题等，可进一步参阅相应文献。

8.2 弱形式与近似解

第 5 章中的式（5.66）实际上构成了里兹（Ritz）法、有限元法等以位移为基本未知量的弹性力学问题数值近似求解的基础。这里写出其分量形式，事实上结合势能定义（式（5.69））、最小势能原理（式（5.70））直接给出：

$$\delta\Pi(\boldsymbol{u}) = \int_V (\delta\varepsilon_{ij} D_{ijkl} \varepsilon_{kl} - \delta u_i f_i) \mathrm{d}V - \int_{S_\sigma} \delta u_i p_i \mathrm{d}V = 0 \tag{8.1}$$

这里为书写简便，以 $\boldsymbol{p} = \boldsymbol{t}_0$ 表达应力边界上的面力矢。根据弱形式方程（式（8.1）），寻找一个弹性力学边值问题的真实位移可以表述为：寻找满足全部位移边界条件的协调位移场 $u_i(\boldsymbol{x})$，使式（8.1）对任何虚位移场 $\delta u_i(\boldsymbol{x})$ 均成立。当近似解所在的函数空间包含真实解时，弱形式给出和强形式同样的结果，但弱形式的优势在于积分形式的式（8.1）对试探解的平滑性要求大大降低。同时，即使试探解的函数空间不包含真实解，其最小势能原理的内涵也能从中找到最接近真实解的试探函数。

接下来讨论试探函数和虚位移场的平滑性，以及基于强形式和弱形式构造位移解时对试探函数性质的不同要求。经典强形式的平衡方程要求应力场 C_1 连续，否则其导数将出现间断，同时考虑几何方程，对 $u_i(\boldsymbol{x})$ 的连续性要求则是 C_2。弱形式对 $u_i(\boldsymbol{x})$ 的平滑性要求则低得多，在式（8.1）中，仅试探函数和虚位移场的一阶导数出现在被积函数中（C_1）。事实上，为保证方程可积，试探函数和虚位移场只需分片一阶连续可导，满足 C_0 连续性即可。

为后续有限元格式的推导和表述方便，这里以平面问题为例将有关方程表达为矩阵形式。位移和虚位移向量分别为

$$\begin{cases} [\boldsymbol{u}(\boldsymbol{x})] = [u(\boldsymbol{x}) \quad v(\boldsymbol{x})]^\mathrm{T} \\ [\delta\boldsymbol{u}(\boldsymbol{x})] = [\delta u(\boldsymbol{x}) \quad \delta v(\boldsymbol{x})]^\mathrm{T} \end{cases} \tag{8.2}$$

式中，u, v——x 和 y 方向的位移分量。

将应力和应变表示为 Voigt 向量形式，由于对称性，分别只有三个独立分量：

$$\begin{cases} [\boldsymbol{\sigma}] = \{\sigma_x \quad \sigma_y \quad \sigma_{xy}\}^\mathrm{T} \\ [\boldsymbol{\varepsilon}] = [\varepsilon_x \quad \varepsilon_y \quad \gamma_{xy}]^\mathrm{T} \end{cases} \tag{8.3}$$

注意：应变向量第三分量采用工程剪应变，这是为了在功共轭的意义上保证向量内积与张量双点积等价，即$[\boldsymbol{\sigma}]^T[\boldsymbol{\varepsilon}] = [\boldsymbol{\varepsilon}]^T[\boldsymbol{\sigma}] = \sigma_{ij}\varepsilon_{ij}$。几何方程的矩阵形式为

$$[\boldsymbol{\varepsilon}] = [\boldsymbol{L}][\boldsymbol{u}(\boldsymbol{x})] \tag{8.4}$$

其中，

$$[\boldsymbol{L}] = \begin{bmatrix} \partial_x & 0 \\ 0 & \partial_y \\ \partial_y & \partial_x \end{bmatrix}, \quad \partial_x = \frac{\partial}{\partial x}, \quad \partial_y = \frac{\partial}{\partial y} \tag{8.5}$$

本构方程为

$$[\boldsymbol{\sigma}] = [\boldsymbol{D}][\boldsymbol{\varepsilon}] \tag{8.6}$$

对于平面应力和平面应变问题，弹性矩阵$[\boldsymbol{D}]$分别定义如下：

$$[\boldsymbol{D}] = \frac{E}{1-\nu^2}\begin{bmatrix} 1 & \nu & 0 \\ \nu & 1 & 0 \\ 0 & 0 & (1-\nu)/2 \end{bmatrix}, \quad \text{平面应力} \tag{8.7}$$

$$[\boldsymbol{D}] = \frac{E}{(1+\nu)(1-2\nu)}\begin{bmatrix} 1-\nu & \nu & 0 \\ \nu & 1-\nu & 0 \\ 0 & 0 & (1-2\nu)/2 \end{bmatrix}, \quad \text{平面应变} \tag{8.8}$$

式中，E,ν——线弹性材料的弹性模量和泊松比。

对于二维弹性体区域A，记体力和面力的向量形式为

$$\begin{cases} [\boldsymbol{f}] = \begin{bmatrix} f_x & f_y \end{bmatrix}^T \\ [\boldsymbol{p}] = \begin{bmatrix} p_x & p_y \end{bmatrix}^T \end{cases} \tag{8.9}$$

则二维弹性力学问题的弱形式积分方程矩阵格式为

$$\iint_A [\delta\boldsymbol{u}(\boldsymbol{x})]^T[\boldsymbol{L}]^T[\boldsymbol{D}][\boldsymbol{L}][\boldsymbol{u}(\boldsymbol{x})]\mathrm{d}A = \iint_A [\delta\boldsymbol{u}(\boldsymbol{x})]^T[\boldsymbol{f}]\mathrm{d}A + \int_{S_\sigma} [\delta\boldsymbol{u}(\boldsymbol{x})]^T[\boldsymbol{p}]\mathrm{d}L \tag{8.10}$$

至此，可对基于弱形式以位移法数值近似求解弹性力学问题进行精确表述：针对函数空间

$$\begin{cases} \Psi = \{[\boldsymbol{u}(\boldsymbol{x})] \mid [\boldsymbol{u}(\boldsymbol{x})] \in C_0, [\boldsymbol{u}(\boldsymbol{x})] = [\bar{\boldsymbol{u}}] \text{在边界} S_u\} \\ \hat{\Psi} = \{[\delta\boldsymbol{u}(\boldsymbol{x})] \mid [\delta\boldsymbol{u}(\boldsymbol{x})] \in C_0, [\delta\boldsymbol{u}(\boldsymbol{x})] = 0 \text{在边界} S_u\} \end{cases} \tag{8.11}$$

寻找$[\boldsymbol{u}(\boldsymbol{x})] \in \Psi$，使式（8.10）对任何$[\delta\boldsymbol{u}(\boldsymbol{x})] \in \hat{\Psi}$均成立。

试探解和虚位移的函数空间的不同选取则导致不同的弹性力学问题近似求解方法，如里兹法、配点法等，而伽辽金方法对试探解和虚位移函数空间取相同的基。当函数空间为无限维时，上述弱形式的提法与强形式等价，因此求得的$[\boldsymbol{u}(\boldsymbol{x})]$即真实解。但弱形式的强大之处在于，即便函数空间并不精确包含真实解，也能进行积分运算，以得到最接近真实解的位移场。最小势能原理还表明，当由于函数空间构造过于粗糙使得近似解与真实解偏离较大时，近似位移场与真实解相比总体上将偏小，即近似计算模型将偏于刚硬。

数值近似求解中的函数空间通常为有限维，对应于级数截断或有限单元离散。很多方法可以构造式（8.11）的函数空间，如多项式、谱函数等均可以作为函数基，而有限元法通过在单元局部以形函数创建多项式插值，从而可避免在全域构造试探函数的困难。其中，等参单元和数值积分方法构成了现代有限单元发展的基础。

8.3 有限单元离散和等参单元

为便于式（8.10）和式（8.11）的积分运算及函数空间的构造，有限元法将弹性域 A 分解为有限个子区域，称为单元（element），每个单元包含数个节点（node），如图 8.2 所示。

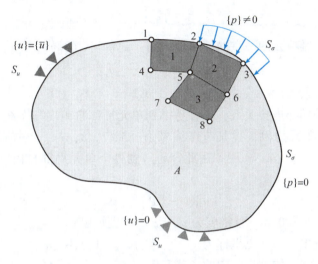

图 8.2

分解单元和节点的过程称为网格划分（meshing），设单元总数为 M，节点总数为 N，每个单元和节点均具有唯一的编号 e 和 n。网格划分后将得到每个节点 n 的坐标：

$$(x_n, y_n), \quad n = 1, 2, \cdots, N \tag{8.12}$$

同时也可得到每个单元 e 与节点的连接关系，这些信息将是计算单元刚度矩阵的基础。每个节点的独立位移分量称为节点自由度（degree of freedom，DOF）。对于平面问题，自由度数目为 $2N$，构成系统的节点位移向量：

$$[\boldsymbol{u}] = [u_1 \quad v_1 \quad \cdots \quad u_N \quad v_N]^{\mathrm{T}} \tag{8.13}$$

应注意这里 $[\boldsymbol{u}]$ 与式（8.10）和式（8.11）中 $[\boldsymbol{u}(\boldsymbol{x})]$ 的区别：后者表示连续位移场，向量长度为 2；前者表示离散节点处的自由度向量，长度为 $2N$。对虚位移场和节点虚位移向量也遵循此规则。有限元法以节点自由度 $[\boldsymbol{u}]$ 为基本未知量，在每个单元内部以相关节点的位移自由度的多项式插值近似其位移函数。因此，式（8.10）的积分可在每个单元区域 A^e 内分别进行。由于对每个单元的处理程序都是相同的，因此具体讨论一个单元的情形即可。

对于三维问题，单元几何形状通常为六面体或四面体；对于二维问题，通常为四边形或三角形。单元含有的节点数越多，其位移插值的阶次和精度就越高，当单元棱边具有中间节点时可以是弯曲的。相比于直边单元，曲边单元能够更准确地近似弯曲的几何构型。有些单元还在单元内部设置节点，以进一步提高插值精度。通常，六节点三角形（T6）单元、四节点四边形单元（Q4）与八节点四边形单元（Q8）是实际应用中最普遍采用的二维单元，如图 8.3 所示。

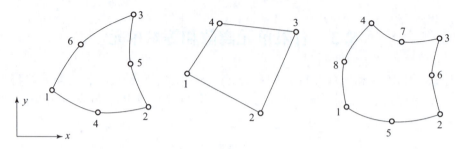

图 8.3

图 8.3 显示了二维单元的节点局部编号规则。记单元 e 的局部节点自由度为

$$[\boldsymbol{u}]^{(e)} = [u_1^{(e)} \quad v_1^{(e)} \quad \cdots \quad u_{n_E}^{(e)} \quad v_{n_E}^{(e)}]^T \tag{8.14}$$

式中，n_E——单元节点数。

从单元-节点的拓扑连接关系，很容易得到单元局部自由度与系统自由度的对应关系。以图 8.2 中 3 号 Q4 单元为例，设其节点编号为 (5, 7, 8, 6)，该局部自由度为 $[\boldsymbol{u}]^{(3)} = [u_5 \quad v_5 \quad u_7 \quad v_7 \quad u_8 \quad v_8 \quad u_6 \quad v_6]^T$。由此容易得到各个单元局部自由度与系统自由度向量的变换关系：

$$[\boldsymbol{u}]^{(e)} = [\boldsymbol{P}]^{(e)}[\boldsymbol{u}] \tag{8.15}$$

式中，$[\boldsymbol{P}]^{(e)}$——元素为 0 和 1 且维度为 $n_E \times 2N$ 的置换矩阵。

局部节点编号下单元的节点坐标为 $(x_i^{(e)}, y_i^{(e)})$，$i = 1, 2, \cdots, n_E$。

由于每个单元在实际物理空间中的形状和取向各异，因此要分别独立构造给定阶次且满足收敛性和协调性要求的插值函数并不容易。为使插值位移场的构造标准化以及后续高精度的数值积分计算，现今通用的方法是统一针对局部坐标中规则的单元（称为母单元，如正方形和等腰直角三角形）插值，再通过坐标映射将母单元映射至物理坐标系中实际网格划分所得到的不规则或曲边单元。以 Q4 和 Q8 单元为例，其母单元、节点编号和局部 $\xi - \eta$ 坐标系如图 8.4 所示，均为型心置于原点且边长为 2 的正方形。

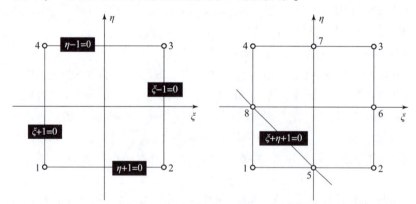

图 8.4

母单元坐标系中，单元内位移场的有限次多项式插值函数一般形式为

$$[\boldsymbol{u}(\xi, \eta)]^{(e)} = \begin{bmatrix} u^{(e)}(\xi, \eta) \\ v^{(e)}(\xi, \eta) \end{bmatrix} = \begin{bmatrix} a_0 + a_1\xi + a_2\eta + a_3\xi^2 + a_4\xi\eta + a_5\eta^2 + \cdots \\ b_0 + b_1\xi + b_2\eta + b_3\xi^2 + b_4\xi\eta + b_5\eta^2 + \cdots \end{bmatrix} \tag{8.16}$$

插值函数在节点 i 处满足 $u^{(e)}(\xi_i, \eta_i) = u_i^{(e)}$ 和 $v^{(e)}(\xi_i, \eta_i) = v_i^{(e)}$。插值位移场可以改写为

$$\begin{cases} u^{(e)}(\xi,\eta) = \sum_{i=1}^{n_E} H_i(\xi,\eta) u_i^{(e)} \\ v^{(e)}(\xi,\eta) = \sum_{i=1}^{n_E} H_i(\xi,\eta) v_i^{(e)} \end{cases} \tag{8.17}$$

式中，$H_i(\xi,\eta)$——形状函数或形函数，$i=1,2,\cdots,n_E$。

很明显，形函数 H_i 在节点 $i(\xi_i,\eta_i)$ 的值为 1，而在其他节点处为 0，即

$$H_i(\xi_j,\eta_j) = \delta_{ij} \tag{8.18}$$

此外，假设单元位移场为刚体平移，各节点自由度均相等，则可证明形函数的另一性质，即单元内任一点所有形函数之和为 1，即

$$\sum_{i=1}^{n_E} H_i(\xi,\eta) = 1 \tag{8.19}$$

在母单元的规则构型下，可根据形函数性质直接构造形函数。以图 8.4 的 Q4 单元为例，对于 H_1，因其在 2,3,4 号节点处为零，其表达式显然包含 2-3 边和 3-4 边的方程作为因数，令

$$H_1(\xi,\eta) = A_1(1-\xi)(1-\eta) \tag{8.20}$$

式中，A_1——待定系数，由其在 $(-1,-1)$ 处为 1 的条件得 $A_1=1/4$。

以此类推，可得到 Q4 单元的形函数统一表达式为

$$H_i(\xi,\eta) = \frac{1}{4}(1+\xi_i\xi)(1+\eta_i\eta), \quad i=1,2,3,4 \tag{8.21}$$

对于 Q8 单元，其形函数 H_1 的因数除包含 2-3 边和 3-4 边方程外，还应包含通过 5-8 号节点的斜线方程，因此可设：

$$H_1(\xi,\eta) = A_1(1-\xi)(1-\eta)(1+\xi+\eta) \tag{8.22}$$

由其在 $(-1,-1)$ 处为 1 的条件得 $A_1 = -1/4$。可将 Q8 单元 1~4 号形函数综合写为

$$H_i(\xi,\eta) = \frac{1}{4}(1+\xi_i\xi)(1+\eta_i\eta)(\xi_i\xi+\eta_i\eta-1), \quad i=1,2,3,4 \tag{8.23}$$

通过类似过程可得其他节点对应的形函数为

$$H_i(\xi,\eta) = \begin{cases} \frac{1}{2}(1-\xi^2)(1+\eta_i\eta), & i=5,7 \\ \frac{1}{2}(1-\eta^2)(1+\xi_i\xi), & i=6,8 \end{cases} \tag{8.24}$$

由式（8.13）和式（8.16），单元位移场插值函数以矩阵形式表达为

$$[\boldsymbol{u}(\xi,\eta)] = [\boldsymbol{H}(\xi,\eta)][\boldsymbol{u}]^{(e)} \tag{8.25}$$

其中，

$$[\boldsymbol{H}(\xi,\eta)] = \begin{bmatrix} H_1 & 0 & \cdots & H_{n_E} & 0 \\ 0 & H_1 & \cdots & 0 & H_{n_E} \end{bmatrix} \tag{8.26}$$

同时，以 $[\delta\boldsymbol{u}]^{(e)}$ 表示单元节点虚位移向量，单元虚位移场也以相同的形式插值：

$$[\delta\boldsymbol{u}(\xi,\eta)]^{(e)} = [\boldsymbol{H}(\xi,\eta)][\delta\boldsymbol{u}]^{(e)} \tag{8.27}$$

为了针对物理空间中的不同单元构型进行计算，还必须建立从母单元坐标向任一具体单元 e 的坐标映射关系，即

$$\begin{cases} x^{(e)} = x^{(e)}(\xi,\eta) \\ y^{(e)} = y^{(e)}(\xi,\eta) \end{cases} \quad (8.28)$$

要保证母单元坐标与实际单元坐标的一一对应，且在节点 i 处满足 $x^{(e)}(\xi_i,\eta_i) = x_i^{(e)}$ 和 $y^{(e)}(\xi_i,\eta_i) = y_i^{(e)}$，很明显也可以利用形函数，并采取与位移插值函数同样的形式，即

$$\begin{cases} x^{(e)} = \sum_{i=1}^{n_E} H_i(\xi,\eta) x_i^{(e)} \\ y^{(e)} = \sum_{i=1}^{n_E} H_i(\xi,\eta) y_i^{(e)} \end{cases} \quad (8.29)$$

称这样的单元为等参单元。如果坐标映射插值高于位移场插值，则称为超参单元，反之则为次参单元。对于一般的连续介质力学问题，等参单元是最常使用的单元。

位移插值函数后必须满足一定的要求，以使近似解在网格不断加密时单调收敛于真实结果。具体而言，位移函数应当满足如下要求。

（1）完备性：单元位移函数必须能正确表达刚体运动和常应变状态。可以证明，如果位移插值函数中包含常数项和完全一次项，则能够满足此条件。

（2）协调性：单元位移函数必须保证单元之间不产生重叠或裂缝，对于当前讨论到的弹性力学问题，位移函数在全域内 C_0 连续即可。

（3）几何各向同性：要求单元位移函数的多项式次数不能因单元坐标系的取向改变而改变。选择完全多项式，或者不完全多项式的保留项在帕斯卡多项式三角形中具有对称性，则能满足此要求。可以证明，本节给出的 Q4 和 Q8 单元的插值函数满足如上条件，因此是单调收敛的。

8.4　单元刚度矩阵与载荷向量

将单元位移和虚位移插值场（式（8.25）和式（8.27））代入虚功方程（式（8.9）），并将全域 A 内的积分考虑为在每个单元区域 A_e 内的积分和，弱形式方程表示为

$$\sum_{e=1}^{M} \delta W_{\text{int}}^{(e)} = \sum_{e=1}^{M} \delta W_{\text{ext}}^{(e)} \quad (8.30)$$

式中，$\delta W_{\text{int}}^{(e)}$——单元 e 的内力虚功：

$$\delta W_{\text{int}}^{(e)} = ([\delta \boldsymbol{u}]^{(e)})^{\text{T}} [\boldsymbol{K}]^{(e)} [\boldsymbol{u}]^{(e)} \quad (8.31)$$

式中，$[\boldsymbol{K}]^{(e)}$——单元 e 的单元刚度矩阵：

$$[\boldsymbol{K}]^{(e)} = \iint_{A^e} [\boldsymbol{B}]^{\text{T}} [\boldsymbol{D}] [\boldsymbol{B}] \mathrm{d}A \quad (8.32)$$

矩阵 $[\boldsymbol{B}]$ 称为单元应变矩阵，或称为 B 矩阵：

$$[\boldsymbol{B}] = [\boldsymbol{L}][\boldsymbol{H}] = \begin{bmatrix} \partial_x H_1 & 0 & \cdots & \partial_x H_{n_E} & 0 \\ 0 & \partial_y H_1 & \cdots & 0 & \partial_y H_{n_E} \\ \partial_y H_1 & \partial_x H_1 & \cdots & \partial_y H_{n_E} & \partial_x H_{n_E} \end{bmatrix} \quad (8.33)$$

由此可见，B 矩阵的维度为 $3 \times 2n_E$，矩阵元素为形函数对物理坐标 x 和 y 的导数。B 矩阵通过作用于离散的单元节点自由度矢量 $[\boldsymbol{u}]^{(e)}$ 而给出单元内部的插值应变场，即

$$[\boldsymbol{\varepsilon}(\xi,\eta)] = [\boldsymbol{B}(\xi,\eta)][\boldsymbol{u}]^{(e)} \tag{8.34}$$

$\delta W_{\text{ext}}^{(e)}$ 表示单元外力虚功：

$$\delta W_{\text{ext}}^{(e)} = ([\delta \boldsymbol{u}]^{(e)})^{\text{T}}[\boldsymbol{F}]^{(e)} \tag{8.35}$$

式中，$[\boldsymbol{F}]^{(e)}$ 称为单元节点载荷矢量，表达为

$$[\boldsymbol{F}]^{(e)} = \iint_{A_e}[\boldsymbol{H}]^{\text{T}}\{\boldsymbol{f}\}\mathrm{d}A + \int_{S_\sigma^{(e)}}[\boldsymbol{H}]^{\text{T}}[\boldsymbol{p}]\mathrm{d}L \tag{8.36}$$

由于虚功原理针对每个单元域也成立，因此在单元层级也有

$$\delta W_{\text{int}}^{(e)} = \delta W_{\text{ext}}^{(e)} \tag{8.37}$$

再由单元虚自由度矢量 $[\delta \boldsymbol{u}]^{(e)}$ 的任意性可以得出如下线性方程组：

$$[\boldsymbol{K}]^{(e)}[\boldsymbol{u}]^{(e)} = [\boldsymbol{F}]^{(e)} \tag{8.38}$$

式（8.38）称为单元刚度方程。由式（8.32）及弹性矩阵 $[\boldsymbol{D}]$ 的对称性可知单元刚度矩阵也是对称方阵，维度等于单元自由度数 $2n_E$。通过有限单元离散插值，单元刚度矩阵将区域 A_e 内弹性介质的力学性质抽象于有限个节点处，具体而言，矩阵元素 $[\boldsymbol{K}]_{ij}^{(e)}$ 表示单元局部第 j 个自由度取单位值时，在第 i 个自由度方向上所产生的节点力。

单元刚度矩阵和单元节点载荷向量式的计算是有限元计算列式中的主要内容。应当指出，式（8.32）和式（8.36）的格式对各类单元都是统一的，其区别仅在于单元节点数以及对应的形函数 H 与 B 矩阵的不同。此外，注意到形函数是基于母单元局部坐标构造的，是 ξ 和 η 的函数，而相应公式中的导数（例如 B 矩阵中形函数的导数）、积分 $\mathrm{d}A = \mathrm{d}x\mathrm{d}y$ 等，均是对物理坐标进行。因此，需要借助坐标变换关系（式（8.29））予以转换。

首先处理形函数对 x,y 的导数。由链式求导规则：

$$\begin{bmatrix} \dfrac{\partial H_i}{\partial x^{(e)}} \\ \dfrac{\partial H_i}{\partial y^{(e)}} \end{bmatrix} = ([\boldsymbol{J}]^{(e)})^{-1} \begin{bmatrix} \dfrac{\partial H_i(\xi,\eta)}{\partial \xi} \\ \dfrac{\partial H_i(\xi,\eta)}{\partial \eta} \end{bmatrix}, \quad ([\boldsymbol{J}]^{(e)})^{-1} = \begin{bmatrix} \dfrac{\partial \xi}{\partial x^{(e)}} & \dfrac{\partial \eta}{\partial x^{(e)}} \\ \dfrac{\partial \xi}{\partial y^{(e)}} & \dfrac{\partial \eta}{\partial y^{(e)}} \end{bmatrix} \tag{8.39}$$

式中，$[\boldsymbol{J}]^{(e)}$——由母单元向第 e 个单元物理坐标变换的雅可比（Jacobian）矩阵，定义为

$$[\boldsymbol{J}(\xi,\eta)]^{(e)} = \begin{bmatrix} \dfrac{\partial x^{(e)}(\xi,\eta)}{\partial \xi} & \dfrac{\partial y^{(e)}(\xi,\eta)}{\partial \xi} \\ \dfrac{\partial x^{(e)}(\xi,\eta)}{\partial \eta} & \dfrac{\partial y^{(e)}(\xi,\eta)}{\partial \eta} \end{bmatrix} \tag{8.40}$$

其中，物理坐标关于母单元坐标的映射关系由式（8.29）给出。结合式（8.33）、式（8.39）、式（8.40），以及不同单元的形函数表达式容易构造 $[\boldsymbol{B}(\xi,\eta)]$ 矩阵，很明显它是母单元坐标的函数。物理空间中与母单元中的面元关系由下式定义：

$$\mathrm{d}A = \mathrm{d}x\mathrm{d}y = |\boldsymbol{J}(\xi,\eta)|^{(e)}\mathrm{d}\xi\mathrm{d}\eta \tag{8.41}$$

至此，式（8.32）单元刚度矩阵的积分可以变换至母单元空间中进行：

$$[\boldsymbol{K}]^{(e)} = \int_{-1}^{1}\int_{-1}^{1}[\boldsymbol{B}(\xi,\eta)]^{\text{T}}[\boldsymbol{D}][\boldsymbol{B}(\xi,\eta)]|\boldsymbol{J}(\xi,\eta)|^{(e)}\mathrm{d}\xi\mathrm{d}\eta \tag{8.42}$$

类似地，单元节点载荷向量中的体力部分为

$$\iint_{A_e}[\boldsymbol{H}]^{\text{T}}[\boldsymbol{f}]\mathrm{d}A = \int_{-1}^{1}\int_{-1}^{1}[\boldsymbol{H}(\xi,\eta)]^{\text{T}}[\boldsymbol{f}]|\boldsymbol{J}(\xi,\eta)|^{(e)}\mathrm{d}\xi\mathrm{d}\eta \tag{8.43}$$

若体力是随坐标变化的，也可以利用形函数进行插值近似，即

$$[f(\xi,\eta)] = [H(\xi,\eta)][f]^{(e)} \tag{8.44}$$

式中，$[f]^{(e)}$——体力 x,y 分量在单元节点处的取值构成的向量。

单元节点载荷矢量中的面载荷部分是在单元边界上积分，比单元域积分少一维度，对于这里考虑的平面问题为线积分，因此需要特殊处理。通常对于弹性力学问题的有限元模型，仅有少部分单元有边界位于弹性体的外表面，其中只有部分单元边界上面载 $[p] \neq 0$，因此，只需计算这些表面的积分即可。单元面载等效节点载荷在母单元上积分公式为

$$\int_{S_\sigma^{(e)}} [H]^T [p] \mathrm{d}L = \int_{-1}^{1} [H]_{\mathrm{face}}^T [p] \left.\frac{\mathrm{d}L}{\mathrm{d}\zeta}\right|_{\mathrm{face}} \mathrm{d}\zeta \tag{8.45}$$

若面载对应于母单元的上下水平边，则

$$[H]_{\mathrm{face}}^T = [H(\xi, \pm 1)]^T, \quad \mathrm{d}\zeta = \mathrm{d}\xi \tag{8.46}$$

否则，交换 ξ,η 次序。线元长度的变换为

$$\left.\frac{\mathrm{d}L}{\mathrm{d}\zeta}\right|_{\mathrm{face}} = \sqrt{\left(\frac{\mathrm{d}x^e}{\mathrm{d}\zeta}\right)^2 + \left(\frac{\mathrm{d}y^e}{\mathrm{d}\zeta}\right)^2}\bigg|_{\mathrm{face}} \tag{8.47}$$

式（8.42）、式（8.43）、式（8.45）中的积分函数通常较为复杂，包含了矩阵求逆等运算，通常只对于少数单元（如一维单元或三节点三角形单元）能够解析地获得积分，而大多数情况下，只能通过数值积分的方法获得。有限元计算中对一维线积分域、二维四边形域和三维六面体域一般采用高斯（Gauss）数值积分方法，对三角形和四面体域采用哈默（Hammer）数值积分方法。以一维情况为例，对某函数 $g(\xi)$ 在 $\xi \in [-1,1]$ 区间的数值积分可表达为函数在有限个取样点（积分点）ξ_i 处的值 $g(\xi_i)$ 与该点所占权重 W_i 乘积求和的形式，近似为

$$\int_{-1}^{1} g(\xi) \mathrm{d}\xi \approx \sum_{i=1}^{n_G} g(\xi_i) W_i \tag{8.48}$$

式中，n_G——积分点的数目，当 n_G 个积分点均匀分布时，可以达到 $n_G - 1$ 阶代数精度，即数值积分对不高于 $n_G - 1$ 阶多项式的积分是精确的。

能否进一步提高数值积分的代数精度呢？事实上，如果积分点的位置也可以选择，则能够提供额外 n_G 个优化变量，使形如式（8.48）的数值积分格式的代数精度达到 $2n_G - 1$ 阶。这就是高斯积分的思想，可以证明，若积分点数目为 n，在 $\xi \in [-1,1]$ 区间内这些积分点的位置就是 n 阶勒让德（Legendre）多项式

$$L_n(\xi) = \frac{1}{2^n n!} \frac{\mathrm{d}^n}{\mathrm{d}\xi^n}[(\xi^2 - 1)^n] \tag{8.49}$$

的零点位置，如图 8.5 所示，称为高斯点。经常用到的高斯点和积分权重因子列于表 8.1 中。

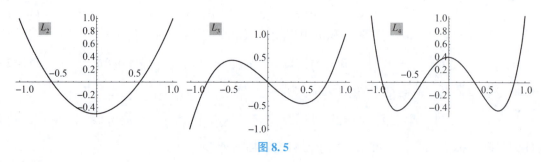

图 8.5

表 8.1

高斯点数目	高斯点位置 $\pm\xi_i$	权重因子 W_i
2	0.577 350 269 2	1.000 000 000 0
3	0.000 000 000 0 0.774 596 669 2	0.888 888 888 9 0.555 555 555 6
4	0.339 981 043 6 0.861 136 311 6	0.652 145 154 9 0.347 854 845 1
5	0.000 000 000 0 0.538 469 310 1 0.906 179 845 9	0.568 888 888 9 0.478 628 670 5 0.236 926 885 1

一维高斯积分可方便地拓展至高维，例如二维函数 $G(\xi,\eta)$ 的高斯积分为

$$\int_{-1}^{1}\int_{-1}^{1}G(\xi,\eta)\,\mathrm{d}\xi\mathrm{d}\eta \approx \sum_{j=1}^{n_G}\sum_{i=1}^{n_G}G(\xi_i,\eta_j)W_iW_j \tag{8.50}$$

利用式（8.48）和式（8.50），可对单元刚度矩阵和载荷向量中的面积分和线积分进行数值计算。高斯积分点数目 n_G 的选择，可根据精度要求和计算资源进行权衡，但通常在一个方向（如 ξ）的 n_G 取为与节点数相当，例如对于 Q4 单元取 2×2 高斯点，对于 Q8 单元取 3×3 高斯点。当积分点数据大于等于这个数目时称为完全积分，而小于该数目时称为缩减（reduced）积分，例如，对 Q4 单元取 1×1 单点积分，对 Q8 单元取 2×2 积分。缩减积分有时能够解决单元在某种变形模式下过于刚硬或者锁定问题，但应注意也有可能导致单元的特定变形模式无法进入应变能而不受控制，即单元的伪零能模式。

8.5 总体刚度矩阵组装与位移约束

针对每个单元获得单元刚度矩阵 $[K]^{(e)}$ 和单元节点载荷向量 $[F]^{(e)}$ 后，将式（8.31）和式（8.35）代入系统虚功方程（式（8.30）），并利用单元局部自由度与系统自由度向量的关系式（8.14），可以得到如下方程：

$$[\delta u]^\mathrm{T}[K][u] = [\delta u]^\mathrm{T}[F] \tag{8.51}$$

其中，

$$[K] = \sum_{e=1}^{M}([P]^{(e)})^\mathrm{T}[K]^{(e)}[P]^{(e)} \tag{8.52}$$

称为有限元模型的总体刚度矩阵，维度为 $2N\times2N$。长度为 $2N$ 的总体载荷矢量为

$$[F] = \sum_{e=1}^{M}([P]^{(e)})^\mathrm{T}[F]^{(e)} \tag{8.53}$$

由节点虚自由度的任意性，有

$$[K][u] = [F] \tag{8.54}$$

上式构成了有限元模型所给出的最终线性方程组，求解该方程可获得系统在各节点处的位移自由度 $[u]$。由于单元刚度矩阵是对称的，总体刚度矩阵 $[K]$ 显然也具有对称性。此外，总体刚度矩阵的另一个特点是稀疏性，即矩阵非零元素只占少量位置。总体刚度矩阵的对称

性和稀疏性可以被利用，以在计算程序的编写中减少计算机存储资源。此外，式（8.52）和式（8.53）形成的总体刚度矩阵和载荷向量引入了单元自由度置换矩阵 $[P]^{(e)}$，这是为了便于陈述，在实际程序实施中，为了节省资源，通常不显式地构造置换矩阵，而是通过节点和自由度编号的形式，在对每个单元局部生成单元刚度矩阵和载荷向量后，将矩阵和向量元素按照局部–整体自由度对照表累加到总体刚度矩阵和载荷向量中，称为总体刚度组装。在 8.6 节的一维例子中将对比予以具体说明。

组装完成后的系统线性方程组（式（8.54））通常还无法直接求解得到未知的节点自由度。这是因为位移边界约束条件还没有施加，因此 $[K]$ 是奇异的。所有节点自由度按照约束情况可以分为三类：自由、零位移约束和非零位移约束。通过对式（8.54）换行操作，将相同类型的自由度分类集中排列，可使线性方程组系统按照自由度类型分块。重新排列的总体自由度向量表示为

$$[u] = [u_a^T \quad u_b^T \quad u_c^T]^T \tag{8.55}$$

式中，u_a, u_b, u_c——自由自由度向量、非零约束自由度向量和零位移约束自由度向量。其中，$u_c = 0$，u_b 根据位非零位移约束条件为其赋值，这两个子向量为已知，无须求解。

相应地，系统线性方程组分块表示为

$$\begin{bmatrix} K_{aa} & K_{ab} & K_{ac} \\ K_{ba} & K_{bb} & K_{bc} \\ K_{ca} & K_{cb} & K_{cc} \end{bmatrix} \begin{bmatrix} u_a \\ u_b \\ 0 \end{bmatrix} = \begin{bmatrix} K_{aa} & K_{ab} \\ K_{ba} & K_{bb} \\ K_{ca} & K_{cb} \end{bmatrix} \begin{bmatrix} u_a \\ u_b \end{bmatrix} = \begin{bmatrix} F_a \\ F_b \\ F_c \end{bmatrix} \tag{8.56}$$

考虑对称性，总体刚度矩阵的组装和存储仅考虑分块矩阵 $K_{aa}, K_{ab}, K_{bb}, K_{ca}, K_{cb}$ 即可。为求解未知的非约束自由度 u_a，考虑如下方程的求解：

$$[K_{aa}][u_a] = [F_a] - [K_{ab}][u_b] \tag{8.57}$$

可见，非零位移约束作为等效节点载荷 $-[K_{ab}][u_b]$ 出现在方程右端。解出 u_a 后，将其与已知约束自由度的向量联合代入式（8.56）求得 F_b 和 F_c，即位移约束处的节点反力。若要求应变与应力结果，则需要回到单元层级，通过式（8.14）获得单元自由度 $[u]^{(e)}$，再由式（8.34）获得单元内应变场。单元应力场由下式计算：

$$[\sigma(\xi, \eta)] = [D][B(\xi, \eta)][u]^{(e)} \tag{8.58}$$

8.6　一维问题的有限元过程

考虑如图 8.6 所示的一维问题。一根长度为 L、截面积为 A、弹性模量为 E 的等直长杆左端固定，右端受一集中力 F 作用，杆内各点受非均匀分布的体积力作用，以 $f(x)$ 表示。

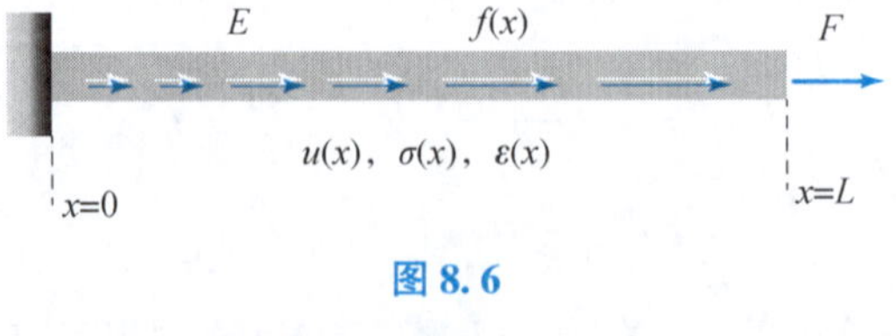

图 8.6

考虑静力平衡，杆中的应力 σ 满足平衡方程：

$$\frac{d\sigma}{dx} + f(x) = 0 \tag{8.59}$$

应变 ε 与位移场 u 通过几何方程联系：

$$\varepsilon = \frac{du}{dx} \tag{8.60}$$

本构方程为

$$\sigma = E\varepsilon \tag{8.61}$$

除基本方程外，杆左端和右端分别满足基本边界条件和自然边界条件：

$$\begin{cases} u(0) = 0 \\ \sigma(L) = E\dfrac{du}{dx}\bigg|_{x=L} = \dfrac{F}{A} \end{cases} \tag{8.62}$$

式（8.59）~式（8.62）构成该一维问题的强形式。弱形式积分方程为

$$A\int_0^L \left[E\frac{d\delta u}{dx}\frac{du}{dx} - \delta uf \right]dx - \delta u(L)F = 0 \tag{8.63}$$

数值近似解定义为寻找满足给定位移条件 $u(0)=0$ 的位移场 $u(x)$，使式（8.9）对于任意零边界位移的变分场 $\delta u(x)$ 均成立。

将一维杆域划分为有限个单元，如图 8.7 所示。其中包含 n 个单元，以 $e_1,e_2,\cdots,e_n$ 表示；每个单元包含两个节点，相邻单元共用节点，因此有 $n+1$ 个节点。单元的尺寸不必相等，根据单元的划分，节点的位置坐标已知，以 $x_1,x_2,\cdots,x_{n+1}$ 表示。相应地，每个节点的位移自由度以 $u_1,u_2,\cdots,u_{n+1}$ 表示。对于图 8.7 所示的有限单元离散，弱形式积分方程（式（8.63））的积分变为在每个单元域内的积分的求和：

$$\sum_e \int_{x_i}^{x_{i+1}} \left(AE\frac{d\delta u}{dx}\frac{du}{dx} \right)dx = \sum_e \int_{x_i}^{x_{i+1}} (A\delta uf)dx + \delta u(L)F \tag{8.64}$$

式中，e——遍历所有单元。

图 8.7

对于一维问题，母单元通常是取 $[-1,1]$ 坐标区间长度为 2 的杆域。2 节点一维杆单元的形函数为

$$H_1(\xi) = \frac{1-\xi}{2}, \quad H_2(\xi) = \frac{1+\xi}{2} \tag{8.65}$$

形函数的图形如图 8.8 所示，函数 H_1 在母单元的左侧节点 1 处取值为 1，而在节点 2 处取值为零，H_2 的取值规律相反。在单元内部，形函数呈线性分布。从母单元坐标 ξ 到物理空间坐标 x 的映射关系由下式给出：

$$x = H_1(\xi)x_i + H_2(\xi)x_{i+1} \tag{8.66}$$

该式将母单元 1，2 节点坐标分别映射至实际单元 e_i 的节点坐标 x_i 和 x_{i+1}。由形函数表达式可以得到从物理坐标到自然坐标的逆映射：

$$\xi = \frac{x_i + x_{i+1} - 2x}{x_i - x_{i+1}} \tag{8.67}$$

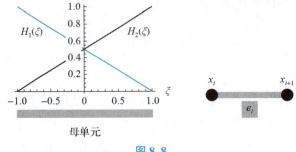

图 8.8

采用等参单元，单元内部任意一点的位移场与虚位移场采用与式（8.66）类似的插值形式：

$$u = H_1(\xi)u_i + H_2(\xi)u_{i+1}$$
$$\delta u = H_1(\xi)\delta u_i + H_2(\xi)\delta u_{i+1} \tag{8.68}$$

式中，$u_i, \delta u_i$——节点 i 的位移和虚位移。

基于式（8.66）和式（8.68）的插值和坐标变换，式（8.64）中每个单元的积分都可以在母单元的域中进行，为此做如下准备工作：

$$\frac{d}{dx} = \frac{d}{d\xi}\frac{d\xi}{dx} = \frac{d}{d\xi}\frac{2}{x_{i+1}-x_i} = \frac{2}{L_i}\frac{d}{d\xi} \tag{8.69}$$

$$dx = \frac{dx}{d\xi}d\xi = \frac{L_i}{2}d\xi = Jd\xi \tag{8.70}$$

式（8.69）、式（8.70）给出了在每个有限单元中，对物理坐标的导数与对母单元坐标导数的变换关系，以及物理坐标中微元与母单元坐标微元的变换关系。其中，L_i 为单元 e_i 的长度，母单元微元与实际单元微元关系中的雅克比系数 $J = L_i/2$。

下面具体计算式（8.64）的积分，由于积分中每个单元的情形都相同，不失一般性，考虑单元 e_i 的积分。积分函数中变分函数和位移场试函数对物理坐标的导数可分别表示为对自然坐标的导数，写为矩阵相乘的形式：

$$\frac{d\delta u}{dx} = \frac{2}{L_i}\begin{bmatrix} \delta u_i & \delta u_{i+1} \end{bmatrix}\begin{bmatrix} H_{1,\xi} \\ H_{2,\xi} \end{bmatrix} \tag{8.71}$$

$$\frac{du}{dx} = \frac{2}{L_i}\begin{bmatrix} H_{1,\xi} & H_{2,\xi} \end{bmatrix}\begin{bmatrix} u_i \\ u_{i+1} \end{bmatrix} \tag{8.72}$$

于是，式（8.64）等号左端的积分可以写为

$$AE\int_{x_i}^{x_{i+1}}\frac{d\delta u}{dx}\frac{du}{dx}dx = AE\int_{-1}^{1}\frac{2}{L_i}\begin{bmatrix} \delta u_i & \delta u_{i+1} \end{bmatrix}\begin{bmatrix} H_{1,\xi} \\ H_{2,\xi} \end{bmatrix}\frac{2}{L_i}\begin{bmatrix} H_{1,\xi} & H_{2,\xi} \end{bmatrix}\begin{bmatrix} u_i \\ u_{i+1} \end{bmatrix}\frac{L_i}{2}d\xi$$

$$= \begin{bmatrix} \delta u_i & \delta u_{i+1} \end{bmatrix}\left(\frac{2AE}{L_i}\int_{-1}^{1}\begin{bmatrix} -1/2 \\ 1/2 \end{bmatrix}\begin{bmatrix} -1/2 & 1/2 \end{bmatrix}d\xi\right)\begin{bmatrix} u_i \\ u_{i+1} \end{bmatrix}$$

$$= \begin{bmatrix} \delta u_i & \delta u_{i+1} \end{bmatrix}\left(\frac{2AE}{L_i}\int_{-1}^{1}\begin{bmatrix} 1/4 & -1/4 \\ -1/4 & 1/4 \end{bmatrix}d\xi\right)\begin{bmatrix} u_i \\ u_{i+1} \end{bmatrix}$$

$$= \begin{bmatrix} \delta u_i & \delta u_{i+1} \end{bmatrix}[\boldsymbol{K}]^{e_i}\begin{bmatrix} u_i \\ u_{i+1} \end{bmatrix} \tag{8.73}$$

对于当前一维简单情形，能够直接积分得到单元刚度矩阵的显式解析表达式：

$$[K]^{e_i} = \frac{AE}{L_i}\begin{bmatrix} 1 & -1 \\ -1 & 1 \end{bmatrix} \tag{8.74}$$

上式正是材料力学所给出的杆单元刚度矩阵。类似地，式（8.64）等号右端关于单元 e_i 涉及载荷的积分也变换至母单元中，即

$$\int_{x_i}^{x_{i+1}} (A\delta u f)\,\mathrm{d}x = \begin{bmatrix} \delta u_i & \delta u_{i+1} \end{bmatrix}\left(\frac{AL_i}{2}\int_{-1}^{1}\begin{bmatrix} H_1 \\ H_2 \end{bmatrix} f(\xi)\,\mathrm{d}\xi\right)$$

$$= \begin{bmatrix} \delta u_i & \delta u_{i+1} \end{bmatrix}[F]^{e_i} \tag{8.75}$$

式中，$[F]^{e_i}$——单元节点载荷向量，为积分函数中体积力的自变量变换借助式（8.66）。分别对每个单元进行积分计算，并获得所有单元的单元刚度矩阵和单元节点力向量后，式（8.64）的积分可以简洁表达为

$$\sum_{e_i}\begin{bmatrix} \delta u_i & \delta u_{i+1} \end{bmatrix}[K]^{e_i}\begin{bmatrix} u_i \\ u_{i+1} \end{bmatrix} = \sum_{e}\begin{bmatrix} \delta u_i & \delta u_{i+1} \end{bmatrix}[F]^{e_i} + \delta u_{i+1}F \tag{8.76}$$

为了展示式（8.76）给出的有限单元方法的进一步求解，考虑如图 8.9 所示由两个单元组成的杆拉伸系统。单元、节点及自由度的编号如图 8.9 所示，每个单元长度为 1，其中节点 1 受固定约束，节点 3 受向右的集中力 F 作用。该模型具有三个自由度，定义

$$[u] = \begin{bmatrix} u_1 & u_2 & u_3 \end{bmatrix}^{\mathrm{T}}$$
$$[\delta u] = \begin{bmatrix} \delta u_1 & \delta u_2 & \delta u_3 \end{bmatrix}^{\mathrm{T}} \tag{8.77}$$

为总体自由度向量。根据式（8.74）和式（8.75）分别计算单元 e_1 和 e_2 的单元刚度矩阵和单元节点力向量：

$$[K]^1 = [K]^2 = AE\begin{bmatrix} 1 & -1 \\ -1 & 1 \end{bmatrix}$$

$$[F]^1 = [F]^2 = \begin{bmatrix} 0 \\ 0 \end{bmatrix} \tag{8.78}$$

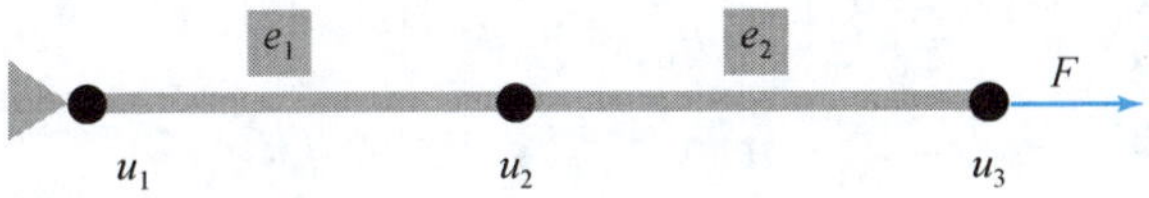

图 8.9

为了将积分统一写成以总体自由度向量表达的形式，在每个单元的积分表达式中，将与该单元无关的自由度补零，则式（8.64）展开写为

$$[\delta u]^{\mathrm{T}}AE\begin{bmatrix} 1 & -1 & 0 \\ -1 & 1 & 0 \\ 0 & 0 & 0 \end{bmatrix}[u] + [\delta u]^{\mathrm{T}}AE\begin{bmatrix} 0 & 0 & 0 \\ 0 & 1 & -1 \\ 0 & -1 & 1 \end{bmatrix}[u]$$

$$= [\delta u]^{\mathrm{T}}\begin{bmatrix} 0 \\ 0 \\ 0 \end{bmatrix} + [\delta u]^{\mathrm{T}}\begin{bmatrix} 0 \\ 0 \\ 0 \end{bmatrix} + [\delta u]^{\mathrm{T}}\begin{bmatrix} 0 \\ 0 \\ F \end{bmatrix} \tag{8.79}$$

合并后，

$$[\delta \boldsymbol{u}]^{\mathrm{T}} AE \begin{bmatrix} 1 & -1 & 0 \\ -1 & 2 & -1 \\ 0 & -1 & 1 \end{bmatrix} \begin{bmatrix} u_1 \\ u_2 \\ u_3 \end{bmatrix} = [\delta \boldsymbol{u}]^{\mathrm{T}} \begin{bmatrix} 0 \\ 0 \\ F \end{bmatrix} \tag{8.80}$$

由于虚位移向量的任意性,最终得到该问题的线性方程组:

$$AE \begin{bmatrix} 1 & -1 & 0 \\ -1 & 2 & -1 \\ 0 & -1 & 1 \end{bmatrix} \begin{bmatrix} u_1 \\ u_2 \\ u_3 \end{bmatrix} = \begin{bmatrix} 0 \\ 0 \\ F \end{bmatrix} \tag{8.81}$$

考虑到 1 号节点的零位移约束,直接删除线性方程组的第一行和第一列,得到

$$AE \begin{bmatrix} 2 & -1 \\ -1 & 1 \end{bmatrix} \begin{bmatrix} u_2 \\ u_3 \end{bmatrix} = \begin{bmatrix} 0 \\ F \end{bmatrix} \tag{8.82}$$

由上式解出未知自由度 u_2 与 u_3,则总体自由度向量为 $[\boldsymbol{u}] = \begin{bmatrix} 0 & u_2 & u_3 \end{bmatrix}^{\mathrm{T}}$,再代入式 (8.81),求得未知反力 f_1。

最后,对前面介绍的有限元过程进行综述,同时强调各部分在当前主流有限元软件中的对应,总体上如图 8.10 所示。在使用有限元软件进行力学计算的过程中,通常将需要人为参与的过程分为前处理过程、程序内部流程、求解和后处理过程。而有限元法的主要标准步骤(如刚度矩阵的计算和组集),在程序内部自动处理。

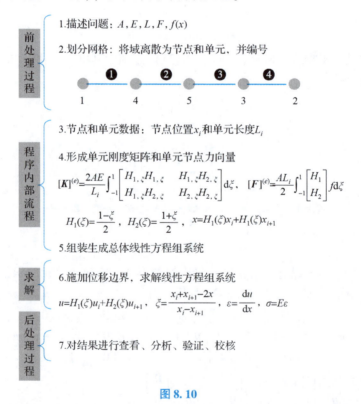

图 8.10

【前处理过程】

在前处理过程中的任务主要是定义和描述力学模型,包括几何构型和材料,并进行有限元离散。

1. 描述问题

首先，定义几何构型。本例是一维问题，包括定义杆的长度和截面积。当前有限元软件中定义几何构型的过程通常叫作实体建模，软件提供常用的 CAD（计算机辅助设计）功能来进行几何体的数字化表达。例如，图 8.11（a）（b）分别为二维小孔应力集中问题（1/4 对称模型）和三维轴承座的实体模型。实体模型只是区域的几何表示，不能直接用于有限元计算。其次，指定模型各部分的材料性质，包括弹性模量、泊松比、密度、热膨胀系数甚至非线性本构关系等。最后，确定模型的载荷与工况。

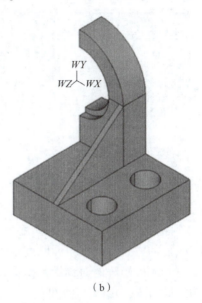

(a) (b)

图 8.11

2. 划分网格

将实体模型进行有限元离散，生成节点和单元，并进行编号，这个过程称为分网（meshing）。以一维问题为例，图 8.10 中给出了 4 单元的离散及编号，注意到编号具有任意性，编号顺序并不影响计算结果。在当前商业软件中，分网这一过程已经不需要手动进行，软件中提供了丰富的分网工具，以自动生成有限单元网格。但是，对于特定问题，需要人为地对网格的疏密和分布进行干预。图 8.12（a）所示为小孔应力集中问题的有限元网格，由于小孔周边的应力梯度较大，因此其网格非常细密。图 8.12（b）所示为轴承座的三维四面体与六面体结合有限元网格。

【程序内部流程】

本部分处理在程序内部完成，无论采用何种计算模型，其处理流程都是一样的。

3. 节点和单元数据

分网工作完成后，我们已经有了关于节点和单元的基本信息，包括节点编号及其坐标，单元编号及单元的节点构成，这称为有限元模型。

4. 形成单元刚度矩阵和单元节点力向量

根据选定的单元类型和插值函数进行内部计算，生成单元刚度矩阵和节点力向量并存储。

5. 组装生成总体线性方程组系统

在 8.4 节中，为了从弱形式出发，通过引入系统自由度向量和单元局部自由度向量之间

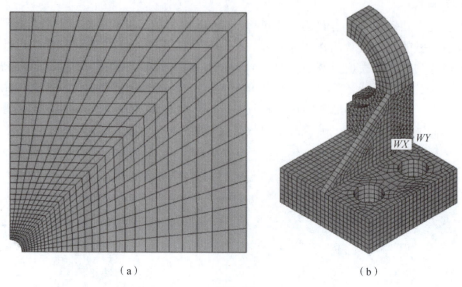

图 8.12

的置换矩阵的方式构造总体刚度矩阵。然而，在实际程序实现中，由于计算机存储空间有限，且实际工程问题的总体刚度矩阵的维度通常在几万甚至几百万的维度，因此不可能以这种方式得到总体刚度矩阵。在程序实现中，通常根据节点和单元的编号规律以组装（assembling）的方式逐个把单元刚度矩阵元素累加至整体刚度矩阵中。同时，在数据结构设计中，考虑到刚度矩阵的对称性和稀疏性而进一步节省存储空间。以图 8.10 中的有限元离散来说明组装过程。由图 8.10 可见，3 号单元由节点 5 和 3 构成。由于一维问题的节点编号即自由度编号，因此 3 号单元的局部自由度与总体自由度对应关系为 $1\to 5, 2\to 3$。因此当生成 2×2 的单元刚度矩阵后，单元刚度矩阵的 [1,1] 元素将累加至总体刚度矩阵的 [5,5] 位置，而 [2,1] 元素将累加至总体刚度矩阵的 [3,5] 位置，以此类推，如图 8.13 所示。

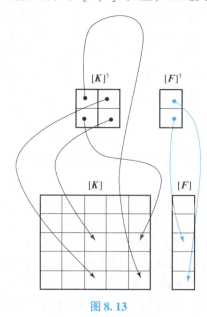

图 8.13

【求解】
6. 施加位移边界，求解线性方程组系统

组装过程完成后，根据位移边界条件对矩阵系统进行适当处理后，程序启动对线性方程组进行求解过程，得到节点自由度解和约束反力解，并进一步生成应变和应力结果。在实际工程问题中，有时本阶段需要对线性方程组求解器进行调控，如指定使用常规的消元或迭代求解器。

【后处理过程】
7. 查看结果、分析、验证、校核

在后处理过程中，查看计算结果并分析结果的合理性。当前有限元软件支持丰富的图形化显示，并可以在有限元基本计算结果的基础上进一步分析处理，如工况组合、疲劳分析等。

8.7 有限元软件应用实例

本节利用 ANSYS 有限元软件，针对弹性力学中的两个典型平面应力问题做定量分析，在了解当代有限元软件分析过程的同时，也对前述章节的解析结果和实验专题进行验证。限于篇幅，在此仅阐述流程中的建模、求解和后处理技术，以及它们对分析结果的影响。针对具体的软件使用方法，读者可参阅专门的书籍或软件使用手册进行了解。

8.7.1 对径圆盘受压有限元分析

参考图 5.2，设圆盘直径为 20 cm，厚度为 2 cm，对径加载为 10 kN。圆盘材料为聚碳酸酯（PC），其弹性模量 $E = 2\,450$ MPa，泊松比为 0.39。由于几何和载荷的对称性，取如图 8.14 所示的 1/4 模型分析，其边界条件如下：

对称边界： $u(0, y) = v(x, 0) = 0$

零应力边界： $\boldsymbol{p}(x, y)\,|_{r=0.1} = \boldsymbol{0}$

集中力边界： $\boldsymbol{f}(x, y) = [0 \quad 5\,\text{kN}]^\text{T} \delta(x) \delta(y - 0.1)$

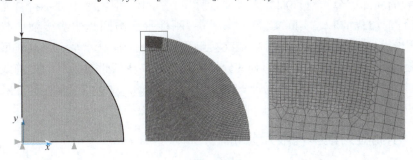

图 8.14

首先在 ANSYS 建立半径为 0.1 的 1/4 圆盘实体模型，采用八节点四边形单元 PLANE183 对其划分有限元网格，单元平均尺寸约为 2 mm。由于集中力加载点附近理论上为应力集中点，考虑到该点附近的位移和应力场梯度较大，对加载点附近的单元细化（NREF 命令），以提高场量的分辨率，如图 8.14 所示。模型的单元和节点数分别为 5 377 和 16 406。

施加相应集中力，并进行小变形线弹性分析，在后处理器中绘制最大剪应力 τ_{max} = $(\sigma_1 - \sigma_3)/2$ 云图，结果如图 8.15 所示。

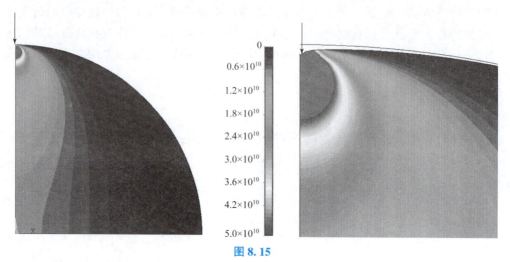

图 8.15

对该结果做如下说明：

（1）与集中力边界条件的 δ 函数的奇异性相对应，集中力作用点附近的力学场也是奇异的，因此作用点附近的应力场在理论上为无穷大。为使圆盘整体区域显示合适的等值线区分度，云图色标范围截取为 0~50 MPa，将 τ_{max} 高于 50 MPa 的区域以灰色显示。

（2）光弹性实验的等差条纹是由正比于 $\sigma_1 - \sigma_3$ 的光程差所产生，因此采用第 19 章光测力学方法得到应力分布图 19.17 和图 19.18 的等差条纹与图 8.15 τ_{max} 的等值线具有高度的一致性，能够相互验证。

（3）有限单元法的计算结果应该收敛于理论结果，因此当加载区域的网格不断细化时，加载点附近的应力会不断提高并趋于无穷，但远离加载点的圆盘大部分区域的应力和位移场不受影响，这正是圣维南原理的体现。

（4）图 8.15 局部放大显示了集中力作用点附近的变形和应力分布，可见加载点附近位移发生了较大的局部沉降。这种加载方式使计算得到简化，但实际上并不符合光弹力学实验中（19.2 节）的加载情形。实际实验中，是以一刚性平面与圆盘边缘接触加载。随着载荷增加，圆盘边缘与加载头形成面接触，最终接触面积取决于加载水平，这是典型的非线性特征。接触问题是严重的非线性问题，对其分析的代价远高于线性分析，与之前线弹性分析简化分析相比，其结果只影响加载点局部的应力和变形分布，如图 8.16 所示。采用相同的载荷（5 kN），接触非线性加载方式通过 110 次迭代得到收敛结果。

8.7.2　小孔应力集中有限元分析

设有一无限大平板承受单向拉伸应力状态，全域具有均匀分布的应力 $\sigma_x = \bar{\sigma}$。当板内部具有一个微小的圆孔，可以想象圆孔周边和附近将具有较为复杂的应力分布，在远离小孔的区域仍将趋近于均匀应力状态，如图 8.17 所示。通过弹性力学在极坐标下的位移势方法，能够求得该问题的解析解。特别地，去圆孔中心为极坐标原点，沿圆孔周线的周向应力表达式为

$$\sigma_{\theta\theta}(\theta)\big|_{r=a} = \bar{\sigma}\left[1 - 2\cos(2\theta)\right]$$

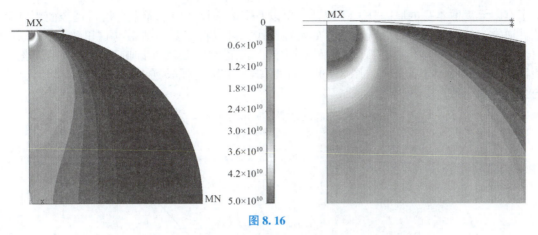

图 8.16

由此可见，当 $\theta=0$ 时，$\sigma_{\theta\theta}=-\bar{\sigma}$，沿周向为压应力；当 $\theta=\pi/2$ 时，$\sigma_{\theta\theta}=3\bar{\sigma}$，沿周向为拉应力，为背景应力的 3 倍，该结果与线弹性材料的具体弹性模量和泊松比无关。因此，通常说小圆孔的应力集中系数为 3。

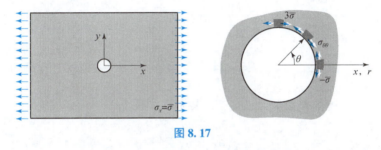

图 8.17

为验证这个结果，考虑尺寸为 2 m×2 m 的正方形平板中央有一个半径为 0.03 m 的圆孔的近似模型。由于对称性，建立 1/4 对称模型，并施加对称位移边界。采用 PLANE183 平面应力单元和渐变网格划分，有限元模型如图 8.18 所示。由于孔边应力场变化激烈，其周边网格较细；远离小孔的部分接近均匀应力场，因此网格稀疏，模型的单元和节点数分别为 800 和 2 521。

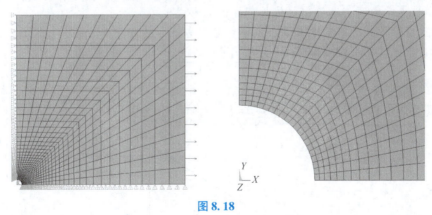

图 8.18

在模型右边界 $x=1$ 处，施加 $p_x=1\,000$ Pa/m 的表面拉力，因而在没有圆孔时，结构的非零背景应力为 $\sigma_x=\bar{\sigma}=1\,000$。在计算结果的后处理中，首先将结果坐标系由缺省的直角坐标调整为极坐标（RSYS 命令）。图 8.19（a）所示为圆孔附近的 $\sigma_{\theta\theta}$ 云图，从图中可以明显看出，圆孔右侧 $\sigma_{\theta\theta}=-1\,003$ Pa，上侧 $\sigma_{\theta\theta}=3\,005$ Pa，十分接近于理论结果。误差的产生除了有限元离散本身的原因外,还包括这里以有限的板尺寸模拟无限大板。现今商用有限元软件通常支持较复杂的后处理功能,如路径操作,可以将需要的结果(这里为 $\sigma_{\theta\theta}$)插值映射至自定义路径上(孔边圆弧),从而能够导出 $\sigma_{\theta\theta}$ 沿路径长度(即圆弧角度)的变化,以验证孔边周向应力分布公式。图 8.19(b)给出了沿圆孔弧长逆时针方向的 $\sigma_{\theta\theta}$ 变化情况,与公式结果一致。

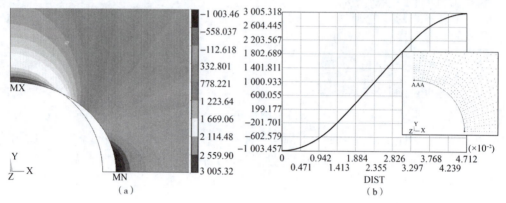

图 8.19

习　题

8.1 热传导问题基本自由度为温度 T,其守恒方程为

$$\frac{\partial q_x}{\partial x} + \frac{\partial q_y}{\partial x} = r$$

其中,q_x, q_y 为热流(thermal flux),r 为热源。热流与温度梯度由傅里叶传热定律联系:

$$q_x = -k_x \frac{\partial T}{\partial x}, \quad q_y = -k_y \frac{\partial T}{\partial y}$$

其中,k_x, k_y 为热导率。边界条件可以分为温度约束 $T = T_0$ 和边界热流 $q_i n_i = q_0$,n_i 为边界法向。参照弹性力学问题,请给出热传导问题的弱形式。

8.2 三角形单元具有三个节点,其形函数可以表示为如下形式:

$$N_1 = \frac{a_1 + b_1 x + c_1 x^2}{\Delta}, \quad N_2 = \frac{a_2 + b_2 x + c_2 x^2}{\Delta}, \quad N_1 = \frac{a_2 + b_2 x + c_2 x^2}{\Delta}$$

其中,Δ 为三角形面积;a_i, b_i, c_i 为待定系数。对于图 P8.2 所示的三角形单元,根据形函数性质给出其具体形式,并验证 $N_2(x_2, y_2) = 1$,$N_2(x_3, y_3) = 0$。

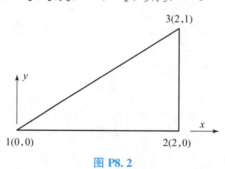

图 P8.2

8.3 图 P8.3 所示的平面结构由 2 个三角形单元和 1 个四边形单元组成，请对各节点自行编号，写出总体刚度矩阵叠加后的形式（只用符号表示某位置是否有值或为零，不做具体计算）。

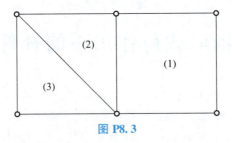

图 P8.3

8.4 对于一维梁单元，每个节点的自由度是挠度 w 和转角 θ，验证图 P8.4 所示二节点梁单元的插值函数可以表示为

$$w(s) = \begin{bmatrix} 1-3s^2+2s^3 & l(s-2s^2+s^3) & 3s^2-2s^3 & l(s^3-s^2) \end{bmatrix} \begin{bmatrix} w_1 \\ \theta_1 \\ w_2 \\ \theta_2 \end{bmatrix} = [\boldsymbol{N}(s)][\boldsymbol{u}]^{(e)}$$

并针对图示载荷计算其节点载荷向量。

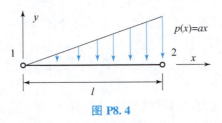

图 P8.4

8.5 图 P8.5 所示为四节点矩形单元，已知厚度为 1，弹性模量为 E，泊松比为 0，在节点 1,2,4 约束全部自由度，试求节点 3 的位移。

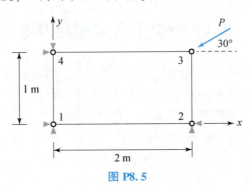

图 P8.5

第 9 章
轴向载荷作用下的杆件

本书前 7 章从材料微元出发，通过定义应变张量、应力张量及广义 Hooke 定律，推导了弹性连续体静力学问题的平衡方程、几何方程和本构方程体系，通过引入包括位移边界条件、应力边界条件和弹性边界条件在内的三类互不重叠且需覆盖全部边界的边界条件，构成了求解弹性力学边值问题的基本公式体系。针对部分典型问题给出了基于圣维南原理的弹性力学求解方法，包括长柱体拉压、柱体扭转及悬臂梁弯曲等。然而，即使采用了圣维南原理，并忽略边界对构件局部的影响，所能得到弹性力学解析解的问题也是非常有限的，因此第 8 章介绍了数值求解方法——有限元法，可用于复杂三维构件力学问题的求解。

在工程结构初步设计阶段，常常对复杂载荷下的具体杆件作近似处理。例如：将螺栓紧固连接件中的螺杆近似为受轴向拉伸载荷的杆件；将车辆传动系统中的传动轴近似为受轴向扭矩的杆件；将固定翼飞行器的机翼近似为受非均布横向载荷的杆件；等等。通常这些杆件的几何构型复杂，如横截面积连续变化或存在突变，且在不同位置受多个载荷，因此获得弹性力学解析解是十分困难的。然而，快速获得杆件满足工程初步设计精度要求的静力学问题的近似解，评价其变形和应力水平，为后续开展结构详细设计提供参考是至关重要的。此外，基于圣维南原理求解弹性力学问题过程中，截面合力和合力矩为边值问题的边界条件，那么我们首先面临的问题是如何确定构件截面上的合力和合力矩矢。下面首先回顾一下如何采用静力学知识求解变形连续体任意截面上的合力和合力矩矢。

9.1　截面上合力和合力矩

截面法是求解连续变形体任意截面上的合力和合力矩的基本方法。截面法通过假想截面在待求合力和合力矩截面位置处将变形体切开，被切开的截面上存在由于材料内部相互作用而产生的未知分布的内力。取切开的任意一个部分（隔离体）为研究对象，作受力图，如图 9.1（a）所示。由于构件整体是平衡的，因此被切开的每一个部分都是平衡的，即作用在每一部分上的外力与截面上的未知分布内力构成平衡力系。将分布内力处理为通过截面型心的两个未知合力矢 F_R 和合力矩矢 M_R，如图 9.1（b）所示。列出隔离体合力矢和合力矩矢的平衡方程，即可求出截面合力矢和合力矩矢。建立以截面型心 O 为原点的直角坐标系，合力矢和合力矩矢可以沿直角坐标系分解为 6 个分量，因此合力和合力矩矢方程可以用 6 个标量形式的方程表示。如何建立以截面型心 O 为原点的直角坐标系呢？通常以 x 轴为构件沿截面外法向的轴线方向，以 y 轴和 z 轴为截面内满足右手法则的正交直角坐标轴。

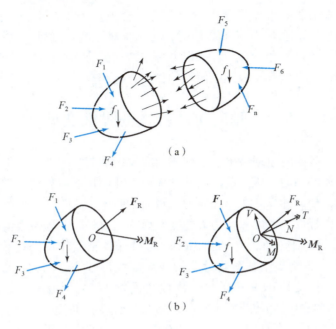

图 9.1

对于三维变形体存在四种不同的合力和合力矩矢分量，包括过截面型心沿截面法向的轴力 N、面内剪力 V、沿截面法向作用的扭矩 T，以及使隔离体发生绕面内某一坐标轴弯曲的弯矩 M。对于二维平面问题，截面上则仅有法向力 N、剪力 V 和弯矩 M。三种内力，如图 9.2（b）所示。

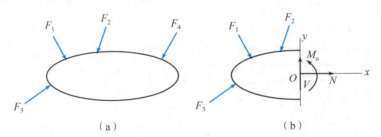

图 9.2

采用截面法求变形体某一截面合力和合力矩分量的基本步骤如下。

第 1 步，确定外载，包括所有的支座约束反力。如果待求合内力的隔离体部分包含未知的支座约束反力，通过作整体结构的受力图，列平衡方程，求解未知的支座约束反力。

第 2 步，作受力图。在所有外载荷作用位置处，画出外载示意图，明确已知外载的大小和方向；通过截面法，过待求截面合力和合力矩截面处作假想截面，将结构一分为二。如果待分析结构为一杆件，则假想截面通常垂直于杆件的轴线。取切开结构的任意部分作为隔离体，作隔离体的受力图，在截面上标出未知截面轴力 N、剪力 V 和扭矩 T 和弯矩 M，并保证这些未知的合力和合力矩过截面的几何中心，即截面型心。以截面型心为坐标原点，建立直角坐标系，确定坐标系的 x 轴、y 轴和 z 轴。令 x 轴为构件沿截面外法向的轴线方向，将截面上的合力和合力矩矢沿坐标系作正交分解，标出各个合力和合力矩矢量的分量。

第 3 步，列平衡方程。根据待求横截面合力和合力矩分量的个数，沿坐标系列平衡方程。当求横截面合扭矩 T 和弯矩 M 的数值时，对坐标轴取矩，则轴力 N 和剪力 V 不出现在合力矩的平衡方程中，可简化计算。若平衡方程求解出的合力或合力矩分量为负，则说明合力或合力矩的实际作用方向与受力图中假设的作用方向相反。

9.2 轴向拉压杆件的弹性变形

虽然 6.2 节基于圣维南原理给出了长柱体轴向拉压载荷下的弹性力学解答，但 6.2 节仅研究了等截面长柱体的轴向拉压问题。当杆件横截面几何尺寸或材料力学性能连续变化或轴向外载连续变化时，如何计算其变形和应力张量分量呢？

考虑一轴向受力杆件，考虑一长为 L 的变截面均质直杆，其横截面沿杆长连续变化，杆件两端受一对等值反向轴向外载 P 的作用，同时沿杆件轴线作用一连续变化的分布载荷，如图 9.3（a）所示。忽略集中载荷附近非均匀局部变形效应，因此杆件的变形是连续的。研究任意位置 x 处一长度为 $\mathrm{d}x$ 的微元体，横截面积为 $A(x)$，如图 9.3（b）所示。作该微元体的受力图，其中外力引起的截面上轴向合力沿杆长度方向变化，设为 $N(x)$。在截面合力 $N(x)$ 的作用下，微元存在轴向变形，如图 9.3（b）中的虚线所示。设该微元体一端相对于另一端的轴向变形为 $\mathrm{d}\delta$，由第 6 章长柱体轴向拉压问题的弹性力学解答可知，远离加载端的任意截面上轴向正应力分布均匀，且满足单轴应力状态，则正应变分布也是均匀的。因此，杆件横截面保持平面，截面 x 位置处的轴向正应力和正应变分别为

$$\sigma = \frac{N(x)}{A(x)}, \quad \varepsilon = \frac{\mathrm{d}\delta}{\mathrm{d}x} \tag{9.1}$$

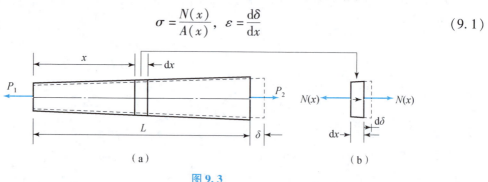

图 9.3

杆中所产生的轴向正应力不超过 4.7 节中描述的比例极限 σ_p，由单轴应力状态各向同性材料的 Hooke 定律可得

$$\sigma = E\varepsilon \tag{9.2}$$

将式（9.1）代入式（9.2），可得

$$\frac{N(x)}{A(x)} = E\frac{\mathrm{d}\delta}{\mathrm{d}x}, \quad \mathrm{d}\delta = \frac{N(x)\,\mathrm{d}x}{A(x)E} \tag{9.3}$$

对上式积分，可得整个一维杆件沿长度方向一个端面相对于另一个端面的轴向位移：

$$\delta = \int_0^L \frac{N(x)\,\mathrm{d}x}{A(x)E} \tag{9.4}$$

式中，δ——杆件一端相对于另一端的位移；
L——杆件两个端面的距离；

$N(x)$——距离端部 x 处截面上的轴力；
$A(x)$——距离端部 x 处横截面的面积；
E——材料的弹性模量。

对于载荷和横截面积不变的杆件，由轴向静力学平衡条件可知，式（9.4）中轴力$N(x)$沿整个杆长保持不变，因此由式（9.4）的积分可得

$$\delta = \frac{NL}{EA} \tag{9.5}$$

式（9.5）成立的条件：杆长 L 内，杆件材料分布均匀，即弹性模量 E 为常数。杆件为等截面直杆，A 为常数。轴向外载在杆长内保持不变，则由平衡条件可知，轴力 N 为常数。如果杆上同时作用多个轴向外载，或杆的横截面积或材料的弹性模量在不同区间发生变化，则可以将杆件分成若干区间，使得每一区间均满足应用式（9.5）的条件。设第 i 段的轴力、长度、横截面面积和弹性模量分别为 N_i、L_i、A_i 和 E_i，则基于叠加原理，整个杆件一端相对于另一端的轴向变形可通过所有区间端部位移的代数叠加得到：

$$\delta = \sum_i \frac{N_i L_i}{A_i E_i} \tag{9.6}$$

正负号约定：利用式（9.6）计算轴向载荷或截面面积有突变的杆件位移，需要规定轴力以及杆一端相对于另一端位移的正负号。规定如下：引起杆件轴向伸长的载荷为正，杆件伸长，位移为正。可简单总结为：拉为正，压为负。对于如图 9.4（a）所示的杆件，轴力的计算结果为 $N_{AB} = +5$ kN，$N_{BC} = -3$ kN，$N_{CD} = -7$ kN。绘制的轴力图如图 9.4（c）所示，由式（9.6）可计算截面 D 相对于截面 A 的位移。值得注意的是，绘制杆件轴力图（内力图）时，任意两个外载不连续截面之间的区间，轴力都是不同的，需要分段作受力图，如图 9.4（b）所示，需通过平衡方程逐个确定各段内的轴力。这种分段求解的方法对于绘制其他形式的内力图也是成立的。将各段内力、长度、横截面面积及弹性模量值代入进行计算。如果最终计算结果为正，则表示截面 D 远离截面 A，杆件伸长；若结果为负，则表示截面 D 靠近截面 A，杆件缩短。双角标参数 $\delta_{D/A}$ 表示杆件截面 D 相对于截面 A 的位移。如果计

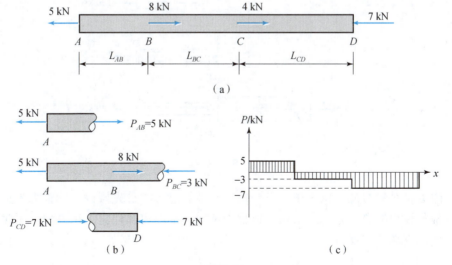

图 9.4

算的位移是相对于固定端截面的,则采用单角标表示。如图 9.4（a）中截面 A 是固定的,则所计算的位移可简单表示为 δ_D。

$$\delta_D = \frac{NL}{AE} = \frac{(+5\text{ kN})L_{AB}}{AE} + \frac{(+11\text{ kN})L_{BC}}{AE} + \frac{(-10\text{ kN})L_{CD}}{AE}$$

例 9.1 试求如图 9.5（a）所示的钢制杆件在给定轴向载荷下的变形（$E = 200$ GPa）。

解：（1）求截面轴力。由于杆件不同位置上作用多个轴向外载,每两个外载作用区间内的轴力均不同,必须单独计算,因此首先需要明确应如何分段。根据外载施加情况,应将杆件分为 AB、BC 和 CD 三段分别计算轴力。根据分段,在不同段内采用截面法计算杆件各段的轴力。将杆分成如图 9.5（b）所示的 1,2 和 3 三段,显然有

$$L_1 = L_2 = 200\text{ mm},\ L_3 = 350\text{ mm},\ A_1 = 600\text{ mm}^2,\ A_2 = 200\text{ mm}^2$$

为了求出杆件各段的恒定轴力 N_1、N_2 和 N_3,采用截面法,在段内作任意截面,取各截面的右段为隔离体（避免计算固定端的轴向支反力）,绘制受力图（假设未知轴向内力为正）,如图 9.5（c）所示。列出每个隔离体的轴向平衡方程,可得

$$N_1 = -380\text{ kN} = -380 \times 10^3\text{ N},\ N_2 = 220\text{ kN} = 220 \times 10^3\text{ N},\ N_3 = 120\text{ kN} = 120 \times 10^3\text{ N}$$

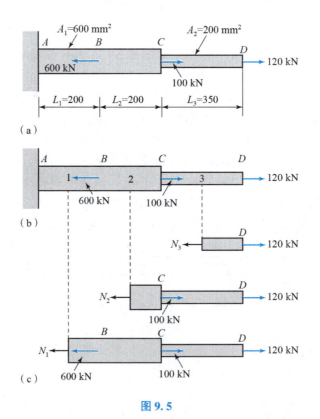

图 9.5

根据内力符号的假设,拉为正、压为负。在计算过程中首先假设未知轴力为正,最后由平衡方程确定轴力的真实方向。求轴力过程中选取右端隔离体建立平衡方程,因此不需要计算杆件左侧固支端的支反力。

（2）求位移。将已求出的各有关量代入式（9.6）,得

$$\delta_D = \sum_i \frac{N_i L_i}{A_i E_i} = \frac{1}{E}\left(\frac{N_1 L_1}{A_1} + \frac{N_2 L_2}{A_2} + \frac{N_3 L_3}{A_3}\right)$$

$$= \frac{1}{200 \times 10^9}\left[\frac{(-380 \times 10^3) \times 0.2}{600 \times 10^{-6}} + \frac{(220 \times 10^3) \times 0.2}{600 \times 10^{-6}} + \frac{(120 \times 10^3) \times 0.35}{200 \times 10^{-6}}\right]$$

$$= \frac{0.157 \times 10^9}{200 \times 10^9} = 7.83 \times 10^{-4}(\text{m}) = 0.783(\text{mm})$$

计算得到的位移为正，说明杆件在多个轴向外载的作用下弹性伸长了 0.783 mm，也可以说截面 D 相对于固定端 A 的位移为 0.783 mm。

例 9.2 刚体杆 BDE 由两根连杆 AB 和 CD 支承，如图 9.6（a）所示。连杆 AB（变形体）材料为铝（$E = 70$ GPa），横截面积为 500 mm^2；连杆 CD（变形体）材料为钢（$E = 200$ GPa），横截面积为 600 mm^2。受到如图 9.6（a）所示的 50 kN 的力作用，求刚体杆 BDE 上各点的位移。

解：（1）求连杆 AB 和 CD 轴力。根据截面法，取刚体杆 BDE 为隔离体，做隔离体的受力图，如图 9.6（b）所示。

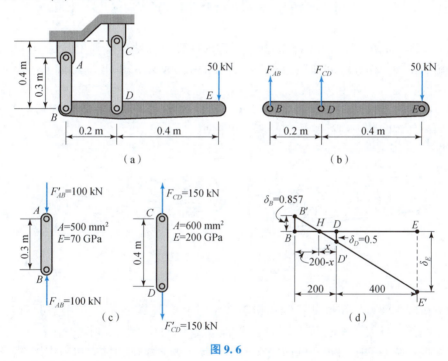

图 9.6

关于 B 点和 D 点弯矩平衡方程：

$+\curvearrowleft \sum M_B = 0$：$50\ \text{kN} \times (0.4\ \text{m} + 0.2\ \text{m}) - F_{CD} \times 0.2\ \text{m} = 0$，$F_{CD} = 150\ \text{kN}$，与受力图假设方向一致，连杆 CD 受拉。

$+\curvearrowleft \sum M_D = 0$：$50\ \text{kN} \times 0.4\ \text{m} + F_{AB} \times 0.2\ \text{m} = 0$，$F_{AB} = -100\ \text{kN}$，与受力图假设方向相反，连杆 AB 受压。

（2）求各点位移。

（a）点 B 的位移，由于 AB 杆受压，则轴力 $N_{AB} = -100\ \text{kN}$（压），代入式（9.5）：

$$\delta_B = \frac{NL}{AE} = \frac{(-100 \times 10^3 \text{ N}) \times 0.3 \text{ m}}{(500 \times 10^{-6} \text{ m}^2) \times (70 \times 10^9 \text{ Pa})} = -8.57 \times 10^{-4} (\text{mm})$$

负号表示杆 AB 是受压的，因此点 B 位移向上，$\delta_B = -0.857 \text{ mm} \uparrow$。

（b）点 D 的位移。因为杆 CD 受拉，$N_{CD} = +150$ kN，代入式（9.5）：

$$\delta_D = \frac{NL}{AE} = \frac{(150 \times 10^3 \text{ N}) \times 0.4 \text{ m}}{(600 \times 10^{-6} \text{ m}^2) \times (200 \times 10^9 \text{ Pa})} = 5.0 \times 10^{-4} (\text{mm})$$

正号表示杆 CD 是受拉的，因此点 D 位移向下，$\delta_D = 0.5 \text{ mm} \downarrow$。

（c）点 E 的位移。设变形后点 B 移动到点 B'，点 D 移动到点 D'，因为杆 BDE 为刚体杆，所以点 B'、D' 和 E' 在同一直线上，如图 9.6（d）所示，则

$$\frac{BB'}{DD'} = \frac{BH}{HD}, \quad \frac{0.857}{0.5} = \frac{200 - x}{x}, \quad x = 73.692 (\text{mm})$$

$$\frac{EE'}{DD'} = \frac{HE}{HD}, \quad \frac{\delta_E}{0.5} = \frac{400 + 73.692}{73.692}, \quad \delta_E = 3.214 (\text{mm}) \downarrow$$

9.3 受扭圆截面杆件的弹性变形

6.3 节基于圣维南原理，并结合圆截面杆件的旋转对称性，得到了满足圣维南放松边界条件的两端受扭圆截面柱体的弹性力学解答，如图 9.7 所示，还建立了单位扭转角与杆件端面扭矩之间的关系。针对上述问题，是否存在其他方法可以得到与弹性力学解答一致的结果？如果圆截面杆件横截面或材料弹性常数沿杆长连续变化，或杆件不同截面存在多个扭矩，又该如何计算圆截面杆件受扭下的弹性变形呢？

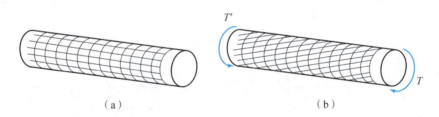

图 9.7

首先考察圆截面直杆在过轴线轴向扭矩 T（同第 6 章中的 M_t）作用下的扭转变形。一方面，在圆截面直杆表面作互相平行的若干圆周线和纵向直线，如图 9.7（a）所示。受扭后，观察发现：图中的圆周线和轴向线在大小相等、方向相反的轴向扭矩作用下，变成如图 9.7（b）所示形状。可以看出：变形过程中杆件远离加载端的横截面（图 9.7（a）中圆截面）始终保持平面，不发生翘曲。横截面仍然保持圆截面，截面内不发生变形，但各个横截面转过了不同的角度。图 9.7（a）中的纵向（轴向）直线长度不变，仍为直线，但都倾斜了一个角度。另一方面，由 6.3 节中圆截面杆扭转的弹性力学应力场和位移场解答可知，在远离长柱体端面的区域内，由于圆柱体关于轴线存在旋转对称性，柱体的每个横截面均经历刚体旋转，也说明受扭变形后这些截面仍然保持平面。

此外，根据圆截面长直杆在对称扭矩作用下变形对称性和连续性的要求，可推断得到杆件的变形特征。考虑各向同性均匀圆截面杆件，在其两端作用一对大小相等、方向相反的扭

矩 T，平衡要求杆件任意横截面均受扭矩 T。从杆件中远离加载端隔离出一个长度为 Δz 的微元切片，基于圣维南原理忽略加载端对变形的影响。变形前，微元切片的上下表面为平面，且均垂直于杆件的轴线，如图 9.8（a）所示。显然，从杆件中隔离出的微元切片均具有相同的初始形状，且受到相同的扭矩作用，因此可预见它们应具有相同的变形模式，即微元的变形模式不沿杆长发生变化。

假设图 9.8（a）中横截面上沿半径的直线段 OA 变形为曲线 OA'，由于材料各向同性，且微元切片满足关于 z 轴的旋转对称性，因此横截面上所有沿半径的直线段都应该变形为相同的曲线，如图 9.8（b）所示的沿半径直线段 OF 变形为曲线 OF'。此外，这些曲线必须都位于一个平面内，即微元端面在变形过程中始终保持平面。我们可以通过一个简单的推理来证明这一结论。假设微元切片的一个端面凸出或凹陷，则载荷的对称性要求另一端面也发生相同的变形，但是不可能将两端均凸出（或均凹陷）的微元切片组装在一起，形成一个完整的连续杆件。因此我们得出结论：当一个圆截面杆件受一对大小相等、方向相反的对称扭矩发生弹性变形时，横截面必须保持平面。

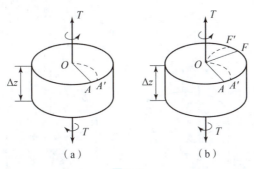

图 9.8

接下来，考察图 9.9（a）所示的微元切片。首先考察 $HOABCJ$，在变形前，其为矩形平面。当微元受对称扭矩 T 时，它可能变形为扭曲的形状 $H'OA'B'CJ'$，我们暂时假设曲线 $H'OA'$ 和 $B'CJ'$ 的曲率如图 9.9（a）所示。考虑与图 9.9（a）所示微元切片相连部分的另一微元切片，如图 9.9（b）所示，可证明图中所示变形模式会导致矛盾的结论。由对称性可知，图 9.9（b）所示微元的变形应与图 9.9（a）完全相同，因此沿直径线段 $A_1O_1H_1$ 应变形为与 $H'OA'$ 形状相同的曲线 $H'_1O_1A'_1$。然而，这种变形违反几何协调性条件，因为 $H'_1O_1A'_1$ 和 $B'CJ'$ 的曲率相反。因此，如果杆件发生图 9.9 所示的变形，则不可能将这两个相邻微元切片组装在一起，形成一个连续的圆截面杆件。

图 9.9（a）中假设的 $B'CJ'$ 曲率导致了上述矛盾。为了解决这一矛盾，我们假设 $B'CJ'$ 具有与之相反的曲率，如图 9.10（a）所示，则可实现变形后相邻微元切片协调组装。然而，这种变形模式导致了另一个矛盾。如图 9.10（a）所示微元切片，我们围绕垂直于矩形平面 $HOABCJ$ 的轴 XX 旋转 $180°$ 后，即将微元切片倒置，如图 9.10（b）所示。比较图 9.10（a）（b），这两个微元切片具有相同的形状和材料，受相同的载荷，因此它们应具有相同的变形模

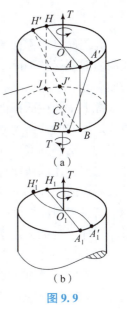

图 9.9

式。然而，这两个微元切片直径线段变形后曲率相反。因此，变形的对称性要求排除了端面上直径线段可变形为曲线的这一变形模式。

综上，我们得出结论：圆截面杆件受一对称扭矩，变形模式必须如图 9.11 所示，即任意横截面上的直径扭转变形后依旧为直径。

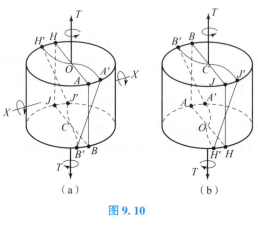

图 9.10

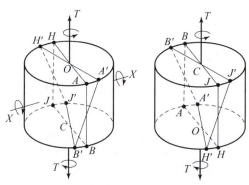

图 9.11

我们通过对称性的反复应用可以确定，圆截面杆件的变形必须保证变形前垂直于杆件轴线的横截面保持平面，并且保持与轴线垂直，该平面内不发生变形，即杆件的横截面为一刚平面。

综上，圆截面杆件仅受一对轴向扭矩时，远离加载端的横截面仅发生刚性转动，称符合该变形模式的截面为刚截面。刚截面特性是仅受轴向扭矩的圆截面杆件远离加载端处横截面特有的，实心圆截面和空心圆截面杆件都具有此特性，但非圆截面杆件的横截面没有这个特性。根据上述圆截面杆件的变形模式还可做如下判断：发生小角度扭转变形的圆截面杆件，杆长和截面半径均不发生改变。

若将圆截面杆件一端固定，另一端作用一轴向扭矩，图 9.12 中的蓝色截面发生旋转变形。距杆固定端 x 处截面上的径向直线旋转 $\phi(x)$，物理意义同 6.3 节中 x_3 截面处的旋转角 $\theta(x_3)$。定义 $\phi(x)$ 为扭转角，其大小取决于 x。在距杆轴线 r 处取一微元，如图 9.13 所示。由于发生了扭转变形，该微元的前后两个面将发生相对刚体转动。将距离固定端为 x 的微元截面转动 $\phi(x)$，距离固定端为 $x + \Delta x$ 的微元截面转动 $\phi(x) + \Delta \phi$，两个圆截面之间的

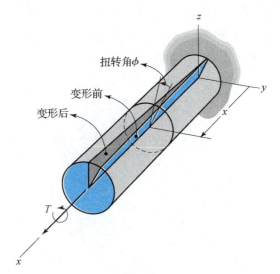

图 9.12

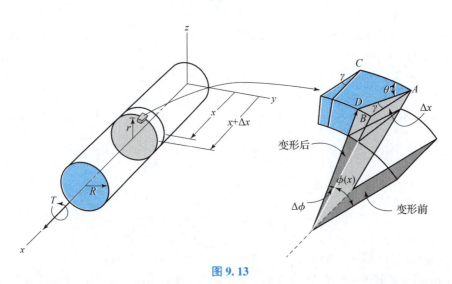

图 9.13

扭转角之差为 $\Delta\phi$，引起微元的切应变。变形前，微元 AB 和 AC 线段之间的夹角为 90°；变形后，微元边界变为 AD 和 AC，二者之间的夹角为 θ'。根据弹性力学中应变张量分量的几何意义中对切应变的定义，角度 γ 满足 $\theta' = \dfrac{\pi}{2} - \gamma$，$\gamma$ 描述了变形前线段 AB 和 AC 夹角的减小量。该角度标示在图 9.13 所示中的微元中，其大小与微元长度 Δx 和扭转角之差 $\Delta\phi$ 有关。令 $\Delta x \rightarrow dx$，$\Delta\phi \rightarrow d\phi$，得

$$BD = r d\phi = dx \gamma$$

因此，

$$\gamma = r \frac{d\phi}{dx} \tag{9.7}$$

由于 x 位置处横截面上所有点的 dx 和 $d\phi$ 值都相等，因此 $d\phi/dx$ 恒定不变。式（9.7）表明，任一微元上切应变的大小仅随轴距的变化而变化，即杆横截面上一点的切应变 γ 与该点

到杆轴线（横截面圆心）的距离 r 成正比，从轴线处的切应变为零线性变化到杆件外表面处的最大值。如图 9.14 所示，有 $d\phi/dx = \gamma/r = \gamma_{max}/R$，则

$$\gamma = \left(\frac{r}{R}\right)\gamma_{max} \tag{9.8}$$

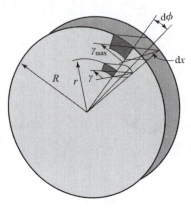

图 9.14

上述基于变形得到的应变分布公式仅适用于圆截面杆件，包括实心和空心圆截面杆件。

综上，由式（9.7）有

$$d\phi = \gamma \frac{dx}{r} \tag{9.9}$$

回顾 6.5 节椭圆截面杆扭转剪切应力表达式，当 $a = b = R$ 时，杆件剪切应力分布为

$$|\tau| = \frac{M_t(x)r}{\frac{\pi R^4}{2}} = \frac{M_t(x)r}{I_P} = \frac{T(x)r}{J} \tag{9.10}$$

有

$$\tau_{max}(x) = \frac{M_t(x)R}{I_P} = \frac{T(x)R}{J} \tag{9.11}$$

式中，τ_{max}——杆件横截面 x 处的最大切应力，出现在杆件外表面；

$M_t(x)$——横截面 x 位置处的扭矩，通常也可记作 $T(x)$，可利用截面法建立关于轴线的扭矩平衡方程计算得到；

I_P——截面极惯性矩，通常也可记作 J，对于实心圆截面杆件有 $J = \int_A (y^2 + z^2)dydz = \pi R^4/2$，$R$ 为圆截面的外半径。

材料满足广义 Hooke 定律，则线弹性材料剪切应力、应变之间的关系有 $\gamma = \tau/G$（其中剪切模量 G 也可记作 μ），$|\tau| = Tr/J$，可得 $\gamma = Tr/(GJ)$（假设 J 可随横截面位置 x 变化），代入式（9.9），得微元的扭转角为

$$d\phi = \frac{T(x)}{J(x)G}dx$$

再沿杆长积分，可得整个杆件一端相对于另一端的扭转角为

$$\phi = \int_0^L \frac{T(x)}{J(x)G}dx \tag{9.12}$$

式中，ϕ——杆件一端相对于另一端的扭转角，单位为弧度（rad）；

$T(x)$——x 截面处的扭矩，可采用截面法结合扭矩平衡方程计算得到；

$J(x)$——x 截面处的极惯性矩；

G——材料的剪切模量，同弹性力学中的 μ 表示。

扭矩和截面不变：工程实际中，杆件材料沿杆长不变，G 为常数。如果外载扭矩和截面几何尺寸沿杆长为常数，则有扭矩 $T(x) = T$，设 $J(x) = J$，则式（9.12）的积分为

$$\phi = \frac{TL}{JG} \tag{9.13}$$

可见，上式与拉压杆件的弹性变形计算公式 $\delta = \int \frac{N(x)\,dx}{A(x)E}$ 和 $\delta = \frac{NL}{EA}$ 形式类似。若杆件同时作用几个不同的扭矩或杆件为阶梯杆件，T 和 J 分段为常数，可利用式（9.13）计算各段的相对扭转角，再根据叠加法，代数叠加得到杆件两端截面的相对扭转角，即

$$\phi = \sum_i \frac{T_i l_i}{J_i G_i} \tag{9.14}$$

符号约定：计算扭转角时，必须约定截面扭矩和扭转角的符号。根据右手法则，食指弯曲指向与截面扭转方向一致，当大拇指指向与截面外法线方向一致时，截面扭矩和扭转角为正，如图 9.15 所示。

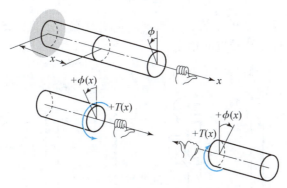

图 9.15

图 9.16 所示的圆截面杆件受 4 个外扭矩作用，计算 A 端相对于 D 端的扭转角。由于 B 截面和 C 截面处受扭矩作用，BC 段内的截面扭矩和扭转角发生突变，因此需要分段计算截面扭矩。任意两个外载不连续截面之间分为一段，则该杆件应分为三段。利用截面法计算每段内的截面扭矩，如图 9.16（b）所示。根据右手法则，确定截面扭矩符号，$T_{AB} = 80$ N·m，$T_{BC} = -70$ N·m，$T_{CD} = -10$ N·m。扭矩图如图 9.16（c）所示。将扭矩的计算结果代入式（9.14）得

$$\phi_{A/D} = \frac{(80\ \text{N·m})L_{AB}}{JG} + \frac{(-70\ \text{N·m})L_{BC}}{JG} + \frac{(-10\ \text{N·m})L_{CD}}{JG}$$

如果计算结果为正，说明右手拇指指向 A 截面外法线方向时，A 截面相对于 D 截面按食指弯曲方向扭转，如图 9.16（a）所示。与轴向拉/压杆件两截面相对位移的标记方法一致，采用双下标表示两个截面的相对扭转角，则 $\phi_{A/D}$ 表示 A 截面相对于 D 截面的扭转角。如果截面 D 是固定端，则扭转角用 ϕ_A 表示。

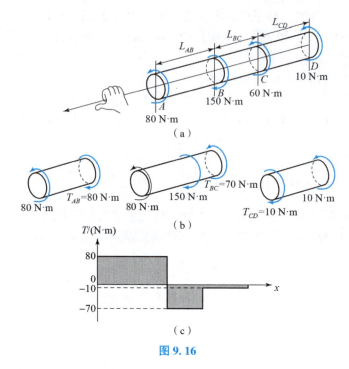

图 9.16

例 9.3 对于图 9.17 所示的系统,已知 $r_A = 3r_B$,D 端固定,已知 JG。试求:当在 E 端作用扭矩 T 时,轴 BE 的 E 端转过的角度。

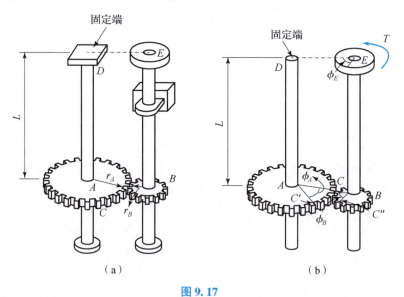

图 9.17

解:求轴 BE 的 E 端转过的角度,即求 E 端相对于固定端 D 转过的角度。这个问题可以分解为 E 端相对于 B 端转过的角度 $\phi_{E/B}$ 和 B 端相对于固定端 D 转过的角度 ϕ_B。首先,求作用在轴 AD 上的扭矩。可以看到,作用在 A 和 B 两齿轮的啮合点 C 处的力 F 和 F',大小相等、方向相反(图9.18),且有 $r_A = 3r_B$。因此作用在轴 AD 上的扭矩是作用在轴 BE 上扭矩的 3 倍,即 $T_{AD} = 3T$。求轴 AD 上齿轮所在 A 截面相对于固定端 D 的扭转角 ϕ_A,可由下式

得到

$$\phi_A = \frac{T_{AD}L_{AD}}{JG} = \frac{3TL}{JG}$$

在图 9.17（b）中，根据齿轮啮合关系，可得弧 CC' 和 CC'' 的弧长相等，即 $r_A\phi_A = r_B\phi_B$。由此可得齿轮 B 所在 B 截面相对于固定端 D 的扭转角为

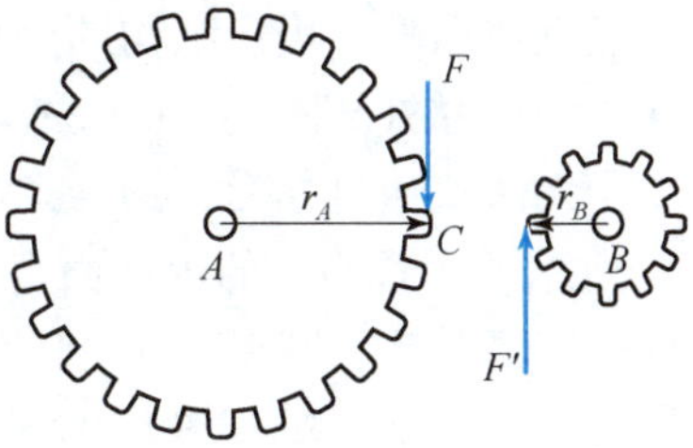

$$\phi_B = (r_A/r_B)\phi_A = 3\phi_A = \frac{9TL}{JG}$$

考虑 BE 轴，这时 E 端相对于 B 端的扭转角记为 $\phi_{E/B}$，可得

$$\phi_{E/B} = \frac{T_{BE}L_{BE}}{JG} = \frac{TL}{JG}$$

E 端转过的角度（即 E 端相对于固定端 D 的转角）为

$$\phi_E = \phi_{E/B} + \phi_{B/D} = \phi_{E/B} + \phi_B = \frac{TL}{JG} + \frac{9TL}{JG} = \frac{10TL}{JG}$$

图 9.18

9.4　轴向载荷下的超静定杆件

回顾 6.1 节中的圣维南原理可知，为了得到长柱体的应力场分布，已知长柱体端面的合力和合力矩，弹性力学中的边界条件可放松为：柱体端面存在应力分量，其所产生的合力与合力矩静力等效于杆件端面的合力和合力矩，如式（6.1）~式（6.6）所示。通过求解弹性力学边界值问题，可得到任意截面形状长柱体（杆件）拉或扭作用下的位移场和应力分布，其中杆件任意端面处的合力或合力矩为圣维南问题中的已知边界条件。然而，对于如图 9.19 所示的圆截面杆件，A 端和 B 端固支，C 截面处受一大小为 P 的竖直向下的轴力作用，这时该如何计算杆件不同位置处的应力分布呢？又如图 9.20 所示的圆截面杆件，A 端和 B 端固支，C 截面受一大小为 T 的扭矩，如何计算外载扭矩 T 作用下杆件各个截面上的切应力分布？能否将图 9.19 和图 9.20 所示问题转化为弹性力学中的圣维南问题，通过式（6.1）~式（6.6）获得柱状体应力分布的解析解呢？

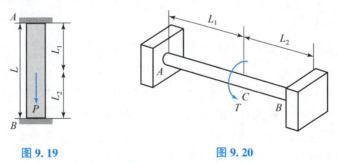

图 9.19　　　图 9.20

我们可以通过截面法计算杆件任意截面上的合力和合力矩，那么对于如图 9.19 和图 9.20 所示的杆件，是否可以通过截面法求出任意截面上的合力和合力矩，得到杆件任意位置处应力的分布呢？回顾一下采用截面法，结合静力学方法求解任意截面合内力和内力矩的过程，我们发现在已知外载的作用下，若结构的约束反力的个数恰好等于可列出的静力学平衡方程的个数，截面上合力和合力矩的个数也恰好等于静力学平衡方程的个数，则仅通过平

衡方程就可以唯一确定结构的全部约束反力、截面上合力及合力矩。然而，观察图 9.19 和图 9.20 所示的杆件，发现无法仅由静力学的平衡方程求出任意截面上的合力和合力矩，其原因是无法仅通过作受力图、列出相应的平衡方程来求出杆件的所有约束反力。如图 9.21 (a) 所示，一长为 L 的等截面直杆 AB 两端固定，杆中一截面 C 处受轴力 P 作用。为了确定杆件的应力分布，需要确定 AC 段和 CB 段的截面合力（合力矩为 0），首先要确定杆件的约束反力，即确定 A 端和 B 端的未知约束反力。将整个杆件视为隔离体，如图 9.21 (b) 所示。设截面 A 和截面 B 处的未知约束反力分别为 R_A 和 R_B，沿杆长方向列平衡方程：

$$+\uparrow \quad \sum F_y = 0 \quad R_A + R_B - P = 0 \tag{9.15}$$

显然，仅有一个有效的平衡方程，无法求解两个未知约束力 R_A 和 R_B，即待求未知量的个数多于平衡方程的个数，因此无法唯一确定两个未知约束反力 R_A 和 R_B。类似地，将图 9.22 (a) 中的整个杆件视为隔离体，作受力图，如图 9.22 (b) 所示。设截面 A 和截面 B 处的未知约束扭矩分别为 T_A 和 T_B，沿杆长方向列扭矩的平衡方程：

$$+\rightarrow \quad \sum T_x = 0 \quad T_A + T_B - T = 0 \tag{9.16}$$

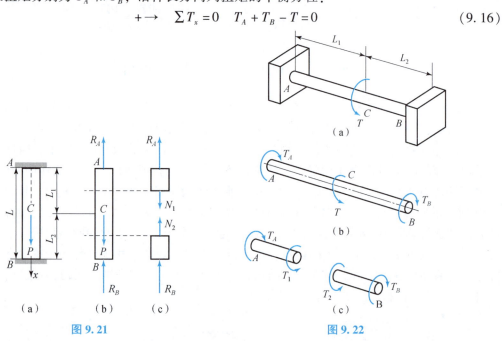

图 9.21　　　　　　　　　　图 9.22

从上面两个示例可以看出，若结构受到的约束个数多于使它保持平衡所需的约束个数，就成了静力学无法确定其约束反力、截面合力和合力矩的结构。未知广义约束力个数等于有效静力学平衡方程个数的结构称为静定结构，而示例中这种未知广义约束力的个数大于有效静力学平衡方程个数的结构称为超静定结构。由于有效平衡方程的个数少于待求未知约束反力的个数，因此求解这类超静定结构未知约束反力、截面合力、合力矩及应力场的关键是补充附加方程，使得方程的个数与待求未知约束反力的个数相等。为了建立补充方程，求解超静定结构问题必须考虑其弹性变形条件。具体来说，就是超静定结构的位移必须满足变形协调性或运动学条件，通过变形协调性补充位移条件方程。现以图 9.21 (a) 所示的杆件说明如何补充变形协调方程。图 9.21 (a) 所示中的杆件两端固定，因此要求杆件的轴向总变形量为 0。设 AC 段和 CB 段的变形分别为 δ_{AC} 和 δ_{CB}，则杆件的总变形量为 $\delta_{AC} + \delta_{CB}$，杆件的变形协调条件要求：

$$\delta_{AB} = \delta_{AC} + \delta_{CB} = 0 \tag{9.17}$$

利用轴向拉压杆件的弹性变形表达式，可将 δ_{AC} 和 δ_{CB} 用 AC 段和 CB 段的截面上合力表示出来，有

$$\delta = \frac{N_1 L_1}{EA} + \frac{N_2 L_2}{EA} = 0 \tag{9.18}$$

由图 9.21（c）中的受力图可知，$N_1 = R_A$ 和 $N_2 = -R_B$。将这些关系代入式（9.18），可得

$$R_A L_1 - R_B L_2 = 0 \tag{9.19}$$

联立式（9.15）和式（9.19），即可解出杆件支反力 R_A 和 R_B，可得 $R_A = PL_2/L$ 和 $R_B = PL_1/L$，则 AC 段和 CB 段的截面合力 $N_1 = R_A = PL_2/L$ 和 $N_2 = -R_B = -PL_1/L$。

综上，计算得到了杆件任意截面上的合力，可通过弹性力学解答得到远离杆件加载端区域的应力场。

超静定问题也可以基于弹性力学的叠加原理建立位移协调方程求解，该方法通常称为柔度法或力法。超静定问题中的已知边界条件不能随意改变，因此在求解过程中，结构的约束必须保留，导致超静定结构必然存在多余约束。多余约束是指去掉该约束后结构仍能够保持平衡的约束。如图 9.21 中端面 A 或 B 处的约束反力之一即多余约束力。求解过程中可将多余约束解除，采用未知广义力来代替多余约束对结构的作用，在它与已知外载的共同作用下，结构必须产生与原结构（未去掉多余约束的结构）完全相同的变形。求解时，分别考虑由实际受到的已知载荷产生的变形和由未知的多余广义约束力所产生的变形，然后将它们叠加在一起，就可以得到超静定问题的解。

例 9.4 考虑图 9.23 中的变截面杆件 AB，设在受到轴向载荷作用前，杆与两端的约束保持接触，求 A 截面处和 B 截面处的约束力。

解： 取截面 B 处的约束反力为多余约束，解除截面 B 处的约束，将支反力 R_B 作为未知外载，根据杆的总变形量 δ 必须为零的条件，求出 R_B 的大小。分别考虑由已知外载所引起的变形 δ_L（图 9.24（b））和由未知的多余约束力 R_B 所产生的变形 δ_R（图 9.24（c））。为求 δ_L，首先将杆分为如图 9.25 所示的 1、2、3 和 4 段，分段求截面上的合力。分段的依据为轴向外载发生改变或杆件截面面积发生突变之间的截面为一段。在各段内由截面法作隔离体，绘制隔离体受力图，建立轴向平衡方程，确定各段内截面的合内力为

$$N_1 = 0, \quad N_2 = N_3 = 600 \times 10^3 \text{ N}, \quad N_4 = 900 \times 10^3 \text{ N}$$

又有

$$A_1 = A_2 = 400 \times 10^{-6} \text{ m}^2, \quad A_3 = A_4 = 250 \times 10^{-6} \text{ m}^2$$
$$L_1 = L_2 = L_3 = L_4 = 0.150 \text{ m}$$

将这些数值代入式（9.6），可得

$$\delta_L = \sum_{i=1}^{4} \frac{P_i L_i}{A_i E}$$
$$= \left(0 + \frac{600 \times 10^3 \text{ N}}{400 \times 10^{-6} \text{ m}^2} + \frac{600 \times 10^3 \text{ N}}{250 \times 10^{-6} \text{ m}^2} + \frac{900 \times 10^3 \text{ N}}{250 \times 10^{-6} \text{ m}^2}\right) \times \frac{0.150 \text{ m}}{E} = \frac{1.125 \times 10^9}{E}$$

由未知多余约束力 R_B 所产生的变形，将杆分为如图 9.26 所示的两部分，这两部分的内力分别为 $N_1 = N_2 = -R_B$，又有

$$A_1 = 400 \times 10^{-6} \text{ m}^2, \quad A_2 = 250 \times 10^{-6} \text{ m}^2, \quad L_1 = L_2 = 0.3 \text{ m}$$

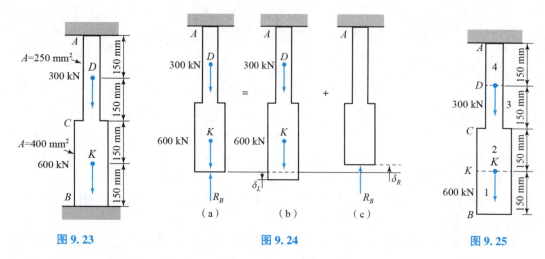

图 9.23　　　　　图 9.24　　　　　图 9.25

将这些值也代入式（9.6），可得

$$\delta_R = \frac{N_1 L_1}{A_1 E} + \frac{N_2 L_2}{A_2 E} = -\frac{(1.95 \times 10^3) R_B}{E}$$

杆的总变形为零，有

$$\delta = \delta_L + \delta_R = 0$$

将 δ_L 和 δ_R 代入上式，得

$$\delta = \frac{1.125 \times 10^9}{E} - \frac{(1.95 \times 10^3) R_B}{E} = 0$$

解出 R_B，可得

$$R_B = 577 \times 10^3 \text{ N} = 577 \text{ kN}$$

为求出杆上端约束的约束力 R_A，画出杆的受力图，如图 9.27 所示，有

$$+\uparrow \Sigma F_y = 0, \quad R_A - 300 \text{ kN} - 600 \text{ kN} + R_B = 0$$
$$R_A = 900 \text{ kN} - R_B = 900 \text{ kN} - 577 \text{ kN} = 323 \text{ (kN)}$$

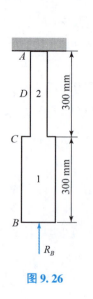

图 9.26

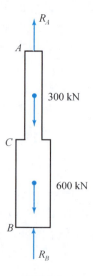

图 9.27

从本例看到，虽然杆的总变形量为零，但在给定载荷和约束条件下，它的各个部分是有变形的。通过上例，可归纳总结出求解超静定结构多余约束力的基本分析步骤如下。

平衡方程：

第1步，绘制整体结构的受力图，本章主要围绕受轴向载荷的杆件，包括拉压或轴向扭转。

第2步，建立平衡方程，根据支反力的个数和独立平衡方程的个数，确定结构为静定结构或超静定结构，后续可根据多余约束力（广义力）的计算结果获得杆件全部的支座约束反力。

变形协调方程：

第3步，对于超静定结构，任意选择支座约束作为多余约束，解除多余约束，用未知的约束反力（广义力）代表多余约束对结构的作用，约束力可以是力或力矩，依赖于多余约束的类型。

第4步，根据多余约束位置处的位移条件（一般为零），建立结构的变形协调方程。该方程表示该位置处的位移等于已知外载引起该位置处的位移和多余约束反力引起该位置处的位移的矢量和。

第5步，利用载荷-位移关系，如 $\delta = \dfrac{NL}{EA}$ 或 $\phi = \displaystyle\int_0^L \dfrac{T(x)}{J(x)G}\mathrm{d}x$，计算已知外载荷和未知多余约束力引起的位移。

第6步，代入变形协调方程，求解多余约束力。

例9.5 图9.28（a）所示的钢杆（$E = 200$ GPa），直径为5 mm，A 端固定在墙上。承载前，墙 B' 和杆之间有 1 mm 的间隙，试求在图示载荷作用下 A 和 B' 处截面的支反力。

解：（1）平衡方程。承载后，间隙消失，杆端 B 向右轴向位移 1 mm，并和 B' 处截面接触。取整个杆件 AB 为隔离体，杆件受已知外载 P 和墙 A 和 B' 作用在杆件上的未知约束反力 F_A、F_B 和两个未知支反力。建立杆件沿轴向的平衡方程（图9.28（b））：

$$\xrightarrow{+}\sum F_x = 0, \quad -F_A + 40 \times 10^3 \text{ N} - F_B = 0 \tag{1}$$

可见杆件仅存在一个独立的平衡方程，但有两个未知支反力，因此为超静定结构。

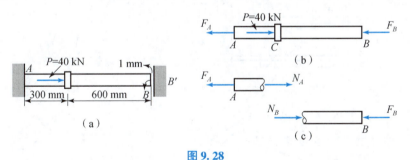

图 9.28

（2）变形协调方程。选择承载后 B' 处的约束为多余约束，根据多余约束处，即杆端点 B 处的位移条件，建立变形协调方程为

$$(\xrightarrow{+}) \quad \delta_{B/A} = 1 \text{ mm} \tag{2}$$

上式表示杆端截面 B 相对于固定端截面 A 沿轴向正方向（从左向右为正）的位移为 1 mm。将杆件分为 AC 和 CB 两段（图9.28（c））。AC 段受拉，即 C 截面相对于固定端截面 A 的轴向弹性变形为正；CB 段受压，即 B 截面相对于 C 截面的轴向弹性变形为负。对于这两段，

分别利用载荷 – 位移关系（式（9.6））写为

$$(\overset{+}{\rightarrow}) \quad \delta_{B/A} = \delta_{B/C} + \delta_{C/A} = -\frac{N_B L_{CB}}{AE} + \frac{N_A L_{AC}}{AE} \tag{3}$$

式（3）中等式右侧第一项表示 CB 部分 B 截面相对于 C 截面的位移，第二项表示 AC 部分 C 截面相对于固定截面 A 的位移。将已知量代入上式，可得

$$0.001 \text{ m} = \frac{N_A \times 0.3 \text{ m}}{\pi (0.002\,5 \text{ m})^2 \times (200 \times 10^9 \text{ N/m}^2)} - \frac{N_B \times 0.6 \text{ m}}{\pi (0.002\,5 \text{ m})^2 \times (200 \times 10^9 \text{ N/m}^2)} \tag{4}$$

$$N_A \times 0.3 \text{ m} - N_B \times 0.6 \text{ m} = 3\,927(\text{N} \cdot \text{m}) \tag{5}$$

联立式（1）和式（5），结合 $F_A = N_A$ 和 $F_B = N_B$，可得

$$N_A = 31.03 \text{ kN}, \quad N_B = 8.97 \text{ kN} \tag{6}$$

思考：如果本例题的答案中 N_B 为负，说明什么？

例9.6 一钢制圆轴和一铝制圆管的一端为固定约束，另一端与一薄壁刚性圆盘连接，如图9.29（a）所示。已知初始应力为零。若钢轴的许用切应力 120 MPa，铝管的许用切应力为 70 MPa，求：能施加在刚性圆盘上的最大扭矩 T_0。取钢的剪切模量为 $G = 77$ GPa，铝的剪切模量为 $G = 27$ GPa。

解：（1）平衡方程。圆盘受力图如图9.29（b）所示。记铝管作用在圆盘上的扭矩为 T_1，钢轴作用在圆盘上的扭矩为 T_2，于是有

$$T_0 - T_1 - T_2 = 0 \tag{1}$$

（2）变形协调方程。因为铝管和钢轴由圆盘连接在一起，所以有二者的扭转角必须相等。

$$\phi_1 = \phi_2, \quad \frac{T_1 L_1}{J_1 G_1} = \frac{T_2 L_2}{J_2 G_2} \tag{2}$$

$$\frac{T_1 (0.8 \text{ m})}{(2.75 \times 10^{-6} \text{ m}^4) \times 27 \text{ GPa}} = \frac{T_2 (0.8 \text{ m})}{(0.251 \times 10^{-6} \text{ m}^4) \times 77 \text{ GPa}}$$

$$T_2 = 0.26 T_1 \tag{3}$$

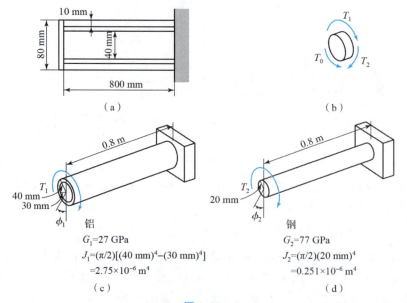

图 9.29

(3) 切应力：假设系统的强度由铝管的许用切应力条件 $\tau_{al} \leqslant 70$ MPa 决定。对铝管有

$$T_1 = \frac{\tau_{al} J_1}{R_1} = \frac{(70 \text{ MPa})(2.75 \times 10^{-6} \text{ m}^4)}{0.040 \text{ m}} = 4\,813(\text{N} \cdot \text{m}) \tag{4}$$

由式（3）可以求出相应的 T_2 的值，进一步就可求出钢轴中的最大切应力：

$$T_2 = 0.26 T_1 = 0.26 \times 4\,813 \text{ N} \cdot \text{m} = 1\,251(\text{N} \cdot \text{m}) \tag{5}$$

$$\tau_{st} = \frac{T_2 R_2}{J_2} = \frac{(1\,251 \text{ N} \cdot \text{m})(0.02 \text{ m})}{0.251 \times 10^{-6} \text{ m}^4} = 99.7(\text{MPa}) \tag{6}$$

可以看到，钢轴中的切应力没有超过钢材的许用切应力 120 MPa。这说明前面所作的假设是正确的。因此，根据式（1），即可得到所允许的最大扭矩：

$$\begin{aligned} T_0 &= T_1 + T_2 \\ &= 4\,813 \text{ N} \cdot \text{m} + 1\,251 \text{ N} \cdot \text{m} \\ &= 6\,064 \text{ N} \cdot \text{m} = 6.064(\text{kN} \cdot \text{m}) \end{aligned} \tag{7}$$

结合第 6 章中长柱体的拉扭问题的弹性力学解答，回顾本章轴向载荷作用下的杆件应力和弹性变形的分析结果，不难发现对于已知截面合力和合力矩的杆件，拉压杆件及受扭圆截面杆件的截面应力均只与截面合力、合力矩及杆件几何尺寸有关，如式（9.1）和式（9.10），与材料的工程弹性常数无关。那么根据上述结论是否可以推论：在各向同性材料工程弹性常数的测量实验中（见 4.7 节），轴向拉伸载荷给定条件下，其截面轴向正应力为 $\sigma = F/A$，与被测各向同性材料是低碳钢还是工程塑料无关。在给定试样轴向拉伸位移条件下，上述结论是否还成立呢？什么条件下构件的应力与材料的工程弹性常数无关？什么条件下构件的应力与材料的工程弹性常数有关？通过 9.4 节轴向载荷下超静定杆件的分析与解答发现，超静定杆件的多余约束力与材料的工程弹性常数有关，因此杆件的截面合力、合力矩及截面应力与材料的工程弹性常数有关。此外，当静定杆件给定轴向拉伸位移时，其截面合力、合力矩及截面应力也与材料的工程弹性常数有关。综上所述，超静定杆件及位移边界条件或弹性边界条件下的静定杆件，其应力和变形解答均与材料的工程弹性常数有关。

9.5 热应力

由 4.6 节中的热膨胀本构关系可知，温度变化可以引起材料尺寸的变化。对于多数材料，温度升高，尺寸膨胀；温度降低，尺寸收缩。通常尺寸的膨胀和收缩与温度变化呈线性关系。首先，考虑一均匀各向同性等截面杆 AB，自由地放置在光滑水平面上（图 9.30（a））。如果杆的温度上升了 ΔT，可以观察到杆伸长了 δ_T，此伸长量与温度改变量 ΔT 和杆的长度 L 均成正比（图 9.30（b））。可有

$$\delta_T = \alpha \Delta T L \tag{9.20}$$

式中，α——各向同性材料热膨胀系数，表示单位温度变化引起的应变，α 的量纲为 1/℃ 或 1/K；

ΔT——杆件的温度变化；

L——杆件的初始长度；

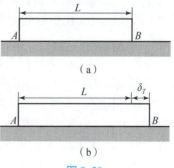

图 9.30

δ_T——温度引起杆件长度的变化。

若沿杆长的温度变化量不同,如 $\Delta T = \Delta T(x)$,或沿杆长 α 可变,则可将式(9.20)用于长度为 $\mathrm{d}x$ 的一个小微元段,则沿整个杆长的热变形量可通过积分计算得到,即

$$\delta_T = \int_0^L \alpha \Delta T \mathrm{d}x \tag{9.21}$$

存在由温度变化引起的杆件变形 δ_T,就必然存在与之相对应的平均线应变 $\varepsilon_T = \delta_T/L$,由式(9.20),可得

$$\varepsilon_T = \alpha \Delta T \tag{9.22}$$

应变 ε_T 是由杆件温度变化引起的,称为热应变。

图 9.31 中所示的杆件存在热应变 ε_T,但由于杆件可以自由变形,因此显然没有与热应变相对应的应力。那么是否可以认为热应变不会引起杆件的热应力呢?或者某些条件下热应变才会导致杆件中出现热应力呢?

假设长为 L 的弹性变形体杆件 AB 放置在相距为 L 的两个刚性固定约束之间,如图 9.31(a)所示。在这样的条件下,变形体 AB 既没有外载,截面也不存在内力、应力,杆件没有位移和应变。考虑温度均匀上升 ΔT,由于杆件两端受到约束,无法自由伸长,因此杆件的总轴向变形量 δ 为零。对于各向同性均匀等截面直杆,任一点处的线应变 $\varepsilon = \delta/L$ 为零。然而,由式(9.20),杆件要产生由温度改变 ΔT 导致的热变形,其

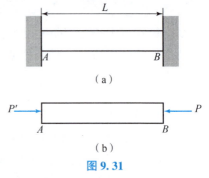

图 9.31

大小为 $\delta_T = \alpha \Delta TL$。同时杆件两端的固定约束会产生大小相等、方向相反的力 P 和 P',阻止了杆件的热变形 δ_T(图 9.31(b)),使得杆件在均匀温升条件下的伸长量 δ 始终为零。因此,由于支反力 P 和 P' 的作用,杆件截面将产生相应的内力和应力,但任一截面处的线应变均为零。类似的截面有内力和应力分量,但不存在应变的情况还有哪些呢?

比较图 9.30 和图 9.31 中两个完全相同的杆件可知,二者唯一的区别在于图 9.31 中的杆件杆端存在多余约束,为超静定杆件。对于超静定杆件,由于热变形受到固定约束的限制,因此温度改变会引起杆件的截面内力和与之相应的应力。仅由温度变化引起的应力称为热应力。对于均质静定杆件,温度变化,但杆件可以自由变形,因此温度变化仅会引起热应变,但杆件不存在截面合力或合力矩,也不会引起热应力。综上可推论:对于超静定构件,温度变化可引起热应力。热应力的计算分析方法与分析超静定结构的方法一致,可用约束处的支反力(未知外载)替代多余约束对结构的作用,建立平衡方程,通过叠加已知外载引起的变形和温度变化引起的变形,建立多余约束处的变形协调方程,结合平衡方程求解多余约束。

例 9.7 如图 9.32 所示系统中,刚体杆 CDE 在点 E 处的约束为固定铰支座,在 D 处与直径为 50 mm 的铜制圆柱 BD 保持接触,一直径为 25 mm 的钢杆 AC 穿过刚性杆上的圆孔后,由螺母将其固定,当整个系统的温度为 20 ℃ 时,螺母刚好拧紧无间隙。之后,铜制圆柱 BD 的温度上升到 120 ℃,而钢杆 AC 的温度仍保持为 20 ℃。已知温度发生变化前,各杆件中均没有应力,试求温度变化后铜制圆柱 BD 的应力。杆 AC 的材料为钢,$E_{st} = 200$ GPa,$\alpha = 12 \times 10^{-6}/℃$;杆 BD 的材料为铜,$E_{co} = 105$ GPa,$\alpha = 21 \times 10^{-6}/℃$。

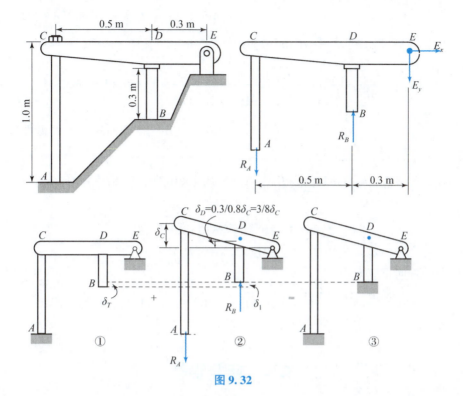

图 9.32

解:(1) 平衡方程。刚体杆 CDE 隔离体为研究对象,作受力图,建立静力学平衡方程。分析可知,存在 4 个未知约束反力 R_A、R_B、E_x 和 E_y,但对于二维平面问题仅可列出三个独立的平衡方程,因此存在一个多余约束,补充一个变形协调方程,即可求解所有的约束反力。由于系统超静定,因此还需要考虑系统中构件由于温度变化产生的应力。设 R_B 为多余约束反力,对刚体杆 CDE 中的点 E 取矩,有

平衡方程: $+\curvearrowleft \sum M_E = 0$, $R_A(0.5 \text{ m} + 0.3 \text{ m}) - R_B(0.3 \text{ m}) = 0$, $R_A = \dfrac{3}{8} R_B$ (1)

(2) 变形协调方程。采用叠加法建立变形协调方程关系。R_B 为多余约束反力,通过点 B 处已知位移条件补充变形(位移)协调方程。通过分析可知,温升后点 B 处位移必须为零。解除 B 处约束后,当 BD 的温度升高时,BD 发生热膨胀变形,B 截面向下移动,产生由于温升引起的热变形 δ_T。同时未知约束反力 R_B 产生位移 δ_1,其大小必与 δ_T 相等,且使 B 截面向上移动,满足截面 B 的总位移为零。

变形协调方程: $+\uparrow \quad \delta_1 - \delta_T = 0$ (2)

(3) 计算变形 δ_T。BD 的温度上升了,$\Delta T = 120 - 20 = 100 \,(\text{℃})$,其热变形量 δ_T 为

$$\delta_T = L\Delta T\alpha = 0.3 \text{ m} \times 100 \text{ ℃} \times (21 \times 10^{-6}/\text{℃}) = 630 \times 10^{-6} \text{ (m)} \quad \downarrow \qquad (3)$$

(4) 计算 R_B 引起的杆 BD 的伸长量 δ_1。截面 D 存在由截面 C 位移而引起的刚体位移,设为 δ_D。由刚体杆 CDE 变形协调关系有 $\delta_D = \dfrac{3}{8}\delta_C$,因此有

$$\delta_1 = \delta_D + \delta_{B/D} \qquad (4)$$

$$\delta_C = \dfrac{R_A L}{AE} = \dfrac{R_A (1.0 \text{ m})}{\dfrac{1}{4}\pi(0.025 \text{ m})^2 (200 \times 10^9 \text{ Pa})} = 10.19 \times 10^{-9} R_A \quad \uparrow \qquad (5)$$

（AC 杆受拉，C 截面相对于 A 截面位移向上）

$$\delta_D = \frac{3}{8}\delta_C = \frac{3}{8}(10.19 \times 10^{-9} R_A) = 3.82 \times 10^{-9} R_A \uparrow \quad (6)$$

$$\delta_{B/D} = \frac{R_B L}{AE} = \frac{R_B(0.3 \text{ m})}{\frac{1}{4}\pi(0.05 \text{ m})^2 (105 \times 10^9 \text{ Pa})} = 1.455 \times 10^{-9} R_B \uparrow \quad (7)$$

（BD 杆受压，D 截面相对于 B 截面位移向上）

由式（1），结合式（6）和式（7），有

$$\delta_1 = \delta_D + \delta_{B/D} = \left[3.82 \times \left(\frac{3}{8}R_B\right) + 1.455 R_B\right] \times 10^{-9} = 2.8875 \times 10^{-9} R_B \uparrow \quad (8)$$

由式（2），有

$$2.8875 \times 10^{-9} R_B - 630 \times 10^{-6} = 0$$

$$R_B = 218.2 (\text{kN})(压)$$

因此，BD 中的轴向正应力为

$$\sigma_B = \frac{R_B}{A} = \frac{218.2 \times 10^3 \text{ N}}{\frac{1}{4}\pi(0.05 \text{ m})^2} = 111.12 \times 10^6 \text{ Pa} = 111.12 (\text{MPa})(压)$$

9.6 应力集中

当杆件承受轴向集中载荷时，在载荷作用附近可形成复杂的应力分布。复杂应力分布不仅存在于集中载荷作用截面附近，也存在于杆件截面发生突变的部位。图 9.33 和图 9.34 显示了在这两种情况下，相应截面上的应力分布。图 9.33（a）所示的平板中有一个圆孔，图 9.33（b）所示为过圆孔中心横截面上拉伸正应力的分布情况。图 9.34（a）所示的平板存在两个宽度不同的部分，两部分之间用圆角过渡；图 9.34（b）所示为连接处最窄部分的拉伸正应力的分布情况，在这个位置处出现了最大正应力。

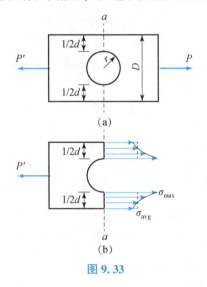

图 9.33

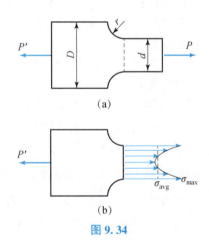

图 9.34

这些截面上的应力分布情况可利用弹性力学知识计算得到，也可以利用光测弹性力学方法或数字图像相关方法通过试验得到（见 9.7 节）。结构设计人员不是非常关心给定截面上应力分布的精确形式，他们更关注该截面上应力的最大值，用于判断在给定外载荷作用下，最大应力是否超过了材料的许用应力（如 4.7 节中的屈服应力），而不关注最大应力出现在截面上的具体位置。基于这个原因，定义非连续处关键截面上（截面积最小）最大应力 $\sigma_{\max}$ 与该截面平均应力 σ_{avg} 的比值：

$$K = \frac{\sigma_{\max}}{\sigma_{\mathrm{avg}}} \tag{9.23}$$

这个比值称为该位置处的应力集中系数。截面上的平均正应力可通过式 $\sigma_{\mathrm{avg}} = P/A$ 计算得到，其中 A 为非连续处关键截面（截面积最小）面积，如图 9.33 和图 9.34 所示。只要 K 已知，即可求得截面上的最大正应力，为 $\sigma_{\max} = K(P/A)$。该结果只有在应力应变关系满足广义 Hooke 定律条件下才是成立的，因为 K 的数值是该条件下计算得到的。K 的大小与构件的尺寸及所使用的材料无关，它仅与所涉及构件的几何参数相关比值有关。在圆孔的情况下（图 9.33），K 只与比值 r/D 有关；对于圆角过渡的情况（图 9.34），只与比值 r/d 和 D/d 有关。如图 9.35 所示，随着肩角圆弧半径 r 的减小，应力集中程度加大。

当杆件截面面积发生改变时，理论上，图 9.35（a）所示肩角部位的应力集中系数大于 3，即最小截面处的最大正应力比平均正应力的 3 倍还大。然而，通过设计图 9.35（b）所示的肩角，应力集中系数可以降到 1.5。如图 9.35（c）（d）所示的过渡段，设计一些小的槽或孔，应力集中系数可以进一步降低。应力集中系数是基于静载荷计算得到的，并假设材料的应力不超过材料的比例极限。对于脆性材料，应力集中处的应力达到比例极限（脆性材料，比例极限可能对应材料的断裂应力）后材料开始破坏，裂纹在应力集中处形成，然后裂纹尖端将产生更大的应力，引起裂纹扩展，导致结构突然破坏。因此对于脆性材料的结构，一定要考虑应力集中系数的影响。对于韧性材料，构件承受静态载荷，设计者可忽略应力集中系数的影响，因为应力水平超过比例极限后也不会出现裂纹，材料会发生屈服并出现应变强化，还有进一步承载的能力（详见 4.7 节）。

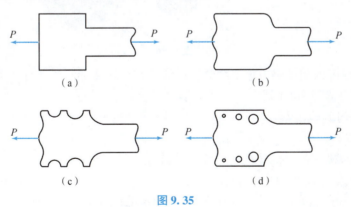

图 9.35

9.7 实验专题：含圆孔矩形铝合金板孔边应力集中系数测量

针对含圆孔板试样，图 9.33 给出了过圆孔中心的横截面上拉伸正应力的分布情况。从弹性力学解答可见，由于孔的存在，拉伸构件横截面应力分布非均匀，孔边存在显著的应力集中效应。对圆孔孔边的应力集中分析在理论和实际工程中都有重要的应用。理论上，它可以对结构的强度进行分析和评价，为工程设计提供参考。在实际工程中，解决圆孔孔边的应力集中问题可以避免因应力集中导致的构件断裂和疲劳等问题，从而提高工程的安全性和稳定性。然而，如何通过力学实验表征孔边拉伸正应力的集中程度是一个重要问题。本节将介绍如何使用先进的非接触式全场变形测试技术——数字图像相关（digital image correlation，DIC）测量含圆孔矩形板的孔边变形场，进而结合线弹性本构关系获得应力场，最终计算得到孔边应力集中系数。

1. 实验原理

DIC 方法是目前应用最广泛的光学非接触全场变形测量技术，19.2 节将对该方法原理进行介绍。在使用 DIC 方法测量孔边变形场时，需要在试样表面制作散斑，然后使用数字摄像采集在加载过程中试样表面的变形图像，之后基于灰度匹配与相关计算获得图像中每个像素点（或预先选择的像素点）的位移，得到试样在加载过程中的位移场。最后，通过数值求导由位移场计算应变场，结合材料本构模型得到试样表面的应力场，进而计算孔边的应力集中系数。含圆孔矩形板的孔边变形场测量的典型实验布置如图 9.36 所示。

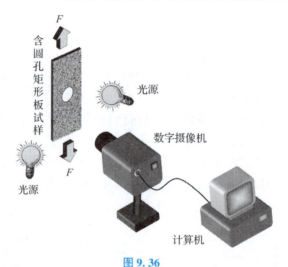

图 9.36

DIC 方法不仅可以测量应力集中系数，还凭借其全场变形测量的优势可以解决裂纹扩展和材料损伤破坏力学行为的问题。

2. 实验仪器与实验步骤

1）实验仪器

电子万能试验机、数字摄像机、应变仪、游标卡尺。

2）变形场测量实验步骤

第 1 步，使用喷涂或转印等方式在图 9.37 所示的试样上制作散斑。

第 2 步，使用游标卡尺测量试样的长 l、宽 w、高 h 及圆孔直径 d，并记录。

第 3 步，打开电子万能试验机及计算机等相关设备，将试验机载荷清零，安装试样。

第 4 步，布置数字摄像机与光源，调整相机位置使其镜头光轴与试样垂直（正投影），调整光圈与焦距，以获得清晰的图像。

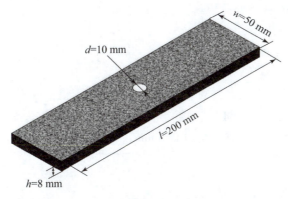

图 9.37

第 5 步，使用试验机对试样进行加载，同步采集和记录载荷 F 与对应的数字图像。

第 6 步，实验结束后，使用数字图像相关算法对变形图像进行处理，获得每一个载荷下的应变场。此处需要注意，最大载荷下孔边最大应力处的应力不能超过材料的比例极限（即材料不能发生塑性变形）。

3）应力集中系数计算

由图 9.38 可以发现，孔边的 A 点所在的位置分别为最大正（拉）应力点。考虑到此点的应力状态为单向应力状态，因此可以通过 DIC 方法测量得到应变场后，提取 A 点在 x 方向的应变 ε_x^A，通过式（9.24）计算得到 σ_{max}。

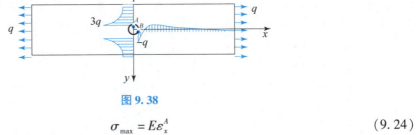

图 9.38

$$\sigma_{max} = E\varepsilon_x^A \tag{9.24}$$

式中，E——试样材料的弹性模量，一般可取为 70 GPa。

考虑到此试样的平均应力 $\sigma_{avg} = q$，结合式（9.23），孔边的应力集中系数为

$$K = \frac{E\varepsilon_x^A}{q} \tag{9.25}$$

习 题

9.1 某细长杆件的直径为 14 mm，标距为 250 mm。已知在大小为 5 000 N 的轴向载荷的作用下，其标距长度变为 250.5 mm。试求该杆件的弹性模量。

9.2 某管件用来承受压力。已知弹性模量 $E = 70$ GPa，所允许的最大长度变化量为 0.055%。求：

（1）管中的最大正应力；

（2）如果管的外径为 60 mm，受到的载荷大小为 8.0 kN，则最小壁厚为多少？

9.3 构件 AB 和 BC 的材料均为钢，$E = 210$ GPa，横截面面积分别为 500 mm² 和 400 mm²。在图 P9.3 所示载荷的作用下，求：

（1）构件 AB 的伸长量；

（2）构件 BC 的伸长量。

9.4 连杆 BD 的材料为铜，弹性模量 $E_1 = 105$ GPa，横截面面积为 250 mm²。连杆 CE 的材料为铝，弹性模量 $E_2 = 72$ GPa，横截面面积为 300 mm²。它们与刚性构件 ABC 连接如图 P9.4 所示。如果要使点 A 的位移不超过 0.6 mm，求作用在点 A 的铅垂力 P 的最大值。图中长度单位：mm。

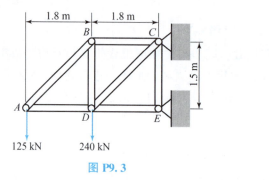

图 P9.3

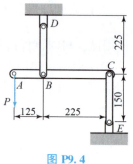

图 P9.4

9.5 如图 P9.5 所示，一个高为 h 的均质圆锥，密度为 ρ，材料的弹性模量为 E。试求由于其自重引起的顶点 A 的位移。

9.6 一合力大小为 200 kN 的对心压缩载荷，通过两块刚性端板均匀地作用在图 P9.6 所示组合体的两端。已知，钢的弹性模量 $E_{st} = 210$ GPa，铝的弹性模量 $E_{al} = 70$ GPa。求：

（1）钢芯和铝管中远离加载端处拉伸方向正应力；

（2）组合体的变形。

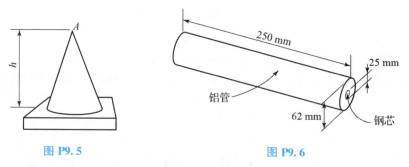

图 P9.5　　　　　　　　图 P9.6

9.7 将外径为 40 mm、壁厚为 3 mm 的钢管（$E = 210$ GPa）置于台虎钳中，调节台虎钳，使钳夹刚好与钢管两端接触，而没有对钢管产生作用力。然后，将如图 P9.7 所示的力作用在钢管上。施加这个力之后，再调节台虎钳，使其两个钳夹之间的距离减小 0.5 mm。试求：

（1）台虎钳施加在钢管两端 A 和 C 的力；

（2）钢管 AB 段的长度改变量。

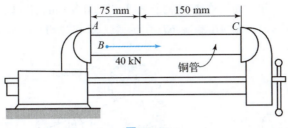

图 P9.7

9.8 如图 P9.8 所示，刚性杆 AD 受到两根直径为 1.0 mm 的钢丝（$E = 210$ GPa）及一个固定铰支座的约束。已知初始时钢丝是张紧的。求：

（1）当一大小为 1.5 kN 的力 P 作用在点 D 后，各钢丝中所增加的张力；

（2）点 D 的位移。

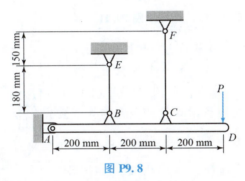

图 P9.8

9.9 如图 P9.9 所示，由两圆柱 AB 和 BC 组成的杆，两端受到约束。AB 段的材料为钢（$E_s = 210$ GPa，$\alpha_s = 12.0 \times 10^{-6}/℃$），$BC$ 段的材料为铜（$E_b = 105$ GPa，$\alpha_b = 20.9 \times 10^{-6}/℃$）。已知，初始时杆中无应力。求：当温度上升了 80 ℃时杆 ABC 截面的合内力。

9.10 在室温（22 ℃）下，图 P9.10 所示的两杆存在 0.3 mm 的间隙。之后，温度达到 250 ℃。试求：

（1）铜杆中的正应力；

（2）铜杆长度的改变量。

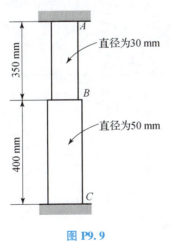

图 P9.9

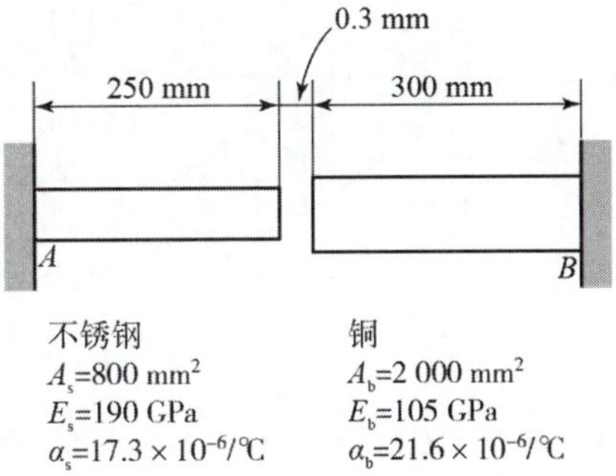

图 P9.10

不锈钢
$A_s = 800$ mm^2
$E_s = 190$ GPa
$\alpha_s = 17.3 \times 10^{-6}/℃$

铜
$A_b = 2\,000$ mm^2
$E_b = 105$ GPa
$\alpha_b = 21.6 \times 10^{-6}/℃$

9.11 如图 P9.11 所示，作用在 D 处的扭矩 $T = 1\,200\ \text{N}\cdot\text{m}$。已知，轴 AB 的直径为 80 mm，轴 CD 的直径为 60 mm。求：轴 AB 和轴 CD 中的最大剪切应力。

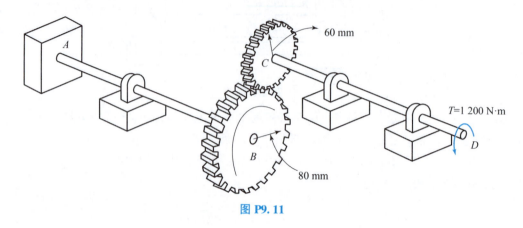

图 P9.11

9.12 空心圆轴受扭时，横截面上剪切图应力的准确分布如图 P9.12（a）所示。然而，通过假设来求出最大剪切应力 $T_{\max}$ 的一个近似值。假设剪切应力在横截面 A 上均匀分布，如图 P9.12（b）所示。所有微元上的剪力作用线到圆心 O 的距离均等于横截面的平均半径 $R_m = \dfrac{1}{2}(C_1 + C_2)$，则可得到近似值为 $\tau_0 = T/(AR_m)$，这里 T 为内扭矩。试对 C_1/C_2 分别等于 1.0、0.5 和 0 时，计算实际最大切应力 $\tau_{\max}$ 和它的近似值 τ_0 的比值 $\tau_{\max}/\tau_0$。

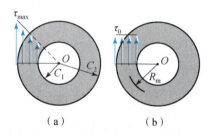

图 P9.12

9.13 当铝制圆轴 $ABCD$ 匀速转动时，电动机作用在轴上的扭矩为 $800\ \text{N}\cdot\text{m}$。已知，$G = 30\ \text{GPa}$，作用在带轮 B 和 C 上的扭矩如图 P9.13 所示。试求：B 相对于 C 的扭转角和 B 相对于 D 的扭转角。

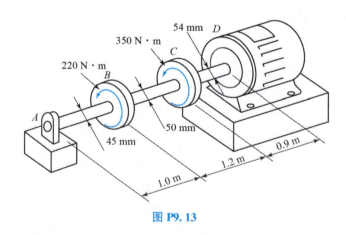

图 P9.13

9.14 铝杆 $AB(G = 30\ \text{GPa})$ 与铜杆 $BD(G = 40\ \text{GPa})$ 胶接如图 P9.14 所示。已知，铜杆 CD 段是空心的，内径为 30 mm。试求：A 处的扭转角。

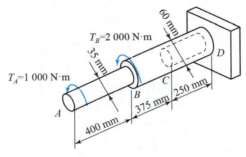

图 P9.14

9.15 图 P9.15 所示两轴的直径均为 20 mm，通过齿轮连接。已知 $G = 77$ GPa，轴 DF 在 F 端固定。若施加在 A 端的扭矩 $T = 150$ N·m，求 A 端转过的角度。

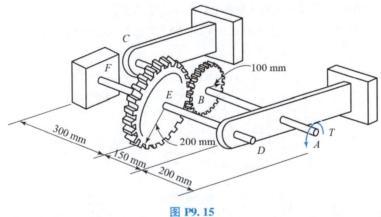

图 P9.15

9.16 在图 P9.16 所示齿轮－传动轴系统的设计中，钢制圆轴 AB 和 CD 的直径相同，要求 $\tau_{max} \leq 75$ MPa 及轴 CD 的 D 端的转角 ϕ_D 不超过 $2.1°$。已知 $G = 77$ GPa。求所需的轴的直径。

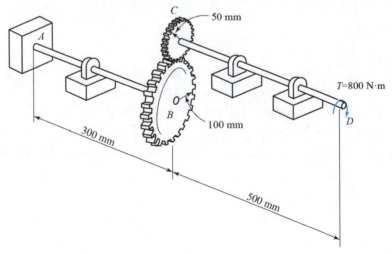

图 P9.16

9.17 一大小为 $T = 6$ kN·m 的扭矩，作用在图 P9.17 所示的复合轴的 A 端。已知，钢的剪切模量为 77 GPa，铝的剪切模量为 27 GPa。试求：(1) 钢芯中的最大切应力和铝套筒中的最大剪切应力；(2) A 端的扭转角。

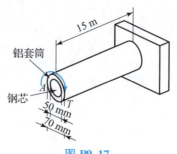

图 P9.17

9.18 如图 P9.18 所示，两个实心圆轴通过法兰盘连接，法兰盘与法兰盘之间用螺栓固定。螺栓的尺寸略小，使得两轴在像一根轴一样转动之前，两个法兰盘之间有 2.0° 的相对转动。已知，$G=77$ GPa。求当一大小为 600 N·m 的扭矩 T 作用在指定的法兰盘上时，两轴中的最大切应力。(1) 扭矩 T 作用在法兰盘 B 上；(2) 扭矩 T 作用在法兰盘 C 上。

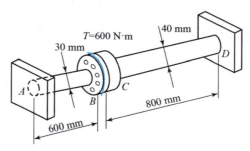

图 P9.18

9.19 如图 P9.19 所示，两个实心轴 AB 和 CD 的 A 端和 D 端是固定的，B 端和 C 端分别与两齿轮连接。已知，在齿轮 B 上作用有大小为 5 kN·m 的扭矩 T。求：(1) 轴 AB 中的最大剪切应力；(2) 轴 CD 中的最大剪切应力。

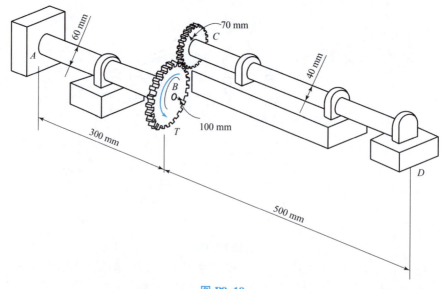

图 P9.19

9.20 如图 P9.20 所示，圆锥台形 AB 受扭矩 T 的作用。证明：A 端的扭转角 $\phi = \dfrac{7TL}{12\pi Gc^4}$。

图 P9.20

9.21 如图 P9.21 所示，两实心铜轴 AB 和 CD，与铜套筒 EF 焊接在一起。若轴和套筒中的最大剪切应力相同，试求比值 d_1/d_2。

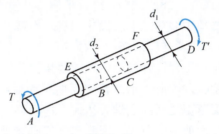

图 P9.21

第 10 章
弯　曲

受垂直于轴线方向载荷作用的细长杆件通常称为梁。梁是工程上的重要构件，如建筑物中的水平横梁，负责将垂直的楼板载荷传递到柱和剪力墙结构中；汽车悬架系统中的钢板弹簧作为梁结构，可将车身重量传递到车轴上；飞机的机翼起支承机身的横梁作用；身体中的许多骨骼也承担着梁的功能。本书前面章节中分别给出了矩形截面悬臂梁弯曲（式（7.14））和受均布载荷梁（式（7.28））的弹性力学解答，这些解答局限于矩形截面梁且外载形式简单，如梁自由端受集中载荷或上表面作用有均布载荷。对于截面几何形状更为复杂的梁（如工字梁、T字梁），或者受复杂横向外载（如非均布气动载荷）等，采用弹性力学分析方法就显得力不从心了。工程设计过程中，需要快速估算梁截面上应力分布水平，为后续开展详细设计提供重要依据。因此，本章首先面向平面对称弯曲梁，基于其变形特征，推导梁截面法向正应力与截面弯矩之间的数学表达式，进而将该推导过程推广到非对称弯曲梁。在分析过程中，忽略了截面剪力的贡献，因此本章仅研究梁截面上仅存在弯矩条件下的应力分布。后续章节将继续讨论截面剪力与切应力之间的关系。采用这种方式将不同的合力和合力矩对杆件静力学行为的影响分开讨论，最后利用线弹性材料小变形下的叠加法将与合力和合力矩等效的应力分量进行叠加，可大大简化分析过程。为了确定梁截面合力及合力矩下的应力分布，本章将首先讨论如何绘制梁截面上的内力图，包括剪力和弯矩图，进而研究受纯弯梁截面法向正应力的分布。

10.1　剪力图与弯矩图

一般情况下，梁是横截面无变化的长直杆件，可通过支座的约束形式分类。例如：简支梁为一端为固定铰支座、另一端为活动铰支座的梁；悬臂梁为一端固定、另一端自由的梁；外伸梁为一端或两端延伸在支座外的梁。梁也是组合杆件结构中重要的构件。

由于横向载荷作用，梁横截面上产生的合力和合力矩包括弯矩和剪力，且截面弯矩和剪力沿梁的轴线变化。为了确定截面上最大剪力和弯矩的大小及位置，应首先考察梁的内力图。将剪力 V（同 F_s）和弯矩 M 表示为梁轴线任意位置 x 的函数，并将剪力和弯矩沿杆件轴线变化的函数绘制成图，称为剪力图和弯矩图。剪力图和弯矩图提供了梁剪力和弯矩沿梁轴线变化的详细信息，因此工程师可利用它们确定在梁的什么位置横截面上的剪力和弯矩最大，并通过截面设计提高梁的承载能力，以保证安全。

为了获得剪力和弯矩沿梁轴线 x 的函数，采用截面法，在距离梁端任意距离 x 处将梁截开，得到以 x 为自变量的剪力 V 和弯矩 M 的表达式。坐标原点和 x 的正方向的选取是任意的，但通常把坐标原点置于梁的左端，并以向右为正方向。通常剪力和弯矩作为 x 的函数，在外载发生变化的截面处是不连续的，因此任意两个外载不连续截面之间的区间，剪力和弯矩函数都是不同的，需要逐个确定。如图10.1所示，必须用坐标 x_1、x_2 和 x_3 来描述 V 和 M 沿整个梁长的变化，这些坐标分别表示 AB 区间、BC 区间和 CD 区间内剪力和弯矩的变化。这与前面绘制轴力图和扭矩图时采用的分段方法是一致的。

梁截面内力符号的约定：在绘制梁的内力图之前，约定截面合力–剪力和合力矩–弯矩的正负。本书关于符号的约定如图10.2所示（截面内力和内力矩正负号的约定可以是任意的，不同书籍约定方式可能不同）。正方向的定义分别为：分布载荷向下作用在梁上为正；可引起隔离体顺时针旋转的剪力为正；以使隔离体上表面纤维受压的弯矩为正，即弯矩使得梁段变形后能够形成可装水的碗状为正。与这些方向相反则为负。

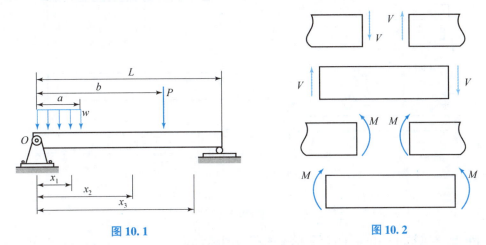

图 10.1   图 10.2

例 10.1 绘制如图 10.3 (a) 所示梁的剪力图和弯矩图。

解：(1) 支座约束反力。采用静力学平衡方程可以获得梁结构支座约束反力，结果如图 10.3 (d) 所示。

(2) 剪力和弯矩函数。由于梁结构上作用一个集中弯矩，因此整个梁长范围内需要分两个区间，用两个 x 坐标来描述剪力和弯矩函数。对于 AB 区间内的梁段，隔离体的受力图如图 10.3 (b) 所示，建立剪力和弯矩的平衡方程，有

$$+\uparrow \sum F_y = 0; \quad V = -\frac{M_0}{L}, \quad 0 \leqslant x \leqslant \frac{L}{2} \tag{1}$$

$$\curvearrowleft + \sum M = 0; \quad M = -\frac{M_0}{L}x, \quad 0 \leqslant x \leqslant \frac{L}{2} \tag{2}$$

对于 BC 区间内的梁段，隔离体的受力图如图 10.3 (c) 所示，有

$$+\uparrow \sum F_y = 0; \quad V = -\frac{M_0}{L}, \quad \frac{L}{2} < x \leqslant L \tag{3}$$

$$\curvearrowleft + \sum M = 0; \quad M = M_0 - \frac{M_0}{L}x = M_0\left(1 - \frac{x}{L}\right), \quad \frac{L}{2} < x \leqslant L \tag{4}$$

(3) 剪力图和弯矩图。剪力图是按式 (1) 和式 (3) 绘制的曲线，弯矩图是按式 (2) 和式 (4) 绘制的曲线，如图 10.3 (d) 所示。考察上述结果发现，关系式 $dV/dx = -w(x)$ 和 $dM/dx = V$ 成立，其中 $w(x)$ 为作用在梁上的横向分布载荷。绘制 AB 和 BC 区间内的函数

曲线，就得到剪力图和弯矩图。从剪力图可见，整个梁长度范围内剪力为常数，说明剪力不受作用在梁中点截面处弯矩 M_0 的影响。其次外加集中力矩处弯矩图出现了突变，突变大小等于外弯矩的大小。

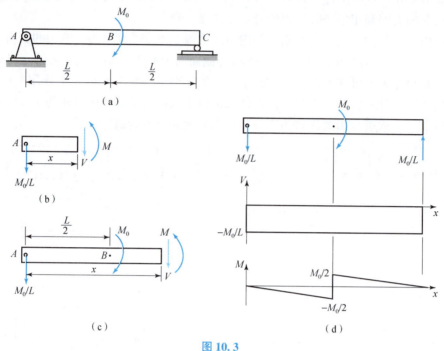

图 10.3

例 10.2 绘制如图 10.4（a）所示梁的剪力图和弯矩图。

解：（1）支座约束反力。梁上的分布载荷可划分成三角形与矩形两部分，每个部分用其等效合力来替代。通过将整个梁作为隔离体，绘制其受力图，建立平衡方程，可计算得到支座约束反力，结果见图 10.4（b）。

（2）剪力和弯矩函数。该梁仅受一个非均布横向载荷，因此可以仅用一个坐标 x 来描述剪力和弯矩函数。图 10.4（c）所示为左侧梁段的受力图。采用矩形和三角形分布载荷来替换原来非均布的梯形载荷。每个分布载荷的合力和作用位置也示于梁段的受力图上。建立该梁段剪力和弯矩的平衡方程，有

$$+\uparrow \sum F_y = 0; \quad 30 \text{ kN} - (2 \text{ kN/m})x - \frac{1}{2}(4 \text{ kN/m})\left(\frac{x}{18 \text{ m}}\right)x - V = 0$$

$$V = 2\left(15 - x - \frac{x^2}{18}\right) \text{kN} \tag{1}$$

$$\curvearrowleft + \sum M = 0; \quad (-30 \text{ kN})x + (2 \text{ kN/m})x\left(\frac{x}{2}\right) + \frac{1}{2}(4 \text{ kN/m})\left(\frac{x}{18 \text{ m}}\right)x\left(\frac{x}{3}\right) + M = 0$$

$$M = 2\left(15x - \frac{x^2}{2} - \frac{x^3}{54}\right) \text{kN} \cdot \text{m} \tag{2}$$

利用 $V = \dfrac{dM}{dx}$ 来验证式（2）是否正确，V 的表达式见式（1）。同样有 $w = -\dfrac{dV}{dx} = 2 + \dfrac{2x}{9}$。显然，当 $x = 0$ 时，$w = 2$ kN/m；当 $x = 18$ m 时，$w = 6$ kN/m，如图 10.4（a）所示。

（3）剪力图和弯矩图。将式（1）和式（2）绘制于图 10.4（d）中，可得剪力图和弯

矩图。弯矩的最大值发生在 $dM/dx = V = 0$ 处，于是有

$$V = 0 = 30 - 2x - \frac{x^2}{9}$$

取正根，得 $x = 9.735$ m。

再由式（2），得 $M_{max} = 30 \times 9.735 - 9.735^2 - \frac{9.735^3}{27} = 163(\text{kN} \cdot \text{m})$

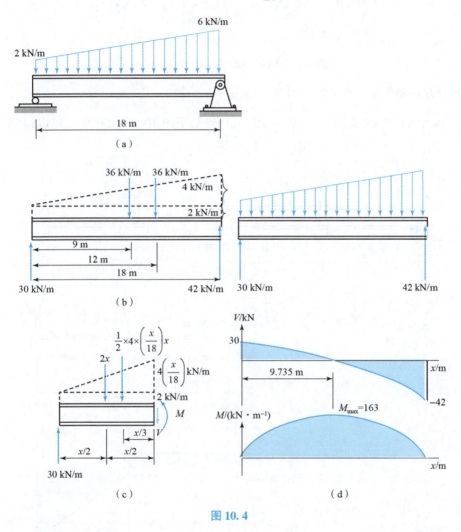

图 10.4

例 10.3 绘制如图 10.5（a）所示梁的剪力图和弯矩图。

解：（1）支座约束反力。支座处反力的计算结果见梁的剪力图和弯矩图，如图 10.5（d）所示。

（2）剪力和弯矩函数。梁中点截面处作用集中载荷，且是分布载荷的间断点，因此需要两段 x 区间来描述整个梁长范围内的剪力和弯矩函数。

当 $0 \le x_1 \le 5$ m 时，由图 10.5（b）所示的梁段受力图建立剪力和弯矩的平衡方程，得

$$+\uparrow \sum F_y = 0; \quad 14.5 \text{ kN} - V = 0$$
$$V = 14.5 \text{ kN} \tag{1}$$

$$\curvearrowleft + \sum M = 0; \quad -80 - 14.5x_1 + M = 0$$
$$M = (14.5x_1 + 80) \text{ kN} \cdot \text{m} \tag{2}$$

当 $5 \text{ m} < x_2 \leqslant 10 \text{ m}$ 时，由图 10.5（c）所示的受力图建立剪力和弯矩的平衡方程，得

$$+\uparrow \sum F_y = 0; \quad 14.5 \text{ kN} - 20 \text{ kN} - 10 \text{ kN/m}(x_2 - 5 \text{ m}) - V = 0$$
$$V = (44.5 - 10x_2) \text{ kN} \tag{3}$$

$$\curvearrowleft + \sum M = 0; \quad -80 \text{ kN} \cdot \text{m} - (14.5 \text{ kN})x_2 + 20 \text{ kN}(x_2 - 5 \text{ m})$$
$$+ 10 \text{ kN/m}(x_2 - 5 \text{ m})\left(\frac{x_2 - 5 \text{ m}}{2}\right) + M = 0$$
$$M = (-5x_2^2 + 44.5x_2 + 55) \text{ kN} \cdot \text{m} \tag{4}$$

从剪力方程和弯矩方程的结果可见，有 $w = -\dfrac{\mathrm{d}V}{\mathrm{d}x}$ 和 $V = \dfrac{\mathrm{d}M}{\mathrm{d}x}$ 成立。

（3）剪力图和弯矩图。将式（1）～式（4）绘制于图 10.5（d）中，可以得到剪力图和弯矩图。

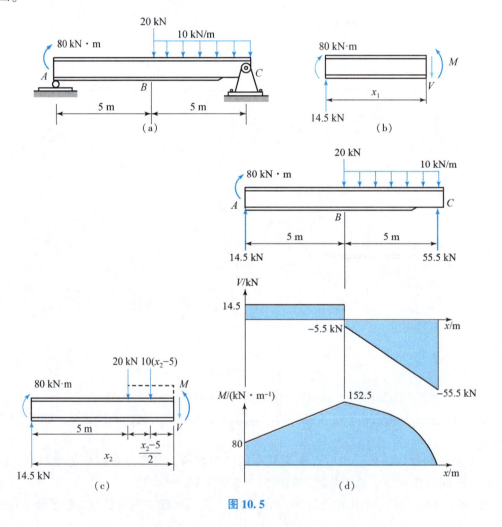

图 10.5

10.2 绘图法快速作剪力图和弯矩图

本节将讨论绘制梁构件剪力图和弯矩图的一种简单方法，该方法的基础是分布载荷、剪力和弯矩之间的微分关系。

1. 分布载荷作用区域

如图10.6（a）所示，梁上受任意横向载荷，包括非均布横向载荷、集中力和集中弯矩作用。考察长为 Δx 的一小段梁微元的受力图，如图10.6（b）所示。因为该梁段微元上没有横向集中力和集中弯矩的作用，因此以下得到的关系不适用于集中载荷作用点处截面。

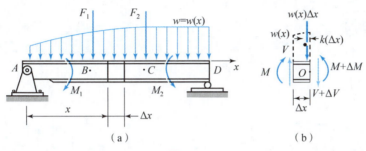

图 10.6

根据符号约定，设该梁段上的外载和内力均为正。为了保证微元的平衡，作用在右侧截面上的剪力和弯矩变化一个有限小量。非均布的分布载荷用合力 $w(x)\Delta x$ 来代替，其合力作用点位于距离右侧截面 $k(\Delta x)$ 位置处，其中 $0 < k < 1$。根据梁段微元的受力图，建立剪力和弯矩的平衡方程，得

$$+\uparrow \sum F_y = 0; \quad V - w(x)\Delta x - (V + \Delta V) = 0$$
$$\Delta V = -w(x)\Delta x$$

上式等号两端均除以 Δx，并取极限 $\Delta x \to 0$，得

$$\frac{dV}{dx} = -w(x) \tag{10.1}$$

式（10.1）说明剪力图在每一点处的斜率 = 该点分布载荷的负值，即

$$\curvearrowright + \sum M = 0; \quad -V\Delta x - M + w(x)\Delta x[k(\Delta x)] + (M + \Delta M) = 0$$
$$\Delta M = V\Delta x - w(x)k(\Delta x)^2$$

上式等号两端均除以 Δx，忽略高阶小项，并取极限 $\Delta x \to 0$，得

$$\frac{dM}{dx} = V \tag{10.2}$$

式（10.2）说明弯矩图在每一点处的斜率 = 该点的剪力值。

上述两个公式提供了快速绘制剪力图和弯矩图的方法。式（10.1）表明剪力图在某点处的斜率等于该点分布载荷的负值。如图10.7（a）所示，作用在梁上的分布载荷向下为正值，并从零增加到 w_B，因此剪力图应该是一条具有负斜率的曲线，且斜率的绝对值从零增加到 w_B。图10.7（b）中给出了特定点的斜率，其值分别是 0、$-w_C$、$-w_D$ 和 $-w_B$。

式（10.2）表明弯矩图中一点处的斜率等于该点处的剪力值。图10.7（c）中所示的剪力图中，剪力曲线开始于 $+V_A$，减小到零，再变成负值，最后降至 $-V_B$。因此，弯矩图中曲

线的斜率应相应地从 $+V_A$ 减小到零，再变成负斜率曲线，最终降为 $-V_B$。图 10.7（c）中标出了弯矩图中特定点的斜率，其值分别是 V_A、V_C、V_D、0 和 $-V_B$。

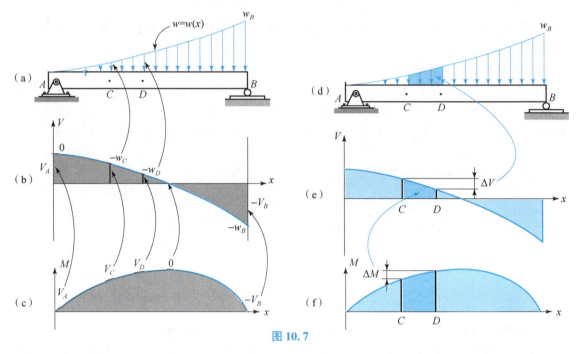

图 10.7

将式（10.1）和式（10.2）改写成 $\mathrm{d}V = -w(x)\mathrm{d}x$ 和 $\mathrm{d}M = V\mathrm{d}x$ 的形式，显然 $w(x)\mathrm{d}x$ 和 $V\mathrm{d}x$ 分别代表分布载荷和剪力图下的面积，则选择梁上任意两点 C 和 D，在这两点之间对上述面积积分，如图 10.7（d）所示，则

$$\Delta V = -\int w(x)\mathrm{d}x \tag{10.3}$$

即剪力的变化 = 分布载荷曲线下覆盖的面积；

$$\Delta M = \int V(x)\mathrm{d}x \tag{10.4}$$

即弯矩的变化 = 剪力图下覆盖的面积。

2. 集中力和集中弯矩作用区域

图 10.6（a）中梁上某个集中力作用下一小段梁微元的受力图如图 10.8（a）所示。

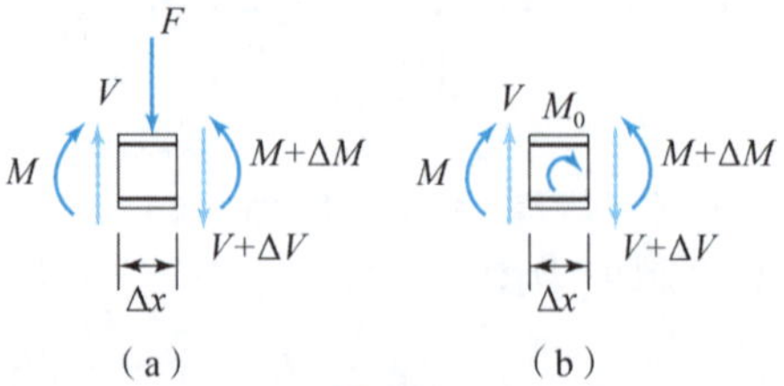

图 10.8

由受力图可见，从横向剪力的平衡方程得

$$+\uparrow \sum F_y = 0;\ V - F - (V + \Delta V) = 0$$

$$\Delta V = -F \tag{10.5}$$

上式说明，若集中载荷 F 向下，则 ΔV 为负，即剪力图上剪力向下"跳变"；若 F 向上，则剪力向上"跳变"。以上说明当梁上作用集中载荷，剪力图中的剪力必然出现不连续的"跳变"，"跳变"的方向与集中载荷方向一致。由图 10.8（b）可得弯矩平衡方程，即

$$\curvearrowleft + \sum M = 0; \quad M + \Delta M - M_0 - V\Delta x - M = 0$$

令 $\Delta x \to 0$，得

$$\Delta M = M_0 \tag{10.6}$$

若梁上的集中弯矩 M_0 顺时针方向作用，则 ΔM 为正，弯矩图将出现向上"跳变"。同样，当 M_0 逆时针方向作用时，弯矩图出现向下"跳变"。

表 10.1 归纳总结了梁上作用不同外载情况下剪力图和弯矩图的变化特征。

表 10.1

载荷	剪力图 $\left(\dfrac{\mathrm{d}V}{\mathrm{d}x} = -w\right)$	弯矩图 $\left(\dfrac{\mathrm{d}M}{\mathrm{d}x} = V\right)$
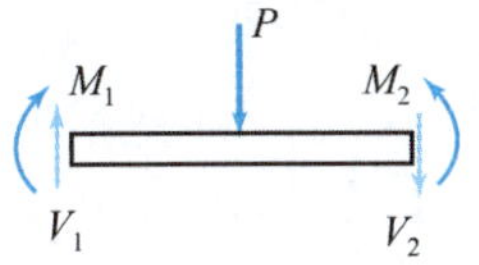	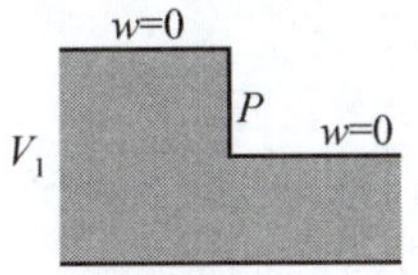 向下的力 P 使 V 从 V_1 向下跳至 V_2	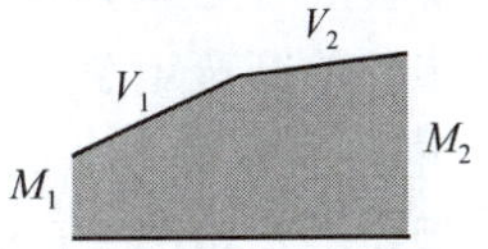 恒定斜率从 V_1 变化到 V_2
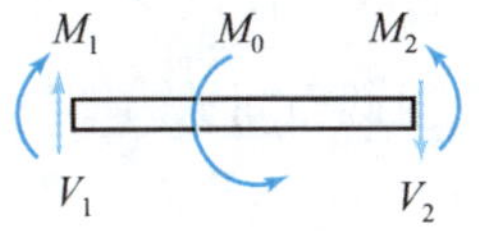	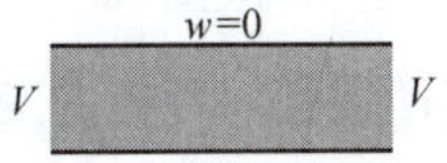 因为斜率 $w = 0$，故剪力无变化	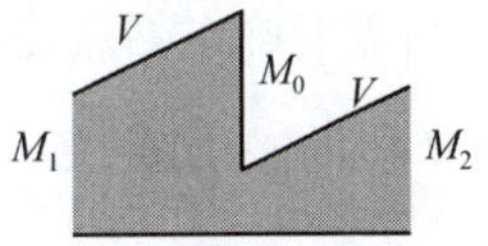 恒定正斜率，逆时针 M_0 使 M 向下跳跃
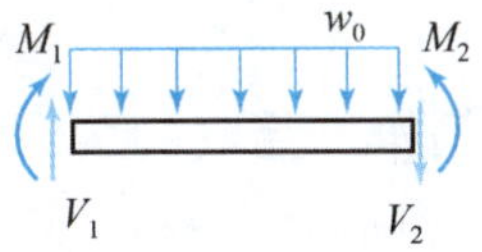	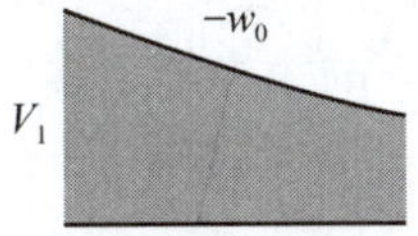 恒定负斜率	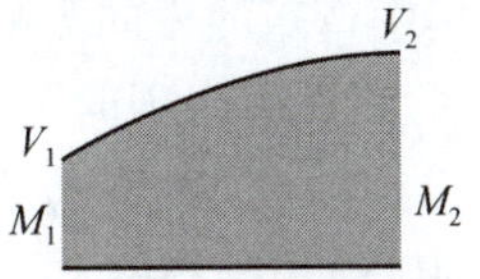 从 V_1 降至 V_2 的正斜率
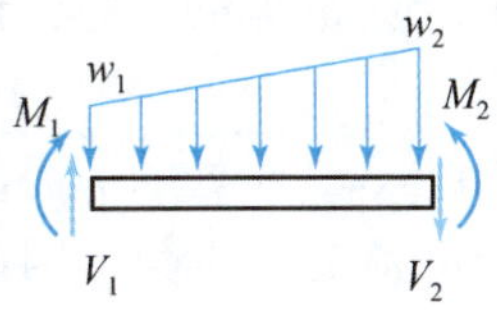	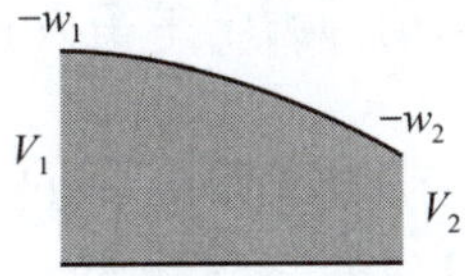 从 $-w_1$ 升至 $-w_2$ 的负斜率	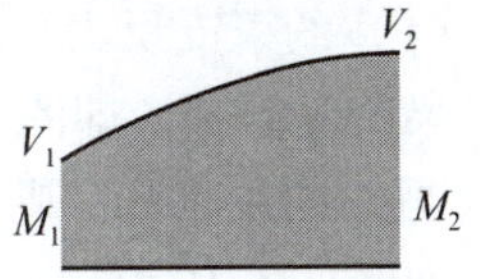 从 V_1 降至 V_2 的正斜率
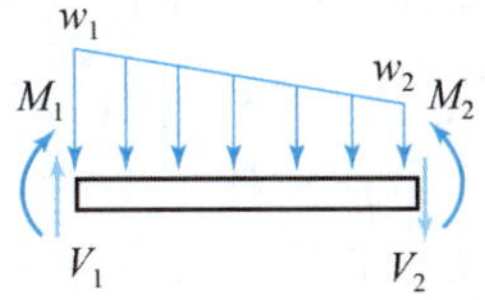	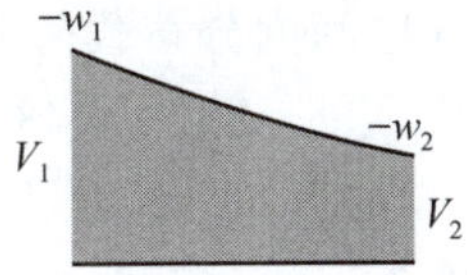 从 $-w_1$ 降至 $-w_2$ 的负斜率	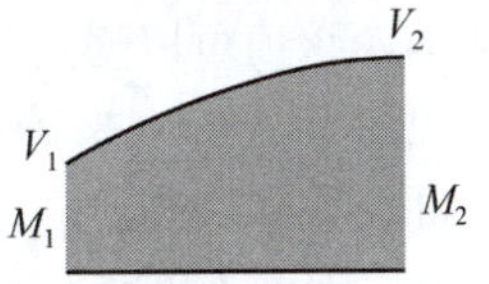 从 V_1 降至 V_2 的正斜率

绘图法绘制剪力图和弯矩图的基本步骤如下：

第1步，求支座约束反力。

第2步，绘制剪力图。

（1）建立剪力 V 和 x 的坐标轴，并根据计算得到的支座约束反力，绘制出梁在两个端点截面处的已知剪力，图上要根据内力符号规定正确绘制剪力的方向。

（2）根据 $dV/dx = -w(x)$，剪力图中任意一点处的斜率等于该点处分布载荷的负数。分布载荷 $w(x)$ 向下为正。

（3）当需要计算某一点处的剪力数值时，可通过截面法由剪力的平衡方程计算得到，也可以利用 $\Delta V = -\int w(x) dx$ 得到，该式表示两截面间剪力的变化等于分布载荷图中两点间面积的负数。

（4）当梁上作用集中载荷时，在集中载荷作用截面处，剪力图中出现不连续的"跳变"，"跳变"的方向与集中载荷方向一致，"跳变"的大小等于集中载荷。

（5）梁上的集中弯矩作用不影响剪力图。

第3步，绘制弯矩图。

（1）建立弯矩 M 和 x 的坐标轴，绘制出梁在两个端点截面处的已知弯矩，注意根据弯矩符号的规定，弯矩图上正确给出弯矩的方向。

（2）根据 $dM/dx = V$，弯矩图中任意一点处的斜率等于该点处剪力的值。

（3）当某点剪力为零时，$dM/dx = 0$，说明该点处弯矩取最大值或最小值。

（4）当需要确定一点处的弯矩值时，既可以通过截面法由弯矩的平衡方程得到，也可以利用 $\Delta M = \int V(x) dx$ 得到，该式表明任意两截面间弯矩的变化等于该两截面间剪力图下覆盖的面积。

（5）当梁上作用集中弯矩时，在集中弯矩作用位置处，弯矩图中出现不连续的"跳变"。当集中弯矩的方向为顺时针时，弯矩图将出现向上"跳变"；当集中弯矩的方向为逆时针时，弯矩图将出现向下"跳变"。"跳变"的大小等于集中弯矩。

（6）当剪力图中 $V(x)$ 为 n 次曲线时，弯矩图将是 $n+1$ 次曲线。例如，当 $V(x)$ 为线性函数时，$M(x)$ 为抛物线。

例10.4 绘制如图10.9（a）所示梁的剪力图和弯矩图。

解：（1）约束支反力。根据整体梁结构的静力学平衡方程可以确定支座约束反力，计算结果见梁的受力图，即图10.9（b）。

（2）剪力图。首先，画出端点 $x=0$ 处的剪力值 $V=+1080$ N 和端点 $x=2$ m 处的剪力值 $V=+600$ N，如图10.9（c）所示。$0 \leqslant x \leqslant 1.2$ m 的区域内，梁上分布载荷为正常数，因此剪力图的斜率为负常数（$dV/dx = -w(x) = -400$），如图10.9（c）所示。$x=1.2$ m 处剪力 $V=+600$ N。该值可以通过计算 $0 \leqslant x \leqslant 1.2$ m 区间内分布载荷下覆盖的面积得到，即由 $\Delta V = -400 \times 1.2 = -480$ N 来确定，$V|_{x=1.2} - V|_{x=0} = \Delta V = -480$ N，$V|_{x=1.2} = \Delta V + V|_{x=0} = -480$ N $+1080$ N $=600$ N。1.2 m $< x \leqslant 2.0$ m 的区域内，梁上没有分布载荷作用，$dV/dx = -w(x) = 0$，则剪力图的斜率为零。因此，1.2 m $< x \leqslant 2.0$ m 区间内的剪力图为一水平直线，直到 $x=2.0$ m 处的数值都保持 $V=600$ N。

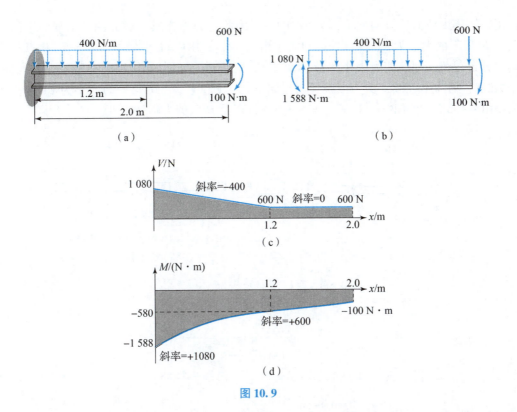

图 10.9

(3) 弯矩图。首先绘出两个端点处的弯矩值，$x=0$ 处的弯矩值 $M=-1\,588\,\text{N}\cdot\text{m}$，端点 $x=2.0\,\text{m}$ 处的弯矩值 $M=-100\,\text{N}\cdot\text{m}$，如图 10.9（d）所示。从剪力图中可以看到 $0\leqslant x\leqslant 1.2\,\text{m}$ 的区域内，V 为正值，并从 $1\,080\,\text{N}$ 减小到 $600\,\text{N}$，因此弯矩图的斜率必须从 $+1\,080$ 开始减小至 600。由于剪力图为一条斜直线，所以弯矩图是如图 10.9（d）所示的一条斜率逐渐变小的抛物线。$x=1.2\,\text{m}$ 处的弯矩 $M=-580\,\text{N}\cdot\text{m}$。该值可以通过计算 $0\leqslant x\leqslant 1.2\,\text{m}$ 区间内剪力图中梯形覆盖的面积得到，$\Delta M=\int V(x)\mathrm{d}x=600\times 1.2+\dfrac{(1\,080-600)\times 1.2}{2}=+1\,008(\text{N}\cdot\text{m})$ 来确定，即 $M\big|_{x=1.2}-M\big|_{x=0}=\Delta M=1\,008\,\text{N}\cdot\text{m}$，$M\big|_{x=1.2}=\Delta M+M_{x=0}=1\,008+(-1\,588)=-580(\text{N}\cdot\text{m})$。$1.2\,\text{m}<x\leqslant 2.0\,\text{m}$ 区域内的剪力为常数，$V=+600\,\text{N}$。由于 $\mathrm{d}M/\mathrm{d}x=V=+600\,\text{N}$，因此弯矩图为斜率为正常数的直线，从 $x=1.2\,\text{m}$ 处弯矩 $M=-580\,\text{N}\cdot\text{m}$ 变化到 $x=2.0\,\text{m}$ 处弯矩 $M=-100\,\text{N}\cdot\text{m}$。

例 10.5 绘制如图 10.10（a）所示轴结构的剪力图和弯矩图。

解：（1）约束支反力。根据整体结构的静力学平衡方程可以确定支座约束反力，计算结果见结构的受力图（图 10.10（b））。

（2）剪力图。首先画出端点 $x=0$ 处的已知剪力值 $V=+3.5\,\text{N}$ 和端点 $x=8\,\text{m}$ 处的已知剪力值 $V=-3.5\,\text{N}$，如图 10.10（c）所示。因为轴上没有分布载荷存在，在集中力作用之间剪力图中每一点的斜率都是零。因此在 C 点之前，剪力均为 $+3.5\,\text{N}$。C 点处作用外加集中载荷，方向向下，大小为 $2\,\text{N}$，因此剪力不再连续，剪力图中出现向下的"跳变"，跳变的大小为 2。C 点处剪力大小由 $3.5\,\text{N}$ 变为 $V=3.5-2=1.5\,\text{N}$，如图 10.10（c）所示。由于 C 点和 D 点之间无分布载荷，因此剪力图的斜率为零，剪力大小保持不变，$V=1.5\,\text{N}$。D 点处作用外加集中载荷，方向向下，大小为 3 N，因此剪力不连续，剪力图中出现向下的"跳变"，"跳变"的大小为 3。D 点处剪力大小由 1.5 N 变为 $V=1.5-3=-1.5$ N。D 点和 E 点之间无分布载荷，因此剪力大小保持不变，$V=-1.5$ N。E 点处作用集中外载，方向向下，大小为 2 N，剪力不连续，剪力图中又出现向下的"跳变"，"跳变"的大小为 2。E 点处剪力大小由 -1.5 N 变为 $V=-1.5-2=-3.5$ N，直至 B 点剪力保持不变。

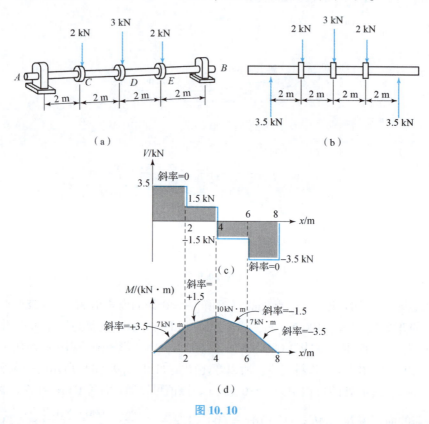

图 10.10

（3）弯矩图。梁两个端点的已知弯矩为零，如图 10.10（d）所示。由剪力图可知端点 A 到 C 之间剪力保持不变，为常数，因此 $dM/dx = V = +3.5$ N，点 A 和点 C 之间弯矩图的斜率为正常数，弯矩为斜直线。点 C 处的弯矩可由剪力图 A、C 点之间覆盖的面积计算得到，即 $\Delta M = \int_A^C V(x)dx = 3.5 \times 2 = 7 (\text{N} \cdot \text{m})$ 来确定，即 $M|_C - M|_A = \Delta M = 7 (\text{N} \cdot \text{m})$，$M|_C = \Delta M + M_A = 0 + 7 = 7 (\text{N} \cdot \text{m})$。将 $M|_A = 0$ 和 $M|_C = 7 (\text{N} \cdot \text{m})$ 连成直线，如图 10.10（d）所示。类似地，点 C 和点 D 之间剪力为常数 $V = 1.5$ N，因此点 C、D 之间弯矩图的斜率变为 $dM/dx = 1.5$。点 E 处的弯矩可由剪力图 C、D 点之间覆盖的面积计算得到，即 $\Delta M = \int_C^D V(x)dx = 1.5 \times 2 = 3 (\text{N} \cdot \text{m})$ 来确定，即 $M|_D - M|_C = \Delta M = 3 (\text{N} \cdot \text{m})$，$M|_D = \Delta M + M_C = 3 + 7 = 10 (\text{N} \cdot \text{m})$。将 $M|_C = 7$ N·m 和 $M|_D = 10$ N·m 用直线连接起来。点 D 和点 E 之间剪力为常数 $V = -1.5$ N，因此点 D、E 之间弯矩图的斜率变为 $dM/dx = -1.5$。点 E 处的弯矩可由剪力图 D、E 点之间覆盖的面积计算得到，即 $\Delta M = \int_D^E V(x)dx = -1.5 \times 2 = -3 (\text{N} \cdot \text{m})$ 来确定，即 $M|_E - M|_D = \Delta M = -3 (\text{N} \cdot \text{m})$，$M|_E = \Delta M + M_D = -3 + 10 = 7 (\text{N} \cdot \text{m})$。将 $M|_D =$

10 N·m 和 $M|_E$ = 7 N·m 用直线连接。由于点 E 和点 B 之间的剪力为常数，因此弯矩图为斜直线，且两点处的弯矩均已求出，即可将点 E 和点 B 之间的已知弯矩用直线连接，如图 10.10（d）所示。

10.3　梁的弯曲变形

本节将讨论直梁平面对称弯曲条件下的变形特征（纯弯）。考察一均质直梁，横截面存在一条对称轴，设为 y，y 轴过横截面型心 O。对称轴与直梁轴线构成一个对称平面，截面弯矩均作用在对称平面（即杆件横截面对称轴 y 与梁轴线 x 构成的纵向平面）内。目前仅讨论纯弯直梁的变形，忽略截面剪力对变形的影响，如图 10.11 所示。

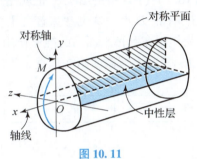

图 10.11

对称平面内纯弯直梁，变形后其轴线为对称平面内的一平面曲线。为了描述直梁轴线的变形，首先回顾一下平面曲线曲率的概念。曲线的曲率（curvature）是指平面曲线上某个点的切线方向角对弧长的转动率。通过微分来定义，表示曲线偏离直线的程度，或描述曲线上某一点的弯曲程度。如图 10.12 所示，xy 平面内曲线 AD、B 点和 C 点的法线相交于 O' 点。点 B 和点 C 之间切线方向角的变化为 $\Delta\phi$。当 $\Delta\phi$ 为小量时，弧长 Δs 近似等于 $O'B\Delta\phi$。当 C 点沿弧长 Δs 趋近于 B 点时，即 $\Delta s \to 0$，则平面曲线 B 点处的曲率定义为

$$\frac{\mathrm{d}\phi}{\mathrm{d}s} = \lim_{\Delta s \to 0}\frac{\Delta\phi}{\Delta s} = \lim_{\Delta s \to 0}\frac{1}{O'B} = \frac{1}{\rho} \tag{10.7}$$

式中，ρ——B 点处的曲率半径，$\rho = OB$。

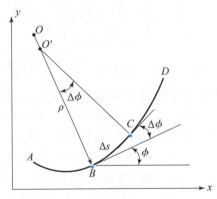

图 10.12

然后，考察对称平面直梁的纯弯变形，如图 10.13 所示。图中 AD、BE 和 CF 为三个远离加载端面等间距截面，变形前垂直于梁的轴线，构成两个完全相同的微元 $ADEB$ 和 $BEFC$，

如图 10.13（a）所示。一对大小相等、方向相反的截面弯矩 M 作用于对称平面内，如图 10.13（b）所示。变形后微元如图 10.13（c）所示，截面变形后为 A_1D_1，B_1E_1 和 C_1F_1。

变形前完全相同的两个微元，且仅受一对大小相同、左右对称的截面弯矩 M 作用，因此可以合理假设两个微元的变形也完全相同。若变形后微元 $A_1D_1E_1B_1$ 中的截面 A_1D_1 外凸，则微元 $B_1E_1F_1C_1$ 中的相应截面 B_1E_1 也出现相同的外凸变形。然而，后者要求微元 $A_1D_1E_1B_1$ 中的截面 B_1E_1 内凹，以满足变形协调条件，但这破坏了微元必须具备的变形左右对称性。因此，为了满足变形的对称性及位移协调性条件，变形后截面 A_1D_1、B_1E_1 和 C_1F_1 必须保持平面，且始终垂直于对称平面，即对称平面内的纯弯均质直梁，变形后横截面保持平面，且与对称平面保持垂直。此外，受对称纯弯作用的微元变形均相同，如变形后横截面法线转过的角度均相同（如图 10.13（b）中的 $\Delta\phi$），也就是说，变形前平行的截面在变形后相交于一点，如图 10.13（b）中的 O 点，这也意味着直梁变成以该交点为中心的平面圆弧。综上分析，对于均质直梁受作用在对称平面内的纯弯作用，远离加载端的变形应满足以下条件：梁的横截面在变形后保持平面；横截面始终垂直于梁的轴线。

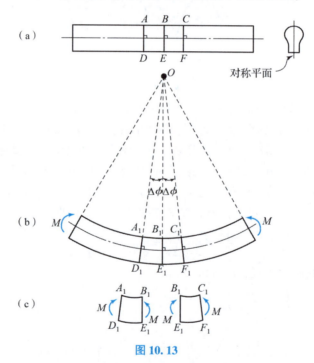

图 10.13

在上述分析的基础上，我们继续考察梁的正应变分布。图 10.14（a）所示为变形前一直梁，图 10.14（b）显示了该梁段对称平面内纵向线段的变形情况。变形满足横截面始终保持平面，变形前一纵向直线段变形为曲率半径相同的一圆弧曲线段。为了满足上述变形特征，变形后对称平面内部分线段伸长，部分线段缩短，且必然存在某一线段既不伸长也不缩短，但目前还无法确定这一既不伸长也不缩短线段的位置。建立对称直梁坐标系，轴线（过横截面型心）与 x 轴重合，xy 平面为对称平面，xz 平面称为中性层，中性层与横截面的交线称为中性轴。在小变形假设下，考察变形前沿梁高方向（y 轴）距离为 y 的线段 IJ 和 MN，如图 10.14（a）所示。变形后为同心圆弧 I_1J_1 和 M_1N_1，如图 10.14（b）所示。该二同心圆弧曲率半径之差仍然为 y，用 ρ 代表变形后中性轴 M_1N_1 的曲率半径，则显然圆弧 I_1J_1

的曲率半径为 $\rho - y$。由中性轴的定义可知，$IJ = MN = M_1N_1$，由正应变的几何意义可知（式 (2.27)），IJ 沿 x 方向的正应变为

$$\varepsilon_x = \frac{I_1J_1 - IJ}{IJ} = \frac{I_1J_1 - M_1N_1}{M_1N_1} \tag{10.8}$$

图 10.14（b）中的圆弧可用角 $\Delta\phi$ 来表示：

$$M_1N_1 = \rho\Delta\phi, \quad I_1J_1 = (\rho - y)\Delta\phi \tag{10.9}$$

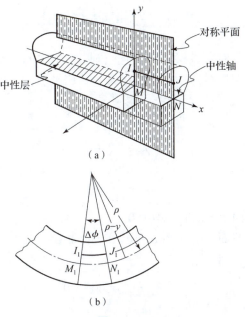

图 10.14

将式 (10.9) 代入式 (10.8)，结合平面曲线曲率的定义（式 (10.7)），有

$$\varepsilon_x = -\frac{y}{\rho} = -\frac{d\phi}{ds}y \tag{10.10}$$

式 (10.10) 给出了对称直梁对称面内沿 x 方向正应变的分布情况，显然正应变沿梁高 y 方向线性分布。式中的负号表明中性轴之上的线段缩短，中性轴之下的线段伸长。虽然式 (10.10) 的推导仅严格适用于对称平面内的线段，但可以近似认为对称弯曲直梁横截面内所有点的正应变分布均满足式 (10.10)。取距对称直梁加载端 x 处的一厚度为 Δx 的微元为对象，微元在变形前和变形后的正视图分别示于图 10.15 中。

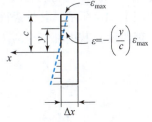

图 10.15

此外，横截面始终保持平面，结合应变张量分量的几何意义可知，直梁横截面上的点还满足：

$$\gamma_{xy} = \gamma_{xz} = 0 \tag{10.11}$$

另外三个应变张量分量（$\varepsilon_y, \varepsilon_z$ 和 γ_{yz}）应关于 xy 平面对称，但目前无法根据变形推论给出量化的数学表述形式。

综上，对称弯曲直梁中任意直线段变形后，正应变 ε_x 正比于该线段距离中性轴的位置 y 和该点处中性轴的曲率半径的倒数 $1/\rho$。也就是说，纯弯作用下对称直梁横截面上各点的纵

向正应变 ε_x 沿截面高度方向呈线性分布。位于中性轴之上（$+y$）的纤维受压（$-\varepsilon_x$），中性轴之下（$-y$）的纤维受拉（$+\varepsilon_x$）。正应变 ε_x 在整个横截面上的线性变化可表示在图 10.15 中。最大正应变出现在距离中性轴为 c 的最外侧，即 $\varepsilon_{x,\max} = \dfrac{c}{\rho}$，且

$$\varepsilon_x = -\left(\frac{y}{c}\right)\varepsilon_{x,\max} \tag{10.12}$$

10.4　弯曲应力公式

本节将讨论纯弯作用下对称直梁沿 x 方向（轴向）正应力分布与梁横截面弯矩之间的关系。假设梁为均质各向同性线弹性材料，由第 4 章广义 Hooke 定律可得

$$\varepsilon_x = \frac{1}{E}[\sigma_x - \nu(\sigma_y + \sigma_z)] = -\frac{y}{\rho} \tag{10.13a}$$

$$\gamma_{xy} = \frac{\tau_{xy}}{G} = 0 \tag{10.13b}$$

$$\gamma_{xz} = \frac{\tau_{xz}}{G} = 0 \tag{10.13c}$$

由此可见，对称直梁横截面上 τ_{xy} 和 τ_{xz} 均为 0。

为了确定对称直梁横截面上的应力分布，分析横截面上合力和合力矩与应力分量之间的静力等效关系（平衡关系）如下：

$$\sum F_x = \int_A \sigma_x \mathrm{d}A = 0 \tag{10.14a}$$

$$\sum M_y = \int_A z\sigma_x \mathrm{d}A = 0 \tag{10.14b}$$

$$\sum M_z = -\int_A y\sigma_x \mathrm{d}A = M \tag{10.14c}$$

如图 10.16 和图 10.17 所示，由式（10.13）和式（10.14）发现，式（10.14）仅给出了 σ_x 需满足的平衡条件，但式（10.13）中还包括了正应力 σ_y 和 σ_z 的贡献。通过对称直梁的变形分析，我们还无法定量化描述 ε_y 和 ε_z 的分布。考察对称直梁中厚度为 Δx 的微元，如图 10.18 所示，其外表面为自由表面，无正应力和剪切应力作用。对于细长直梁，我们可合理假设，其内部三个应力分量 σ_y、σ_z 和 τ_{yz} 均为零，即

$$\sigma_y = \sigma_z = \tau_{yz} = 0 \tag{10.15}$$

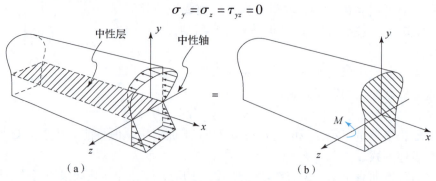

图 10.16

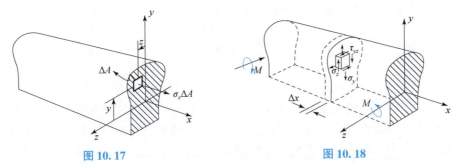

图 10.17　　　　　　　　　　图 10.18

通过上述分析可以得到结论，图 10.18 所示的任一微元上的应力分量中，唯一不为零的是轴向正应力 σ_x。因此，对于受纯弯曲的细长对称直梁，其横截面每一点均为单向应力状态。由式（10.13a）可得

$$\sigma_x = -E\frac{y}{\rho} = -E\frac{\mathrm{d}\phi}{\mathrm{d}s}y \tag{10.16}$$

由式（10.16）可见，纯弯对称直梁横截面上的轴向正应力随距中性层距离 y 线性变化，如图 10.16（a）所示。下面，还需要确定直梁中性层的位置。

将式（10.16）代入式（10.14a），可得

$$\sum F_x = \int_A \sigma_x \mathrm{d}A = -\int_A E\frac{y}{\rho}\mathrm{d}A = -\frac{E}{\rho}\int_A y\mathrm{d}A = 0 \tag{10.17}$$

上式说明，对于均质线弹性纯弯杆件，横截面坐标系必须满足关于中性轴（z 轴）的一阶矩为零。换言之，梁的中性层通过横截面的形心。

上述结论仅对均质梁严格满足。当线弹性梁由不同材料构成或者梁存在几何非线性行为时，虽然我们依旧可通过截面上纵向正应力满足 $\sum F_x = 0$ 这一条件确定中性层的位置，但针对上述情况，梁的中性层不再过截面形心。

将式（10.16）代入式（10.14b），可得

$$\sum M_y = \int_A z\sigma_x \mathrm{d}A = -\int_A E\frac{y}{\rho}z\mathrm{d}A = -\frac{E}{\rho}\int_A yz\mathrm{d}A = 0 \tag{10.18}$$

由于直梁横截面关于 xy 平面对称，因此满足上式积分为零的条件，即满足式（10.14b）中的平衡条件。将式（10.16）代入式（10.14c），有

$$\sum M_z = \int_A y\sigma_x \mathrm{d}A = \int_A E\frac{y}{\rho}y\mathrm{d}A = \frac{E}{\rho}\int_A y^2 \mathrm{d}A = M \tag{10.19}$$

上式中积分 $\int_A y^2 \mathrm{d}A$ 为横截面关于中性轴（z 轴）的转动惯量或惯性矩。对于给定截面几何形状，关于中性轴（z 轴）的转动惯量为

$$I_z = \int_A y^2 \mathrm{d}A \tag{10.20}$$

将式（10.20）代入式（10.19），可得受纯弯对称直梁变形后轴线的曲率半径 ρ 与横截面弯矩 M 之间的关系：

$$\kappa = \frac{\mathrm{d}\phi}{\mathrm{d}s} = \frac{1}{\rho} = \frac{M}{EI_z} \tag{10.21}$$

上式也称为梁的曲率 – 弯矩关系。可见当横截面弯矩 M 为正时，曲率半径 ρ 和曲率 κ 均为正，轴线下凹，与横截面弯矩的正方向一致。

将式（10.21）代入式（10.10）和式（10.16），有

$$\varepsilon_x = -\frac{My}{EI_z} \tag{10.22}$$

$$\sigma_x = -\frac{My}{I_z} \tag{10.23}$$

上述两式给出了横截面上纵向正应变和正应力与截面弯矩 M 之间的关系。由式（10.23）可见，纵向正应力沿横截面的高度方向呈线性分布，中性轴以上的纤维受压，中性轴以下的纤维受拉，纵向正应变和弯曲正应力的分布情况如图 10.19 所示。

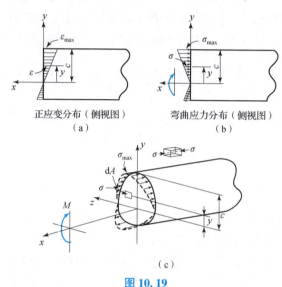

图 10.19

最后，由广义 Hooke 定律可知

$$\begin{cases} \varepsilon_y = \nu \dfrac{My}{EI_z} = -\nu\varepsilon_x \\ \varepsilon_z = \nu \dfrac{My}{EI_z} = -\nu\varepsilon_x \\ \gamma_{yz} = 0 \end{cases} \tag{10.24}$$

可见，横截面面内正应变 ε_y 和 ε_z 正比于纵向正应变 ε_x，但方向相反。中性轴之上纵向正应变为压、中性轴之下为拉，因此将使得中性轴之下的横截面尺寸变小、中性轴之上的横截面尺寸变大。变形后的横截面形状如图 10.20 所示。横截面中初始平行于 z 轴的线段变形为圆弧，特别是中性轴变为曲率为 $-\dfrac{\nu}{\rho}$ 的圆弧。梁的这种横向曲率称为鞍形曲率。由于有鞍形曲率，变形后的中性层为双曲率曲面。鞍形曲率的出现进一步说明直梁的轴线是中性层中唯一一条在变形后曲率在梁的对称平面内。

综上，对于对称平面内纯弯直梁，我们没有通过建立微元弹性力学基本方程和边界条件，并求解弹性力学边值问题的方法得到其应力分布，而是通过合理的变形特征分析、本构方程，以及应力分布满足与横截面合力与合力矩静力等效条件（平衡条件）的方法得到了梁的应变和应力分布。在推导过程中，采用了如下假设：

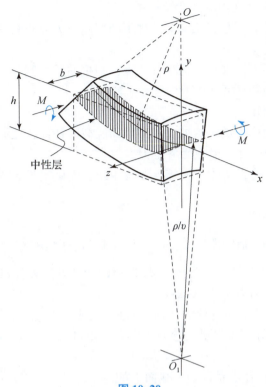

图 10.20

假设1：几何小变形假设，即变形后表征梁应力和应变分布的坐标位置可以通过变形前相应坐标位置近似。

假设2：式（10.10）给出的轴向正应变分布适用于整个梁截面，不局限于对称平面内。

假设3：横向应力分量均为零（$\sigma_y = \sigma_z = \tau_{yz} = 0$）。

尽管存在这些近似假设，只要施加的截面弯矩符合式（10.23）应力分布形式，则得到的应力和应变分布满足弹性理论解的要求。式（10.11）、式（10.22）和式（10.24）给出的应变分布满足弹性理论中的应变协调条件，式（10.13）、式（10.15）和式（10.23）给出的应力分布满足微分形式的平衡方程，每个点的应力和应变均满足材料线弹性各向同性本构方程。大量的研究也表明，即使施加的弯矩不满足式（10.23）的应力分布形式，根据圣维南原理，在远离梁端加载区域的中间区域，本节得到的应力和应变分布也是相当精确的。

对于对称平面纯弯直梁，式（10.23）可用来计算梁横截面上的绝对最大正应力 $|\sigma_x|_{max}$，可写成如下形式：

$$|\sigma_x|_{max} = \frac{Mc}{I_z} \tag{10.25}$$

式中，$|\sigma_x|_{max}$——杆中的绝对最大弯曲正应力，出现在距离中性轴（z 轴）最远位置处；

M——关于中性轴（z 轴）的截面弯矩，可通过截面法和建立隔离体的平衡方程确定；

I_z——横截面关于中性轴（z 轴）的惯性矩；

c——横截面上距离中性轴（z 轴）最远处到中性轴的垂直距离。

式（10.23）和式（10.25）均称为弯曲应力公式。它们可用于计算平面对称弯曲直梁轴向正应力的分布和大小。应用的条件是直梁的横截面存在对称轴，对称轴与梁的轴线组成

对称平面 xy，梁仅受对称平面内的纯弯矩作用。

利用弯曲应力公式计算对称直梁纯弯条件下的弯曲应力分布的基本步骤如下：

第 1 步，建立杆件的坐标系。

确定杆件横截面型心 O，以 O 点为坐标原点，根据右手法则建立杆件坐标系，确定杆件的纵轴 x 轴、对称轴 y 轴和横截面内的中性轴 z 轴。

第 2 步，计算截面弯矩。

在待计算横截面弯曲应力的位置处，采用截面法截开杆件，任取一隔离体，建立关于中性轴 z 轴的弯矩平衡方程，计算横截面弯矩 M。

如果需确定绝对最大弯曲应力，则需绘制弯矩图，先确定最大弯矩出现的截面位置和弯矩大小。

第 3 步，计算截面性质。

求横截面关于中性轴 z 轴的惯性矩：$I_z = \int_A y^2 \mathrm{d}A$。对于具有典型几何形状的横截面，如矩形、圆形、T 字梁和工字梁等，应记忆其惯性矩的计算方法和公式。

第 4 步，确定弯曲应力 σ_x。

确定横截面待求弯曲应力位置处的坐标 y，利用公式 $\sigma_x = -My/I_z$ 计算。如果需要计算绝对最大弯曲正应力，则可采用式 $|\sigma_x|_{\max} = Mc/I_z$。

例 10.6 对称纯弯矩形截面直梁，截面上的弯曲应力分布如图 10.21 所示。利用弯曲应力公式求由截面弯矩 M。

解： 绝对最大弯曲正应力公式为 $|\sigma_x|_{\max} = Mc/I_z$。由图 10.21 可知，$c = 60$ mm，$|\sigma_x|_{\max} = 20$ MPa。图中 NA 轴处正应力为零，根据中性轴的定义，NA 轴应为直梁的中性轴。对于矩形截面梁，计算关于中性轴的惯性矩：

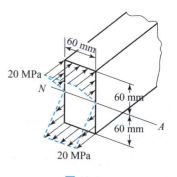

图 10.21

$$I_z = \int_{-\frac{h}{2}}^{\frac{h}{2}} y^2 b \mathrm{d}y = \frac{1}{12} bh^3$$

$$= \frac{1}{12} \times 60 \text{ mm} \times (120 \text{ mm})^3 = 864 \times 10^4 (\text{mm}^4)$$

由 $|\sigma_x|_{\max} = \dfrac{Mc}{I_z}$，有

$$20 \text{ N/mm}^2 = \frac{M(60 \text{ mm})}{864 \times 10^4 \text{ mm}^4}$$

$$M = 288 \times 10^4 \text{ N} \cdot \text{mm} = 2.88 (\text{kN} \cdot \text{m})$$

例 10.7 图 10.22（a）中所示简支梁，其横截面尺寸见图 10.22（c），受均布横向载荷作用。求梁中的绝对最大弯曲应力，并绘出该点处整个横截面上的弯曲应力分布。

解： 根据计算直杆纯弯条件下弯曲应力分布的步骤，首先绘制弯矩图，计算梁上的最大弯矩。

（1）最大截面弯矩。从弯矩图 10.22（b）中可见，梁中的最大弯矩出现在梁的中点截面位置处，大小为 $M_{\max} = 80$ kN·m。

(2) 截面性质。由截面的对称性可知，中性轴过型心，即过梁高的一半处，如图 10.22 (c) 所示。以横截面型心 O 点为坐标原点，确定杆件的纵轴 x 轴、对称轴 y 轴和横截面的中性轴 z 轴。整个横截面可划分为图示的 3 部分，可利用平行移轴定理计算每一部分关于中性轴 NA 的惯性矩可得

$$I_z = \sum (\bar{I}_z + Ad^2)$$
$$= 2\left[\frac{1}{12} \times 0.25 \text{ m} \times (0.020 \text{ m})^3 + 0.25 \text{ m} \times 0.020 \text{ m} \times (0.16 \text{ m})^2\right] + \left[\frac{1}{12} \times 0.020 \text{ m} \times (0.300 \text{ m})^3\right]$$
$$= 301.3 \times 10^{-6} (\text{m}^4)$$

(3) 弯曲应力。由 $|\sigma_x|_{max} = Mc/I_z$，将 $c = 170$ mm 代入弯曲正应力公式，得到绝对最大弯曲应力为

$$|\sigma_x|_{max} = \frac{80 \text{ kN} \cdot \text{m} \times 0.17 \text{ m}}{301.3 \times 10^{-6} \text{ m}^4} = 45.14 (\text{MPa})$$

图 10.22 (d)(e) 所示为应力的二维和三维分布图。注意在横截面上每一点处微元的应力构成了关于中性轴 NA 的力矩 dM，其方向与 M 相同。如 D 点有 $y_D = 150$ mm，根据 $\sigma_x = -My/I_z$，有

$$\sigma_{D,x} = -\frac{80 \text{ kN} \cdot \text{m} \times 0.15 \text{ m}}{301.3 \times 10^{-6} \text{ m}^4} = -39.8 (\text{MPa})$$

点 D 和点 E 材料微元上作用的正应力如图 10.22 (f) 所示。

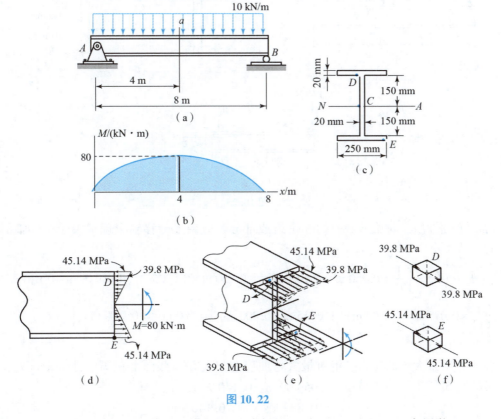

图 10.22

例 10.8 图 10.23 (a) 中梁的横截面尺寸如图 10.23 (b) 所示。求梁截面 a—a 处的绝对最大弯曲应力。

解： 由截面的对称性可知，型心位于横截面对称轴 y 上，如图 10.23（b）所示。设横截面型心为 C，以 C 点为坐标原点，确定梁的纵轴 x 轴、对称轴 y 轴和中性轴 z 轴。

为了确定中性轴的位置，将整个横截面划分为图 10.23（b）所示的 3 部分。因为中性轴通过截面型心，根据截面型心的计算公式，有

$$\bar{y} = \frac{\sum \bar{y} A}{\sum A} = \frac{2 \times 0.100 \text{ m} \times 0.200 \text{ m} \times 0.015 \text{ m} + 0.010 \text{ m} \times 0.020 \text{ m} \times 0.250 \text{ m}}{2 \times 0.200 \text{ m} \times 0.015 \text{ m} + 0.020 \text{ m} \times 0.250 \text{ m}}$$
$$= 0.05909 (\text{m}) = 59.09 (\text{mm})$$

$\bar{y}$ 表示中性轴与梁横截面某一参考轴的距离，本例中参考轴为梁横截面上表面，见图 10.23（b）。

（1）截面 a—a 弯矩。利用截面法取 a—a 截面左侧的梁段分析，作受力图，如图 10.23（c）所示，注意轴力 N 必须通过截面的型心。建立关于梁的中性轴的弯矩平衡方程，求 a—a 截面合弯矩，得

$$\curvearrowleft + \sum M_{NA} = 0：3.6 \text{ kN} \times 3 \text{ m} + 1.5 \text{ kN} \times 0.05909 \text{ m} - M = 0$$
$$M = 10.889 \text{ kN} \cdot \text{m}$$

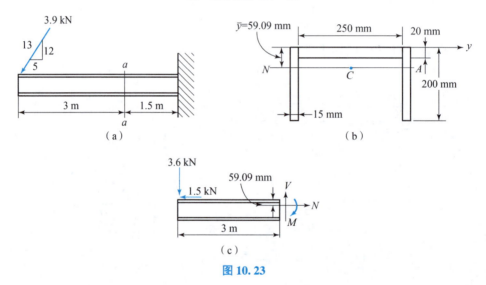

图 10.23

（2）截面性质。对梁横截面的 3 个组成部分，应用平行移轴定理求关于中性轴的惯性矩，有

$$I_z = \sum (\bar{I}_z + Ad^2) = \left[\frac{1}{12} \times 0.250 \text{ m} \times (0.020 \text{ m})^3 + 0.250 \text{ m} \times 0.020 \text{ m} \times (0.05909 \text{ m} - 0.010 \text{ m})^2 \right] +$$
$$2 \left[\frac{1}{12} \times 0.015 \text{ m} \times (0.200 \text{ m})^3 + 0.015 \text{ m} \times 0.200 \text{ m} \times (0.100 \text{ m} - 0.05909 \text{ m})^2 \right]$$
$$= 42.26 \times 10^{-6} (\text{m}^4)$$

（3）绝对最大弯曲应力。绝对最大弯曲应力出现在横截面上距离中性轴最远处，该处位于梁的底部，有 $c = 0.200 \text{ m} - 0.05909 \text{ m} = 0.1409 \text{ m}$，于是有

$$|\sigma_x|_{\max} = \frac{Mc}{I_z} = \frac{10.889 \text{ kN} \cdot \text{m} \times 0.1409 \text{ m}}{42.26 \times 10^{-6} \text{ m}^4} = 36.3 (\text{MPa})$$

可以看出，梁上表面处的弯曲应力为 $\sigma' = 15.226 \text{ MPa}$。注意，除了弯矩的影响外，轴力 $N =$

1.5 kN 和剪力 $V=3.6$ kN 同样会导致梁横截面上产生应力。这些应力的叠加将在后续章节中讨论。

例 10.9 图 10.24（a）中所示钢制矩形截面梁，截面宽 25 mm、高 75 mm，弹性模量 $E=205$ GPa。梁固定在 A 点和 B 点的支承上，其中支承 B 位于滚轮上，可以自由水平移动。梁两端部受大小为 5 kN 的集中载荷作用，求变形后截面 A 和截面 B 之间的夹角 $\Delta\phi$。

解：计算直梁变形后 A 和 B 截面之间的角度 $\Delta\phi$，采用式（10.21）：

$$\mathrm{d}\phi/\mathrm{d}s = 1/\rho = M/(EI_z)$$

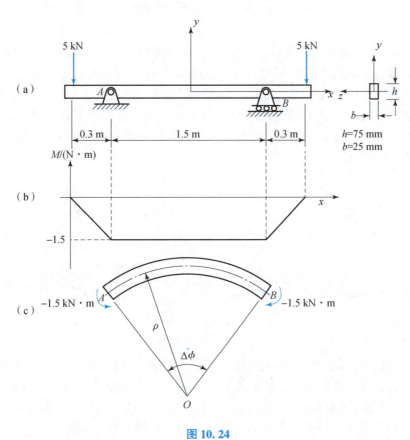

图 10.24

为了计算变形后梁的曲率半径，首先应确定梁截面上的弯矩 M。绘制弯矩图，如图 10.24（b）所示。考察弯矩图可见，直梁的中间（横截面 A 和 B 之间）部分截面上弯矩大小不变，$M=-1.5$ kN·m。

对于矩形截面梁，计算关于中性轴的惯性矩：

$$I_z = \int_{-\frac{h}{2}}^{-\frac{h}{2}} y^2 b \mathrm{d}y = \frac{1}{12}bh^3 = \frac{1}{12} \times 25 \text{ mm} \times (75 \text{ mm})^3 = 8.789 \times 10^5 (\text{mm}^4)$$

将弯矩、惯性矩和弹性模量代入式（10.21）：

$$\frac{1}{\rho} = \frac{\mathrm{d}\phi}{\mathrm{d}s} = \frac{M}{EI_z} = \frac{-1.5 \text{ kN·m}}{(205 \times 10^9 \text{ N/m}^2)(8.789 \times 10^{-7} \text{ m}^4)} = -8.325 \times 10^{-3} (\text{rad/m})$$

积分上式，可得变形后截面 A 和截面 B 之间的夹角 $\Delta\phi$，即

$$\Delta\phi = \phi_B - \phi_A = \int_A^B \mathrm{d}\phi = \int_{-\frac{L}{2}}^{\frac{L}{2}} \frac{\mathrm{d}\phi}{\mathrm{d}s}\mathrm{d}s$$

$$= -8.325 \times 10^{-3} \text{ rad/m} \times 1.5 \text{ m} = -0.0124 \text{ rad} = -0.72°$$

由以上结果，还可得到变形后梁 AB 段的曲率半径 ρ，即

$$\rho = \frac{1}{\mathrm{d}\phi/\mathrm{d}s} = \frac{1}{-8.325 \times 10^{-3} \text{ rad/m}} = -120.12(\text{m})$$

10.5 非对称弯曲

在 10.3 节分析直梁的弯曲变形特征和 10.4 节推导弯曲应力公式时，我们都假设梁横截面具有一个对称轴，截面弯矩 M 沿梁的中性轴方向，并作用在由对称轴和直梁纵轴构成的对称平面内，如图 10.25 所示的 T 形或槽形截面。然而，当横截面不存在对称轴或者截面弯矩不沿中性轴方向时，10.4 节得到的弯曲应力公式是否还可以用于计算梁横截面上的弯曲应力分布呢？本节我们将看到弯曲公式既适用于具有任意截面形状的梁，也适用于截面弯矩不沿中性轴方向的情况。

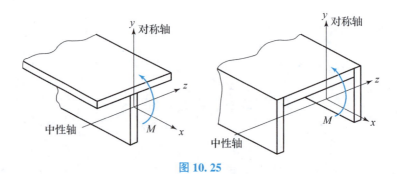

图 10.25

任意截面形状梁，截面弯矩沿截面某一惯性主轴方向。图 10.26（a）所示为一任意截面形状直梁。首先建立横截面局部坐标系 xyz，其原点位于截面型心 C 处，截面弯矩沿坐标系 $+z$ 轴方向。对于纯弯直梁，横截面上合力和合力矩与应力之间的平衡关系（静力等效）满足式（10.14），即要求横截面上应力的等效合内力为零；对 y 轴的合弯矩为零，对 z 轴的合弯矩等于截面弯矩 M，即

$$\sum F_x = \int_A \sigma_x \mathrm{d}A = 0 \tag{10.26a}$$

$$\sum M_y = \int_A z\sigma_x \mathrm{d}A = 0 \tag{10.26b}$$

$$\sum M_z = -\int_A y\sigma_x \mathrm{d}A = M \tag{10.26c}$$

假设 10.4 节得到的弯曲应力公式依旧成立，则 z 轴为截面的中性轴，中性轴处的正应变为零，且沿梁高度方向线性变化，在距离中性轴最远的 $y = c$ 处达到最大值，如图 10.26（b）所示。对于线弹性材料，在整个横截面上的轴向正应力分布也是线性的，即 $\sigma = -(y/c)\sigma_{max}$，如图 10.26（c）所示。将 $\sigma = -(y/c)\sigma_{max}$ 代入式（10.26c），可得 $\sigma_{max} = Mc/I_z$。代入式（10.26b），有

$$0 = \frac{-\sigma_{max}}{c}\int_A yz\mathrm{d}A$$

上式成立，要求：

$$\int_A yz\mathrm{d}A = 0 \tag{10.27}$$

该积分称为截面的惯性积。只要选择 y 轴和 z 轴为任意形状截面的惯性主轴，则截面的惯性积必为零。因此，对于不存在对称轴的任意形状的截面，弯曲应力公式成立的条件为：坐标系原点过截面型心，x 轴为梁轴线，y 轴和 z 轴为截面的惯性主轴，且截面弯矩沿某一惯性矩。对于任意形状的截面，惯性主轴的方向可以利用惯性轴变换公式确定（惯性轴变换公式可参考相关工具书，本书不再赘述）。当截面具有一对称轴时，则一惯性主轴即对称轴，另一惯性主轴垂直于对称轴。

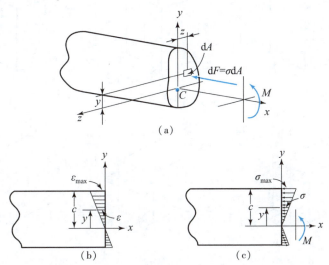

图 10.26

综上，对于任意截面形状梁，式（10.26）总能得到满足。考察图 10.27 所示的异型截面梁，每一种情况下截面坐标系原点位于截面型心处，y 轴和 z 轴为截面的惯性主轴。图 10.27（a）中，惯性主轴可以通过对称性得到。图 10.27（b）（c）中，确定惯性主轴方向后，截面弯矩 M 沿一惯性主轴（图中 z 轴）方向，弯曲应力分布依旧满足公式 $\sigma = -My/I_z$，见图 10.27 中正应力分布示意图。

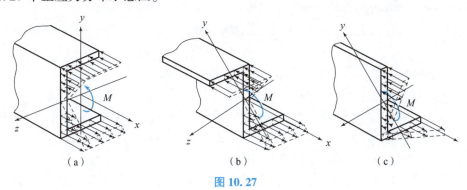

图 10.27

截面弯矩沿任意方向。对于纯弯直梁，当截面弯矩不沿截面的某一惯性主轴方向作用时，应先将合弯矩分解为沿惯性主轴方向的分量，进而可采用弯曲应力公式求任一弯矩分量产生的弯曲应力。最后，根据叠加原理获得截面任意一点处的弯曲应力。考察图 10.28（a）所示受弯矩 M 的矩形截面梁，M 与截面惯性主轴 z 轴之间的夹角为 θ。设图中 θ 从 $+z$ 轴指向 $+y$ 轴时为正，将 M 沿惯性主轴 z 轴和 y 轴分解，得到 $M_z = M\cos\theta$ 和 $M_y = M\sin\theta$。这两个分量分别示于图 10.28（b）和图 10.28（c）中。M 及其分量 M_z 和 M_y 引起的弯曲应力分布绘制于图 10.28（d）~（f）中，其中假定 $(\sigma_x)_{\max} > (\sigma'_x)_{\max}$。可见，最大的拉伸和压缩弯曲应力出现在横截面上的两个相对角点上，如图 10.28（d）所示。

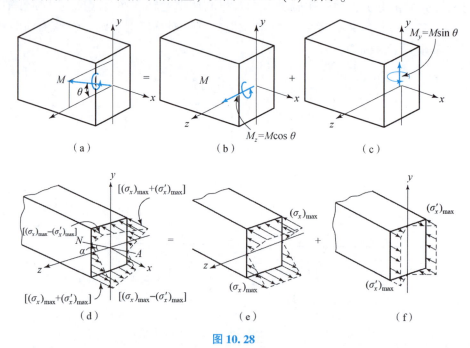

图 10.28

综上，当截面上的弯矩不沿横截面的某一惯性主轴方向作用时，首先应通过右手法则建立杆件的坐标系。确定横截面型心 O，以 O 点为坐标原点；沿横截面外法向确定杆件的纵轴 x 轴；y 轴和 z 轴分别是横截面的最小和最大惯性主轴。对图 10.28（b）（c）中的每一个弯矩分量分别应用弯曲应力公式，通过叠加可得到横截面上任意一点的合弯曲应力，如图 10.28（d）所示。弯曲应力的一般表达式为

$$\sigma_x = -\frac{M_z y}{I_z} + \frac{M_y z}{I_y} \tag{10.28}$$

式中，σ_x——横截面上任意一点处轴向（x 方向）正应力；

y, z——横截面上该点的坐标；

M_y, M_z——沿横截面惯性主轴 y 和 z 方向的弯矩分量，当其沿 $+y$ 和 $+z$ 轴时为正，反之为负，即 $M_y = M\sin\theta$ 和 $M_z = M\cos\theta$，其中 θ 从 $+z$ 轴指向 $+y$ 轴方向为正；

I_y, I_z——截面关于 y 轴和 z 轴的主惯性矩。

在应用上述公式时应特别注意：xyz 坐标系为右手坐标系，弯矩分量的代数符号及坐标值的符号应符合右手坐标系的规定。最终得到的应力结果为正时为拉应力，结果为负时

为压应力。

中性轴的方向：根据定义，中性轴上正应变和正应力均为零，故图 10.28（d）所示的中性轴角度 α 可以通过令式（10.28）中的 $\sigma_x = 0$ 获得，即

$$y = \frac{M_y I_z}{M_z I_y} z$$

利用 $M_y = M\sin\theta$ 和 $M_z = M\cos\theta$，得

$$y = \left(\frac{I_z}{I_y}\tan\theta\right) z \tag{10.29}$$

上式为横截面上中性轴的直线方程，直线的斜率为 $\tan\alpha = y/z$，于是有

$$\tan\alpha = \frac{I_z}{I_y}\tan\theta \tag{10.30}$$

由此可见，对于非对称弯曲，图 10.28（a）中横截面弯矩 M 的方向角 θ 不等于中性轴方向角 α，如图 10.28（d）所示。图 10.28（a）中的 y 轴为最小惯性主轴，z 轴为最大惯性主轴，则 $I_y < I_z$，由式（10.30）可以得到结论：从 $+z$ 轴指向 $+y$ 轴的 α 将位于弯矩 M 的作用线与 y 轴之间，即 $\theta \leq \alpha \leq 90°$。

例 10.10　图 10.29（a）所示为某矩形截面梁，受 $M = 15\ \text{kN}\cdot\text{m}$ 的纯弯矩作用，试求截面中四个角点处的弯曲应力，并确定中性轴的方向。

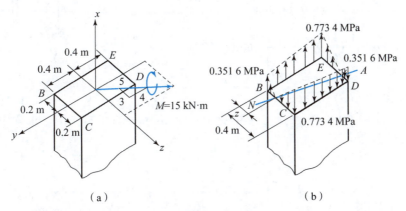

图 10.29

解：（1）截面弯矩分量。矩形截面具有两个对称轴，分别为 y 轴和 z 轴，它们就是截面的两个惯性主轴。按要求必须取 z 轴为最大惯性矩主轴，y 轴为最小惯性矩主轴。坐标系如图 10.29（a）所示。将截面弯矩分解为沿 y 轴和 z 轴的分量，有

$$M_y = -\frac{4}{5} \times 15\ \text{kN}\cdot\text{m} = -12.0\ (\text{kN}\cdot\text{m})$$

$$M_z = \frac{3}{5} \times 15\ \text{kN}\cdot\text{m} = 9.0\ (\text{kN}\cdot\text{m})$$

（2）截面性质。分别计算关于 y 轴和 z 轴的惯性矩：

$$I_y = \frac{1}{12} \times 0.8\ \text{m} \times (0.4\ \text{m})^3 = 4.266\ 7 \times 10^{-3}\ (\text{m}^4)$$

$$I_z = \frac{1}{12} \times 0.4\ \text{m} \times (0.8\ \text{m})^3 = 17.067 \times 10^{-3}\ (\text{m}^4)$$

弯曲应力：$\sigma = -\dfrac{M_z y}{I_z} + \dfrac{M_y z}{I_y}$

$\sigma_B = -\dfrac{9.0 \times 10^3 \text{ N} \cdot \text{m} \times 0.4 \text{ m}}{17.067 \times 10^{-3} \text{ m}^4} + \dfrac{(-12.0 \times 10^3 \text{ N} \cdot \text{m}) \times (-0.2 \text{ m})}{4.2667 \times 10^{-3} \text{ m}^4} = 0.3516(\text{MPa})$

$\sigma_C = -\dfrac{9.0 \times 10^3 \text{ N} \cdot \text{m} \times 0.4 \text{ m}}{17.067 \times 10^{-3} \text{ m}^4} + \dfrac{(-12.0 \times 10^3 \text{ N} \cdot \text{m}) \times 0.2 \text{ m}}{4.2667 \times 10^{-3} \text{ m}^4} = -0.7734(\text{MPa})$

$\sigma_D = -\dfrac{9.0 \times 10^3 \text{ N} \cdot \text{m} \times (-0.4 \text{ m})}{17.067 \times 10^{-3} \text{ m}^4} + \dfrac{(-12.0 \times 10^3 \text{ N} \cdot \text{m}) \times 0.2 \text{ m}}{4.2667 \times 10^{-3} \text{ m}^4} = -0.3516(\text{MPa})$

$\sigma_E = -\dfrac{9.0 \times 10^3 \text{ N} \cdot \text{m} \times (-0.4 \text{ m})}{17.067 \times 10^{-3} \text{ m}^4} + \dfrac{(-12.0 \times 10^3 \text{ N} \cdot \text{m}) \times (-0.2 \text{ m})}{4.2667 \times 10^{-3} \text{ m}^4} = 0.7734(\text{MPa})$

根据上述结果，将总的弯曲应力分布情况绘制于图 10.29（b）中。如图 10.29（b）所示，弯曲应力的分布是线性的。

（3）中性轴的方位角。利用式（10.30）可确定中性轴的方位，即确定中性轴与 z 轴（最大惯性主轴）之间的夹角 α。根据符号约定，θ 角必须由 $+z$ 轴向 $+y$ 方向度量，则 $\theta = -\arctan\dfrac{4}{3} = -53.1°$（或 $\theta = 306.9°$），于是得

$$\tan\alpha = \dfrac{I_z}{I_y}\tan\theta$$

$$\tan\alpha = \dfrac{17.067 \times 10^{-3} \text{ m}^4}{4.2667 \times 10^{-3} \text{ m}^4}\tan(-53.1°)$$

$$\alpha = -79.4°$$

结果如图 10.29（c）所示。

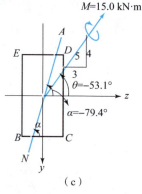

图 10.29（续）

例 10.11 图 10.30（a）所示 T 形梁受 $M = 18 \text{ kN} \cdot \text{m}$ 的弯矩作用。求梁中最大正应力和中性轴的方位角。

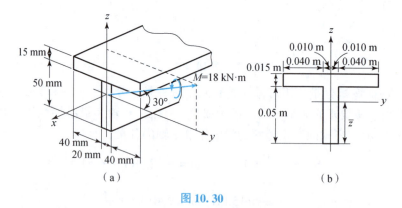

图 10.30

解：（1）截面弯矩分量。y 轴和 z 轴分别为横截面的最小和最大惯性主轴。从图 10.30（a）可见，两个沿惯性主轴的弯矩分量均为正，并有

$$M_y = 18 \text{ kN} \cdot \text{m} \times \cos 30° = 15.59(\text{kN} \cdot \text{m})$$
$$M_z = 18 \text{ kN} \cdot \text{m} \times \sin 30° = 9.0(\text{kN} \cdot \text{m})$$

（2）截面性质。参考图 10.30（b），以米（m）为单位，确定截面的型心位置，有

$$\bar{z} = \frac{\sum zA}{\sum A} = \frac{0.025 \text{ m} \times 0.05 \text{ m} \times 0.02 \text{ m} + 0.0575 \text{ m} \times 0.015 \text{ m} \times 0.100 \text{ m}}{0.05 \text{ m} \times 0.02 \text{ m} + 0.015 \text{ m} \times 0.100 \text{ m}} = 0.0445 (\text{m})$$

利用平行移轴公式，$I = \bar{I} + Ad^2$，计算主惯性矩：

$$I_z = \frac{1}{12} \times 0.05 \text{ m} \times (0.02 \text{ m})^3 + \frac{1}{12} \times 0.015 \text{ m} \times (0.100 \text{ m})^3 = 1.2833 \times 10^{-6} (\text{m}^4)$$

$$I_y = \left[\frac{1}{12} \times 0.02 \text{ m} \times (0.05 \text{ m})^3 + 0.05 \text{ m} \times 0.02 \text{ m} \times (0.0445 \text{ m} - 0.025 \text{ m})^2\right] +$$

$$\left[\frac{1}{12} \times 0.100 \text{ m} \times (0.015 \text{ m})^3 + 0.015 \text{ m} \times 0.100 \text{ m} \times (0.0575 \text{ m} - 0.0445 \text{ m})^2\right]$$

$$= 0.8702 \times 10^{-6} (\text{m}^4)$$

(3) 最大弯曲应力。弯矩分量示于图 10.30 (c) 中。由观察可知，两个弯矩分量在 B 点处均产生拉伸正应力，因此最大拉应力出现在 B 点处。同样，最大压应力出现在 C 点处。于是，有

$$\sigma = -\frac{M_z y}{I_z} + \frac{M_y z}{I_y}$$

$$\sigma_B = -\frac{9.0 \text{ kN} \cdot \text{m} \times (-0.05 \text{ m})}{1.2833 \times 10^{-6} \text{ m}^4} + \frac{15.59 \text{ kN} \cdot \text{m} \times 0.0205 \text{ m}}{0.8702 \times 10^{-6} \text{ m}^4} = 717.9 (\text{MPa})$$

$$\sigma_C = -\frac{9.0 \text{ kN} \cdot \text{m} \times 0.100 \text{ m}}{1.2833 \times 10^{-6} \text{ m}^4} + \frac{15.59 \text{ kN} \cdot \text{m} \times (-0.0445 \text{ m})}{0.8702 \times 10^{-6} \text{ m}^4} = -867.4 (\text{MPa})$$

通过比较可知，绝对最大正应力为 C 点处的压应力。

(4) 中性轴的方向角。利用式 (10.30) 时，正确定义角度 α 和 θ。如前所述，y 轴为最小惯性主轴，z 轴为最大惯性主轴。计算得到惯性矩满足 $I_y < I_z$，因此目前建立的坐标系是正确的。在这种设置下，θ 和 α 应沿 $+z$ 轴向 $+y$ 轴方向度量，由图 10.30 (a) 可知，$\theta = +60°$，则

$$\tan \alpha = \frac{I_z}{I_y} \tan \theta, \quad \tan \alpha = \frac{1.2833 \times 10^{-6} \text{ m}^4}{0.8702 \times 10^{-6} \text{ m}^4} \times \tan 60°, \quad \alpha = 68.6°$$

中性轴方向如图 10.30 (d) 所示。正如所预料的，它处于 y 轴和 M 的作用线之间。

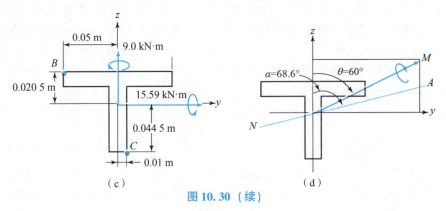

图 10.30 （续）

10.6 组合梁

由两种或两种以上不同材料构成的梁称为组合梁。例如，在木材的顶面和底面黏结钢板

的梁，如图 10.31（a）所示。更常见到的是用钢筋加固的混凝土梁，如图 10.31（b）所示。由于混凝土材料的抗压性能优于其抗拉性能，因此常将加强钢筋放置在梁横截面上的受拉区域处，以抵抗弯矩 M 产生的拉应力，提高混凝土梁的抗拉性能。

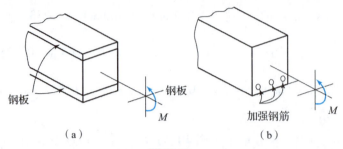

图 10.31

梁的弯曲应力公式（式（10.28））是基于均质直梁假设得到的，因此该公式不能直接用于求解组合梁的弯曲应力。本节将讨论将组合梁的横截面"修正"或"转换"成单一均质材料制成的横截面。考察由两种不同材料（材料 1 和材料 2）制成的组合梁，其横截面如图 10.32（a）所示。当组合梁受到弯矩作用时，仍然可以假设横截面变形后保持为平面，轴向正应变线性地从中性轴处的零值变化到离中性轴最远处的最大值，如图 10.32（b）所示。假设两种材料均为线弹性材料，材料 1 中任何位置点处的正应力可由 $\sigma = E_1\varepsilon$ 求出。同样，材料 2 中的应力分布可以由 $\sigma = E_2\varepsilon$ 得到。假设材料 1 比材料 2 的弹性模量大，即 $E_1 > E_2$，因此大部分截面载荷将由材料 1 来承担，截面的应力分布如图 10.32（c）（d）所示。需要注意的是，在材料接合处的弯曲正应力会发生突变。这是由于接合位置处的弯曲正应变相同，而材料的弹性模量发生了突变，于是弯曲应力也将发生突变。中性轴位置及梁的弯曲应力都可以用通过截面上弯曲应力的分布规律结合平衡条件得到，即弯曲应力分布应满足截面上合力为零、关于中性轴的合弯矩为 M 这两个条件。

为了满足这两个条件，可以把梁假想成整体均由弹性模量较小的材料 2 组成，图 10.32（b）所示的应变分布保持不变，且梁的高度 h 保持不变。变换材料后，为了使材料 2 承受的载荷等效于图 10.32（d）中弹性模量较大材料 1 所承受的载荷，梁的上部必须加宽，如图 10.32（e）所示。载荷等效需要的宽度可以通过考察图 10.32（a）中作用在面积 $dA = dzdy$ 上的力 dF 来确定。该力的大小为 $dF = \sigma dA = (E_1\varepsilon)dzdy$。另一方面，图 10.32（e）中假设高度为 dy 的对应微元的宽是 ndz，则有 $dF' = \sigma'dA' = (E_2\varepsilon)ndzdy$。令 dF 和 dF' 相等，以使它们关于 z 轴产生相同的弯矩，有

$$(E_1\varepsilon)dzdy = (E_2\varepsilon)ndzdy \tag{10.31}$$

式中，n——变换系数，为无量纲数，$n = \dfrac{E_1}{E_2}$。它表明图 10.32（a）中宽为 b 的原始梁在材料 1 被替换成材料 2 的区域里，必须把宽度增加到 $b_2 = nb$，如图 10.32（e）所示。类似地，若把弹性模量小的材料 2 等效变换为弹性模量大的材料 1，横截面将变成图 10.32（f）所示的形状。这时，材料 2 的宽度变成 $b_1 = n'b$，其中 $n' = E_2/E_1$。注意 $E_1 > E_2$，所以现在的情况下变换系数 n' 必然小于 1。

当把组合梁变换成单一材料的均匀梁，变换后横截面上的弯曲正应力分布始终是线性的，如图 10.32（g）或图 10.32（h）所示。对于变换后的梁，可以按照本章前面所讨论的

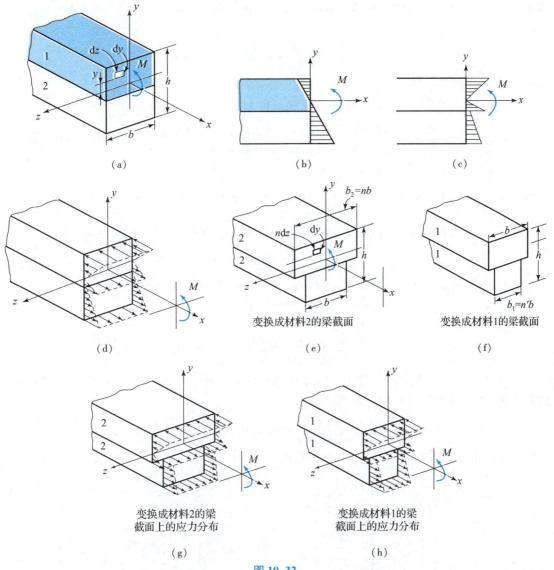

图 10.32

方法求变换后梁截面的型心（中性轴）和惯性矩，并利用弯曲公式求截面上每一点的弯曲应力。对于没有变换的材料，计算得到的梁上弯曲应力等于实际梁上的应力；而对于进行变换了的材料，必须把变换后截面上的弯曲应力乘以变换因子 n 或 n'，才能得到实际梁上的弯曲应力。这是因为，变换后的材料面积 $dA' = n dz dy$ 是实际材料面积 $dA = dz dy$ 的 n 倍，即

$$dF = \sigma dA = \sigma' dA'$$
$$\sigma dz dy = \sigma' n dz dy$$
$$\sigma = n \sigma' \tag{10.32}$$

例 10.12 组合梁由木材与其底部的加强钢板构成，其横截面如图 10.33（a）所示。若梁承受 $M = 1 \text{ kN} \cdot \text{m}$ 的弯矩作用，求 B 点和 C 点处的弯曲应力。取木材的弹性模量 $E_w = 12 \text{ GPa}$ 和钢板的弹性模量 $E_{st} = 200 \text{ GPa}$。

解：（1）截面性质。这里选择将整个截面变换成由弹性模量大的钢制成的。因为钢比木

材硬得多 ($E_{st} > E_w$), 所以木材部分截面的宽度必须缩减, 因而 n 小于1。此时, $n = E_w/E_{st}$, 于是有

$$b_{st} = nb_w = \frac{12 \text{ GPa}}{200 \text{ GPa}} \times 100 \text{ mm} = 6(\text{mm})$$

变换后的截面见图 10.33 (b)。

计算变换后的截面型心 (中性轴) 位置, 有

$$\bar{y} = \frac{\sum \bar{y} A}{\sum A} = \frac{0.007\ 5 \text{ m} \times 0.015 \text{ m} \times 0.1 \text{ m} + 0.065 \text{ m} \times 0.006 \text{ m} \times 0.1 \text{ m}}{0.015 \text{ m} \times 0.1 \text{ m} + 0.006 \text{ m} \times 0.1 \text{ m}} = 0.023\ 93(\text{m})$$

于是, 关于中性轴 (z 轴) 的惯性矩为

$$I_{NA} = \left[\frac{1}{12} \times 0.1 \text{ m} \times (0.015 \text{ m})^3 + 0.015 \text{ m} \times 0.1 \text{ m} \times (0.023\ 93 \text{ m} - 0.007\ 5 \text{ m})^2 \right] +$$

$$\left[\frac{1}{12} \times 0.006 \text{ m} \times (0.1 \text{ m})^3 + 0.006 \text{ m} \times 0.1 \text{ m} \times (0.065 \text{ m} - 0.023\ 93 \text{ m})^2 \right]$$

$$= 1.945 \times 10^{-6} (\text{m}^4)$$

(2) 弯曲应力。应用弯曲公式, 得 B' 点和 C 点的弯曲正应力为

$$\sigma_{B'} = \frac{1 \text{ kN} \cdot \text{m} \times (0.115 \text{ m} - 0.023\ 93 \text{ m})}{1.945 \times 10^{-6} \text{ m}^4} = 46.8(\text{MPa})$$

$$\sigma_C = \frac{1 \text{ kN} \cdot \text{m} \times 0.023\ 93 \text{ m}}{1.945 \times 10^{-6} \text{ m}^4} = 12.3(\text{MPa})$$

变换后钢材截面上的弯曲正应力分布如图 10.33 (c) 所示。图 10.33 (a) 中木材上 B 点处的弯曲正应力根据式 (10.32) 计算可得, 即

$$\sigma_B = n\sigma_{B'} = \frac{12 \text{ GPa}}{200 \text{ GPa}} \times 46.8 \text{ MPa} = 2.808(\text{MPa})$$

实际梁中的正应力分布如图 10.33 (d) 所示。

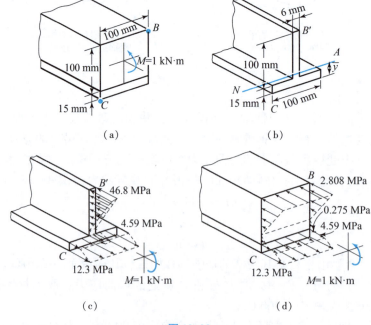

图 10.33

习　　题

10.1　绘制如图 P10.1 所示固支梁结构的弯矩图和剪力图。

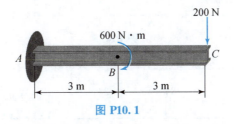

图 P10.1

10.2　绘制如图 P10.2 所示梁结构的弯矩图和剪力图。

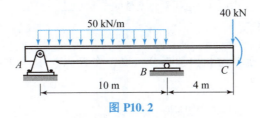

图 P10.2

10.3　已知如图 P10.3 所示简支结构所能承受的最大弯矩为 M_{max}，求可引起该结构失效的集中载荷 P 作用位置 x 的最小值。

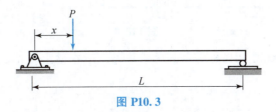

图 P10.3

10.4　绘制如图 P10.4 所示组合结构中梁的弯矩图和剪力图。

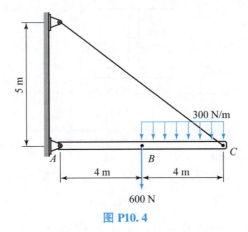

图 P10.4

10.5　绘制如图 P10.5 所示梁结构的弯矩图和剪力图。

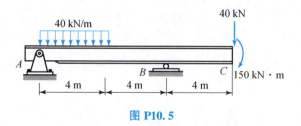

图 P10. 5

10. 6 绘制如图 P10.6 所示梁结构的弯矩图和剪力图。

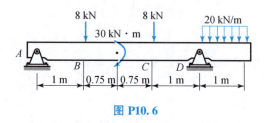

图 P10. 6

10. 7 如图 P10.7 所示梁结构由两部分组成,在 B 点处由内部铰接点相连,绘制该梁结构的剪力图和弯矩图。

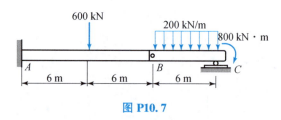

图 P10. 7

10. 8 梁的横截面如图 P10.8 所示,两铅垂力作用在梁上。试求梁的 BC 段上的最大拉应力和最大压应力。

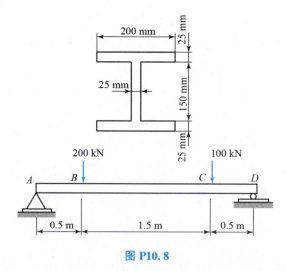

图 P10. 8

10. 9 如图 P10.9 所示,为使 D 点处产生 $\sigma_D = 30$ MPa 的压应力,试求作用于梁上的弯矩 M。绘制出整个横截面上的应力分布简图,并计算梁中的最大正应力。

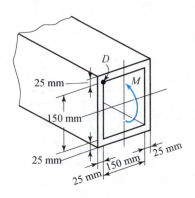

图 P10.9

10.10 如图 P10.10 所示，对某梁的设计提出了两个方案。确定哪一种在承受 $M = 100\ \text{kN} \cdot \text{m}$ 的弯矩作用时产生的弯曲应力小，该应力为多少？

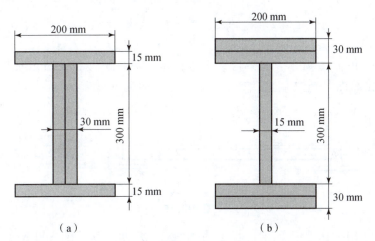

图 P10.10

10.11 如图 P10.11 所示，求使横截面上产生最大正应力为 200 MPa 的弯矩 M。

10.12 如图 P10.11 所示，若承受 $M = 6\ \text{kN} \cdot \text{m}$ 的弯矩作用，试求作用于上梁腹板 CD 上弯曲应力的合力。

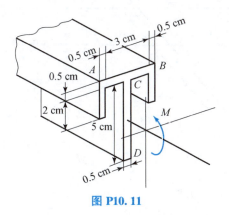

图 P10.11

10.13 矩形截面梁如图 P10.13 所示，若梁中许用弯曲应力不超过 $\sigma_{\text{allow}} = 20$ MPa，试求其外伸端可施加的最大载荷 P。

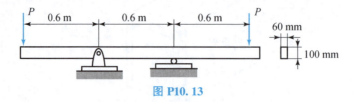

图 P10.13

10.14 梁承受图 P10.14 所示载荷。若材料的许用弯曲应力 $\sigma_{\text{allow}} = 150$ MPa，试求所需的横截面尺寸 a 的数值。

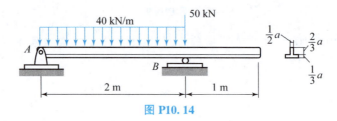

图 P10.14

10.15 如图 P10.15 所示，若梁由许用弯曲压应力 $(\sigma_{\text{allow}})_c = 75$ MPa 和许用弯曲拉应力 $(\sigma_{\text{allow}})_t = 150$ MPa 的材料制成，试求可加于梁上的最大载荷 P。

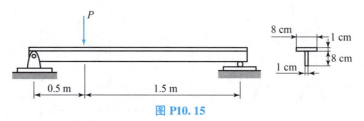

图 P10.15

10.16 如图 P10.16 所示，电线杆上的支承杆 CD 承受重力为 800 N 的电缆。若 A、B 和 C 处均为铰链，试求支承杆上的绝对最大弯曲应力。

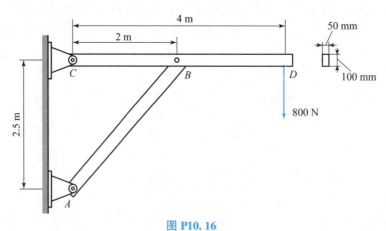

图 P10.16

10.17 如图 P10.17 所示，圆棒支承在光滑径向轴承上，设轴上 A 和 B 处仅受竖向约束反力作用。当许用弯曲正应力 $\sigma_{\text{allow}} = 300$ MPa 时，试求圆棒的最小直径 d。

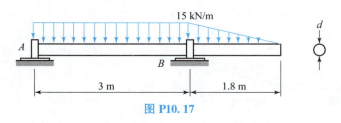

图 P10.17

10.18 正方形截面梁受到图 P10.18 所示 $M=650$ N·m 的力矩作用。试求每个角点的弯曲应力，并绘出 M 产生的应力分布简图。$\theta=45°$。

10.19 如图 P10.19 所示，试求杆件中弯曲应力不超过 170 MPa 时的最大弯矩 M 的大小。提示：必须求出型心 C 的位置 $\bar{y}$。

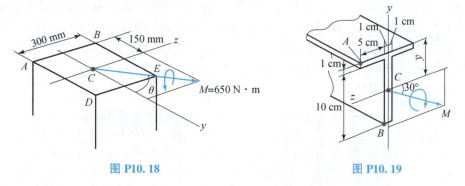

图 P10.18   图 P10.19

10.20 如图 P10.20 所示，宽翼缘悬臂钢梁在其端部受到集中力 P 作用。试求截面 A 上弯曲应力不超过 200 MPa 时的最大载荷值。

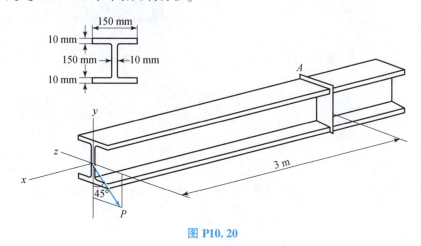

图 P10.20

10.21 如图 P10.21 所示，直径为 60 mm 的钢轴受到横向载荷作用。若 A 和 B 处的径向轴承不产生轴力，试求轴中的绝对最大弯曲应力。

10.22 将铜材和铝材牢固地结合在一起，形成图 P10.22 所示梁的横截面。当此复合梁绕水平轴发生弯曲时，求所允许的最大弯矩。铝材的弹性模量为 75 GPa，许用正应力为 120 MPa；铜材的弹性模量为 100 GPa，许用正应力为 180 MPa。

165

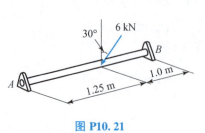

图 P10.21

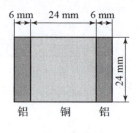

图 P10.22

10.23 图 P10.23 所示的复合梁由三根木梁和两块钢板牢固地连接在一起构成。当梁绕水平轴发生弯曲时,求所允许的最大弯矩。木材的弹性模量为 19 GPa,许用正应力为 20 MPa;钢材的弹性模量为 200 GPa,许用正应力为 180 MPa。图中长度单位:mm。

10.24 如图 P10.24 所示,将 5 根各宽为 80 mm 的金属条结合在一起而形成复合梁。钢的弹性模量为 200 GPa,铜的弹性模量为 100 GPa,铝的弹性模量为 80 GPa。图中长度单位:mm。已知,梁在弯矩 $M = 2\,000$ N·m 的作用下绕水平轴发生弯曲。试求:

(1) 分别在这三种金属中的最大应力;
(2) 复合梁的曲率半径。

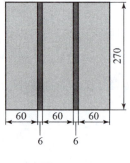

图 P10.23

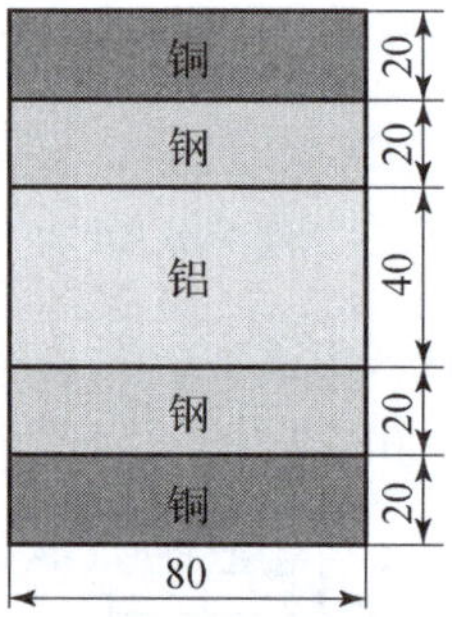

图 P10.24

第 11 章
横向剪切

作用在细长直梁上的横向载荷引起的截面合力和合力矩包括剪力和弯矩。弯曲应力对中性轴取矩等效于截面弯矩 M，什么样的应力分布能够与截面上的剪力 V 等效，或者说什么样的应力分布能够与直梁横截面上的剪力平衡呢？剪力是横截面上切应力分布的结果。第 7 章对弹性力学平面问题的解答给出了悬臂梁受横向集中载荷条件下的应力分布，其中切应力 τ_{xy} 的分布沿梁高的积分满足端面边界条件，如式（7.12）所示，明确了截面剪力与切应力之间的平衡或静力等效关系。在梁的设计和校核中，最大弯曲应力是最主要的强度校核判据，因此第 10 章详细分析了直梁在纯弯载荷作用下的弯曲应力分布。然而，纯弯（导致截面仅存在弯矩，无剪力）是一种相对不常见的外载形式。而且，在某些情况下切应力分布也是很重要的，特别是在短粗梁的设计和强度校核中。由于截面剪力 V 的出现，截面弯矩沿梁长变化，10.3 节中关于对称弯曲的论述及由对称性得到的推论将不再适用，当梁横截面上既存在弯矩 M 又存在剪力 V 的条件下，弯曲应力和剪应力的分布非常复杂。第 7 章采用弹性力学理论仅针对某些几何特征简单（矩形截面）受特定横向载荷（集中力和均布力）的梁，给出满足圣维南放松边界条件的应力分布解答。本章将研究采用工程近似方法获得剪力和弯矩共同作用下梁横截面上的应力分布，工程近似分析方法及以此为基础的应力分布有别于本书中的弹性理论解答。

为了建立工程近似方法，我们假设式（10.23）和式（10.28）给出的弯曲应力分布即使在弯矩沿梁长变化时也适用，即截面存在剪力时，第 10 章得到的弯曲应力公式依旧适用。因此，工程近似方法中先假设截面 x 处的弯曲应力分布可由式（10.23）确定。然后，通过微元平衡条件，估算与截面剪力等效的切应力的分布。由于我们在分析过程中没有包含几何方程和本构方程，因此无法确定应力分布的结果是否精确。然而，与实验力学及弹性理论给出的解答比较表明：对于大多数工程中的问题，工程近似方法获得的切应力分布结果满足工程初步设计的精度要求。综上，本章将采用工程近似方法确定直梁受横向载荷作用下切应力的分布。

11.1 直梁的剪切

横截面上的剪力 V 是作用在梁横截面上的横向切应力的结果，如图 11.1 所示。根据应力张量的对称性（见 3.3 节角动量守恒），纵向平面内必然同时存在大小相等的纵向切力。如果从横截面上某点取出的一个典型单元体，它将同时受到横向和纵向切应力作用，如图 11.1 所示。

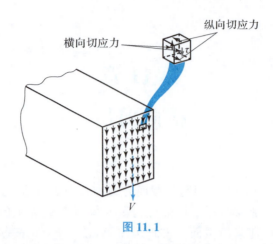

图 11.1

通过考察由三块板组成的直梁结构，可以直观说明纵向平面内存在切应力。梁由均质材料制成，横向集中载荷 P 作用在梁上，沿厚度方向材料之间不会发生相对错动。一方面，如果组成梁结构的每块板上下表面都是光滑的，且板之间没有紧密黏结在一起，则横向载荷 P 会引起三块板之间的相对滑动，于是梁会弯曲变形如图 11.2（a）所示的形状。另一方面，如果板之间是紧密黏结在一起的，则板与板之间纵向平面内存在纵向切应力，会阻止板之间的相对滑动，梁将作为一个整体发生变形，如图 11.2（b）所示。

图 11.2

切应力可引起切应变，切应变又可导致梁的横截面发生面外翘曲变形。图 11.3 所示的梁为由大变形材料制成的矩形截面短粗梁，为了描述梁在横向剪切载荷作用下的变形，我们在梁的外表面标记了水平和垂直的网格线。当横截面上作用剪力 V 时，这些线将发生变形。显然，横向切应变可引起横截面的面外翘曲，即横截面不再保持平面。第 10 章中由截面弯矩对称性推论得到的弯曲变形的对称性，即横截面在变形后必须保持平面，且始终垂直于梁的轴线的假设（刚截面假设）不再精确成立。尽管当梁同时受到弯矩和横向载荷作用时刚截面假设不再精确满足，但由于横截面的面外翘曲变形足够小，在工程近似分析中可忽略不

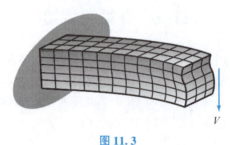

图 11.3

计。特别是对于细长梁，即横截面的特征几何尺寸远远小于梁的长度，在大多数情况下刚截面假设是基本满足的。

在分析直梁横截面上仅作用弯矩时，推导截面弯曲应力分布公式时，首先通过对称性推理得到横截面的变形特征，进而确定弯曲应变的分布规律（沿截面高度线性分布），再通过本构关系和平衡方程得到弯曲应力分布与截面弯矩之间的数学表达式。但当横截面存在剪力时，很难确定横截面切应变分布的数学表达式。因此关于切应力的分析，我们采用了不同的方法，其基本思路就是首先确定截面位置 x 处的弯曲应力分布，然后通过微元隔离体的平衡条件，并结合截面弯矩与剪力之间的微分关系（$V = \mathrm{d}M/\mathrm{d}x$），确定剪力导致的横向切应力的分布。

11.2 剪切应力公式

图 11.4（a）所示受任意横向载荷梁，从梁上取一长度为 $\mathrm{d}x$ 的微元体，考察该微元体在水平方向上（沿 x 方向）力的平衡，参见图 11.4（b）。图 11.4（c）所示为该微元体的受力图，其中只标出了由横截面上弯矩 M 和 $M + \mathrm{d}M$ 引起的弯曲应力。受力图中没有标出剪力 V、$V + \mathrm{d}V$ 和横向分布力 $w(x)$，由于这些力作用在竖直方向上，因此不包含在水平方向上力的求和中。

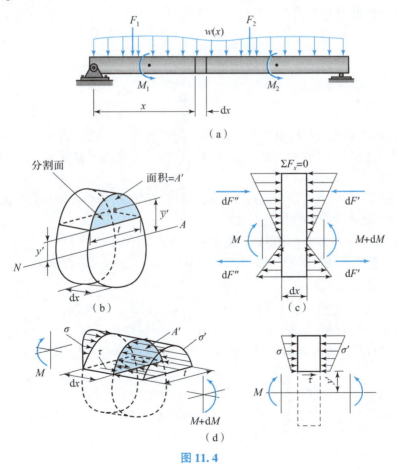

图 11.4

现在考察图 11.4（b）中微元体顶部一个更小的隔离体，该隔离体是通过在距离截面中性轴为 y' 的地方，通过平行于水平方向的截面截得，截开处的宽度为 t，小隔离体在横截面两侧的面积均为 A'。因为微元体两侧截面上弯矩相差 dM，所以从图 11.4（d）中可以看出，除非在该微元段底面上作用有纵向切应力 τ，否则该隔离体上水平方向上的合力 $\Sigma F_x = 0$ 的条件无法满足。分析中假设切应力在整个底面宽度 t 上均匀分布，因此切应力 τ 为常数，其作用面积为 tdx。应用水平方向上力的平衡方程，并结合式（10.23），得

$$\xleftarrow{+} \Sigma F_x = 0; \int_{A'} \sigma' dA - \int_{A'} \sigma dA - \tau(tdx) = 0$$

$$\int_{A'} \left(\frac{M + dM}{I}\right) y dA - \int_{A'} \left(\frac{M}{I}\right) y dA - \tau(tdx) = 0$$

$$\left(\frac{dM}{I}\right) \int_{A'} y dA = \tau(tdx)$$

求解 τ，得

$$\tau = \frac{1}{It}\left(\frac{dM}{dx}\right)\int_{A'} y dA \tag{11.1}$$

注意，式（11.1）可以通过 $V = dM/dx$ 进一步化简。式（11.1）中的积分表示面积 A' 对中性轴的静矩，可用符号 Q 表示。图 11.4（d）中蓝色面积 A' 的型心位置可以通过 $\bar{y}' = \int_{A'} y dA / A'$ 确定，因此 Q 可写为

$$Q = \int_{A'} y dA = \bar{y}' A' \tag{11.2}$$

最终，有

$$\tau = \frac{VQ}{It} \tag{11.3}$$

式中，τ——直梁横截面上距离中性轴 y' 处某一点的切应力，如图 11.4（b）所示。假设该切应力在横截面宽度 t 上为常数，因此该切应力可理解为横截面宽度 t 上的平均切应力，如图 11.4（d）所示；

V——截面上的剪力（沿梁高度方向），可通过截面法并结合列剪力平衡方程确定；

I——梁横截面关于中性轴的惯性矩；

t——待求切应力 τ 处梁横截面的宽度；

A'——横截面上端的面积，如图 11.4（b）（d）所示，即表示宽度 t 以上横截面的面积；

$\bar{y}'$——面积 A' 的型心到中性轴的距离，如图 11.4（b）所示。

上述公式称为梁的剪切应力公式。尽管在推导中只考虑了作用于梁纵向平面内的切应力，但该公式的计算结果同样适用于计算梁横截面上的横向剪应力，因为横向剪应力和纵向剪应力具有互等性质（见 3.3 节角动量守恒定理）。

由于式（11.3）是根据弯曲应力公式推导得到的，故要求所分析的直梁为均质线弹性材料，且拉伸和压缩的弹性模量相同。10.6 节组合梁（其横截面由不同材料组成）中的剪应力也可以用式（11.3）计算，式（11.3）中的 t 仍为待求 τ 处横截面的实际宽度，但必须根据变换后的截面特征计算 Q 和 I。

11.3　典型梁横截面上的切应力

本节首先研究几个常见的直梁横截面上切应力的分布情况。

1. 矩形截面梁

考察如图 11.5（a）所示的宽为 b、高为 h 的矩形横截面梁。通过计算横截面上距离中性轴 y 处任意一点的切应力，可得整个横截面上的切应力分布规律。如图 11.5（b）所示，采用图中蓝色面积 A' 来计算 Q，于是有

$$Q = \bar{y}'A' = \left[y + \frac{1}{2}\left(\frac{h}{2}-y\right)\right]\left(\frac{h}{2}-y\right)b = \frac{1}{2}\left(\frac{h^2}{4}-y^2\right)b$$

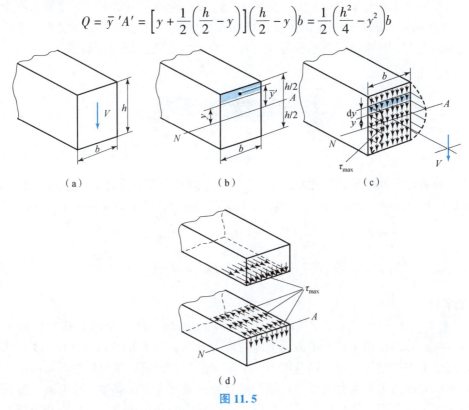

图 11.5

应用式（11.3），得

$$\tau = \frac{VQ}{It} = \frac{V\frac{1}{2}\left(\frac{h^2}{4}-y^2\right)b}{\left(\frac{1}{12}bh^3\right)b} = \frac{6V}{bh^3}\left(\frac{h^2}{4}-y^2\right) \tag{11.4}$$

上述结果表明，横截面上的剪应力沿梁高度方向呈抛物线分布，如图 11.5（c）所示。式（11.4）得到的切应力分布与 7.1 节悬臂梁弯曲得到的切应力弹性力学解答（式（7.14））一致。切应力从横截面顶部或底部 $y=h/2$ 处的零值变化到中性轴 $y=0$ 处的最大值。矩形横截面的面积 $A=bh$，代入式（11.4），可得中性轴 $y=0$ 处有

$$\tau_{max} = 1.5\frac{V}{A} \tag{11.5}$$

此处的 V、I、A 和 t 都是常数，所以当 Q 取最大值时得到 τ_{max}。根据剪切应力公式 $\tau = VQ/(It)$，

可以直接得到与上述结果相同的 $\tau_{\max}$。当取中性轴之上（或之下）的全部面积时，Q 取最大值，即 $A' = hb/2$ 和 $\bar{y}' = h/4$，于是有

$$\tau_{\max} = \frac{VQ}{It} = \frac{V(h/4)(bh/2)}{\left(\frac{1}{12}bh^3\right)b} = 1.5\frac{V}{A}$$

比较得知，$\tau_{\max}$ 比横截面上的平均切应力 $\tau_{\text{avg}} = V/A$ 大 50%。

作用于梁横截面上每一位置处的横向剪切应力 τ（图 11.5（c）），都存在与之对应的作用于梁纵向平面内的纵向剪切应力 τ。若梁被一个通过其中性轴的纵向平面（xz 平面）截开，则在该平面上作用有最大切应力，如图 11.5（d）所示。该切应力可使得木制梁发生如图 11.6 所示的破坏，纵向开裂发生在通过梁端部的中性轴位置处。这是因为，该位置处横截面上的剪力最大，且木材沿其木纹方向（纵向）抵抗剪切的能力较弱。

图 11.6

非均布的剪切应力在整个横截面上的积分所产生的合力等于剪力 V。选取图 11.5（c）上的微小条状区域，其面积为 $dA = bdy$。因为 τ 均匀作用在整个条状区域宽度上，所以有

$$\int_A \tau dA = \int_{-h/2}^{h/2} \frac{6V}{bh^3}\left(\frac{h^2}{4} - y^2\right) b dy = \frac{6V}{h^3}\left[\frac{h^2}{4}y - \frac{1}{3}y^3\right]\Big|_{-h/2}^{h/2}$$

$$= \frac{6V}{h^3}\left[\frac{h^2}{4}\left(\frac{h}{2} + \frac{h}{2}\right) - \frac{1}{3}\left(\frac{h^3}{8} + \frac{h^3}{8}\right)\right] = V$$

2. 工字梁

如图 11.7（a）所示，工字梁由两块（宽的）翼缘和一块（窄的）腹板组成。与上述分析类似，可计算出作用在整个横截面上的切应力分布，结果如图 11.7（b）(c) 所示。切应力沿梁高依旧按抛物线变化。这是因为，工字梁的横截面可以像分析矩形截面梁一样来处理。首先分析宽度为上翼缘宽度 b 的矩形，然后分析宽度为腹板厚度 t 的矩形，最后分析宽度为下翼缘宽度的矩形。从结果可见，切应力在腹板中的变化很小，在翼缘和腹板的连接处发生突变。这是因为该点处横截面的宽度发生了突变，即式（11.3）中的 t 发生了突变。由于腹板的宽度 t 远远小于翼缘的宽度 b，腹板较翼缘明显承受更多的截面剪力。

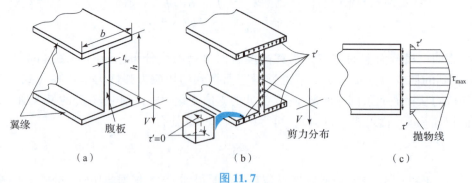

图 11.7

剪切应力公式的局限性：推导剪切应力公式时主要用到的假设之一是切应力在横截面宽度 t 上均匀分布，也就是说公式计算得到的是横截面宽度上的平均切应力。为了评价和量化基于该假设得到的切应力结果的精确性，考虑矩形截面梁，根据弹性力学理论可计算得到中性轴位置处的剪切应力沿宽度分布的理论解，如图 11.8 所示。切应力最大值 τ'_{max} 发生在横截面的边缘处，其大小与矩形横截面的宽高比 b/h 有关。对于 $b/h=0.5$ 的矩形截面，τ'_{max} 仅比剪切应力公式计算得到的宽度上的平均切应力大 3%，如图 11.8（a）所示。但是对于扁平的矩形截面梁，如 $b/h=2$，τ'_{max} 高出宽度上的平均切应力 40%，如图 11.8（b）所示。随着矩形横截面宽高比 b/h 的增加，剪切应力公式的误差将持续增大。

综上分析，由于工字梁横截面翼缘处矩形横截面的宽高比远远大于腹板位置处，因此利用剪切应力公式计算得到的翼缘处剪切应力，其误差要远远大于腹板处剪切应力结果。同样，求工字梁翼缘与腹板连接点处的剪切应力时，剪切应力公式也不能给出高精度的结果。这是因为，在该位置处横截面的几何尺寸发生突变，应力集中效应显著，而剪切应力公式未考虑应力集中的影响，因此精度低。另外，翼缘的内表面是自由边界，如图 11.7（b）所示，自由边界处的切应力为零。但如果用剪切应力公式计算这些边界处的切应力，却会得到不为零的结果。虽然剪切应力公式在应用过程中存在上述局限性，在某些条件下计算误差大，但在直梁的初步设计和强度校核中，工程师们通常仅需要确定中性轴处的最大平均切应力，此处的宽高比 b/h 通常很小，因此剪切应力公式得到的结果非常接近于弹性理论得到的最大剪应力的精确解。

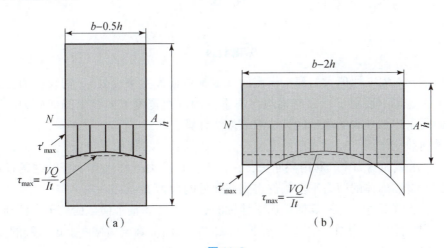

图 11.8

剪切应力公式的另一个局限性可以通过图 11.9 来说明，对于一个具有非规则（如非矩形）截面的梁，利用剪切应力公式求沿直线 AB 的平均切应力 τ 分布，如图 11.9（a）所示，切应力方向如图 11.9（b）所示。现在考察从边界位置处隔离出的一个微元体，该微元体的一个面位于梁的外表面上，如图 11.9（c）所示。图中微元体前表面（梁横截面）上的剪切应力 τ 可以分解为切应力分量 τ' 和 τ''。切应力分量 τ' 必须为零，这是由于根据剪力互等性质，其对应的纵向切应力 τ' 作用在梁的自由表面上，必然为零，因此切应力分量 τ' 也必然为零。为了满足该边界条件，作用在边界微元体上的剪切应力必须沿着不规则边界的切线方向，因此沿直线 AB 上剪应力分布的方向应如图 11.9（d）所示。但是我们利用剪切应力公式计算得到的沿截面宽度方向上的剪切应力分布如图 11.9（e）所示，即沿每一条宽度方向线上的横向剪切应力始终沿竖直方向（与截面剪力方向一致），并为常数，该分布特征无法满足图 11.9（c）所示的边界条件，因此剪切应力公式给出的结果不准确。

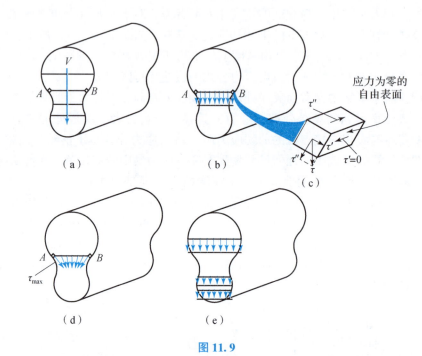

图 11.9

综上所述，对 b/h 比值大的扁平横截面（或横截面发生突变处），剪切应力公式得到的结果精度低，它也不适用于计算与梁边界不垂直的截面宽度方向线上的剪应力。这些情况下，剪应力需采用弹性力学理论的其他数值方法计算。

分析横向载荷作用下直梁横截面上剪应力分布的基本步骤如下：

第 1 步，求截面剪力 V。利用截面法，在待求剪切应力处作垂直于杆轴线的横截面，将杆件截开，通过隔离体的剪力平衡条件得到截面处的剪力 V。

第 2 步，求截面性质。确定横截面中性轴的位置，计算整个横截面关于中性轴的惯性矩 I；通过在待求剪切应力处作一假想的水平（纵向）截面，确定横截面上该截线的宽度 t；利用截线之上或之下的面积 A'，通过积分 $Q = \int_{A'} y dA$ 或者利用 $Q = \bar{y}' A'$ 求出 Q，其中 $\bar{y}'$ 是 A' 面积型心距中性轴的距离。

第 3 步，计算剪切应力。使用统一的量纲单位，将数据代入剪切应力公式并计算剪切应力 τ。利用横截面上的横向剪切应力 τ 与剪力 V 方向一致确定切应力的方向，可进一步利用剪力互等条件确定作用在微元体其他三个面上相应剪切应力的大小和方向。

例 11.1 外伸梁 AC 长为 4.5 m，AB 的跨度为 3.0 m。受到如图 11.10（a）所示的均布载荷和集中载荷的作用。已知梁的材料为木材，矩形截面的宽度为 80 mm，木梁的许用切应力为 $\tau = 2.0$ MPa，求可满足剪切应力强度校核条件所需的最小高度 h。

解：（1）计算梁的支反力。取梁整体为研究对象，受力图如图 11.10（b）所示，可得

$$+ \curvearrowleft \Sigma M_A = 0$$
$$F_{By}(3.0 \text{ m}) - 9.0 \text{ kN} \times 1.5 \text{ m} - 10 \text{ kN} \times 4.5 \text{ m} = 0$$
$$F_{By} = 19.5 (\text{kN}) \uparrow$$
$$\overset{+}{\rightarrow} \Sigma F_x = 0; \quad F_{Ax} = 0$$
$$+ \uparrow \Sigma F_y = 0; \quad F_{Ay} + 19.5 \text{ kN} - 9.0 \text{ kN} - 10 \text{ kN} = 0, \quad F_{Ay} = -0.5 (\text{kN}) \downarrow$$

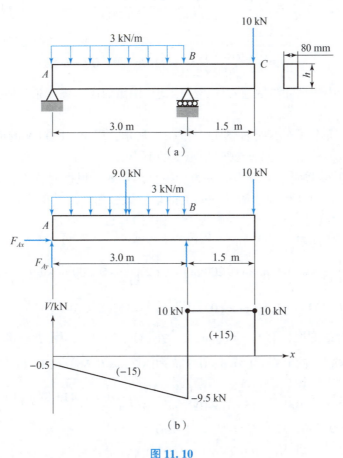

图 11.10

（2）剪力图。A 的右截面上的剪力为 $V_A = A_y = -0.5 \text{ kN}$。剪力使隔离体发生逆时针旋转，因此截面剪力为负。对于 B 点左截面的剪力，$\dfrac{dV}{dx} = -w(x)$，且横向分布载荷向下为正，因此有

$$\frac{dV}{dx} = -3.0(\text{kN})$$
$$V_B|_{左} = V_A + (-3.0 \text{ kN}) \times 3.0 = -9.5(\text{kN})$$

由于 B 点处受集中的支座反力，因此 B 点处的剪力有突变，突变值即等于 B 点处的支座反力值，突变方向与 B 点支座反力方向一致，因此 B 点右截面的剪力为

$$V_B|_{右} = V_B|_{左} + 19.5 \text{ kN} = -9.5 \text{ kN} + 19.5 \text{ kN} = 10(\text{kN})$$

由于 BC 段没有横向外载，因此剪力不变，为一条水平直线。综上，剪力图如图 11.10（b）

所示。从剪力图可见最大剪力出现在 B 截面处，$V_{\max} = 10$ kN，最大剪切应力出现在矩形截面梁的中性轴上，截面的宽度为 80 mm，则

$$Q_{\max} = \bar{y}\,'A' = \left(\frac{h}{4}\right)\left(\frac{h}{2}b\right) = \frac{bh^2}{8}$$

$$\tau_{\max} = \frac{VQ}{It} = \frac{V\left(\dfrac{bh^2}{8}\right)}{\left(\dfrac{bh^3}{12}\right)b} = \frac{3V}{2(bh)} = \frac{3 \times (10 \times 10^3)\,\text{N}}{2 \times 80 h} \leqslant 2.0(\text{MPa})$$

$$h \geqslant \frac{3 \times (10 \times 10^3)}{2 \times (80) \times 2.0} = 93.75 \approx 94.0 \ (\text{mm})$$

工程结构设计中的尺寸参数通常取整，因此可满足剪应力强度条件所需的最小高度 h 为 94 mm。

例 11.2 工字形钢梁的尺寸如图 11.11（a）所示，受 $V = 100$ kN 的剪力作用。（1）绘出梁横截面上切应力分布；（2）求腹板所承受的剪力。

解：（1）矩形横截面上剪应力的分布为抛物线形式。根据对称性，只需要计算 B'、B 和 C 点的切应力，即可获得整个梁横截面上的切应力分布。B'、B 位置一致，但 B' 点位于工字梁的翼缘上，B 点位于工字梁的腹板上，如图 11.11（b）所示。必须先求出工字形横截面关于中性轴的惯性矩。以米（m）为单位，有

$$I = \left[\frac{1}{12} \times 0.015\,\text{m} \times (0.200\,\text{m})^3\right] + 2\left[\frac{1}{12} \times 0.300\,\text{m} \times (0.02\,\text{m})^3 + \right.$$

$$\left. 0.300\,\text{m} \times 0.02\,\text{m} \times (0.110\,\text{m})^2 \right] = 155.6 \times 10^{-6}\,(\text{m}^4)$$

对 B' 点，考虑翼缘的宽度，有 $t_{B'} = 0.3$ m，A' 为图 11.11（b）所示蓝色部分的面积。于是有

$$Q_{B'} = \bar{y}\,'A' = 0.110\,\text{m} \times 0.3\,\text{m} \times 0.02\,\text{m} = 0.660 \times 10^{-3}\,(\text{m}^3)$$

$$\tau_{B'} = \frac{VQ_{B'}}{It_{B'}} = \frac{100\,\text{kN} \times (0.660 \times 10^{-3}\,\text{m}^3)}{155.6 \times 10^{-6}\,\text{m}^4 \times 0.3\,\text{m}} = 1.4138(\text{MPa})$$

对 B 点，有 $t_B = 0.015$ m，且有 $Q_B = Q_{B'}$，于是有

$$\tau_B = \frac{VQ_{B'}}{It_{B'}} = \frac{100\,\text{kN} \times (0.660 \times 10^{-3}\,\text{m}^3)}{155.6 \times 10^{-6}\,\text{m}^4 \times 0.015\,\text{m}} = 28.3(\text{MPa})$$

对 C 点，考虑腹板的宽度，有 $t_C = 0.015$ m，A' 为图 11.11（d）中所示蓝色部分的面积。该面积是两个矩形的组合，于是有

$$Q_C = \sum \bar{y}\,'A' = 0.110\,\text{m} \times 0.3\,\text{m} \times 0.02\,\text{m} + 0.05\,\text{m} \times 0.015\,\text{m} \times 0.1\,\text{m} = 0.735 \times 10^{-3}\,(\text{m}^3)$$

因此有

$$\tau_C = \frac{VQ_C}{It_C} = \frac{100\,\text{kN} \times (0.735 \times 10^{-3}\,\text{m}^3)}{155.6 \times 10^{-6}\,\text{m}^4 \times 0.015\,\text{m}} = 31.5(\text{MPa})$$

（2）求腹板承受的剪力，写出腹板上任意位置处 y 的剪切应力公式，以米（m）为单位，有

$$I = 155.6 \times 10^{-6}\,\text{m}^4, \quad t = 0.015\,\text{m},$$

$$A' = 0.3\,\text{m} \times 0.02\,\text{m} + 0.015\,\text{m} \times (0.1\,\text{m} - y)$$

$$Q = \sum \bar{y}\,'A' = 0.110\,\text{m} \times 0.3\,\text{m} \times 0.02\,\text{m} +$$

$$\left[y + \frac{1}{2}(0.1\text{ m} - y)\right]0.015\text{ m} \times (0.1\text{ m} - y) = (0.735 - 7.50y^2) \times 10^{-3}\text{ (m}^3)$$

得

$$\tau = \frac{VQ}{It} = \frac{100\text{ kN}(0.735 - 7.50y^2) \times 10^{-3}\text{ m}^3}{155.6 \times 10^{-6}\text{ m}^4 \times 0.015\text{ m}} = (31.49 - 321.34y^2)\text{ (MPa)}$$

该应力作用在图 11.11 (e) 所示的深灰色微元面积内 $dA = 0.015dy$ 上, 因此由腹板承受的剪力为

$$V_w = \int_A \tau dA = \int_{-0.1\text{ m}}^{0.1\text{ m}} (31.49 - 321.34y^2) \times 10^6 \times (0.015\text{ m})dy = 91\text{ (kN)}$$

比较可知, 腹板承受了截面上总剪力的 91%, 翼缘仅承受了剩余的 9%。

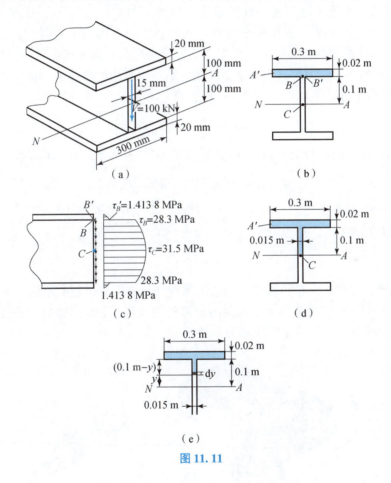

图 11.11

11.4 组合杆件中的剪流

工程中实际细长梁结构可能是由若干组成部分组合而成的, 示例见图 11.12。当横向载荷引起杆件弯曲时, 需要用钉子、螺栓、焊接或胶水等紧固件或紧固方式来阻止各个组件之间的相对滑动。为了设计这些紧固件, 需要知道它们沿直梁纵向所需抵抗的剪力。以单位长度上的剪力来度量, 称为剪流 q。

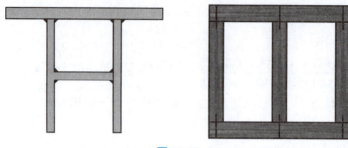

图 11.12

沿直梁纵向截面上的剪流可以采用计算梁中剪切应力相似的方法得到。计算如图 11.13（a）中连接在翼缘上组件接缝处的剪流。如图 11.13（b）所示，该部分上必然作用三个纵向（水平方向）内力，其中两个内力 F 和 $F+\mathrm{d}F$ 分别由两个距离为 $\mathrm{d}x$ 横截面上的弯矩 M 和 $M+\mathrm{d}M$ 引起的弯曲应力提供。根据水平方向（纵向）的平衡条件，必须在接缝处存在一大小等于 $\mathrm{d}F$ 的第三内力，这个水平方向的内力是由紧固件提供的。由于 $\mathrm{d}F$ 是 $\mathrm{d}M$ 作用的结果，所以和推导剪切应力公式的情况一样，有

$$\mathrm{d}F = \frac{\mathrm{d}M}{I}\int_{A'}y\mathrm{d}A$$

上式中的积分即 Q，是图 11.13（b）中蓝色面积 A' 对横截面中性轴的静矩（一次矩）。$Q = \int_{A'}y\mathrm{d}A = \bar{y}'A'$，其中 A' 为通过待求剪流处作为梁部分的横截面面积，$\bar{y}'$ 为 A' 的型心与中性轴的距离。因为隔离体微元段长为 $\mathrm{d}x$，所以剪流（即沿单位长度上的剪力）为 $q = \mathrm{d}F/\mathrm{d}x$。于是，上式两边均除以 $\mathrm{d}x$，并利用 $V = \mathrm{d}M/\mathrm{d}x$，得

$$q = \frac{VQ}{I} \tag{11.6}$$

式中，q——剪流，以梁纵向单位长度上的剪力来表征，国际单位制的单位为 N/m；

V——待求剪流位置处横截面上的剪力，可利用截面法和截面剪力的平衡方程求得；

I——整个横截面面积关于中性轴的惯性矩。

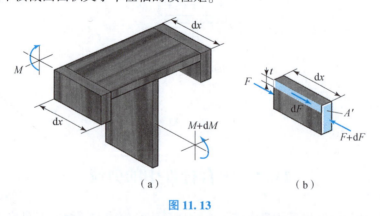

图 11.13

在求横截面上某一连接位置处的剪流时，正确地识别和计算 Q 的数值是至关重要的。考察图 11.14 所示组合梁的横截面，组合件通过紧固件连接在一起。在接合面上，需要通过每张图中标明的 A' 和 $\bar{y}'$ 计算得到的 Q 来求剪流 q。注意：剪流 q 在图 11.14（a）

(b) 中由单个紧固件来承受，而在图 11.14（c）中由两个紧固件来承受，在图 11.14（d）中则由三个紧固件来承受。因此，图 11.14（a）（b）中的紧固件需要承受全部的剪流 q，而图 11.14（c）（d）中每个紧固件分别承受 1/2 和 1/3 的剪流 q。

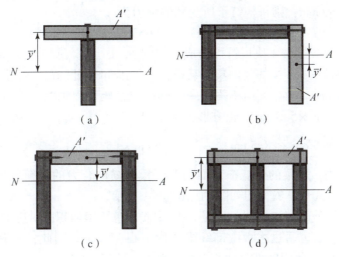

图 11.14

例 11.3 组合梁由三块相同的木板用钉子连接而成，板的横截面为 30 mm × 150 mm 的矩形（图 11.15）。已知钉子与钉子的间距为 30 mm，梁中的剪力大小 $V = 600$ N。试求每根钉子所受到的剪力。

解：（1）计算截面性质。由截面的对称性可知，截面的中性轴为截面的对称轴。关于中性轴的惯性矩为

$$I = \frac{1}{12} \times 0.03 \text{ m} \times (0.15 \text{ m})^3 +$$
$$2\left[\frac{1}{12} \times 0.15 \text{ m} \times (0.03 \text{ m})^3 + 0.03 \text{ m} \times 0.15 \text{ m} \times (0.075 + 0.015 \text{ m})^2\right]$$
$$= 82.01 \times 10^{-6} (\text{m}^4)$$

钉子将翼缘连接在梁的腹板上，因此接合面处计算剪流需要的 Q 是图 11.15（b）中浅灰色部分面积对中性轴的静矩，于是有

$$Q = \int_{A'} y \, dA = \bar{y}'A' = 0.090 \text{ m} \times (0.030 \text{ m} \times 0.150 \text{ m}) = 405 \times 10^{-6} (\text{m}^3)$$

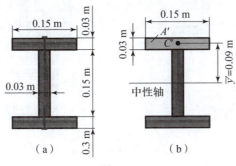

图 11.15

(2) 计算剪流。将数值代入式 (11.6)，有

$$q = \frac{VQ}{I} = \frac{600 \text{ N} \times (405 \times 10^{-6} \text{ m}^3)}{82.01 \times 10^{-6} \text{ m}^4} = 2\,963 (\text{N/m})$$

已知钉子的间距为 30 mm，则每根钉子所受到的剪力为

$$F = (0.03 \text{ m})q = 0.03 \text{ m} \times 2\,963 \text{ N/m} = 88.89(\text{N})$$

例 11.4 箱形组合梁由 4 块板钉接而成，如图 11.16（a）所示。若每根钉子可以承受 50 N 的剪力，试求梁在 150 N 的竖向集中载荷作用下 B 和 C 处的最大钉子间距 s。

解：（1）截面性质。横截面面积关于中性轴的惯性矩可以通过一个 8.5 cm × 8.5 cm 的正方形减去一个 5.5 cm × 5.5 cm 的正方形得到，即

$$I = \frac{1}{12} \times 8.5 \text{ cm} \times (8.5 \text{ cm})^3 - \frac{1}{12} \times 5.5 \text{ cm} \times (5.5 \text{ cm})^3 = 358.75(\text{cm}^4)$$

（2）求截面剪力。取梁的任意横截面切开，根据横向合力的平衡条件可知，截面剪力的大小为常数，$V = 150$ N，剪力图如图 11.16（b）所示。

（3）求剪流。B 处的剪流用图 11.16（c）中浅灰色阴影面积所对应的 Q_B 求得。梁上该部分左边通过钉子、右边通过木板内部纤维"固定在"梁上。因此，剪流计算中的 Q 在这里是图 11.16（c）浅灰色阴影部分面积对中性轴的一次矩，有

$$Q_B = \bar{y}'A' = 3.5 \text{ cm} \times (8.5 \text{ cm} \times 1.5 \text{ cm}) = 44.625(\text{cm}^3)$$

类似地，C 处的剪流可以用图 11.16（d）中的浅灰色阴影面积求得，有

$$Q_C = \bar{y}'A' = 3.5 \text{ cm} \times (5.5 \text{ cm} \times 1.5 \text{ cm}) = 28.875(\text{cm}^3)$$

因此剪流为

$$q_B = \frac{VQ_B}{I} = \frac{150 \text{ N} \times 44.625 \text{ cm}^3}{358.75 \text{ cm}^4} = 18.7(\text{N/cm})$$

$$q_C = \frac{VQ_C}{I} = \frac{150 \text{ N} \times 28.875 \text{ cm}^3}{358.75 \text{ cm}^4} = 12.073(\text{N/cm})$$

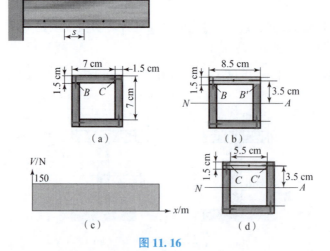

图 11.16

以上分别表示必须由 B 处的钉子和 B' 处的木板纤维（图 11.16（c））或 C 处的钉子和 C' 处木板纤维（图 11.16（d））承受的梁单位长度上的剪力。在以上两种情况下，剪力都由

两个纵向连接处界面来承受，因此每根钉子承受一半的剪流，而每根钉子能够承受 50 N 的力，于是 B 处的间距为

$$s_B = \frac{50\ \text{N}}{(18.7/2)\ \text{N/cm}} = 5.35\ (\text{cm})$$

对于 C 点则有

$$s_C = \frac{50\ \text{N}}{(12.073/2)\ \text{N/cm}} = 8.28\ (\text{cm})$$

11.5　薄壁杆件中的剪流

本节讨论如何应用剪流公式计算薄壁杆件作用在整个横截面上的剪流分布，其中薄壁杆件是指壁厚比杆件横截面的高度或宽度小得多的杆件。横截面上的剪流分析在薄壁杆件设计中有着重要应用。

在求薄壁杆件横截面上的剪流分布之前，首先讨论剪流与剪切应力之间的关系。图 11.17 (a) 所示为一长度为 dx 的工字梁梁段，图 11.17 (b) 所示为翼缘上某一部分隔离体的受力图。为了平衡两个距离为 dx 的横截面上作用的 M 和 $M + dM$ 所产生的轴向内力 F 和 $F + dF$，阴影表示的纵向截面上必须存在内力 dF。因为梁段的长为 dx，所以定义剪流（或单位长度上的剪力）为 $q = dF/dx$。又因为翼缘板是薄壁的，切应力 τ 在截面厚度 t 上不会有太大的变化，可设其为常数。于是，有 $dF = \tau dA = \tau(t dx) = q dx$，即

$$q = \tau t \tag{11.7}$$

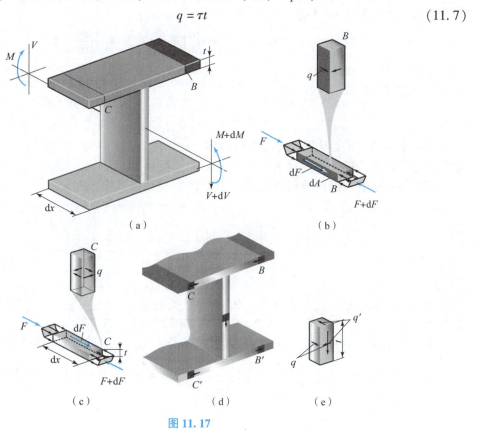

图 11.17

剪流同时作用于纵向和横向平面内。从图 11.17 (a) 中的 B 点取出一个隔离体，则该隔离体侧面上的剪流 q 如图 11.17 (b) 所示。横截面内竖直方向的剪流 q' 尽管也存在（图 11.17 (e)），但一般忽略不计。这是由于薄壁杆件壁很薄，而隔离体的上下表面都是应力自由面，因此剪流 q' 在隔离体的整个厚度 t 上近似为零。综上所述，薄壁杆件的剪流只考虑平行于薄壁杆件壁作用的剪流分量 q。隔离出上翼缘的左侧一段，如图 11.17 (c) 所示，通过相似的分析可求得该段角部单元 C 上剪流的正确指向。图 11.17 (d) 中用这种方法标出了下翼缘上相应点 B' 和 C' 的剪流指向。

上述分析说明了如何确定梁横截面上任意一点处剪流的指向。后面将进一步讨论如何应用剪流公式 $q = VQ/I$ 获得整个横截面上的剪流分布。

先求解沿图 11.18 (a) 中梁的上翼缘右侧作用的剪流。计算作用在蓝色隔离体上的剪流 q，该隔离体位于距横截面中线任意距离 x 处，如图 11.18 (b) 所示。将 $Q = \bar{y}'A' = \dfrac{d}{2}\left(\dfrac{b}{2} - x\right)t$ 代入式 (11.6)，得

$$q = \frac{VQ}{I} = \frac{V \dfrac{d}{2}\left(\dfrac{b}{2} - x\right)t}{I} = \frac{Vtd}{2I}\left(\frac{b}{2} - x\right) \tag{11.8}$$

可见剪流分布是线性的，从 $x = b/2$ 处的 $q = 0$ 变化到 $x = 0$ 处的 $(q_{\max})_f = Vtdb/(4I)$。根据薄壁杆件横截面的对称性，可由类似的分析获得另一个翼缘上相同的剪流分布，最终的结果示于图 11.18 (d) 中。

通过积分可以求出一个翼缘左侧或右侧部分剪流所产生的合内力。如图 11.18 (b) 中深灰色微元上的力为 $dF = qdx$，于是有

$$F_f = \int q dx = \int_0^{b/2} \frac{Vtd}{2I}\left(\frac{b}{2} - x\right) dx = \frac{Vtbd^2}{16I}$$

因为 q 是沿翼缘长度上分布的内力，所以也可以通过求图 11.18 (d) 中三角形下覆盖的面积获得上述结果，即有

$$F_f = \frac{1}{2} q_{\max} \left(\frac{b}{2}\right) = \frac{Vtbd^2}{16I}$$

所有的 4 个翼缘上的合内力均示于图 11.18 (e) 中，从这些内力的作用方向上可以看出横截面保持了水平方向上力的平衡。

对腹板也进行类似的分析，如图 11.18 (c) 所示。其中，

$$Q = \sum \bar{y}'A'$$
$$= \frac{d}{2}bt + \left[y + \frac{1}{2}\left(\frac{d}{2} - y\right)\right]t\left(\frac{d}{2} - y\right) = bt\frac{d}{2} + \frac{t}{2}\left(\frac{d^2}{4} - y^2\right)$$

则

$$q = \frac{VQ}{I} = \frac{Vt}{I}\left[\frac{db}{2} + \frac{1}{2}\left(\frac{d^2}{4} - y^2\right)\right] \tag{11.9}$$

可见腹板上剪流以抛物线方式分布，从 $y = d/2$ 处的 $q = 2(q_{\max})_f = Vtdb/(2I)$ 变化到 $y = 0$ 处的最大值 $q = (q_{\max})_w = (Vtd/I)(b/2 + d/8)$，如图 11.18 (d) 所示。

为了求腹板中的剪流产生的合内力 F_w，对式 (11.9) 沿着腹板的整个高度积分，得

$$F_w = \int q dy = \int_{-\frac{d}{2}}^{\frac{d}{2}} \frac{Vt}{I}\left[\frac{db}{2} + \frac{1}{2}\left(\frac{d^2}{4} - y^2\right)\right] dy = \frac{Vt}{I}\left[\frac{db}{2}y + \frac{1}{2}\left(\frac{d^2}{4}y - \frac{1}{3}y^3\right)\right]\Bigg|_{-d/2}^{d/2}$$
$$= \frac{Vtd^2}{4I}\left(2b + \frac{1}{3}d\right)$$

整个横截面的惯性矩为

$$I = 2\left[\frac{1}{12}bt^3 + bt\left(\frac{d}{2}\right)^2\right] + \frac{1}{12}td^3$$

由于翼缘的厚度很小，略去上式中的第一项 $\frac{1}{12}bt^3$，得到 $I = \frac{td^2}{4}\left(2b + \frac{1}{3}d\right)$，将该式代入上面的 F_w 计算公式，即可得到 $F_w = V$，如图 11.18（e）所示。

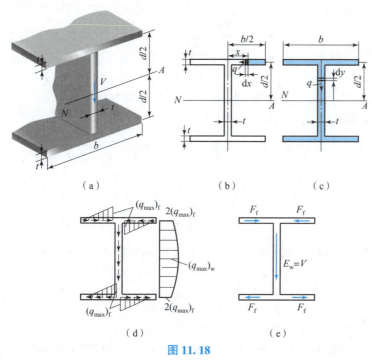

图 11.18

通过上述分析，可以归纳总结出关于剪流分布的三个要点。

（1）因为对于每块面积 A'，Q 值是不同的，所以 q 沿横截面也是变化的。沿着垂直于剪力 V 方向的构件（如翼缘），q 是线性变化的；沿着倾斜或者平行于剪力 V 方向的构件（如腹板），q 是按抛物线变化的。

（2）剪流 q 总是平行于杆件壁作用。

（3）关于剪流方向的判定如下：剪流看上去在截面内"流动"。q 在梁的上翼缘向内，由于必须构成剪力 V，它"汇合"并向下沿腹板"流"，最后在下翼缘处分开并向外"流"。

图 11.19 给出了薄壁杆件中 q 的流向。在所有情形中，对称轴都与 V 在同一直线上，因此，q 的"流动"方向必须使其产生的竖向合力分量等于 V，并且满足横截面关于水平方向上力的平衡要求。

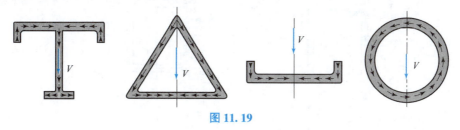

图 11.19

综上所述，若某杆件由薄壁构件制成，则只有平行于杆件壁方向的剪流起重要作用。剪流垂直于剪力 V 方向的部分是线性变化的，剪流沿倾斜或平行于剪力 V 方向的部分是按抛物线变化的。在横截面上，剪流沿壁"流动"以构成剪力 V，而且满足水平和竖直方向力的平衡。

例 11.5 图 11.20（a）所示薄壁箱形梁受 15 kN 剪力的作用。求整个横截面上的剪流变化。

解： 计算截面性质。由于对称，中性轴过横截面的中心，惯性矩为

$$I = \frac{1}{12} \times 60 \text{ mm} \times (100 \text{ mm})^3 - \frac{1}{12} \times 40 \text{ mm} \times (80 \text{ mm})^3 = 3.293\ 3 \times 10^6 (\text{mm}^4)$$

由于对称性，只需求 B、C 和 D 点的剪流。对于 B 点，可以认为用于计算 Q_B 的面积 A' 位于 B 点，如图 11.20（b）所示，B 点的面积 $A' \approx 0$。因此 $Q_B = 0$，所以有

$$q_B = 0$$

考察 C 点，将用于计算 Q_C 的面积 A' 在图 11.20（c）中用蓝色标出。因为 C 点位于箱体左右构件的中心线上，所以使用了中间尺寸。于是有

$$Q_C = \bar{y}'A' = 45 \text{ mm} \times 50 \text{ mm} \times 10 \text{ mm} = 22\ 500 (\text{mm}^3)$$

因此有

$$q_C = \frac{VQ_C}{I} = \frac{15 \text{ kN} \times 22\ 500 \text{ mm}^3/2}{3.293\ 3 \times 10^6 \text{ mm}^4} = 0.051\ 24 \text{ kN/mm} = 51.24 (\text{N/mm})$$

D 点的剪流用图 11.20（d）所示的 3 块蓝色矩形的面积来计算 Q_D。因此有

$$Q_D = \Sigma \bar{y}'A' = 2 \times 25 \text{ mm} \times 10 \text{ mm} \times 50 \text{ mm} + 45 \text{ mm} \times 40 \text{ mm} \times 10 \text{ mm} = 43\ 000 (\text{mm}^3)$$

于是得

$$q_D = \frac{VQ_D}{I} = \frac{15 \text{ kN} \times 43\ 000 \text{ mm}^3/2}{3.293\ 3 \times 10^6 \text{ mm}^4} = 0.097\ 9 \text{ kN/mm} = 97.9 (\text{N/mm})$$

利用上述结果及横截面的对称性，可将剪流分布绘于图 11.20（e）中，沿水平构件（垂直于 V）上的剪流为线性分布，沿竖直构件（平行于 V）上的剪流为抛物线分布。

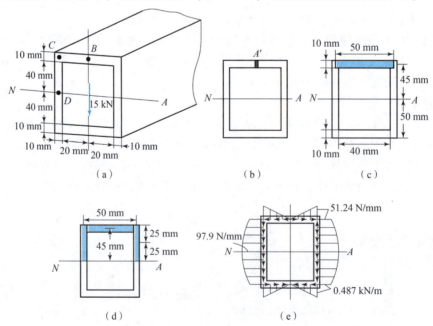

图 11.20

11.6　薄壁截面梁的弯心

本章前述推导中均仅考察了一种情况，即梁横截面的剪力 V 沿过截面型心的惯性主轴，该惯性主轴也是横截面的对称轴。然而，在实际承载结构中，截面剪力不一定沿惯性主轴作用，或者虽然剪力 V 沿着过横截面型心的惯性主轴作用，但该惯性主轴不是横截面的对称轴。考察图 11.21（a）所示的 C 形薄壁梁，一端固定，另一端受一竖直向下的横向集中载荷 P 作用。当集中力沿过横截面型心 C 的非对称轴作用时，我们发现该薄壁梁不仅会发生向下的弯曲，还将发生如图 11.21（a）所示的顺时针扭转变形。

为了理解薄壁梁发生扭转变形的原因，考察梁横截面翼缘和腹板上的剪流分布，如图 11.21（b）所示。将这些分布剪流在翼缘和腹板面积上积分后，可给出翼缘中的合内力 F_f 和腹板中的合内力 $V=P$，如图 11.21（c）所示。这些内力关于横截面上 A 点取矩，可见翼缘上的内力 F_f 构成了关于 x 轴的扭矩，该扭矩是引起薄壁梁扭转的原因。如图 11.21（a）所示，从梁的前面看，实际的扭转是顺时针的，这是因为剪流合力构成了关于 x 轴的扭矩，为了保持横截面上力矩的平衡，截面上必然出现附加扭矩，且方向与剪流构成的扭矩方向相反，该截面附加扭矩使梁的实际扭转方向为顺时针。对于扭转刚度小的薄壁梁，横向外载可能引起大扭转变形和高扭转剪应力，因此，要避免横向集中载荷导致的弯和扭变形同时发生的情况。针对图 11.21（a）所示薄壁梁受横向集中载荷的情况，为了防止这种弯–扭转同时出现的情况，需要在距离梁腹板为 e 的点 O 处施加集中外载 P，如图 11.21（d）所示，并要求 $\sum M_A = F_f d = Pe$，即

$$e = \frac{F_f d}{P} \tag{11.10}$$

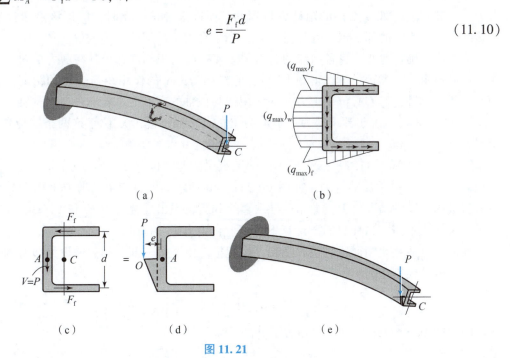

图 11.21

采用 11.5 节的方法，可利用外载 P 和翼缘及腹板的几何尺寸估算 F_f，将结果代入式（11.10）消去外载 P，e 可写成仅与横截面几何尺寸相关的函数，而不再是 P 的函数。这样

确定的 O 点位置称为弯曲中心（弯心）或剪切中心（剪心）。当横向集中载荷 P 作用在弯心时，薄壁梁将仅发生弯曲变形而不发生扭转，如图 11.21（e）所示。综上所述，弯心是仅引起直梁弯曲而不发生扭转时横向外力所作用的点，弯心总是位于梁横截面的一条对称轴上，弯心的位置仅与横截面的几何形状和尺寸有关，与外载无关。

根据上述分析可推论，弯心应始终位于薄壁梁横截面的对称轴上。将图 11.21（a）所示的 C 形横截面顺时针旋转 90°，并且使外载 P 过横截面上的 A 点，如图 11.22（a）所示，则薄壁杆件不会出现扭转变形。因为在这种情况下腹板和翼缘中的剪流是对称的，这些剪流合力关于 A 点取矩为零，如图 11.22（b）所示。显然，如果一个薄壁梁的横截面具有两个对称轴，则弯心将与两个对称轴的交点（质心）重合。

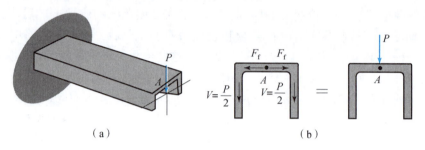

图 11.22

分析薄壁杆件弯心的主要步骤如下：

第 1 步，计算剪流的合力。根据剪流在横截面上各段内"流动"的特征确定剪流的方向，并画出横截面每一段上的合力示意图（参见图 11.21（b）（c））。因为弯心是通过这些合力关于某一点（如 A 点）的矩计算得到的，所以选择这一点时，应把该点选择在使尽可能多的合力矩为零的那一点。计算对 A 点会产生合力矩的那些合力的值。

第 2 步，确定弯心。将各剪流的合力关于 A 点的力矩相加并令其与剪力 V 对 A 点的力矩相等。通过求解该方程，可以得到力臂 e，它给出剪力 V 的作用线与 A 点的距离。如果横截面有一条对称轴，弯心必位于剪力 V 的作用线与该轴的交点上。若不存在对称轴，则将横截面旋转 90° 并重复以上步骤求得另一条剪力 V 的作用线。弯心就位于这两条线成角为 90° 的交点处。

例 11.6 求如图 11.23（a）所示的薄壁直梁的弯心位置。

解：（1）计算剪流的合力。如图 11.23（b）所示为竖直向下的剪力 V 引起的剪流在翼缘和腹板内流动的情况，剪流分布可导致翼缘和腹板中出现合内力 F_f 和 V，如图 11.23（c）所示。对 A 点取矩，这样只需要计算下翼缘上合内力 F_f 的贡献。

横截面分成三块矩形：两块翼缘和一块腹板。由于每一部分都被假设为薄壁构件，因此关于中性轴的惯性矩为

$$I = \frac{1}{12}th^3 + 2\left[bt\left(\frac{h}{2}\right)^2\right] = \frac{th^2}{2}\left(\frac{h}{6} + b\right)$$

根据图 11.23（d），在任意位置 x 处的 q 为

$$q = \frac{VQ}{I} = \frac{V(h/2)(b-x)t}{\frac{th^2}{2}\left[\frac{h}{6}+b\right]} = \frac{V(b-x)}{h\left[\left(\frac{h}{6}\right)+b\right]}$$

合力 F_f 为

$$F_f = \int_0^b q\mathrm{d}x = \frac{V}{h[(h/6)+b]}\int_0^b (b-x)\mathrm{d}x = \frac{Vb^2}{2h[(h/6)+b]}$$

如图 11.23（c）所示。

（2）确定弯心。将合力关于 A 点的力矩相加，见图 11.23（c），并要求：

$$Ve = F_f h = \frac{Vb^2 h}{2h[(h/6)+b]}$$

于是得

$$e = \frac{b^2}{(h/3)+2b}$$

可见，e 仅与横截面的几何形状和尺寸有关。

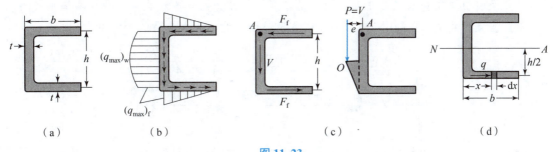

图 11.23

习　题

11.1 如图 P11.1 所示的梁结构由三块钢板装配而成，承受 $V=120$ kN 的剪力作用。求板结合点 A、B 处的剪流。

11.2 如图 P11.2 所示的 T 形梁结构承受 $V=15$ kN 的竖向剪力作用，试求梁中的最大剪应力。

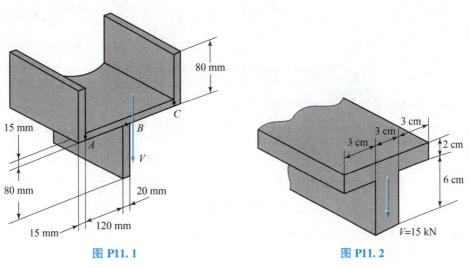

图 P11.1　　　　　　　图 P11.2

11.3 如图 P11.3 所示的悬臂梁，求：
(1) 悬臂支杆截面 a—a 处腹板上 B 点的切应力；
(2) 梁中危险截面上的最大切应力。

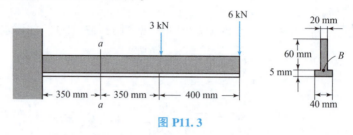

图 P11.3

11.4 如图 P11.4 所示梁结构，其材料的许用剪应力 $\tau_0 = 150$ MPa。
(1) 求杆件端部能够承受的最大作用力 P，A 和 B 处的支座仅在梁上作用有竖向反力；
(2) 当集中力 $P = 1\,000$ N 时，求梁中危险截面上的最大剪应力。

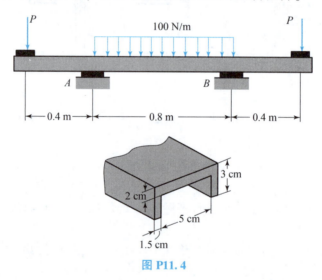

图 P11.4

11.5 T 形梁结构受到如图 P11.5 所示的载荷作用，求梁中危险截面上的最大剪应力。

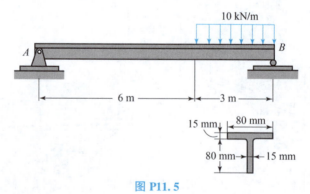

图 P11.5

11.6 梁和所受到的载荷如图 P11.6 所示，考虑 n—n 截面，试求：
(1) 该截面上的最大剪应力；
(2) 点 a 处的剪切应力。

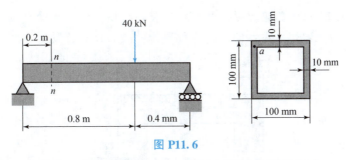

图 P11.6

11.7 如图 P11.7 所示，求作用在梁 a—a 截面上的最大剪切应力。

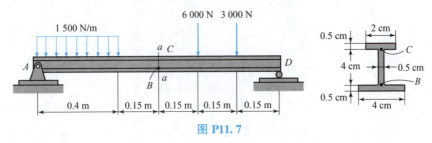

图 P11.7

11.8 如图 P11.8 所示的梁结构由 5 块板铆接而成。若螺栓间距 $s = 200$ mm，受到 $V = 30$ kN，求每个螺栓中的最大剪力。

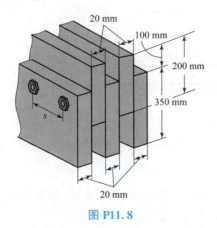

图 P11.8

11.9 图 P11.9 所示的组合截面梁受到的铅垂剪力为 8 kN。已知钉子的最大许用剪力为 500 N，试求钉子间距 s 的最大允许值。

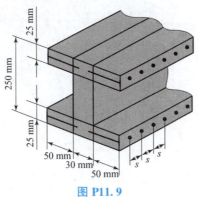

图 P11.9

11.10 图 P11.10 所示的箱形梁由几块木板胶合而成,已知梁受到的铅垂剪力为 6 kN。试求以下胶合面上的平均切应力:(1) A 点位置处;(2) B 点位置处。

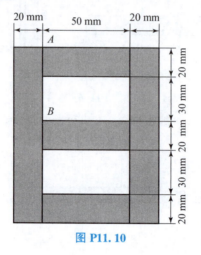

图 P11.10

11.11 如图 P11.11 所示,梁由 3 根聚苯乙烯条胶接而成。若胶水的剪切强度为 80 kPa,试求不致引起胶水失效的最大载荷 P。

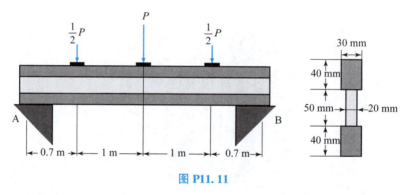

图 P11.11

11.12 如图 P11.12 所示的组合梁受到 $V = 15$ kN 的竖向剪力作用。试求 A 点和 B 点处的剪力流,以及截面上的最大剪力流。

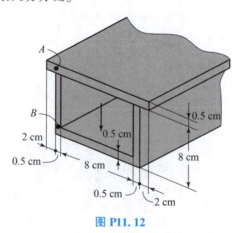

图 P11.12

第 12 章
梁的弹性变形

前两章通过变形及杆件横截面静力学等效关系等知识，推导得到了横向载荷作用下杆件（通常称为梁）横截面上的应力分布规律，主要包括弯矩引起的轴向正应力分布和横向剪切载荷引起的切应力、薄壁剪流分布。本章讨论梁的弹性变形，主要包括梁弹性变形的表征方法和几种求解梁弹性变形的方法。梁的变形分析结果可用于杆件刚度校核，也是目前分析超静定梁的必要条件。

12.1 挠曲线

第 7 章针对悬臂梁弯曲和受均布载荷的梁，通过寻找满足弹性力学基本方程和边界条件的应力函数，给出了应力分布的解析解。后续在弹性力学解答的基础上，结合对称平面弯曲杆件变形的对称性和连续性特征，给出了纯弯杆件的弯曲应力公式，并推广到非对称纯弯杆件的应力分析。基于弯曲应力公式，第 11 章给出了直梁剪切应力公式，进一步完善了受横向载荷杆件的应力分析结果。然而，我们还未系统考察过横向载荷下杆件的弹性变形，而弹性变形对于校核杆件刚度和分析超静定结构是必不可少的，这也是本章研究的重点。

本章将讨论如何确定纯弯载荷下直梁的弹性变形，包括横向位移和横截面转角。横向位移是指直梁横截面形心沿竖直方向的位移（横向位移），该位移通常称为梁的挠度。横截面的转角是指梁变形后横截面法线转过的角度。一方面，在工程设计中，通常对受横向载荷的杆件的变形有一定的限制要求，即刚度校核条件；另一方面，超静定梁的分析也需要静定梁的变形结果作为计算的基础。本章将给出受横向载荷梁挠度和转角的一些基本计算方法，包括积分法和叠加法。最后，介绍如何应用叠加法分析受横向载荷的超静定梁。

梁在横向载荷作用下，弯曲变形后的轴线称为梁的挠曲线。在计算梁的挠度和转角之前，可以根据梁的受力特点，定性绘制挠曲线的形状，即作出挠曲线的示意图。绘制挠曲线示意图有助于判断挠度计算结果是否正确。在绘制时，应注意各种支座对梁挠度和转角的限制。通常能够提供约束力的约束（如铰）会限制梁在该处的挠度，能够产生约束力和力矩的约束（如固定端）会同时限制梁在该处的转角及挠度。图 12.1 所示为梁受力后两种典型的挠曲线形状示意图。若直接绘制梁挠曲线示意图比较困难，可先绘制梁的弯矩图，再借助弯矩图绘制梁挠曲线的示意图。由 10.1 节中截面和弯矩的符号规定可知，弯矩为负，梁的挠曲线向上凸；弯矩为正，梁的挠曲线下凹，如图 12.2 所示。因此，当弯矩图已知时，更容易绘制出梁挠曲线的示意图。如图 12.3（a）所示的梁 ABD，其弯矩图如图 12.3（b）所示。梁 B、D 处分别为活动铰支座和固定铰支座。因此，B、D 处的横向位移一定为零。由图 12.3（b）所示的弯矩图可知，AC 段梁的截面弯矩为负，其间的挠曲线应上凸；CD 段梁的弯矩为正，故其挠曲线应下凹。注意：梁上 C 点处弯矩为零，所以 C 点是挠曲线由上凸变为下凹的拐点。综合考虑上述结果，就能定性地绘制出梁 ABD 挠曲线的形状，如图 12.3（c）所示。

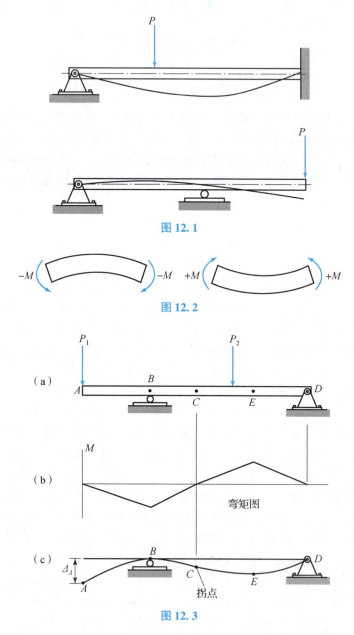

图 12.1

图 12.2

图 12.3

截面弯矩 - 曲率关系：如图 12.4（a）所示，取直梁变形前轴线为坐标轴 x，向右为正，由此坐标可确定变形前微段 $\mathrm{d}x$ 的位置；坐标轴 v 垂直于 x 轴，向上为正，用来描述梁横截面型心变形后沿竖直方向的位移，即梁的挠度。我们将利用这两个坐标轴定义梁的挠曲线方程，即确定 x 的函数 $v(x)$。坐标轴 y 描述梁单元纵向纤维相对于梁中性轴的位置，向上为正，如图 12.4（b）所示。这里坐标轴 x、y 的选取方式与 10.3 节确定对称直梁弯曲变形时一致。

考察梁对称平面 xy 受横向载荷下的弹性变形。虽然梁截面剪力和弯矩均会导致梁的弹性变形，包括挠度和截面转角，但如果梁的长度远大于其横截面特征尺寸，则截面弯矩引起的弹性变形远远大于剪力引起的弹性变形。因此，本章中仅讨论细长对称直梁截面弯矩 M 导致的弹性变形。在弯矩 M 作用下，梁单元变形后两端横截面的夹角为 $d\phi$，如图 12.4（b）所示。线段 dx 表示所取微元变形后的挠曲线；ρ 为该圆弧段的曲率半径，等于曲率中心 O' 至 dx 的距离。引用 10.3 节和 10.4 节关于纯弯对称直梁变形和弯曲应力的讨论结果，有

$$\frac{1}{\rho} = \frac{M}{EI_z} \tag{12.1}$$

式中，ρ——挠曲线上任意一点处的曲率半径，$\kappa = 1/\rho$ 为曲率；

M——曲率半径 ρ 对应横截面上的弯矩；

E——材料的弹性模量；

I_z——梁横截面对中性轴 z 轴的惯性矩。

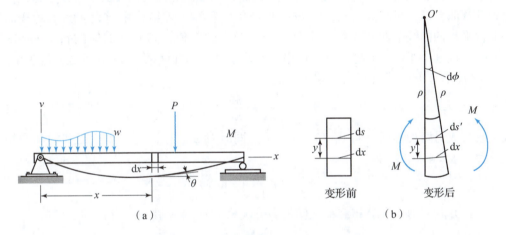

图 12.4

式（12.1）中的乘积 EI_z 称为梁关于 z 轴的抗弯刚度，其数值恒大于零，因而 ρ 的符号取决于相应横截面上弯矩的正负。如图 12.5 所示，当 M 大于零时，ρ 在梁的上方，沿坐标轴 v 的正方向；当 M 小于零时，ρ 在梁的下方，沿坐标轴 v 的负方向。但一般情况下，梁挠曲线的曲率半径 ρ 都是一个非常大的数值。

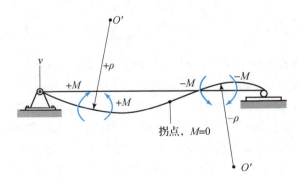

图 12.5

12.2 积分法求梁的挠度和截面转角

梁挠曲线的数学表达式为 $v=f(x)$。为了获得挠曲线的解析表达式，将挠曲线 $f(x)$ 的曲率 $1/\rho$ 用 v 和 x 表示，$f(x)$ 和曲率半径 ρ 之间的微分关系可写为

$$\frac{1}{\rho} = \frac{d^2v/dx^2}{1+(dv/dx)^2}$$

将上式代入式（12.1），得

$$\frac{d^2v/dx^2}{1+(dv/dx)^2} = \frac{M}{EI} \tag{12.2}$$

式（12.2）省略了关于中性轴（z 轴）惯性矩 I_z 的下角标，是一个二阶非线性微分方程，该方程的解可以给出纯弯矩（M）引起的挠曲线的精确表达式。但是利用高等数学的知识仅能对个别简单的情况获得该方程的解。为了便于计算大多数对称平面弯曲直梁由于截面弯矩导致的弹性弯曲变形，可将式（12.2）进一步简化。实际工程结构中，大多数梁的挠曲线是一条非常平坦的曲线，曲率半径 ρ 都是一个非常大的数值，因此挠曲线的斜率 dv/dx 非常小，其平方远远小于 1，在式（12.2）中可忽略不计。因此曲率 $\kappa = 1/\rho$ 可近似地表示成 $\kappa = 1/\rho = d^2v/dx^2$，于是，式（12.2）可简化为

$$\frac{d^2v}{dx^2} = \frac{M}{EI} \tag{12.3}$$

上式可改写成另两种形式。将式（12.3）两边同时对 x 求导，并利用截面剪力和弯矩之间的微分关系 $V = dM/dx$，得

$$\frac{d}{dx}\left(EI\frac{d^2v}{dx^2}\right) = V(x) \tag{12.4}$$

再次求导，并利用剪力和分布载荷之间的微分关系 $-w(x) = dV/dx$，得

$$\frac{d}{dx}\left(EI\frac{d^2v}{dx^2}\right) = -w(x) \tag{12.5}$$

假设沿梁长度方向，抗弯刚度 EI 为常数，上述结果可表示成形式

$$EI\frac{d^4v}{dx^4} = -w(x) \tag{12.6}$$

$$EI\frac{d^3v}{dx^3} = V(x) \tag{12.7}$$

$$EI\frac{d^2v}{dx^2} = M(x) \tag{12.8}$$

通过对上述任一微分方程多次积分，可得到梁挠曲线上各点的挠度 v。但每一次积分都将引入一个积分常数，只有确定了相应的积分常数后，才能获得挠曲线唯一的解析表达式。若将作用于梁的分布载荷 w 表示为 x 的函数，利用式（12.6）求解，则需要确定 4 个积分常数。如果梁的弯矩 $M(x)$ 已知，利用式（12.8）求解，则只需要确定两个积分常数。

由 10.1 节绘制弯矩图和剪力图的知识可知，当梁受力不连续时，如果同时作用多个分布载荷和集中载荷，则弯矩方程必须写成分段函数的形式，各分段函数 x 坐标的原点可任意选取。对于如图 12.6（a）所示的梁，写 AB、BC 和 CD 段弯矩方程时，坐标轴 x_1、x_2 和 x_3 可按图 12.6（b）或图 12.6（c）所示的方式选取，或者按其他任何可以使 $M=f(x)$ 尽可能

简洁的方式选取。应用式（12.8），将这些弯矩方程积分，并确定积分常数，即可获得各段梁的挠度和转角方程（即挠曲线）。

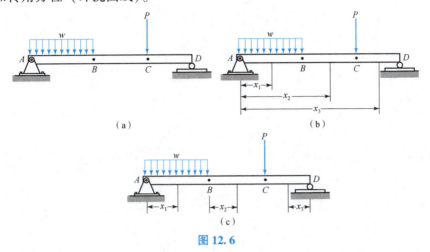

图 12.6

（1）符号约定与坐标系。在应用式（11.6）~式（11.8）时，应特别注意 M、V 或 w 的符号约定。第 10 章已经给出了它们的符号约定，如图 12.7（a）所示，其中给出了 M、V 或 w 符号为正时的情况。在挠曲线计算过程中还约定：x 向右为正，挠度 v 向上为正，转角 ϕ 逆时针为正，如图 12.7（b）所示。此时，当 x 和 v 方向的增量 dx 和 dv 均大于零时，$d\phi$ 为逆时针转向；反之，若 x 向左为正，ϕ 变为顺时针转动为正，如图 12.7（c）所示。图 12.7（d）给出了典型对称梁受弯后三维变形示意图，其中 xy 平面为梁的对称平面。

应当指出的是，由于在挠度曲线计算过程中假设 dv/dx 非常小，梁变形前的轴线长度与变形后的挠曲线长度几乎相等。也就是说，由于 $ds = \sqrt{(dx)^2 + (dv)^2} = \sqrt{1 + (dv/dx)^2} \approx dx$，因此图 12.7（b）（c）中的 ds 近似等于 dx。所以可以近似认为挠曲线上各点只存在竖直方向的位移，而没有水平方向的位移。同理，由于转角 ϕ 非常小，可近似由 $\phi \approx \tan\phi \approx dv/dx$ 计算其弧度值。

（2）边界条件和连续条件。用积分法求梁的弯曲变形时，积分过程中出现的积分常数可由梁上某特定位置处横截面上已知的剪力、弯矩、转角或位移确定。这些已知的剪力、弯矩、转角和位移为边界条件。求解受弯杆件弯曲变形时，常用的边界条件见图 12.8。在各种活动或固定铰支座处，梁的挠度等于零。若梁端存在铰支座，则支座处的弯矩等于零。梁的固定端，其转角和挠度均为零；梁的自由端，其弯矩和剪力均为零。若梁的两部分通过中间铰连接在一起，则在连接处的弯矩为零，如图 12.8（g）所示。

当用分段函数表示梁的转角和挠度时，还需要用到连续条件确定积分常数。例如图 12.9（a）所示的梁，坐标轴 x_1 和 x_2 的原点均选在 A 点，x_1 的取值范围为 $0 \leq x_1 \leq a$，x_2 的取值范围为 $a \leq x_2 \leq a+b$。由于挠曲线是一条光滑连续的曲线，因此在梁上 B 截面处两个挠曲线方程计算得到的转角和挠度应相等，即 $\phi_1(a) = \phi_2(a)$，$v_1(a) = v_2(a)$。利用连续条件还可确定两个积分常数。另外，若按图 12.9（b）选取坐标轴 x_1 和 x_2，即有 $0 \leq x_1 \leq a$，$0 \leq x_2 \leq b$，则梁上 B 处的连续条件为 $\phi_1(a) = -\phi_2(b)$，$v_1(a) = v_2(b)$，转角中的负号是因为在图 12.9（b）这种情况下，x_1 向右为正，x_2 向左为正，ϕ_1 逆时针转向为正，ϕ_2 顺时针转向为正，参见图 12.7（b）（c）。

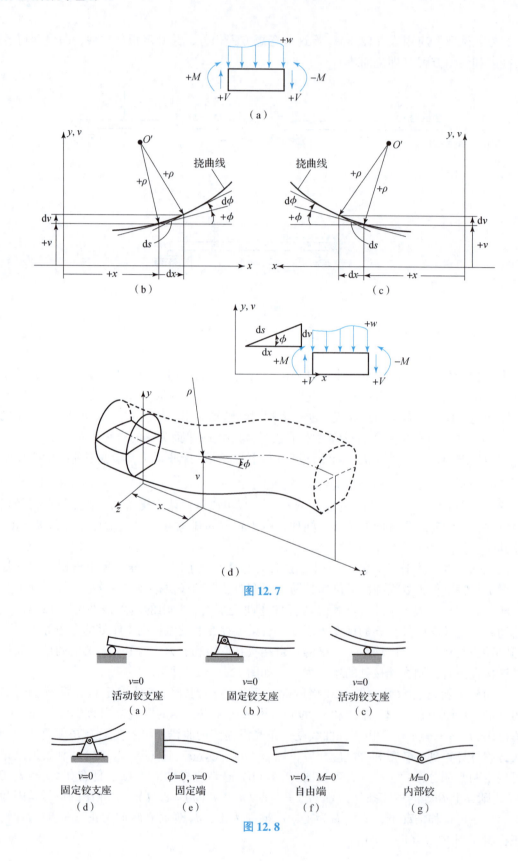

图 12.7

图 12.8

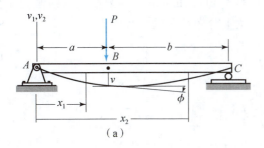
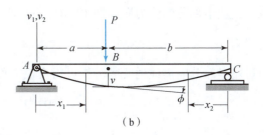

图 12.9

用积分法求梁挠度和转角的基本步骤如下：

第 1 步，绘制挠曲线的示意图。定性绘制梁挠曲线示意图，图中要保证梁固定端处的转角和挠度均为零，活动铰支座处的挠度为零。

建立 x 和 v 坐标轴：x 轴平行于梁变形前的轴线，原点可为梁上任意一点，正向既可向右也可向左，当梁上作用多个不连续载荷时，可在各间断点之间分段建立 x 轴，以便计算过程更加简洁；任何情况下，均要求 v 轴向上为正。

第 2 步，列载荷方程或弯矩方程。写出梁在每一段中横向载荷 w 或弯矩随 x 坐标变化的函数。要特别注意利用平衡方程确定弯矩方程 $M = f(x)$ 时，必须假设横截面上弯矩的符号为正。

第 3 步，计算转角和挠曲线方程。若 EI 是常量，则可以利用含有载荷的微分方程 $EI(\mathrm{d}^4 v/\mathrm{d}x^4) = -w(x)$，经过 4 次积分得到挠曲线方程 $v = v(x)$；也可以利用含弯矩的方程 $EI(\mathrm{d}^2 v/\mathrm{d}x^2) = M(x)$，经过两次积分获得挠度曲线方程。每次积分过程中，不要遗漏积分常数。

积分常数由支座处的边界条件（图 12.8）及挠曲线交接点转角和位移的连续条件确定。求出积分常数并代入梁的转角和挠曲线方程，就可以计算梁上任意位置处的转角和挠度。

例 12.1 如图 12.10（a）所示的简支梁受三角形分布载荷，求梁的最大挠度。设 EI 为常数。

解：（1）绘制挠曲线示意图。因为梁上没有不连续的外载，且由于对称性，仅需要建立一个坐标轴 x，使得 $0 \leqslant x \leqslant L/2$，梁的挠曲线大致形状如图 12.10（a）所示。由于梁跨中横截面处的转角为零，所以此处挠度最大。

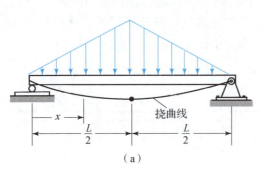
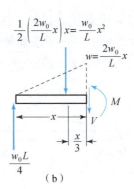

图 12.10

（2）列弯矩方程。分布载荷方向向下，由符号约定可知为正。将梁在任意横截面 x 处截开，左半部分的受力图如图 12.10（b）所示。梁上分布载荷的方程为

$$w = \frac{2w_0}{L}x \tag{1}$$

通过左半部分隔离体的受力分析可得弯矩方程：

$$\curvearrowleft + \Sigma M_{NA} = 0; \quad M + \frac{w_0 x^2}{L}\left(\frac{x}{3}\right) - \frac{w_0 L}{4}(x) = 0$$

$$M = -\frac{w_0 x^3}{3L} + \frac{w_0 L}{4}x \tag{2}$$

（3）计算转角和挠曲线方程。由式（12.8）积分两次，得

$$EI\frac{d^2 v}{dx^2} = M = -\frac{w_0 x^3}{3L} + \frac{w_0 L}{4}x$$

$$EI\frac{dv}{dx} = -\frac{w_0}{12L}x^4 + \frac{w_0 L}{8}x^2 + C_1$$

$$EIv = -\frac{w_0}{60L}x^5 + \frac{w_0 L}{24}x^3 + C_1 x + C_2 \tag{3}$$

由边界条件（$x=0$ 时 $v=0$），以及梁中点处的对称性条件（$x=L/2$ 时，$dv/dx=0$），可求得式（3）中的积分常数：

$$C_1 = -\frac{5w_0 L}{192}, \quad C_2 = 0$$

所以，梁的转角和挠曲线方程为

$$EI\frac{dv}{dx} = -\frac{w_0}{12L}x^4 + \frac{w_0 L}{8}x^2 - \frac{5w_0 L}{192}$$

$$EIv = -\frac{w_0}{60L}x^5 + \frac{w_0 L}{24}x^3 - \frac{5w_0 L}{192}x$$

当 $x = L/2$ 时，梁挠度绝对值的最大值为

$$v_{\max} = \frac{w_0 L^4}{120 EI}$$

例 12.2 如图 12.11（a）所示的外伸梁，在自由端受集中载荷 P，求 C 处的挠度。设 EI 为常数。

解：（1）绘制挠曲线示意图。梁的挠曲线大致形状如图 12.11（a）所示。B 处受支反力作用，因此梁上存在不连续的外载，需要分别建立两个坐标轴 x_1 和 x_2，$0 \leq x_1 \leq 2a$，$0 \leq x_2 \leq a$，其中坐标轴 x_2 的原点为 C 点，向左为正。

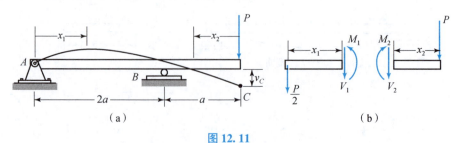

图 12.11

(2) 列弯矩方程。由图 12.11（b）所示的受力图，得
$$M_1 = -\frac{P}{2}x_1, \quad M_2 = -Px_2$$

(3) 计算转角和挠曲线方程。

对于 AB 段，由式（12.8）得
$$EI\frac{d^2v_1}{dx_1^2} = -\frac{P}{2}x_1$$

$$EI\frac{dv_1}{dx_1} = -\frac{P}{4}x_1^2 + C_1 \tag{1}$$

$$EIv_1 = -\frac{P}{12}x_1^3 + C_1 x_1 + C_2 \tag{2}$$

对于 BC 段，由式（12.8）得
$$EI\frac{d^2v_2}{dx_2^2} = -Px_2$$

$$EI\frac{dv_2}{dx_2} = -\frac{P}{2}x_2^2 + C_3 \tag{3}$$

$$EIv_2 = -\frac{P}{6}x_2^3 + C_3 x_2 + C_4 \tag{4}$$

因此需要 4 个条件，确定 4 个积分常数。这 4 个条件可以由三个边界条件和一个连续条件给出。其中，边界条件为：$x_1=0$ 时，$v_1=0$；$x_1=2a$ 时，$v_1=0$；$x_2=a$ 时，$v_2=0$。连续条件为 B 处的转角连续，即 $x_1=2a$ 时，$dv_1/dx_1 = -dv_2/dx_2$。应用上述 4 个边界条件，得

$x_1=0$ 时，$v_1=0$； $0 = 0 + 0 + C_2$

$x_1=2a$ 时，$v_1=0$； $0 = -\dfrac{P}{12}(2a)^3 + C_1(2a) + C_2$

$x_2=a$ 时，$v_2=0$； $0 = -\dfrac{P}{6}a^3 + C_3 a + C_4$

$\dfrac{dv_1(2a)}{dx_1} = \dfrac{dv_2(a)}{dx_2}$； $-\dfrac{P}{4}(2a)^2 + C_1 = -\left[-\dfrac{P}{2}(a)^2 + C_3\right]$

联立求解，得
$$C_1 = \frac{Pa^2}{3}, \quad C_2 = 0, \quad C_3 = \frac{7}{6}Pa^2, \quad C_4 = -Pa^3$$

将 C_3 和 C_4 代入式（4），得
$$v_2 = -\frac{P}{EI}x_2^3 + \frac{7Pa^2}{6EI}x_2 - \frac{Pa^3}{EI}$$

令 $x_2=0$，得 C 处的挠度为
$$v_C = -\frac{Pa^3}{EI}$$

12.3 叠加法

微分方程 $EI d^4v/dx^4 = -w(x)$ 满足叠加原理的两个必要条件为：分布载荷 $w(x)$ 与挠度

$v(x)$ 保持线性关系,梁受力后的变形满足小变形假设。因此,当构件满足上述两个必要条件,且构件上作用多个载荷时,可用叠加法求其变形。例如,若由某载荷单独作用时引起的位移为 v_1,另一载荷单独作用时引起的位移为 v_2,则在这两个载荷共同作用下的位移等于这两个载荷单独作用时位移的代数和 $v_1 + v_2$。典型支座约束条件下受弯杆件在各种简单载荷作用下的变形包括转角和挠曲线,均可在相关的工程设计手册中查得。当梁承受多个载荷作用时,可以将每个载荷单独作用的结果进行代数叠加,进而获得其承受多个载荷作用时某指定位置处的转角和位移。在下面的例题中将介绍如何用叠加法求解梁的转角和挠度。

例 12.3 试求如图 12.12(a)所示的梁在 C 处的挠度和 A 处的转角。设 EI 为常数。

解:梁上的载荷可分解为如图 12.12(b)(c)所示的两部分。查相关的设计手册可得各载荷在 C 处引起的挠度和 A 处引起的转角。

对于分布载荷,有

$$(\phi_A)_1 = \frac{3wL^3}{128EI} = \frac{3 \times 4 \text{ kN/m} \times (8 \text{ m})^3}{128EI} = \frac{48 \text{ kN} \cdot \text{m}^2}{EI} \curvearrowright \tag{1}$$

$$(v_C)_1 = \frac{5wL^3}{768EI} = \frac{5 \times 4 \text{ kN/m} \times (8 \text{ m})^4}{768EI} = \frac{106.67 \text{ kN} \cdot \text{m}^3}{EI} \downarrow \tag{2}$$

对于 10 kN 的集中力,有

$$(\phi_A)_2 = \frac{PL^2}{16EI} = \frac{10 \text{ kN} \times (8 \text{ m})^2}{16EI} = \frac{40 \text{ kN} \cdot \text{m}^2}{EI} \curvearrowright \tag{3}$$

$$(v_C)_2 = \frac{PL^3}{48EI} = \frac{10 \text{ kN} \times (8 \text{ m})^3}{48EI} = \frac{106.67 \text{ kN} \cdot \text{m}^3}{EI} \downarrow \tag{4}$$

C 点处的总挠度和 A 处的总转角分别等于上述结果的代数和,于是有

$$(+\curvearrowright) \quad \phi_A = (\phi_A)_1 + (\phi_A)_2 = \frac{88 \text{ kN} \cdot \text{m}^2}{EI} \curvearrowright \tag{5}$$

$$(+\downarrow) \quad v_C = (v_C)_1 + (v_C)_2 = \frac{213.34 \text{ kN} \cdot \text{m}^3}{EI} \downarrow \tag{6}$$

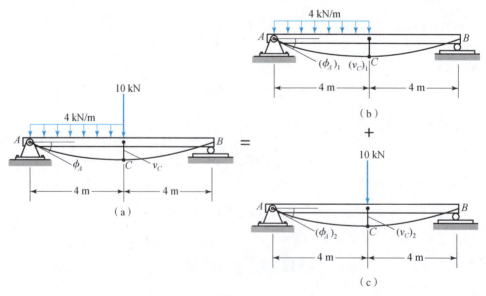

图 12.12

例 12.4 试求如图 12.13（a）所示外伸梁 C 处的位移。设 EI 为常数。

解： 工程设计手册中很少包括外伸梁这种载荷情况的挠曲线方程，因此需将梁转化为一个典型的简支梁加上一个悬臂梁，如图 12.13（b）~（d）所示。首先，计算简支梁在分布载荷作用下引起的 B 处转角，如图 12.13（b）所示，有

$$(\phi_B)_1 = \frac{wL^3}{24EI} = \frac{6 \text{ kN/m} \times (6 \text{ m})^3}{24EI} = \frac{54 \text{ kN} \cdot \text{m}^2}{EI} \curvearrowleft \quad (1)$$

由于该转角非常小，故有 $(\phi_B)_1 \approx \tan(\phi_B)_1$，于是 C 处竖直方向的位移（挠度）为

$$(v_C)_1 = 4 \text{ m} \times \frac{54 \text{ kN} \cdot \text{m}^2}{EI} = \frac{216 \text{ kN} \cdot \text{m}^3}{EI} \uparrow \quad (2)$$

外伸端处 15 kN 的集中力静力等效于简支梁 B 处一个 15 kN 的集中力和一个 60 kN·m 的集中力矩，如图 12.13（c）所示。其中，15 kN 的集中力与支座反力平衡，因此在 B 处不产生任何变形，无转角和位移；60 kN·m 的集中力矩可导致 B 处截面出现转角，该转角为

$$(\phi_B)_2 = \frac{M_0 L}{3EI} = \frac{60 \text{ kN} \cdot \text{m} \times 6 \text{ m}}{3EI} = \frac{120 \text{ kN} \cdot \text{m}^2}{EI} \curvearrowright \quad (3)$$

由此引起的 C 处竖直位移（挠度）为

$$(v_C)_2 = 4 \text{ m} \times \frac{120 \text{ kN} \cdot \text{m}^2}{EI} = \frac{480 \text{ kN} \cdot \text{m}^3}{EI} \downarrow \quad (4)$$

最后，如图 12.13（d）所示，计算悬臂梁 BC 部分由 15 kN 的力引起的位移，得

$$(v_C)_3 = \frac{PL^3}{3EI} = \frac{15 \text{ kN} \times (4 \text{ m})^3}{3EI} = \frac{320 \text{ kN} \cdot \text{m}^3}{EI} \downarrow \quad (5)$$

将上述各结果代数叠加，可得 C 处的最终位移：

$$(+\downarrow) \quad v_C = -\frac{216 \text{ kN} \cdot \text{m}^3}{EI} + \frac{480 \text{ kN} \cdot \text{m}^3}{EI} + \frac{320 \text{ kN} \cdot \text{m}^3}{EI} = \frac{584 \text{ kN} \cdot \text{m}^3}{EI} \downarrow \quad (6)$$

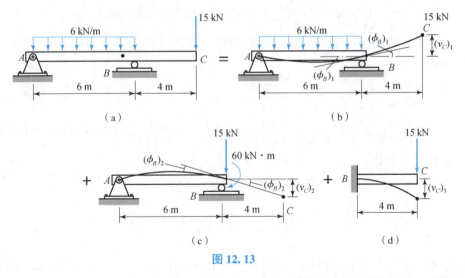

图 12.13

例 12.5 图 12.14（a）所示钢杆的两端 A、B 处由弹簧支承，两弹簧的刚度均为 $k = 50$ kN/m，弹簧初始保持原长。杆在 C 处受一 5 kN 的集中力，试求集中力作用处的垂直方向位移。忽略杆的自重，并已知钢杆的弹性模量 $E_{st} = 200$ GPa，惯性矩 $I = 4.6875 \times 10^{-6}$ m^4。

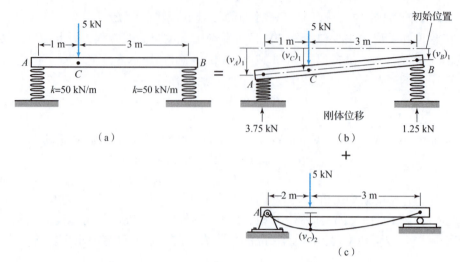

图 12.14

解：计算 A、B 两端的约束反力，并示于图 12.14（b）中。各弹簧的变形量为

$$(v_A)_1 = \frac{3.75 \text{ kN}}{50 \text{ kN/m}} = 0.075 (\text{m}) \downarrow \tag{1}$$

$$(v_B)_1 = \frac{1.25 \text{ kN}}{50 \text{ kN/m}} = 0.025 (\text{m}) \downarrow \tag{2}$$

假设杆是刚性的，杆本身不产生变形，则由上述弹簧变形引起的杆的位置变化如图 12.14（b）所示。此时 C 处的垂直方向位移为

$$(v_C)_1 = (v_B)_1 + \frac{3 \text{ m}}{4 \text{ m}}[(v_A)_1 - (v_B)_1]$$

$$= 0.025 \text{ m} + \frac{3 \text{ m}}{4 \text{ m}}(0.075 \text{ m} - 0.025 \text{ m}) = 0.0625 (\text{m}) \downarrow \tag{3}$$

实际上，杆是可变形的，杆变形引起的 C 处的垂直方向位移如图 12.14（c）所示，查工程设计手册可得

$$(v_C)_1 = \frac{Pab}{6EIL}(L^2 - b^2 - a^2)$$

$$= \frac{5 \text{ kN} \times 1 \text{ m} \times 3 \text{ m} \times [(4 \text{ m})^2 - (3 \text{ m})^2 - (1 \text{ m})^2]}{6 \times 200 \times 10^6 \text{ kN/m}^2 (\times 4.6875 \times 10^{-6} \text{ m}^4) \times 4 \text{ m}} = 0.004 \text{ m} = 4.0 (\text{mm}) \downarrow \tag{4}$$

将上述结果代数叠加得

$$+ \downarrow \quad (v_C)_1 = 0.0625 \text{ m} + 0.004 \text{ m} = 0.0665 \text{ m} = 66.5 (\text{mm}) \downarrow \tag{5}$$

12.4 超静定杆件

超静定轴向拉压和扭转杆件的分析方法已经在 9.4 节进行了讨论。本节将讨论分析受横向载荷超静定梁的基本方法。多于维持结构静力平衡所必需的约束反力为多余约束力，这里的约束力为广义约束力，包括约束力和约束力矩。多余广义约束力的数目称为超静定次数。如图 12.15（a）所示的梁，其受力分析如图 12.15（b）所示，有 4 个未知约束力，但只有 3 个有效平衡方程，因此该梁结构为一次超静定结构。A_y、B_y、M_A 中的任何一个均可看作

多余约束力，因为去掉其中任何一个约束力，都仍然能使该梁保持静力平衡。然而，A_x 不能作为多余约束力，因为一旦去掉 A_x，将无法满足平衡方程 $\sum F_x = 0$。类似地，图 12.16（a）所示的连续梁，其受力分析如图 12.16（b）所示，有 5 个约束力，但只有 3 个有效平衡方程，因此该梁结构为二次超静定结构。A_y、B_y、C_y、D_y 中的任何两个均可看作多余约束力。

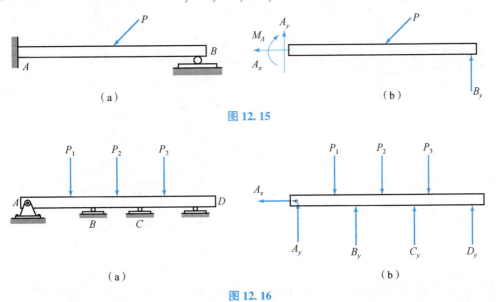

图 12.15

图 12.16

为了求解超静定梁的约束力，需首先确定多余约束力。这些多余约束力可根据变形几何关系，即变形协调条件来确定。一旦求得多余约束力，就可以根据静力平衡方程求解剩余的约束力。12.5 节和 12.6 节将分别讨论如何采用积分法和叠加法分析超静定梁。

12.5　积分法分析超静定梁

当写出梁的弯矩方程后，可由 12.2 节介绍的积分法，将微分方程 $d^2v/dx^2 = M/(EI)$ 积分两次求梁的变形。但如果梁为超静定杆件，列出的弯矩方程中将包含未知的多余约束力，积分后就需要同时确定两个积分常数和所有的未知多余约束力，尽管如此，这些未知量总可以根据边界条件和连续条件求得。如图 12.17（a）所示的超静定梁有一个多余约束力，该多余约束力可以是图 12.17（b）中 A_y、B_y、M_A 三者之一。当确定了多余约束力后，就可以写出包含多余约束力的弯矩方程，将挠曲线微分方程积分两次，通过如下三个边界条件确定积分常数和多余约束力：$x=0$ 时，$v=0$；$x=0$ 时，$dv/dx=0$；$x=L$ 时，$v=0$。

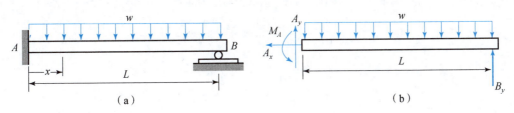

图 12.17

下面的例题说明上述积分方法的具体应用，解题步骤与12.2节的相同。

例 12.6 如图 12.18（a）所示的梁，承受分布载荷作用。求 A 处的约束反力。设 EI 为常数。

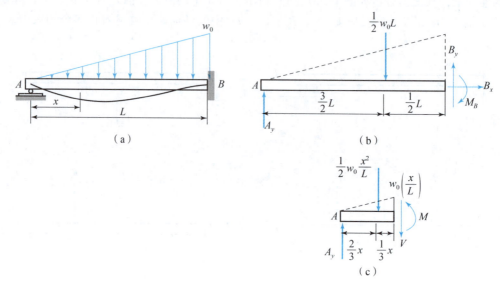

图 12.18

解：（1）绘制挠曲线示意图。梁的变形如图 12.18（a）所示。只需建立一个坐标轴 x，取 x 向右为正。

（2）列弯矩方程。由图 12.18（b）所示的受力图可知，梁为一次超静定结构。取图 12.18（c）所示的隔离体进行分析，得到含有 A 处约束反力的弯矩方程：

$$M = A_y x - \frac{1}{6} w_0 \frac{x^3}{L} \tag{1}$$

（3）计算转角和挠曲线方程。由式（12.8）得

$$EI \frac{d^2 v}{dx^2} = A_y x - \frac{1}{6} w_0 \frac{x^3}{L} \tag{2}$$

$$EI \frac{dv}{dx} = \frac{1}{2} A_y x^2 - \frac{1}{24} w_0 \frac{x^4}{L} + C_1 \tag{3}$$

$$EI v = \frac{1}{6} A_y x^3 - \frac{1}{120} w_0 \frac{x^5}{L} + C_1 x + C_2 \tag{4}$$

其中，3 个未知量 A_y、C_1、C_2 由 3 个边界条件确定：$x = 0$ 时，$v = 0$；$x = L$ 时，$dv/dx = 0$；$x = L$ 时，$v = 0$。即

$$x = 0, \quad v = 0; \quad 0 = 0 - 0 + 0 + C_2 \tag{5}$$

$$x = L, \quad \frac{dv}{dx} = 0; \quad 0 = \frac{1}{2} A_y L^2 - \frac{1}{24} w_0 L^3 + C_1 \tag{6}$$

$$x = L, \quad v = 0; \quad 0 = \frac{1}{6} A_y L^3 - \frac{1}{120} w_0 L^4 + C_1 L + C_2 \tag{7}$$

解得

$$A_y = \frac{1}{10} w_0 L \tag{8}$$

$$C_1 = -\frac{1}{120}w_0 L^3, \quad C_2 = 0 \tag{9}$$

由 A_y 的结果，根据平衡方程可计算出 B 处的约束反力，结果分别为：$B_x = 0$，$B_y = 2w_0 L/5$，$M_B = w_0 L^2 / 15$。

例 12.7 如图 12.19（a）所示的梁两端固定，受均布横向载荷作用，求梁的约束反力，其中轴向载荷对变形的影响忽略不计。

解：（1）绘制挠曲线示意图。梁的变形如图 12.19（a）所示。由于载荷在整个梁上是连续分布的，所以只需建立一个坐标轴 x。

（2）列弯矩方程。由图 12.19（b）所示的受力图可知，由于梁的结构和受力的对称性，支座 A、B 处的剪力和弯矩一定相等，由平衡方程 $\sum F_y = 0$ 得

$$V_A = V_B = \frac{wL}{2} \tag{1}$$

梁为一次超静定结构，M' 为多余约束力。取如图 12.19（c）所示的隔离体进行分析，可得到如下含有 M' 的弯矩方程：

$$M = \frac{wL}{2}x - \frac{w}{2}x^2 - M' \tag{2}$$

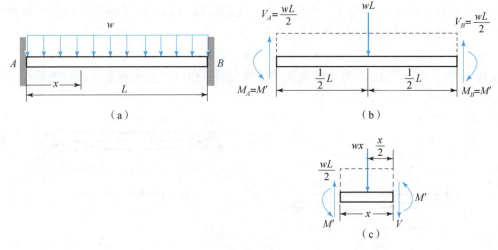

图 12.19

（3）计算转角和挠曲线方程。由式（12.8）得

$$EI\frac{d^2v}{dx^2} = \frac{wL}{2}x - \frac{w}{2}x^2 - M' \tag{3}$$

$$EI\frac{dv}{dx} = \frac{wL}{4}x^2 - \frac{w}{6}x^3 - M'x + C_1 \tag{4}$$

$$EIv = \frac{wL}{12}x^3 - \frac{w}{24}x^4 - \frac{1}{2}M'x^2 + C_1 x + C_2 \tag{5}$$

其中，3 个未知量 M'、C_1 和 C_2 可由 3 个边界条件确定：$x = 0$ 时，$v = 0$，得 $C_1 = 0$；$x = 0$ 时，$dv/dx = 0$，得 $C_2 = 0$；$x = L$ 时，$v = 0$，得 $M' = wL^2/12$。由对称性可知，剩下的一个边界条件（$x = L$ 时，$dv/dx = 0$）自动满足。

上述积分法适用于仅用一个坐标轴 x 即可描述梁挠曲线的情况。如果需要多个坐标轴分段描述挠曲线，则求解过程中必须涉及连续性条件，从而使计算过程过于复杂。

12.6 叠加法分析超静定梁

前述章节中已经介绍了采用叠加法求轴向拉压杆件和扭转杆件中的多余约束力的基本方法，也可以采用叠加法求解超静定杆件的多余约束力。基本思路：首先，确定多余约束力，去掉这些多余约束力，得到只承受已知外载的稳定静定结构，该结构称为原超静定梁的基本结构，也称为基梁；在基梁上分别逐次单独作用多余约束力（为广义力，可以是力，也可以是力矩），然后利用叠加原理，即可得到原实际载荷作用下的超静定梁；最后（这是最关键的步骤），根据存在多余约束力处支座的变形协调条件，建立位移协调方程，求解多余约束力。由于该方法可以直接求出多余约束力，因此称为力法。一旦求出多余约束力，即可根据有效的静力平衡方程求解梁的其他约束反力。

为了具体说明上述求解方法，考虑如图 12.20（a）所示的梁，若取活动铰支座 B 处的约束反力 B_y 为多余约束力，则此超静定梁的基梁结构如图 12.20（b）所示。由多余约束力 B_y 单独作用的基梁如图 12.20（c）所示。基梁在已知外载作用下，支座 B 处产生的位移为 v_B；基梁在多余约束力 B_y 作用下，支座 B 处产生的位移为 v'_B。由于原梁结构支座 B 处的挠度等于零，因此 B 处的变形协调方程为

$$(+ \uparrow) \quad 0 = -v_B + v'_B \tag{1}$$

位移 v_B 和 v'_B 可利用 12.3 节中的叠加法计算得到，也可以直接查工程设计手册得

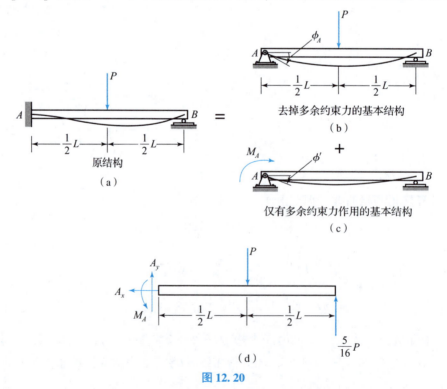

图 12.20

$$v_B = \frac{5PL^3}{48EI}, \quad v'_B = \frac{B_y L^3}{2EI} \tag{2}$$

代入变形协调方程，得

$$0 = -\frac{5PL^3}{48EI} + \frac{B_y L^3}{2EI} \tag{3}$$

$$B_y = \frac{5}{16}P \tag{4}$$

求出 B_y 后，由图 12.20（d）所示梁的受力图，根据 3 个平衡方程求出固定端处的约束反力结果：$A_x = 0$，$A_y = \frac{11}{16}P$，$M_A = \frac{3}{16}PL$。

如 12.4 节所述，只要能够确保基本结构是静定的，那么多余约束力的选择可以是任意的。例如，可选择梁 A 处的约束反力矩为多余约束力，如图 12.21（a）所示。此时去掉 M_A，将不限制梁在 A 处截面的转动，所以基本结构在 A 处的约束变为固定铰支座，如图 12.21（b）所示。在 M_A 单独作用下的基本结构如图 12.21（c）所示。设在外力 P 作用下梁基本结构在支座 A 截面处产生的转角为 ϕ_A，多余约束弯矩 M_A 作用下梁基本结构在支座 A 截面处产生的转角为 ϕ'，则 A 截面处转角的变形协调方程为

$$(\curvearrowright +) \quad 0 = \phi_A + \phi' \tag{1}$$

查工程设计手册，得

$$\phi_A = \frac{PL^2}{16EI}; \quad \phi' = \frac{M_A L}{3EI} \tag{2}$$

于是有

$$M_A = -\frac{3}{16}PL \tag{3}$$

该结果与前面所得结果相同。式（3）中的负号说明图 12.21（c）中所假设的 M_A 方向与实际方向相反。

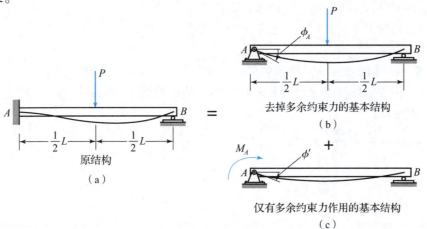

图 12.21

接下来，以图 12.22（a）所示的结构为例说明这种求解方法。该结构为两次超静定梁，因此需要建立两个变形协调方程。取支座 B、C 处的约束反力为多余约束力，去掉多余约束力后静定基梁的挠曲线如图 12.22（b）所示。基梁在各个多余约束力单独作用下的变形分

别如图 12.22（c）（d）所示。根据叠加原理，B、C 处位移的变形协调方程为

$$(+\downarrow)\quad 0 = v_B + v_B' + v_B''; \quad (+\downarrow)\quad 0 = v_C + v_C' + v_C''$$

其中，v_B' 和 v_C' 由未知量 B_y 表示，v_B'' 和 v_C'' 由未知量 C_y 表示，通过查工程结构手册得到这些位移后，代入式（12.9），得到两个只含有 B_y、C_y 的方程，联立求解即可求出未知量 B_y 和 C_y。

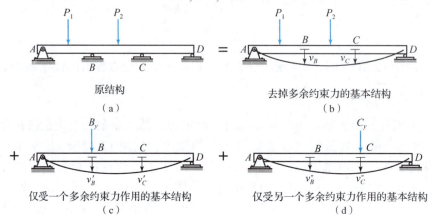

图 12.22

叠加法求解超静定梁或轴的基本步骤如下：

第 1 步，绘制挠曲线示意图。首先，明确多余约束力的个数和位置，去掉多余约束力，使原超静定结构转化为一个稳定的静定基本结构。根据叠加原理，画出原超静定梁以及稳定的静定基梁。在基梁上作用与原超静定梁上相同的外载荷，在余下的基梁上再分别单独作用各个多余约束力。

第 2 步，列变形协调方程。根据多余约束力处的支承特点，列变形协调方程。选择合适的计算方法，确定多余约束位置处的挠度或转角。将挠度和转角代入变形协调方程，求解所有未知多余约束力。如果求出的多余约束力为正，则说明其真实方向与最初假设的方向一致；否则，说明其真实方向与最初假设的方向相反。

第 3 步，列静力平衡方程。确定了多余约束力后，即可由原结构的受力图，根据静力平衡方程求其他未知的约束力。

例 12.8 如图 12.23（a）所示的梁，A 端固定，B 端与一个直径为 15 mm 的杆 BC 相连接，已知所有构件的弹性模量均为 $E = 200$ GPa，梁横截面中性轴的惯性矩 $I = 186 \times 10^6 \text{ mm}^4$。求杆 BC 所受的力。

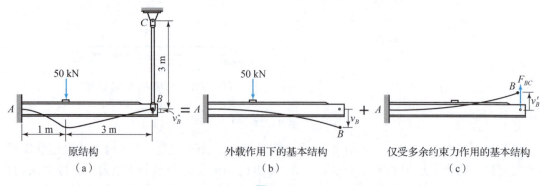

图 12.23

解:(1) 叠加原理。通过判断可知,该结构为一次超静定结构。由于杆 BC 伸长,梁 AB 在 B 处产生未知的位移 v''_B。将杆 BC 对梁 AB 的约束作用视为多余约束。从梁的 B 点去掉杆 BC 对梁的约束力 F_{BC},得到稳定的静定基本结构,如图 12.23(b)所示。由 F_{BC} 单独作用的基梁如图 12.23(c)所示。

(2) 列变形协调方程。B 点的变形协调要求:

$$(+\downarrow) \quad v''_B = v_B - v'_B \tag{1}$$

其中,挠度 v_B 和 v'_B 的表达式可直接查工程设计手册确定,v''_B 由式(2)计算,得

$$v''_B = \frac{PL}{EA} = \frac{F_{BC} \times 3 \text{ m} \times 10^3 \text{ mm/m}}{(\pi/4) \times (15 \text{ mm})^2 \times (200 \times 10^3 \text{ N/mm}^2)} = 8.488 \times 10^{-5} F_{BC} \downarrow \tag{2}$$

$$v_B = \frac{Pa^2(3L-a)}{6EI}$$

$$= \frac{50 \text{ kN} \times (10^3 \text{ N/kN}) \times (1 \text{ m} \times 10^3 \text{ mm/m})^2 \times (3 \times 4 \text{ m} \times 10^3 \text{ mm/m} - 1 \text{ m} \times 10^3 \text{ mm/m})}{6 \times 200 \times 10^3 \text{ N/mm}^2 \times (186 \times 10^6 \text{ mm}^4)}$$

$$= 2.464(\text{mm}) \downarrow \tag{3}$$

$$v'_B = \frac{PL^3}{3EI} = \frac{F_{BC}(4 \text{ m} \times 10^3 \text{ mm/m})^3}{3(200 \times 10^3 \text{ N/mm}^2)(186 \times 10^6 \text{ mm}^4)} = 5.735 \times 10^{-4} F_{BC} \uparrow \tag{4}$$

于是式(1)为

$$(+\downarrow) \quad 8.488 \times 10^{-5} F_{BC} = 2.464 - 5.735 \times 10^{-4} F_{BC} \tag{5}$$

$$F_{BC} = 3.742 \times 10^3 \text{ N} = 3.742(\text{kN}) \tag{6}$$

例 12.9 试确定图 12.24 所示等截面直梁的支座约束力。

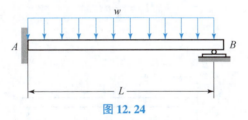

图 12.24

解:(1) 叠加原理。通过判断可知,该结构为一次超静定结构。将 B 处的约束力作为多余约束力,将该处的支座去除,取而代之的是多余约束力 R_B,如图 12.25(a)所示。解除 B 点的多余约束,得到稳定的静定基本结构,如图 12.25(b)所示。分别计算由已知均匀分布载荷 w (图 12.25(b))引起的挠度 $(v_B)_w$ 和由多余约束力 R_B (图 12.25(c))在同一点引起的挠度 $(v_B)_R$,根据 B 点处的变形协调条件,建立包含未知约束反力 R_B 的变形协调方程,即可得到问题的解。

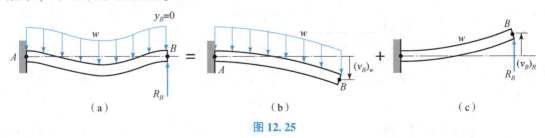

图 12.25

（2）列变形协调方程。根据工程设计手册，有

$$(v_B)_w = -\frac{wL^4}{8EI} \quad (v_B)_R = +\frac{R_B L^3}{3EI} \tag{1}$$

B 处挠度为二者之和，而且必须等于零，有

$$v_B = (v_B)_w + (v_B)_R = 0 \tag{2}$$

即

$$v_B = -\frac{wL^4}{8EI} + \frac{R_B L^3}{3EI} = 0 \tag{3}$$

解出

$$R_B = \frac{3}{8}wL \quad (+\uparrow) \tag{4}$$

作出梁的受力图，如图 12.26 所示，写出相应的平衡方程，有

$$(+\uparrow) \quad \sum F_y = 0: R_A + R_B - wL = 0 \tag{5}$$

$$R_A = wL - R_B = wL - \frac{3}{8}wL = \frac{5}{8}wL \tag{6}$$

$$R_A = \frac{5}{8}wL \quad (+\uparrow) \tag{7}$$

$$(+\uparrow) \quad \sum M_A = 0: M_A + R_B L - (wL)\left(\frac{1}{2}L\right) = 0 \tag{8}$$

$$M_A = \frac{1}{2}wL^2 - R_B L = \frac{1}{2}wL^2 - \frac{3}{8}wL^2 = \frac{1}{8}wL^2 \tag{9}$$

$$M_A = \frac{1}{8}wL^2 \tag{10}$$

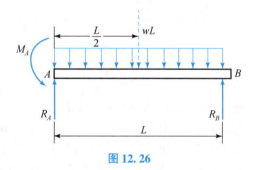

图 12.26

例 12.10 如图 12.27 中所示承受集中载荷的直梁，求固定端 C 处的约束力。

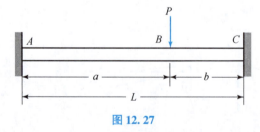

图 12.27

解：（1）叠加原理。通过分析可知，该结构为二次超静定结构。撤掉 C 端的多余约束，取而代之两个未知的约束反力 R_C 和 M_C，如图 12.28（a）所示。解除多余约束，得到稳定

的静定基本结构，如图 12.28（b）所示。分别计算静定的基本结构在已知外载 P、多余约束力 R_C 和力矩 M_C 作用下的变形，如图 12.28（b）~（d）所示。每一种载荷在点 C 处均产生转角和挠度，可由工程设计手册中的挠度与转角表确定。

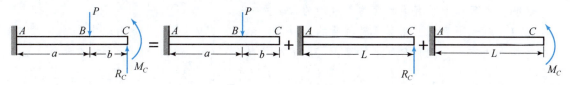

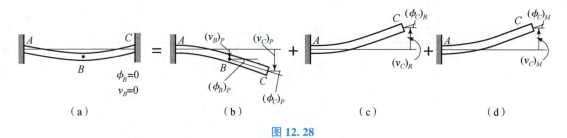

图 12.28

（2）列变形协调方程。根据工程设计手册可知，已知外载 P 作用下基本结构的变形，在这一载荷作用下，梁的 BC 段将是一条直线。

$$(\phi_C)_P = (\phi_B)_P = -\frac{Pa^2}{2EI} \tag{1}$$

$$(v_C)_P = (v_B)_P + (\phi_B)_P b = -\frac{Pa^2}{3EI} - \frac{Pa^2}{2EI}b = -\frac{Pa^2}{6EI}(2a+3b) \tag{2}$$

约束力 R_C 作用下基本结构的变形：

$$(\phi_C)_R = +\frac{R_C L^2}{2EI}, \quad (v_C)_R = +\frac{R_C L^3}{3EI} \tag{3}$$

约束力矩 M_C 作用下基本结构的变形：

$$(\phi_C)_M = +\frac{M_C L}{2EI}, \quad (v_C)_M = +\frac{M_C L^2}{2EI} \tag{4}$$

在固定端 C 处，转角和挠度都必须等于零，即 $x=L$，$\phi_C=0$，有

$$\phi_C = (\phi_C)_P + (\phi_C)_R + (\phi_C)_M = 0 \tag{5}$$

$$0 = -\frac{Pa^2}{2EI} + \frac{R_C L^2}{2EI} + \frac{M_C L}{2EI} \tag{6}$$

$x=L$，$v_C=0$，有

$$v_C = (v_C)_P + (v_C)_R + (v_C)_M = 0$$

$$0 = -\frac{Pa^2}{6EI}(2a+3b) + \frac{R_C L^3}{3EI} + \frac{M_C L^2}{2EI} \tag{7}$$

将式（1）和式（2）联立，解出固定端 C 处的约束反力，即

$$R_C = \frac{Pa^2}{L^3}(a+3b) \quad \uparrow \tag{8}$$

$$M_C = \frac{Pa^2 b}{L^2} \curvearrowright \tag{9}$$

进而可以采用静力学方法确定 A 端的约束力。

习　题

说明：本习题中所有梁的弯曲刚度均为常数。

12.1 对于图P12.1所示承受载荷的悬臂梁，试分别确定（a）和（b）中：（1）梁 AB 部分的挠曲线方程；（2）B 处的挠度；（3）B 处的转角；（4）给出梁的最大挠度和转角。

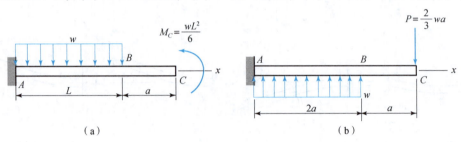

图 P12.1

12.2 对于图P12.2所示承受载荷的梁，试计算梁的最大挠度值；将梁的最大挠度位置和数值用 w_0、L、E 和 I 来表示。

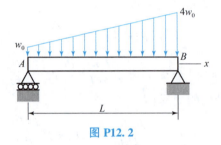

图 P12.2

12.3 对于图P12.3所示承受载荷的梁，试确定：（1）A 处的转角；（2）跨度中点的挠度。

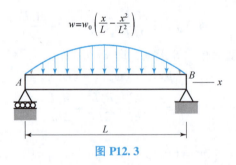

图 P12.3

12.4 对于图P12.4所示承载的悬臂梁，试确定自由端的转角和挠度。

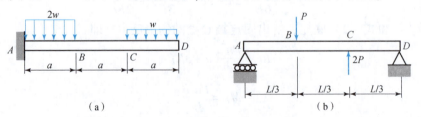

图 P12.4

12.5 对于图中 P12.5 所示的承载悬臂梁,已知 $E = 200$ GPa,试确定:(1)C 端的转角和挠度;(2)B 截面的转角和挠度。

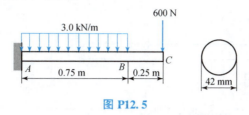

图 P12.5

12.6 对于图 P12.6 所示的承载简支梁,已知 $E = 200$ GPa,$I = 65 \times 10^{-6}$ m^4。试确定:(1)A 端的转角;(2)C 截面的挠度。

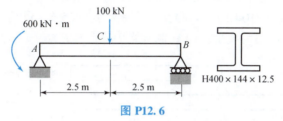

图 P12.6

12.7 对于图 P12.7 所示承受载荷的梁,试确定简支支座处的约束力。

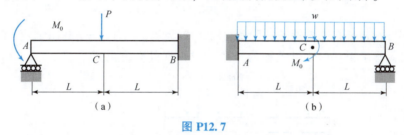

图 P12.7

12.8 对于图 P12.8 所示承受载荷的梁,试确定简支支座处的约束力,并画出梁的弯矩图。

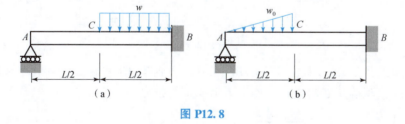

图 P12.8

12.9 对于图 P12.9 所示承受载荷的梁,已知 $a = \dfrac{L}{3}$,试确定简支支座处的约束力和点 D 的挠度。

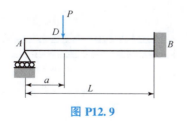

图 P12.9

12.10 图 P12.10 所示的两根梁具有相同的横截面,在点 C 处用铰链连成一体。已知 $E = 200 \text{ GPa}$,试确定:(1) A 截面的转角;(2) B 截面的挠度。

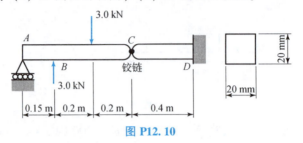

图 P12.10

12.11 梁 DE 静置在悬臂梁 AC 上如图 P12.11 所示。已知每一根梁都具有边长为 10 mm 的正方形横截面,已知 $E = 210 \text{ GPa}$,梁的右端承受大小为 $25 \text{ N} \cdot \text{m}$ 的弯矩作用,试确定弯矩在以下两种施加方式时 C 端的挠度:(1) 施加在 DE 梁的 E 端;(2) 施加在 AC 梁的 C 端。

图 P12.11

12.12 梁 AC 静置在悬臂梁 DE 上如图 P12.12 所示。已知 $E = 200 \text{ GPa}$, $I = 65 \times 10^{-6} \text{ m}^4$。试确定图示载荷作用下:(1) B 截面的挠度;(2) D 截面的挠度。

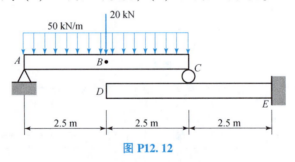

图 P12.12

12.13 如图 P12.13 所示,悬臂梁 BC 在 B 端与钢缆 AB 相连,已知钢材的 $E = 210 \text{ GPa}$, $I = 65 \times 10^{-6} \text{ m}^4$。试确定在均布载荷作用下钢缆中的拉力。

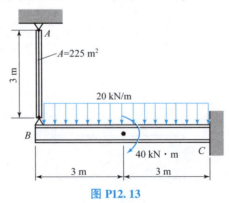

图 P12.13

第 13 章
组合载荷下结构应力分析

本书前述章节中已系统地讨论了细长杆件受轴向拉压、扭转、弯曲和横向剪切载荷下横截面上的应力分布和杆件的变形。那么当杆件在上述几个外载同时作用下，横截面上的应力分布应如何分析求解？杆件斜截面上的应力分布是什么情况？杆件会从哪个截面沿什么方向发生破坏？破坏的机理是什么？为了回答这些问题，本章将针对组合载荷下结构的应力分析方法、平面应力下快速应力变换方法和失效准则等几个方面展开讨论。

13.1 薄壁压力容器的应力分析

工业上经常使用圆柱形或球形封闭容器作为锅炉或储存液体的设备等。在压力作用下，容器壁材料受到来自各个方向的载荷作用。7.3 节给出了受内外压厚壁圆筒的应力弹性力学解答。然而，工业中采用的封闭容器其壁厚远远小于其半径，且内压远远大于其外压。在这种情况下，就可以通过简化，采用近似方法对其进行内力和应力分析。我们可以假设作用于容器薄壁上的内力与容器表面始终相切，薄壁微元的合力均作用于与容器表面相切的平面内，因此薄壁微元可以用弹性理论中的平面应力模型分析。通常"薄壁"是指容器的内径 r 和壁厚 t 之比大于或等于 10（即 $r/t \geqslant 10$）。通过与弹性理论分析得到结果比较可知，当 $r/t=10$ 时，工程简化方法计算得到的最大应力只比理论值小 4%。对于 r/t 更大的薄壁压力容器，这个误差更小。

本节关于薄壁压力容器的应力分析仅限于两种常见类型容器：圆柱形和球形封闭薄壁压力容器（实物如图 13.1 和图 13.2 所示）。当压力容器的壁很薄时，近似认为应力沿壁厚方向（径向）变化不大，可以假设沿壁厚方向应力均匀分布，为一常数。根据该假定，可以确定受内压的薄壁构件的应力状态。

图 13.1　圆柱形压力容器实物

图 13.2　球形压力容器实物

首先，考察内径为 r、壁厚为 t 的圆柱形封闭压力容器，容器内装具有压力的液体（图 13.3），考察如图 13.3 所示圆柱形薄壁压力容器，其壁厚为 t、内径为 r，承受由容器内所含流体产生的均匀压力 p，流体的重量忽略不计。在距离容器端部足够远位置处，沿图 13.3 所示方向隔离出一容器壁的微元。由于内压作用，该微元在圆周或环向方向上承受正应力 σ_1，在纵向或轴向方向上承受正应力 σ_2，且这两个应力均为拉应力。由于容器及其内含物都是轴对称的，因此容器微元上没有反对称剪力 V 及切应力作用。以下将根据容器的几何尺寸和内压力 p，采用截面法建立平衡方程确定环向和轴向应力的值。

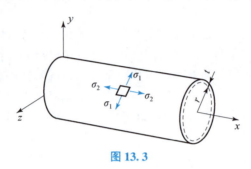

图 13.3

为了确定周向（环向）应力 σ_1，考察被相距为 Δx 的两个平行于 yz 的平面 a、b 和平行于 xy 平面 c 隔离出的薄壁容器，如图 13.4（a）所示。隔离后的薄壁容器及所含流体的受力图如图 13.4（b）所示。图中只显示了作用在隔离体上平行于 z 轴的内力，这些内力由作用在容器壁截面上的内力 $\sigma_1 dA$ 及隔离体中流体部分压力的合力组成。p 为流体的表压强，也就是去除大气压强后的内压强。内力的合力 $\sigma_1 dA$ 等于均匀的周向应力 σ_1 与容器壁横截面面积 $2t\Delta x$ 的乘积，流体内压的合力 pdA 等于压强 p 与 $2r\Delta x$ 面积的乘积。对于 z 方向合力的平衡，有

$$\sum F_z = 0; \quad 2[\sigma_1(t\Delta x)] - p(2r\Delta x) = 0$$

$$\sigma_1 = \frac{pr}{t} \tag{13.1}$$

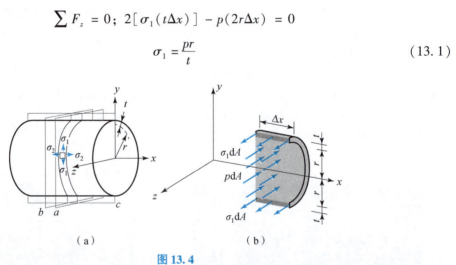

图 13.4

为了确定轴向（纵向）应力 σ_2，作一垂直于 x 轴的截面，考察这一截面以左部分容器及其内所含流体的受力图，如图 13.5 所示。作用在隔离体上的内力包括：容器壁截面上的内力 $\sigma_2 dA$、隔离体中流体部分压力的合力 pdA。注意到液体的作用面积为 πr^2，容器壁的面积等于圆柱截面的周长 $2\pi r$ 与容器壁厚 t 的乘积，于是可以写出对于 x 方向合力的

平衡，有
$$\sum F_x = 0;\ \sigma_2(2\pi rt) - p(\pi r^2) = 0$$
因而，轴向（纵向）拉伸正应力为
$$\sigma_2 = \frac{pr}{2t} \tag{13.2}$$

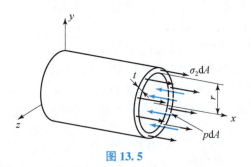

图 13.5

由式（13.1）和式（13.2）可以看出，周向应力是轴向应力的两倍。因此，用板材设计制造圆柱形薄壁密封压力容器时，周向接缝要能承受两倍于轴向接缝处的应力。

现在考察内径为 r、壁厚为 t 的球形容器，容器内含表压为 p 的流体。根据球的对称性，作用在容器微元四个面上的应力必须相等（图 13.6），有
$$\sigma_1 = \sigma_2$$

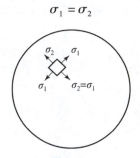

图 13.6

为了确定这一应力，过容器中心作任意截面，取一半球体为研究对象。考察截面以左的部分（包括容器部分及其内含流体部分），以此为隔离体作受力图，如图 13.7 所示。参考圆柱形压力容器的分析方法，由 x 方向的合力平衡得
$$\sum F_x = 0;\ \sigma_2(2\pi rt) - p(\pi r^2) = 0$$
$$\sigma_2 = \sigma_1 = \frac{pr}{2t} \tag{13.3}$$

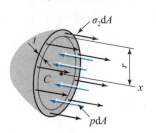

图 13.7

上述分析表明，从圆柱形或球形封闭薄壁压力容器壁上隔离出的材料微元体始终处于二向应力状态，即仅在两个方向上存在正应力。然而，实际容器中材料还承受沿半径方向的径向正应力 σ_3。径向应力在容器内表面上取最大值，即等于内压 p，沿壁厚逐渐减小，并在外表面上降为零（压力容器外表面为自由表面）。对于薄壁容器，通常忽略径向应力。这是因为，如果 $r/t=10$，则 σ_1 和 σ_2 分别是最大径向应力 $(\sigma_3)_{max}=p$ 的 10 倍和 5 倍。注意：以上公式仅适用于承受内压的容器，若容器外部承受压力作用，压应力对薄壁容器筒壁的作用可能导致容器变得不稳定，因屈曲而塌陷。

例 13.1 一圆柱形封闭薄壁压力容器，内直径 $d=1.5$ m，厚度 $t=10$ mm，为使其周向应力和轴向应力均不超过 150 MPa，试求容器能够承受的最大内压。其他条件不变，若改为相同内径的球形容器，试求球形容器能够承受的最大内压。

解：（1）圆柱形封闭薄壁压力容器。最大正应力出现在圆柱的周向，根据式（13.1），有

$$\sigma_1 = \frac{pr}{t};\quad 150 \text{ N/mm}^2 = \frac{p(750 \text{ mm})}{10 \text{ mm}}$$

$$p = 2 \text{ N/mm}^2 = 2(\text{MPa})$$

当内压达到该值时，由式（13.2）得轴向应力为 $\sigma_2 = \frac{1}{2} \times 150 \text{ MPa} = 75(\text{MPa})$，而出现在容器表面上的最大径向应力为 $(\sigma_3)_{max} = p = 2(\text{MPa})$，该值仅为周向应力的 1/75。因此如前所述，径向应力可忽略不计。

（2）球形封闭薄壁压力容器。最大应力出现在容器上的任意两个垂直方向，根据式（13.3），有

$$\sigma_2 = \frac{pr}{2t};\quad 150 \text{ N/mm}^2 = \frac{p(750 \text{ mm})}{2 \times 10 \text{ mm}}$$

$$p = 4 \text{ N/mm}^2 = 4(\text{MPa})$$

从结果可见，尽管球形压力容器制造困难，但与圆柱形容器相比，可以承受两倍的内压作用。

13.2 组合载荷作用下杆件的应力分析

前面我们基于杆件变形特征分析和横截面上应力和合力之间的静力等效（平衡）关系，给出了杆件分别承受轴向拉/压、扭矩、弯矩和横向载荷时，横截面上的应力分布情况。通常外载可引起杆件横截面上同时出现几种不同类型的合力和合力矩，此时可以用叠加法来求解不同类型的合力和合力矩产生的应力分布。具体来说，首先确定某单一类型截面合力或合力矩作用下的应力分布，然后将不同类型合力或合力矩产生的应力叠加，得到合应力的分布情况。采用叠加法，一是要保证应力和内力之间为线性关系，同时杆件在外载作用下，几何形状和尺寸不发生显著的变化，二是要保证一种载荷作用下的变形和另一种载荷作用下的变形不相关，满足这两点就可以采用叠加原理。

当杆件同时承受组合外载作用时，计算横截面上某一点处的应力的基本步骤如下：

首先，假设杆件材料匀质、线弹性，且满足圣维南原理，即所求应力的位置远离横截面间断处或载荷作用点处。

第 1 步，求截面内力。在待求内力处用一垂直于杆件轴线的截面截开杆件，确定横截面

上的轴力、剪力、弯矩和扭矩合力或合力矩。注意：横截面的合力应作用在截面型心处，合力矩应为关于截面型心轴的矩，即关于横截面的主惯性轴的矩。

第 2 步，计算应力。计算不同类型内力产生的应力分量，可用沿整个横截面的应力分布来表示。

不同类型的内力产生的应力分布包括：

轴力：轴力产生的横截面正应力，即 $\sigma = N/A$，见 6.2 节或 9.2 节。

剪力：受横向载荷的杆件横截面上将产生剪力，剪力可导致杆件弯曲变形，且在横截面上产生剪切应力，剪切应力分布满足 $\tau = VQ/(It)$，见 11.2 节。

弯矩：对于直梁，弯矩可在横截面上产生线性分布的弯曲应力，中性轴处为零并线性变化到距离中性轴最远处的最大值。弯曲应力分布满足 $\sigma = -\dfrac{M_z y}{I_z} + \dfrac{M_y z}{I_y}$，见 10.5 节。

扭矩：对于圆截面实心或空心轴，扭矩可产生剪切应力，从轴的中心线处线性增加到轴外表面处的最大值。扭转剪切应力满足 $\tau(x) = \dfrac{M_t(x) r}{I_P}$，见 6.5 节或 9.3 节。

其次，应力叠加。计算得到每一类载荷作用下的正应力和剪切应力后，利用叠加原理求合成的正应力和剪切应力。可采用材料内某一点的微元体来表示合应力的结果，或者用杆件横截面上的应力分布图表示计算结果。

例 13.2 图 13.8 (a) 所示为一个矩形截面的杆件，试求图示载荷引起的 C 点的应力状态。

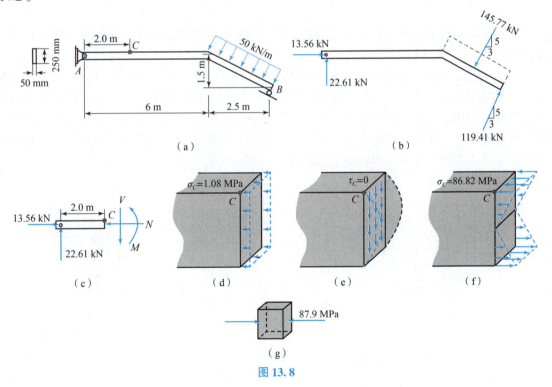

图 13.8

解：(1) 求内力。首先确定杆件的支座约束反力，结果如图 13.8 (b) 所示。截出 AC 部分，作隔离体的受力图，如图 13.8 (c) 所示，截面上的内力包括轴力、剪力和弯矩，其

值分别为 $N = -13.56$ kN, $V = 22.61$ kN, $M = 45.22$ kN·m。

(2) 计算应力。

轴力：轴力引起横截面上均匀分布的正应力，如图 13.8 (d) 所示，在 C 点有

$$\sigma_C = \frac{N}{A} = \frac{-13.56 \text{ kN}}{0.050 \text{ m} \times 0.250 \text{ m}} = -1.08(\text{MPa}) \tag{1}$$

剪力：因为 C 点在杆的上表面，剪切应力公式中 $A' = 0$，因此 $Q = \bar{y}'A' = 0$。对 C 点，如图 13.8 (e) 所示，剪切应力为

$$\tau_C = 0 \tag{2}$$

弯矩：C 点离中性轴的距离 $y = c = 125$ mm，因此弯矩引起 C 点的正应力如图 13.8 (f) 所示，为

$$\sigma_C = -\frac{M_z y}{I_z} = -\frac{45.22 \text{ kN·m} \times 0.125 \text{ m}}{\frac{1}{12} \times 0.050 \text{ m} \times (0.250 \text{ m})^3} = -86.82(\text{MPa}) \tag{3}$$

叠加：剪切应力为零，将求出的正应力 [式 (1) 和式 (3)] 叠加，可得到 C 点的应力为

$$\sigma_C = (-1.08 \text{ MPa}) + (-86.82 \text{ MPa}) = -87.9(\text{MPa})$$

这一结果用 C 点的应力微元体表示，如图 13.8 (g) 所示。

13.3 平面应力的莫尔圆

第 3 章明确指出弹性体上某一给定点的应力张量有 6 个独立分量，它们分别作用在该点微元体的表面上，如图 13.9 (a) 所示。三个分量 σ_x、σ_y 和 σ_z 为作用在以该点为中心的微元六面体三对面上的正应力，其取向与相应的坐标轴一致 [图 13.9 (a)]，另外三个分量 τ_{xy}、τ_{yz} 和 τ_{xz} 则为作用在同一微元上的剪切应力。当坐标轴旋转时，同一应力状态会由不同的应力分量描述，如图 13.9 (b) 所示。如图 13.9 (a) 所示的同时存在 6 个应力分量的这种一般应力状态，实际工程中一般不常见。工程师们通常可以进行简化，使得结构或机械元件内的应力状态处于平面应力状态，如图 13.9 (c) 所示。

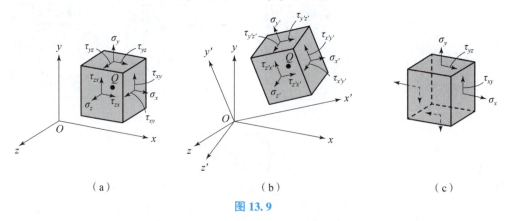

图 13.9

第 7 章弹性力学中的平面问题所给出的平面应力状态，即微元体有一对面上没有任何应力作用的情形，如果选择 z 轴垂直于这一对面，则有 $\sigma_z = \tau_{zx} = \tau_{zy} = 0$，因而只保留 σ_x、σ_y

和 τ_{xy} [图 13.9（c）]。本章中的应力变换不再重复讨论弹性理论中应力变换的一般形式，着重讨论针对平面应力状态，采用莫尔圆快速进行应力变换的方法。本书中的弹性理论将应力变换推广到三维情况，具有更广泛的普适性，但莫尔圆应力变换方法计算更加简便。

（1）符号约定。通过静力学方法推导平面应力变换公式前，应建立应力分量的符号约定。这里采取的约定方法是一旦确定了 x、y、x' 和 y' 轴，正应力和剪切应力分量若在微元体法向为正的面上，且应力的方向与坐标轴的正方向相同，或者在法向为负的面上，且应力的方向与坐标轴的负方向相同，则应力为正。如图 13.10（a）所示，图中 σ_x 为正，因为它作用在右侧垂直面上，并且指向右（$+x$ 方向）。同时，作用在左侧垂直面上指向左（$-x$ 方向）的 σ_x 也为正。图 13.10（a）所示的剪切应力在单元体的 4 个面上均为正，其中在右侧平面上，τ_{xy} 向上（$+y$ 方向）为正；在底面上，τ_{xy} 向左（$-y$ 方向）为正。上述符号约定可以简单记为：背离微元体各面的正应力为正，微元体中右侧平面上，方向向上的剪切应力为正。由剪切应力互等，只要确定了微元体一个面上 τ_{xy} 的方向，就可确定其他三个面上的剪切应力的方向。

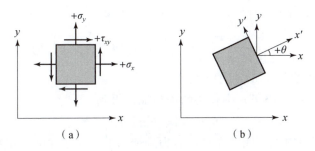

图 13.10

给定图 13.10（a）所示的平面应力状态，求某一斜面上的正应力和剪切应力分量，该斜面的方向由 θ 确定。建立新的坐标系表征此倾角，其中 x' 轴垂直于斜面指向外，y' 轴沿斜面方向，如图 13.10（b）所示。注意，xy 和 $x'y'$ 坐标系均为右手坐标系。倾角 θ 为从 x 轴转至 x' 轴，逆时针旋转为正，如图 13.10（b）所示。

（2）正应力和剪切应力分量。根据符号约定，用斜截面截开图 13.11（a）所示的微元体（二维示意图），该微元体处于二维平面应力状态。取隔离体如图 13.11（b）所示，假设截开面积为 ΔA，则水平面和垂直面的面积分别为 $\Delta A \sin\theta$ 和 $\Delta A \cos\theta$。

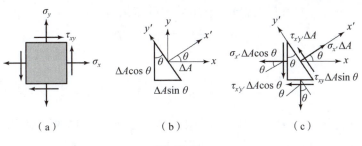

图 13.11

截取的隔离体受力如图 13.11（c）所示，利用力平衡方程求解斜截面上的未知正应力分量 $\sigma_{x'}$ 和切应力分量 $\tau_{x'y'}$：

$$(+\nearrow) \quad \Sigma F_{x'} = 0 : \sigma_{x'}\Delta A - \sigma_x(\Delta A\cos\theta)\cos\theta - \tau_{xy}(\Delta A\cos\theta)\sin\theta - \sigma_y(\Delta A\sin\theta)\sin\theta -$$
$$\tau_{xy}(\Delta A\sin\theta)\cos\theta = 0$$

$$\sigma_{x'} = \sigma_x\cos^2\theta + \sigma_y\sin^2\theta + \tau_{xy}\sin(2\theta)$$

$$(+\nwarrow) \quad \Sigma F_{y'} = 0 : \tau_{x'y'}\Delta A - \sigma_x(\Delta A\cos\theta)\sin\theta - \tau_{xy}(\Delta A\cos\theta)\cos\theta - \sigma_y(\Delta A\sin\theta)\cos\theta +$$
$$\tau_{xy}(\Delta A\sin\theta)\sin\theta = 0$$

$$\tau_{x'y'} = -(\sigma_x - \sigma_y)\sin\theta\cos\theta + \tau_{xy}(\cos^2\theta - \sin^2\theta)$$

利用倍角公式 $\sin^2\theta = [1 - \cos(2\theta)]/2$，$\cos^2\theta = [1 + \cos(2\theta)]/2$，将上面两式简化可得

$$\sigma_{x'} = \frac{\sigma_x + \sigma_y}{2} + \frac{\sigma_x - \sigma_y}{2}\cos(2\theta) + \tau_{xy}\sin(2\theta) \tag{13.4}$$

$$\tau_{x'y'} = -\frac{\sigma_x - \sigma_y}{2}\sin(2\theta) + \tau_{xy}\cos(2\theta) \tag{13.5}$$

将式（13.4）中的 θ 以从 x 到 y' 轴的夹角 $\theta+90°$ 代替，得到关于 $\sigma_{y'}$ 的表达式。由 $\cos(2\theta + 180°) = -\cos(2\theta)$ 及 $\sin(2\theta + 180°) = -\sin(2\theta)$，于是有

$$\sigma_{y'} = \frac{\sigma_x + \sigma_y}{2} - \frac{\sigma_x - \sigma_y}{2}\cos(2\theta) - \tau_{xy}\sin(2\theta) \tag{13.6}$$

若 $\sigma_{y'}$ 值为正，则表明它沿 y' 正方向作用。

将式（13.4）和式（13.6）中相关的项相加，得到

$$\sigma_{x'} + \sigma_{y'} = \sigma_x + \sigma_y \tag{13.7}$$

因为 $\sigma_z = \sigma_{z'} = 0$，于是得以证明：在平面应力的情形下，作用在微元相互垂直面上的正应力之和与微元的取向无关。

将式（13.4）和式（13.5）写成如下形式：

$$\sigma_{x'} - \left(\frac{\sigma_x + \sigma_y}{2}\right) = \left(\frac{\sigma_x - \sigma_y}{2}\right)\cos(2\theta) + \tau_{xy}\sin(2\theta)$$

$$\tau_{x'y'} = -\left(\frac{\sigma_x - \sigma_y}{2}\right)\sin(2\theta) + \tau_{xy}\cos(2\theta)$$

将上式平方再相加，消去参数 θ，得

$$\left[\sigma_{x'} - \left(\frac{\sigma_x + \sigma_y}{2}\right)\right]^2 + \tau_{x'y'}^2 = \left(\frac{\sigma_x - \sigma_y}{2}\right)^2 + \tau_{xy}^2$$

一般情况下，σ_x、σ_y、τ_{xy} 为已知常量，上述公式可简化为

$$(\sigma_{x'} - \sigma_{avg})^2 + \tau_{x'y'}^2 = R^2 \tag{13.8}$$

其中，

$$\sigma_{avg} = \frac{\sigma_x + \sigma_y}{2}; \quad R = \sqrt{\left(\frac{\sigma_x - \sigma_y}{2}\right)^2 + \tau_{xy}^2} \tag{13.9}$$

取 σ 向右为正、τ 向下为正，建立直角坐标系。绘制式（13.8）对应的曲线。该方程代表了半径为 R、圆心为 $C(\sigma_{avg},0)$ 的圆，如图 13.12 所示，该圆称为莫尔圆，由德国科学家奥托·莫尔提出。莫尔圆方法是平面应力状态下某一点应力变换的图解法，莫尔圆方法既便

于应用又便于记忆,而且可以很直观地表示出正应力 $\sigma_{x'}$ 及切应力 $\tau_{x'y'}$ 如何随斜截面倾斜角 θ 的不同而变化。

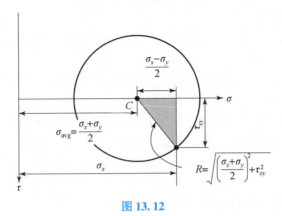

图 13.12

绘制莫尔圆的方法:

在绘制莫尔圆之前,应建立坐标系,其中 σ 为横轴,向右为正;τ 为纵轴,向下为正,如图 13.13(c)所示。由于已知应力分量 σ_x、σ_y、τ_{xy},因此可先画出圆心 $C(\sigma_{\text{avg}},0)$。为了确定半径,至少需要知道圆上一点。考虑 x' 轴与 x 轴一致的情况,如图 13.13(a)所示。于是 $\theta=0°$,$\sigma_{x'}=\sigma_x$,$\tau_{x'y'}=\tau_{xy}$。此点称为"参考点"A,在坐标系中根据 A 点的坐标 $A(\sigma_x,\tau_{xy})$ 绘制其相应的点,如图 13.13(c)所示;对阴影三角形应用勾股定理,即可确定半径 R,并可用式(13.9)检验。已知 C 点、A 点后,即可作如图 13.13(c)所示的莫尔圆。

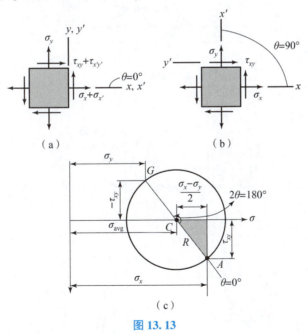

图 13.13

将 x' 轴逆时针旋转 $90°$,如图 13.13(b)所示,则有 $\sigma_{x'}=\sigma_y$,$\tau_{x'y'}=-\tau_{xy}$。该坐标值对应于莫尔圆上的点 $G(\sigma_y,-\tau_{xy})$,如图 13.13(c)所示。半径 CG 可通过参考线 CA 逆时针旋转 $180°$ 获得。也就是说,微元体上 x' 轴旋转角 θ,对应莫尔圆上的半径以相同方向旋转 2θ 角。

只要绘制出二维平面应力状态下某一点微元的莫尔圆，就可利用其求解该点主应力、面内最大切应力及对应的平均正应力或任意截面的应力分量。

绘制应力莫尔圆的步骤：

第1步，建立坐标系。横坐标为正应力 σ 轴，向右为正；纵坐标为剪切应力 τ 轴，向下为正，如图 13.14（a）所示。

第2步，根据 σ_x、σ_y、τ_{xy} 的符号规定，确定莫尔圆的圆心 $C(\sigma_{avg}, 0)$，其位置在 σ 轴上距原点 $\sigma_{avg} = (\sigma_x + \sigma_y)/2$ 处，如图 13.14（a）所示。

第3步，作出"参考点" $A(\sigma_x, \tau_{xy})$，该点坐标表示微元体右侧面上的正应力和剪切应力分量，如图 13.14（b）所示，因为 x' 轴与 x 轴重合，所以 $\theta = 0°$。

第4步，连接 A 点与圆心 C 点，利用三角关系求 CA 的距离，该距离代表了圆的半径 R，如图 13.14（a）所示。

第5步，确定 R 后，即可画出应力莫尔圆。

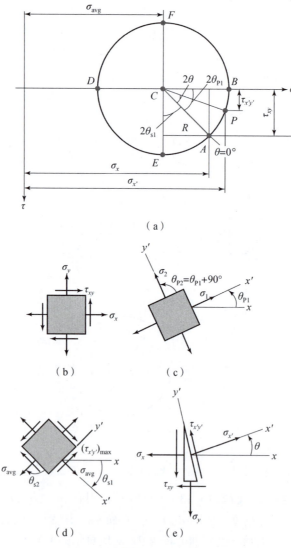

图 13.14

确定主应力的方法：

①平面应力状态下微元体给出某一点处的两个主应力 σ_1 和 σ_2 ($\sigma_1 \geq \sigma_2$)，由莫尔圆与 σ 轴的交点 B 和 D 表示，此时 $\tau = 0$，如图 13.14（a）所示。

②主应力作用在倾角为 θ_{P1} 或 θ_{P2} 的斜截面上，如图 13.14（c）所示，在莫尔圆上分别以夹角 $2\theta_{P1}$（已画出）及 $2\theta_{P2}$（未画出）标出，它们分别为参考半径线 CA 到 CB 和 CD 的夹角。

③利用三角关系，可通过莫尔圆计算一个主应力作用面的倾角，另一个主应力作用面的倾角可根据 θ_{P1} 和 θ_{P2} 的互余关系得到。注意：应力莫尔圆上旋转 $2\theta_{P1}$ 的方向与微元体中参考轴（$+x$ 轴）到主平面（$+x'$ 轴）的旋转方向一致，如图 13.14（a）（c）所示。

确定面内最大剪切应力的方法：

①微元体所代表某一点的面内最大切应力分量和相应的平均正应力由应力莫尔圆上 E 点和 F 点的坐标确定，如图 13.14（a）所示。

②夹角 θ_{s1} 和 θ_{s2} 给出了这些应力分量作用的斜截面的方向角，如图 13.14（d）所示。夹角 $2\theta_{s1}$（图 13.14（a））可由三角关系确定，其转向为顺时针，因而微元体中的 θ_{s1} 也为顺时针，如图 13.14（d）所示。

确定任意平面上应力的方法：

①与微元体 x 轴夹角为 θ 的斜截面上作用的正应力和剪切应力分量为 $\sigma_{x'}$ 和 $\tau_{x'y'}$，如图 13.14（e）所示，也可由应力莫尔圆利用三角关系通过确定 P 点的坐标来确定，如图 13.14（a）所示。

②确定 P 点的坐标。微元体上该斜截面与 x 轴的夹角 θ 及旋转方向（逆时针）已知，则应力莫尔圆上从参考半径线 CA 到半径线 CP 的夹角 2θ 的旋转方向（逆时针）必须与该方向一致，如图 13.14（a）所示。

当圆截面轴承受轴力和扭矩组合载荷时，材料线弹性，变形满足小变形，可采用叠加原理计算这两种载荷作用下横截面上的应力分布，并采用莫尔圆计算该位置处主应力的大小和方向，具体方法见下例。

例 13.3 内力轴力 $N = 1\,000$ N 和扭矩 $T = 300$ N·m 共同作用在图 13.15（a）所示的圆轴上。圆轴直径 c 为 50 mm，试求表面上 P 点的主应力。

解：(1) 求内力。内力包括 300 N·m 的扭矩和 1 000 N 的轴力，如图 13.15（b）所示。

(2) 求应力分量。P 点的应力为

$$\tau_{xy} = \frac{Tc}{I_P} = \frac{300 \text{ N·m} \times 0.025 \text{ m}}{\dfrac{\pi}{2}(0.025 \text{ m})^4} = 122.2 \text{ (kPa)} \tag{1}$$

$$\sigma_y = \frac{N}{A} = \frac{1\,000 \text{ N}}{\pi(0.025 \text{ m})^2} = 509.3 \text{ (kPa)} \tag{2}$$

由上述两式的应力分量表示的 P 点的应力状态示于图 13.15（c）中的微元体。

(3) 计算主应力。主应力可由莫尔圆来确定，如图 13.15（d）所示。由于有

$$\sigma_{\text{avg}} = \frac{\sigma_x + \sigma_y}{2} = \frac{0 + 509.3}{2} = 254.7 \text{ (kPa)} \tag{3}$$

从而绘制出圆心 $C(254.7, 0)$ 及参考点 $A(0, 122.2)$，可得莫尔圆的半径 $R = 282.5$ mm，主应

力即 B 点和 D 点处的应力,因此有

$$\sigma_1 = 254.7 + 282.5 = 537.2(\text{kPa}); \quad \sigma_2 = 254.7 - 282.5 = -27.8(\text{kPa}) \tag{4}$$

由莫尔圆可确定主应力作用平面的方向 θ_{P1},莫尔圆上顺时针转 $2\theta_{P1}$,结果为 $2\theta_{P1} = 25.6°$,顺时针旋转微元体的 x 轴,使旋转后的 x' 轴与 x 轴夹角为 $\theta_{P1} = 12.8°$,如图 13.15 (e) 所示。

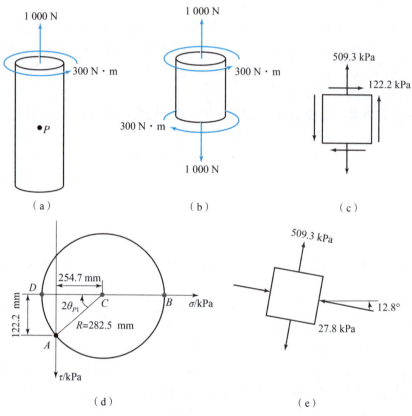

图 13.15

梁既可承受弯矩又可承受横向剪力,所以梁的应力分析必须用到弯曲应力公式和剪切应力公式。下面以图 13.16 (a) 所示矩形截面受横向均布载荷为例,采用叠加原理计算这两种载荷作用下梁的应力,并采用莫尔圆确定主应力,获得梁表面上任意一点 P 处的主应力。

例 13.4 如图 13.16 (a) 所示的梁承受分布载荷 $w = 150 \text{ kN/m}$ 的作用,求梁内位于腹板上边缘点 P 的主应力,忽略肩角尺寸及该点的应力集中影响,已知 $I_z = 67.4 \times 10^{-6} \text{ m}^4$。

解:(1) 内力。先求梁上 B 处支座约束反力,如图 13.16 (b) 所示。利用截面法截取梁段,列平衡方程,得截面上作用的内力:

$$V = 75 \text{ kN} \downarrow, \quad M = 56.25 \text{ kN} \cdot \text{m} \tag{1}$$

求点 P 的应力分量:在 P 点有

$$\sigma_x = -\frac{M_z y}{I_z} = -\frac{56.25 \times 10^3 \text{ N} \cdot \text{m} \times 0.1 \text{ m}}{67.4 \times 10^{-6} \text{ m}^4} = -83.5(\text{MPa}) \tag{2}$$

$$\tau_{xy} = \frac{VQ}{It} = \frac{75 \times 10^3 \text{ N} \times (0.107\,5 \text{ m} \times 0.175 \text{ m} \times 0.015 \text{ m})}{67.4 \times 10^{-6} \text{ m}^4 \times 0.010 \text{ m}} = 31.4(\text{MPa}) \downarrow \tag{3}$$

上述结果示于图 13.16（c）中。其中剪切应力向下为负，因此参考点位于莫尔圆的第二象限。

（2）主应力。利用莫尔圆求点 P 的主应力。如图 13.16（d）所示，圆心位于 $(-83.5+0)/2 = -41.7$，根据符号约定，A 点坐标为 $A(-83.5, -31.4)$，半径 $R = 52.3$ mm，因此有

$$\sigma_1 = (-41.7) + 52.3 = 10.6 (\text{MPa}), \quad \sigma_2 = (-41.7) - 52.3 = -94 (\text{MPa}) \tag{4}$$

莫尔圆中半径线 CA 逆时针转 $2\theta_{P2} = 36.9°$，因此：

$$\theta_{P2} = 18.5° \tag{5}$$

上述结果示于图 13.16（e）中。

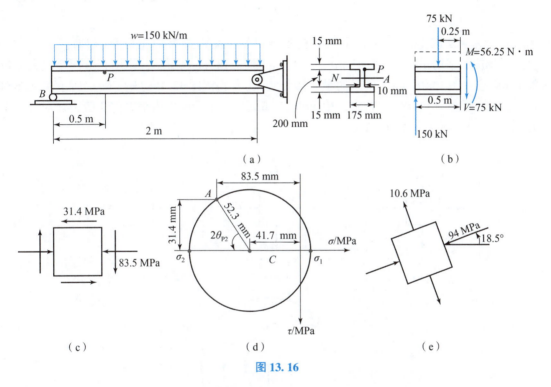

图 13.16

13.4 莫尔圆用于三维应力分析

弹性体内一点处于一般三向应力状态时，微元体上的每个面均作用有一个正应力和两个切应力分量，如图 13.17（a）所示。同平面应力状态的分析方法一样，针对一般三向应力状态可建立求解任意斜截面上正应力 σ 和切应力分量 τ 的应力变换公式，如图 13.17（b）所示。在该点也可求解出只有主应力作用的唯一的主微元体，如图 13.17（c）所示。这些主应力中有最大值、中间值及最小值，即 $\sigma_{\max} \geq \sigma_{\text{int}} \geq \sigma_{\min}$。

第 3 章应力分析中已经给出了三向应力状态下的应力变换方法，因此这里假设主微元体的方向角及主应力大小均已知，如图 13.17（c）所示，这种情况称为三轴应力。考察主微元体的平面形式，即在 $y'z'$、$x'z'$ 以及 $x'y'$ 平面内，分别如图 13.18（a）~（c）所示，则可分别用莫尔圆求解相应的面内最大剪切应力。对应图 13.18（a）所示的情况，莫尔圆的直径是主应力

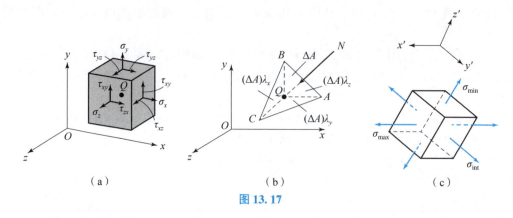

图 13.17

σ_{int} 和 σ_{min} 之差，从图 13.18（d）所示的莫尔圆可知，面内最大切应力为 $(\tau_{y'z'})_{\max} = (\sigma_{\text{int}} - \sigma_{\text{min}})/2$，相应的平均正应力为 $(\sigma_{\text{int}} + \sigma_{\text{min}})/2$。如图 13.18（e）所示，作用有这两个应力分量的微元体必须由图 13.18（a）所示的微元体旋转 45°获得。图 13.18（b）（c）所示单元体对应的莫尔圆均画在图 13.18（d）中，相应的 45°微元体上承受的面内最大剪切应力和对应的平均正应力如图 13.18（f）（g）所示。

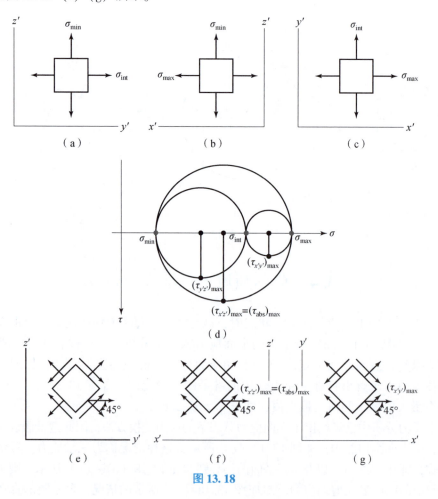

图 13.18

对比图 13.18（d）所示的三个应力莫尔圆，可知绝对最大剪切应力由莫尔圆的最大半径给出，出现在图 13.18（b）所示的微元体上。换言之，图 13.18（f）所示的微元体为图 13.18（b）所示单元体绕 y' 轴旋转 $45°$ 而得。注意：也可从图 13.17（c）中直接选择最大、最小主应力，从而给出绝对最大剪切应力 $(\tau_{abs})_{max}$ 及相应的平均正应力 σ_{avg}：

$$(\tau_{abs})_{max} = \frac{\sigma_{max} - \sigma_{min}}{2} \tag{13.10}$$

$$\sigma_{avg} = \frac{\sigma_{max} + \sigma_{min}}{2} \tag{13.11}$$

如果使用由弹性理论给出的应力变换公式求解过一点任意斜截面上的正应力和切应力分量，如图 13.17（b）所示，可证明无论微元体方位如何，斜截面上剪切应力 τ 总小于式 (13.10) 给出的绝对最大剪切应力，而且任意截面上的正应力 σ 的值总位于最大和最小主应力之间，即 $\sigma_{min} < \sigma < \sigma_{max}$。

上述结果对平面应力状态下的应力分析也有重要意义，特别是当面内主应力符号相同，即主应力同时为拉应力或压应力时。分析承受平面应力的某材料，面内的主应力分别为拉应力 σ_{max} 和 σ_{int}，方向分别沿 x' 方向和 y' 方向，而另一个不在该面内的主应力沿 z' 方向为 $\sigma_{min} = 0$，如图 13.19（a）所示。于是对应该应力状态的单元体三个坐标轴方位的莫尔圆如图 13.19（b）所示。可以看出，尽管面内最大切应力为 $(\tau_{x'y'})_{max} = (\sigma_{max} - \sigma_{int})/2$，但该值不是材料承受的绝对最大剪切应力。从式（13.10）或图 13.19（b）可得绝对最大剪切应力为

$$(\tau_{abs})_{max} = (\tau_{x'z'})_{max} = \frac{\sigma_{max} - 0}{2} = \frac{\sigma_{max}}{2} \tag{13.12}$$

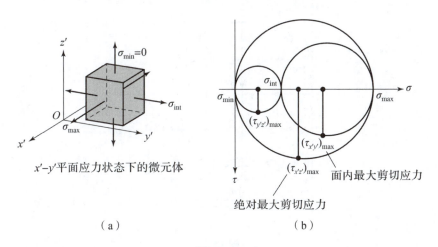

x'-y' 平面应力状态下的微元体

（a）　　　　　　　　　　（b）

图 13.19

当其中一个面内主应力与另一个符号相反时，则这两个应力分别为 σ_{max} 和 σ_{min}，另一个面外主应力为 $\sigma_{int} = 0$，如图 13.20（a）所示。于是对应该应力状态的单元体关于三个坐标轴方位上的莫尔圆如图 13.20（b）所示。很明显，此时有

$$(\tau_{abs})_{max} = (\tau_{x'y'})_{max} = \frac{\sigma_{max} - \sigma_{min}}{2} \tag{13.13}$$

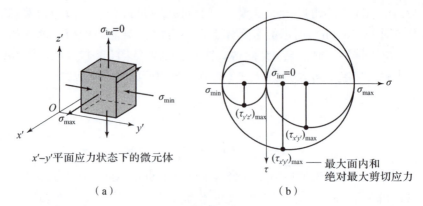

(a) x'-y'平面应力状态下的微元体

(b) 最大面内和绝对最大剪切应力

图 13.20

当设计高分子材料制成的构件时，计算绝对最大剪切应力是非常重要的，因为该种材料的强度取决于抵抗剪切应力的能力。

利用莫尔圆结合三维应力分析，考察内径为 r、壁厚为 t 的薄壁圆柱形压力容器，容器内装具有压力的液体，如图 13.3 所示。考察壁面上任意一点的绝对最大剪切应力，该点处于平面应力状态，由式（13.1）和式（13.2）可得到壁面上任意一点的两个主应力 σ_1 和 σ_2。通过对应于主应力 σ_1 和 σ_2 的点 A 和 B 画出相应的莫尔圆（图 13.21），面内最大剪切应力 $(\tau_{in})_{max}$ 等于此圆的半径。于是，有

$$(\tau_{in})_{max} = \frac{1}{2}(\sigma_1 - \sigma_2) = \frac{1}{2}\sigma_2 = \frac{pr}{4t} \tag{13.14}$$

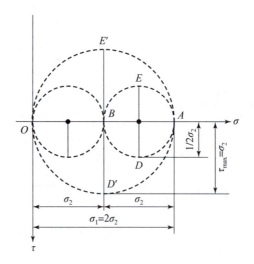

图 13.21

对应于点 D 和点 E 的应力是作用在旋转后微元上的应力，这个微元是将初始微元在与容器表面相切的平面内旋转 45° 得到的。但容器壁中任意一点的绝对最大剪切应力大于上述面内最大剪切应力。绝对最大剪切应力 $(\tau_{abs})_{max}$ 等于直径为 OA 的最大应力圆的半径，对应着绕纵轴转过 45°，并且位于应力平面以外。有

$$(\tau_{abs})_{max} = \frac{1}{2}(\sigma_1 - 0) = \frac{1}{2}\sigma_1 = \sigma_2 = \frac{pr}{2t} \tag{13.15}$$

考察内径为 r、壁厚为 t 的球形容器壁上任意一点的绝对最大剪切应力，如图 13.6 所示。因为主应力 σ_1 和 σ_2 相等，在与容器表面相切的平面内任意一点的应力莫尔圆缩聚为一点（图 13.22）。由此可以得出结论：在应力作用平面内，所有正应力都相等，而且面内最大剪切应力等于零，但是容器壁中的绝对最大剪切应力不等于零，而是等于 OA 为直径的莫尔圆的半径且对于应力平面以外的轴转过 45°，有

$$(\tau_{\text{abs}})_{\max} = \frac{1}{2}\sigma_1 = \frac{pr}{4t} \tag{13.16}$$

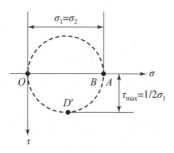

图 13.22

例 13.5 由两个支架支承的薄壁压缩空气容器（图 13.23），其中支架的设计保证容器不承受任何轴向力。容器圆柱体部分的外直径为 750 mm，容器由厚度为 20 mm 的钢板螺旋卷制焊接而成，螺旋线与横向平面的夹角为 35°。容器两端为壁厚均匀的半球形封头，封头的壁厚为 10 mm。若容器内压为 2 MPa。确定：(1) 球形封头中的正应力和绝对最大剪切应力；(2) 垂直和平行于螺旋焊缝的应力。

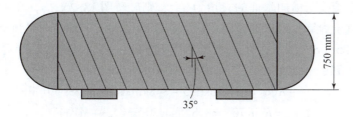

图 13.23

解：(1) 球形封头。利用式 (13.3)，已知：

$$p = 2 \text{ MPa}, \quad t = 10 \text{ mm}, \quad r = 375 \text{ mm} - 10 \text{ mm} = 365 (\text{mm})$$

$$\sigma_1 = \sigma_2 = \frac{pr}{2t} = \frac{2 \text{ MPa} \times 365 \text{ mm}}{2 \times 10 \text{ mm}} = 36.5 (\text{MPa})$$

在与薄壁球形封头表面相切的平面内，壁面材料处于平面应力状态。如图 13.22 和图 13.24 (a) 所示，莫尔圆在水平轴缩聚成一点 (A, B)，因此所有面内剪切应力均为零，但平面应力状态下的第三个主应力等于零并且对应于坐标原点 O。在以 AO 为直径的莫尔圆上，点 D' 表示绝对最大剪切应力，如图 13.24 (b) 所示。它出现在与球形表面相正交的平面围绕 x' 或 y' 轴旋转 45° 所得的那些平面内，其大小为

$$(\tau_{\text{abs}})_{\max} = \frac{1}{2} \times 36.5 \text{ MPa} = 18.25 (\text{MPa})$$

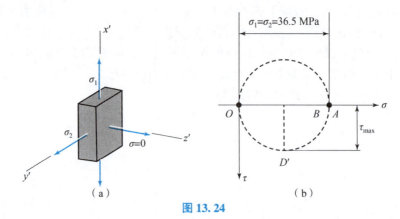

图 13.24

(2) 容器的圆柱体。首先，利用式（13.1）和式（13.2）确定环向应力和纵向应力，有

$$p = 2 \text{ MPa}, \quad t = 20 \text{ mm}, \quad r = 375 \text{ mm} - 20 \text{ mm} = 355 (\text{mm})$$

$$\sigma_1 = \frac{pr}{t} = \frac{2 \text{ MPa} \times 355 \text{ mm}}{20 \text{ mm}} = 35.5 (\text{MPa}); \quad \sigma_2 = \frac{1}{2}\sigma_1 = 17.75 (\text{MPa})$$

$$\sigma_{\text{avg}} = \frac{1}{2}(\sigma_1 + \sigma_2) = 26.625 (\text{MPa})$$

$$R = \frac{1}{2}(\sigma_1 - \sigma_2) = 8.875 (\text{MPa})$$

焊缝应力：因为环向和纵向应力都是主应力，并且有 $\sigma_x = \sigma_2$，$\sigma_y = \sigma_1$，$\tau_{xy} = 0$，可画出莫尔圆如图 13.25（b）所示。图 13.25（a）所示的微元代表莫尔圆上的 B 点。

由于焊缝的螺旋线与横向平面的夹角为 35°，则旋转图 13.25（a）中的微元，使其两个面分别平行和垂直于焊缝，可以通过将主应力作用的微元的 x 轴逆时针旋转 35°得到，旋转后的微元如图 13.25（c）所示，其一个面平行于焊缝，一个面垂直于焊缝。通过将莫尔圆的半径 CB 逆时针旋转，如 $2\theta = 70°$，得到莫尔圆上的点 x'。

$$\sigma_w = \sigma_{\text{avg}} - R\cos 70° = 26.625 - 8.875\cos 70° = 23.59 (\text{MPa})$$

$$\tau_w = R\sin 70° = 8.875\sin 70° = 8.34 (\text{MPa})$$

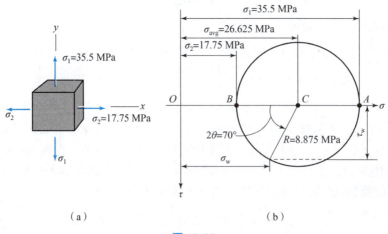

图 13.25

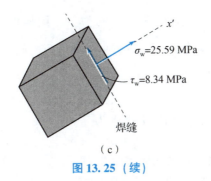

（c）

图 13.25（续）

13.5　平面应力状态下的材料失效准则

通过应力变换，确定主应力、面内最大剪切应力和绝对最大剪切应力的重要意义之一在于，根据不同材料的强度准则校核强度，并判断结构在外载作用下是否失效，研究失效可能出现的截面，确定失效发生的方向，分析失效机理。本节介绍平面应力状态下不同材料的失效准则，我们目前所研究的材料为均质、各向同性材料。

1. 平面应力状态下韧性材料的屈服准则

在工程设计和实践过程中，设计韧性材料制成的结构及机械零部件时，通常要求在外载作用下材料不发生屈服。例如，结构或零件在单轴载荷作用下，如图 13.26 所示，使材料发生屈服的正应力 σ_x 可通过对同一种材料试样的拉伸试验得到，因为试样与结构或零件具有相同的应力状态。因此，无论引起材料屈服的机理是什么，只要 $\sigma_x > \sigma_Y$（σ_Y 为材料的屈服准则，见 4.7 节），则可认为结构或零件在轴向外载作用下是安全的。

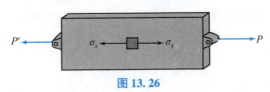

图 13.26

当结构或零件处于平面应力状态时，采用本章的知识或弹性理论的知识都可以很容易地确定给定点的主应力。如果构件处于平面应力状态，则给定点主应力状态的材料处于双向应力状态。这种应力状态不同于单轴拉伸试验中试样所处的应力状态，因此根据单轴拉伸这样一种简单的试验显然不可能直接预测或判断所研究的结构或零件是否在外载作用下发生屈服失效。因此，我们必须首先建立基于韧性材料屈服失效机理的屈服准则，使之可以用于当结构或零件处于双向应力状态或三向应力状态时，判断材料是否发生屈服失效。本节将给出韧性材料最常用的两种屈服失效准则。

最大切应力准则：这一准则基于对韧性材料屈服失效现象的观测，发现韧性材料的屈服都是由材料沿着斜面滑动所致，而滑动变形主要是由剪切应力引起的。因此这一准则提出，只要构件中的最大切应力 τ_{max} 始终小于材料拉伸试样开始屈服时相应的切应力最大值，则构件或零件就是安全的。

根据单轴载荷作用下试样的应力莫尔圆可知，试样的最大剪切应力是轴向正应力的一半，因此可以得到如下结论：当拉伸试样开始屈服时，其上的最大剪切应力为 $\sigma_Y/2$。由

13.4 节知识可知，如果两个主应力同为正或同为负，则构件给定点的绝对最大剪切应力 $\tau_{max} = \frac{1}{2}|\sigma_{max}|$；如果最大主应力为正、最小主应力为负，则 $\tau_{max} = \frac{1}{2}|\sigma_{max} - \sigma_{min}|$，于是，当主应力 σ_1 和 σ_2 同号时，最大剪切应力准则为

$$|\sigma_1| < \sigma_Y, \quad |\sigma_2| < \sigma_Y \tag{13.17}$$

当主应力 σ_1 和 σ_2 异号时，最大剪切应力准则为

$$|\sigma_1 - \sigma_2| < \sigma_Y \tag{13.18}$$

图 13.27 所示为上述屈服准则的几何表示。对于任何给定的应力状态，都可以用 σ_1 和 σ_2 坐标系中的一点表示，其中 σ_1 和 σ_2 是两个主应力。如果给定点落在图形边界框以内，则结构或零件是安全的；如果落在边界框以外，则结构或零件将由于材料屈服发生失效。表征材料屈服失效的六边形称为特雷卡六边形，以法国工程师特雷卡（Henri Edouard Tresca）的名字命名。

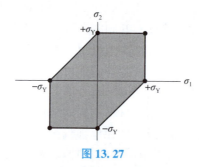

图 13.27

最大畸变能准则：该准则是基于材料内部畸变能给出的，畸变能为材料内部由于变形引起的能量，这一准则称为冯·密社思准则，是以美国应用数学家冯·密社思（Richardu von Mises）的名字命名的。该准则提出，只要最大单位体积畸变能始终小于单轴拉伸试样发生屈服时的最大单位体积畸变能，构件或零件就是安全的。处于平面应力状态的各向同性材料，其单位畸变能为

$$u_d = \frac{1}{6G}(\sigma_1^2 - \sigma_1\sigma_2 + \sigma_2^2) \tag{13.19}$$

式中，σ_1, σ_2——给定点的两个主应力；
　　　G——剪切模量。

在单轴拉伸这种特殊情形下，试样开始屈服时，有 $\sigma_1 = \sigma_Y$，$\sigma_2 = 0$ 以及 $(u_d)_Y = \frac{\sigma_Y^2}{6G}$。根据最大畸变能准则，只要 $u_d < (u_d)_Y$，或

$$\sigma_1^2 - \sigma_1\sigma_2 + \sigma_2^2 < \sigma_Y^2 \tag{13.20}$$

构件或零件就是安全的。图 13.28 是最大畸变能的几何表示。只要 σ_1 和 σ_2 的坐标落在图中椭圆方程包围的面积内，结构或零件就是安全的，椭圆方程的表达式为

$$\sigma_1^2 - \sigma_1\sigma_2 + \sigma_2^2 = \sigma_Y^2 \tag{13.21}$$

椭圆边界与坐标轴的交点 $\sigma_1 = \pm\sigma_Y$，$\sigma_2 = \pm\sigma_Y$。可以证明，椭圆的长轴穿过第一和第三象限，由点 $A(\sigma_1 = \sigma_2 = \sigma_Y)$ 延伸至点 $B(\sigma_1 = \sigma_2 = -\sigma_Y)$，椭圆的短轴则从点 $C\left(\sigma_1 = -\sigma_2 = -\frac{\sigma_Y}{\sqrt{3}}\right)$ 延伸至点 $D\left(\sigma_1 = -\sigma_2 = \frac{\sigma_Y}{\sqrt{3}}\right)$。

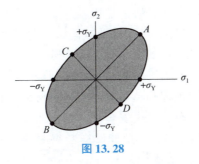

图 13.28

最大切应力准则和最大畸变能准则的比较如图 13.29 所示。由比较可知，椭圆通过六边形的角点。于是，对应于这 6 个点的应力状态，两个准则具有相同的结果。对于其他应力状态，由于六边形在椭圆形内部，因此最大切应力准则与最大畸变能准则相比，显得保守。

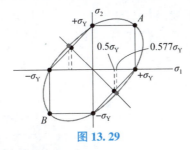

图 13.29

2. 平面应力状态下脆性材料的断裂准则

脆性材料失效的明显特征是当其承受拉伸载荷时，将没有任何屈服前兆，突然开裂或断裂，以致发生失效。脆性材料制成的结构或零件在单轴应力作用下，引起失效的正应力值等于该材料拉伸试验确定的强度极限 σ_U，这是因为拉伸试验中试样与结构或零件处于相同的应力状态。当结构或零件处于任意平面应力状态时，必须首先确定两个主应力 σ_a 和 σ_b，再通过脆性材料的断裂准则，判断结构或零件是否发生断裂失效。

最大正应力准则：这一准则提出，给定的结构或零件中的最大正应力达到相同材料单轴拉伸试样的断裂极限强度 σ_U 时，结构或者零件将发生断裂失效。因此，只要主应力 σ_1 和 σ_2 二者的绝对值小于 σ_U，结构或零件就是安全的，即

$$|\sigma_a| < \sigma_U, \quad |\sigma_b| < \sigma_U \tag{13.22}$$

式（13.22）即脆性材料的最大正应力断裂准则。图 13.30 为这一准则的几何表示。如果结构或零件给定点的两个主应力 σ_1 和 σ_2 落在图中正方形面积以内，结构或零件就是安全的；如果落在这个面积以外，结构或零件将发生失效。

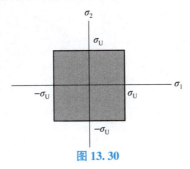

图 13.30

最大正应力准则：也称为库仑准则，是以法国物理学家库仑（Charles – Augustin de Coulomb）的名字命名的。该准则存在一个重要缺陷，它是以脆性材料在拉伸和压缩时具有相同的断裂极限为基础的，但是这种情况罕见。大多数脆性材料存在如微裂纹或者孔洞等缺陷，削弱了材料承受拉伸载荷的能力，导致其拉伸断裂极限要小于压缩断裂极限。

莫尔准则：这一准则由德国工程师莫尔提出，通过材料的各种类型试验结果，结合该准则即可预测脆性材料平面应力状态下是否安全。首先，通过拉伸和压缩试验，可确定材料的拉伸极限强度 σ_{UT} 和压缩极限强度 σ_{UC}。拉伸试样断裂时的应力状态可以通过莫尔圆表示，这一圆与水平轴相交于 O 和 σ_{UT}，如图 13.31（a）所示。压缩试样失效时的应力状态也可以通过另一个莫尔圆表示，该莫尔圆与水平轴的交点为 O 和 σ_{UC}。如果描述一个应力状态的莫尔圆位于上述两个莫尔圆之内，说明这一应力状态下的材料是安全的。当平面应力状态的两个主应力均为正时，只要满足 $\sigma_1 < \sigma_{UT}$ 和 $\sigma_2 < \sigma_{UT}$，应力状态就是安全的。

当两个主应力均为负时，只要满足 $|\sigma_1| < |\sigma_{UC}|$ 和 $|\sigma_2| < |\sigma_{UC}|$，应力状态就是安全的。标出 σ_1 和 σ_2 坐标点，只要点落在图 13.31（b）中所示的两个正方形之内，应力状态就是安全的。

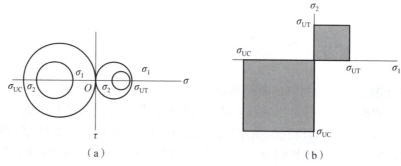

图 13.31

对于主应力反号的情况，假设我们通过扭转试验确定了材料的剪切强度极限 τ_U。以点 O 为圆心，画出代表对应于扭转失效应力状态的莫尔圆，如图 13.32（a）所示。如果考察一点应力状态的应力圆位于上述莫尔圆以内，这一点的应力状态是安全的。根据上述分析，将莫尔准则加以推广拓展：当描述一点应力状态的莫尔圆位于由相关试验数据所作应力圆的包络线边界以内时，应力状态是安全的。主应力的其余部分可以通过绘制与包络线相切的圆确定相应的 σ_1 和 σ_2 值，并且绘制整合 σ_1 和 σ_2 的点得到，如图 13.32（b）所示。

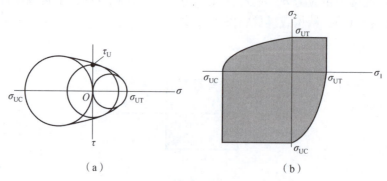

图 13.32

可见，通过更多的试验结果，可以得到更精确的包络图形，这一图形对应的各种应力状态都是有效的。此外，如果有效数据仅由强度极限 σ_{UT} 和 σ_{UC} 组成，则图 13.32（a）在包络线将被分别代表拉伸失效和压缩失效应力圆的切线 AB 和 $A'B'$ 所取代，如图 13.33（a）所示。根据图中所画的切线发现，与 AB 和 $A'B'$ 相切的某个圆的圆心 C 的横坐标与半径线性相关。有 $\sigma_1 = R - OC$ 及 $\sigma_2 = R + OC$，这说明 σ_1 和 σ_2 也是线性相关的。对于简化后的莫尔准则，图 13.33（b）中的阴影面积由位于第二象限和第四象限的两条直线界定。

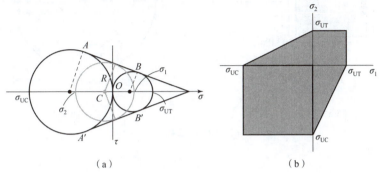

图 13.33

例 13.6 图 13.34 中所示为钢制机器零件中危险点的应力状态，若干试验结果表明，所用钢材的拉伸屈服极限 $\sigma_Y = 270$ MPa。确定采用两种不同屈服准则时相对于屈服失效的安全系数（安全系数的定义为 F.S. = $\dfrac{极限应力}{许用应力}$）：（1）最大剪应力准则；（2）最大畸变能准则。

解：作莫尔圆。根据应力状态作莫尔圆，如图 13.34（b）所示。

$$\sigma_{avg} = \frac{\sigma_x + \sigma_y}{2} = \frac{100 + (-50)}{2} = 25(\text{MPa})$$

$$R = \sqrt{(\sigma_x - \sigma_{avg})^2 + \tau_{xy}^2} = \sqrt{(100-25)^2 + (30)^2} = 80.8(\text{MPa})$$

$$\tau_{max} = R = 80.8(\text{MPa})$$

主应力：
$$\sigma_1 = \sigma_{avg} + R = 25 + 80.8 = 105.8(\text{MPa})$$
$$\sigma_b = \sigma_{avg} - R = 25 - 80.8 = -55.8(\text{MPa})$$

（1）采用最大切应力准则。所用钢材的拉伸屈服极限 $\sigma_Y = 270$ MPa，屈服时相应的剪应力 $\tau_Y = \dfrac{1}{2}\sigma_Y = \dfrac{1}{2} \times 270$ MPa $= 135$ MPa，如图 13.35 所示。

对于 $\tau_{max} = 80.8$ MPa，安全系数的定义为

$$\text{F.S.} = \frac{\tau_Y}{\tau_{max}} = \frac{135 \text{ MPa}}{80.8 \text{ MPa}} = 1.67$$

（2）采用最大畸变能准则。在式（13.21）中引入安全系数，则

$$\sigma_1^2 - \sigma_1\sigma_2 + \sigma_2^2 = \left(\frac{\sigma_Y}{\text{F.S.}}\right)^2$$

对于 $\sigma_1 = 105.8$ MPa、$\sigma_2 = -55.8$ MPa 及 $\sigma_Y = 270$ MPa，则

$$105.8^2 - 105.8 \times (-55.8) + (-55.8)^2 = \left(\frac{270}{\text{F.S.}}\right)^2$$

$$142.2 = \frac{270}{\text{F.S.}}, \quad \text{F.S.} = 1.9$$

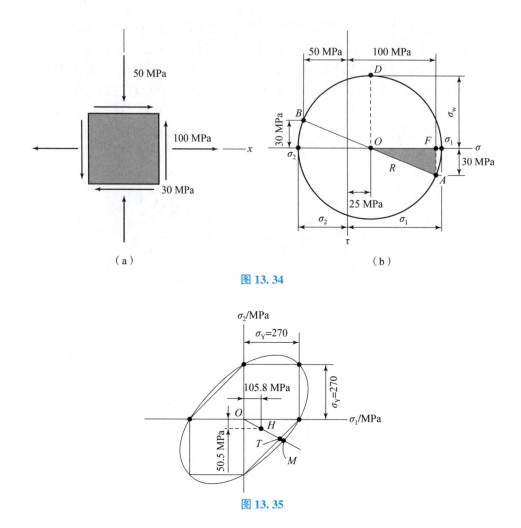

图 13.34

图 13.35

13.6 实验专题：弯扭组合变形应力应变状态测量与分析

本章前述内容已介绍了可利用莫尔圆求解构件上一点的主应力、面内最大切应力及相应的平均正应力或任意截面的应力分量。如何使用实验方法来测量任意一点的主应力和主方向呢？本节将以金属圆管弯扭组合变形条件下的主应力和主方向测量为例，介绍实验原理与方法。

1. 实验原理

弯扭组合变形构件如图 13.36 所示，在构件的 C 端施加一个集中力，如果将其移动至 B 点，则会为 AB 梁施加一个扭矩 T，同时 B 点的集中力还会为 AB 梁施加一个弯矩 M，因此称为弯扭组合变形。如果想测量梁上 A 点的主应力和主方向，可以测量该点的任意三个方向的应变。已知三个应变的夹角为 45°，则可以应用式 (13.23) 来计算此点的主应变，应用式 (13.24) 来计算主方向：

$$\left.\begin{array}{l}\varepsilon_1\\\varepsilon_3\end{array}\right\}=\frac{1}{2}(\varepsilon_{0°}+\varepsilon_{90°})\pm\sqrt{\frac{1}{2}[(\varepsilon_{0°}-\varepsilon_{45°})^2+(\varepsilon_{45°}-\varepsilon_{90°})^2]} \quad (13.23)$$

$$\theta = \frac{1}{2}\arctan\frac{2\varepsilon_{45°} - \varepsilon_{0°} - \varepsilon_{90°}}{\varepsilon_{0°} - \varepsilon_{90°}} \quad (13.24)$$

之后，可以应用下式来计算主应力：

$$\begin{cases} \sigma_1 = \dfrac{E}{1-\nu^2}(\varepsilon_1 + \nu\varepsilon_3) \\ \sigma_3 = \dfrac{E}{1-\nu^2}(\varepsilon_3 + \nu\varepsilon_1) \end{cases} \quad (13.25)$$

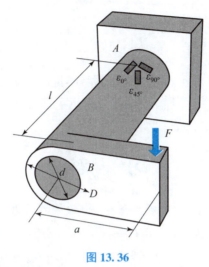

图 13.36

2. 实验仪器与实验步骤

1）实验仪器

弯扭组合实验架、应变仪、直尺、游标卡尺。

2）实验步骤

第 1 步，使用游标卡尺测量试件的截面的外径 D 和内径 d，使用直尺测量试件的弯矩力臂 l 和扭矩力臂 a，并记录。

第 2 步，在试样表面粘贴图 13.37 所示的应变花，采用 1/4 桥型接法接入应变仪。

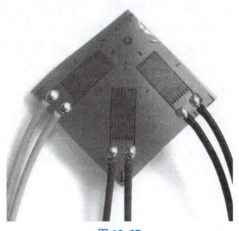

图 13.37

第 3 步，使用砝码对试样进行加载，同步采集和记录载荷 F 与三个通道的应变。

3）数据处理

第 1 步，利用式（13.25）计算主应力 σ_1 和 σ_3。

第 2 步，通过加载力 F 和尺寸与弹性参数，计算弯曲正应力 σ 与扭转剪应力 τ 的理论值。

$$\sigma = \frac{Mc}{I} = \frac{F \times l}{\dfrac{\pi(D^3 - d^3)}{32}} \quad (13.26)$$

$$\tau = \frac{Tc}{I_p} = \frac{F \times a}{\dfrac{\pi(D^3 - d^3)}{16}} \quad (13.27)$$

第 3 步，计算理论的主应力 σ_{10} 和 σ_{30}，将其与测量值做对比，开展误差评价。

$$\left.\begin{array}{r}\sigma_{10} \\ \sigma_{30}\end{array}\right\} = \frac{\sigma}{2} \pm \sqrt{\left(\frac{\sigma}{2}\right)^2 + \tau^2} \quad (13.28)$$

习　题

13.1 图 P13.1 所示薄壁压力容器的端部由一圆盘粘在容器一端制成，若容器承受内压力 600 kPa，试求胶合面内的平均剪应力，以及容器壁上一点的应力状态。

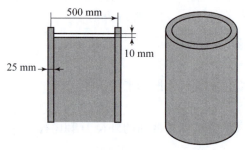

图 P13.1

13.2 如图 P13.2 所示，一内直径 $d = 0.8$ m 的薄壁木管，用若干横截面积为 130 mm² 的钢环箍在一起。若钢环的许用应力为 $\sigma_{max} = 85$ MPa，试求木管承受内压力为 0.03 MPa 时，钢环的最大间距 s。假设每个钢环均承受长度为 s 的木管内压力。

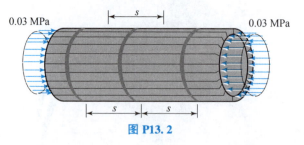

图 P13.2

13.3 如图 P13.3 所示尺寸的环套在一柔性隔膜上，隔膜内有压力 p 作用，求该压力作用下环内径的改变。已知环的弹性模量为 E。

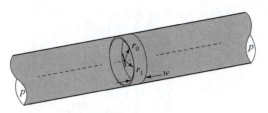

图 P13.3

13.4 如图 P13.4 所示，夹钳的螺杆施加到木块上的压力为 600 N，试求截面 $a—a$ 上的最大正应力。已知 $a—a$ 截面为 0.8 cm × 0.5 cm 的矩形。

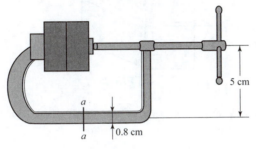

图 P13.4

13.5 如图 P13.5 所示，一直径为 60 mm 的木棒，承受图示 600 N 的力。
(1) 求 A 点的应力状态并用应力微元体表示；
(2) 求 B 点的应力状态并用应力微元体表示。

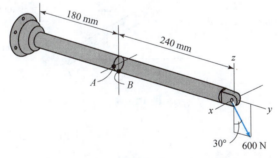

图 P13.5

13.6 由于混凝土不能承受（或只能承受很小的）拉力，因此在混凝土浇筑成型时，加入预应力的钢筋或钢棒承受拉力。对于图 P13.6 所示 480 mm × 240 mm 的矩形截面梁，若混凝土单位体积重 30 kN/m³。求当混凝土的跨中 $a—a$ 截面下表面没有拉应力时，需要施加到 AB 钢筋上的拉力。忽略钢筋尺寸及梁的变形。

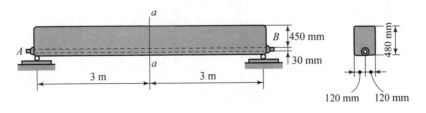

图 P13.6

13.7 石块承受图 P13.7 所示两个轴向力的作用。
（1）求 A、B 两点的正应力；
（2）近似绘制 $a-a$ 截面上的正应力分布图。忽略石块重力。

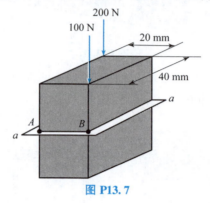

图 P13.7

13.8 矩形截面框架承受图 P13.8（a）所示的分布载荷，D 点和 E 点在横截面上的位置如图 P13.8（b）所示。
（1）试确定 D 点的应力状态，并用应力微元体表示；
（2）试确定 E 点的应力状态，并用应力微元体表示。

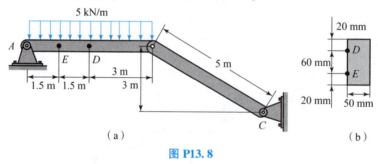

图 P13.8

13.9 广告牌承受均匀风载荷作用，试确定图 P13.9 所示直径为 120 mm 的支柱上 A、B 点的应力状态，并用应力微元体表示。

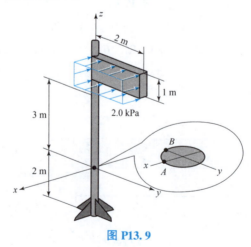

图 P13.9

13.10 如图 P13.10 所示，重机吊杆承受 600 N 的载荷作用，试确定 A、B 点的应力状态，并分别用应力微元体表示。

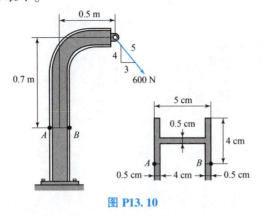

图 P13.10

13.11 如图 P13.11 所示，梁承受图示载荷作用，试确定截面 a—a 上 E、F 点的应力状态，并用应力微元体表示。

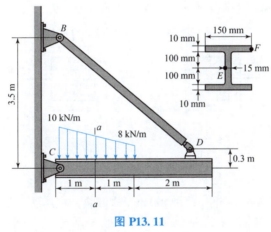

图 P13.11

13.12 如图 P13.12 所示，工字钢架承受图示载荷，试确定 A、B 点的应力状态，并分别用应力微元体表示。

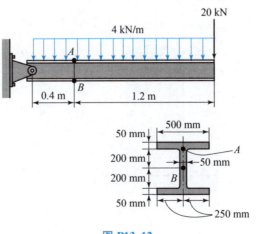

图 P13.12

13.13 对于给定的应力状态，采用莫尔圆确定图 P13.13 中三角形微元斜面上的正应力和剪切应力。

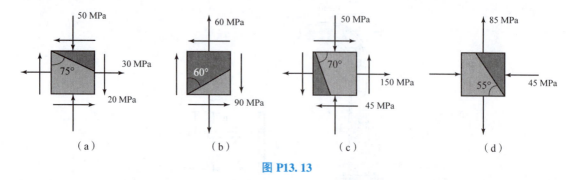

图 P13.13

13.14 如图 P13.14 所示，对于给定的应力状态，采用莫尔圆确定：
（1）主应力及主平面取向；
（2）最大面内剪切应力及其作用面的取向；
（3）面内最大切应力作用面上的正应力。

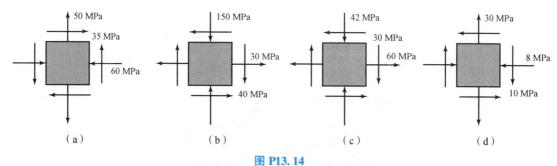

图 P13.14

13.15 如图 P13.15 所示，外直径为 500 mm 的钢管，由厚度为 8 mm 的钢板卷成螺旋状焊接而成。焊缝与垂直于管轴线的平面夹角为 25.5°。已知一个 200 kN 的力 P 和一个 1 000 N·m 的力矩 T 作用在管上，方向如图 P13.15 所示。试确定：分别沿焊缝的法线和切线方向的正应力和剪切应力。

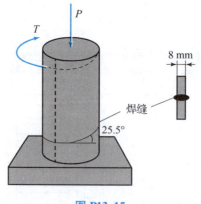

图 P13.15

13.16 如图 P13.16 所示，两块横截面为 10 mm × 60 mm 的等截面钢板焊成一体。已知 120 kN 的轴向载荷施加在焊接后的钢板上，以及平行于焊缝的面内剪切应力为 60 MPa，试确定：

（1）角度 β；
（2）垂直于焊缝的正应力。

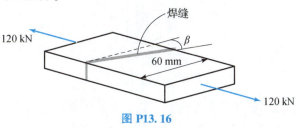

图 P13.16

13.17 如图 P13.17 所示，机械使用扭力扳手松开 E 处螺栓装置。已知在扳手 A 处施加的铅垂力为 120 N。试求：图中所示位于直径为 20 mm 轴的上表面点 H 的主应力和最大切应力。

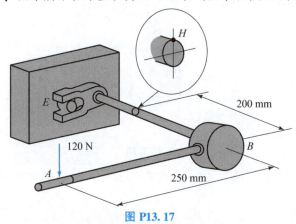

图 P13.17

13.18 对于图 P13.18 所示的平面应力状态：
（1）如果最大拉应力等于或小于 80 MPa，试确定 τ_{xy} 的取值范围；
（2）如果面内最大剪切应力等于或小于 140 MPa，试确定 τ_{xy} 的取值范围。

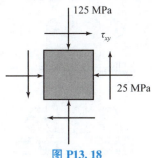

图 P13.18

13.19 对于图 P13.19 所示的应力状态，试确定下列情形下的绝对最大剪应力（提示：要考虑面内最大剪切应力和该点的绝对最大剪应力）：

（1）$\sigma_x = 0$，$\sigma_y = 70$ MPa；
（2）$\sigma_x = 115$ MPa，$\sigma_y = 50$ MPa。

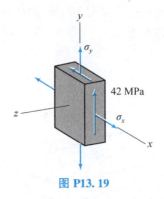

图 P13.19

13.20 对于图 P13.20 所示的应力状态，试确定下列情形下的最大剪应力：
(1) $\sigma_z = +25$ MPa；(2) $\sigma_z = -25$ MPa；(3) $\sigma_z = 0$。

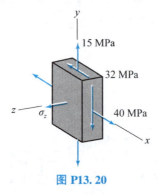

图 P13.20

13.21 图 P13.21 所示直径为 40 mm 的钢制圆轴，材料的屈服极限为 $\sigma_Y = 250$ MPa，$P = 210$ kN。
(1) 试用最大切应力准则确定：发生屈服时扭矩 T 的大小；
(2) 试用最大畸变能准则确定：发生屈服时扭矩 T 的大小。

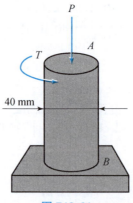

图 P13.21

13.22 如图 P13.22 所示，单个应变片粘贴在直径为 120 mm 的钢制实心圆轴的表面，应变片与平行于轴线的直线的夹角 $\beta = 25°$。已知模量 $G = 80$ GPa，当应变片的读数为 420 $\mu\varepsilon$ 时，试确定作用在轴上的扭转力矩 T。

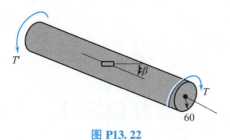

图 P13.22

13.23 与水平面的夹角为 $\beta = 30°$ 的单个应变片用于确定图 P13.23 中所示钢制圆柱形容器的内压。容器圆柱形部分的内直径为 500 mm，壁厚 6 mm，钢材的 $E = 210$ GPa，$\nu = 0.3$。试确定当应变片读数为 $3\,000\ \mu\varepsilon$ 时容器的内压。

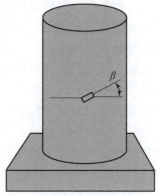

图 P13.23

13.24 如图 P13.24 所示，轴向力 P 和水平力 Q_x 同时施加在矩形截面杆的截面型心上。杆表面点 A 处 45° 应变片测得如下应变：$\varepsilon_1 = -60\ \mu\varepsilon$，$\varepsilon_2 = +320\ \mu\varepsilon$，$\varepsilon_3 = +200\ \mu\varepsilon$。已知材料的 $E = 200$ GPa，$\nu = 0.3$，试确定 P 和 Q_x 的大小。

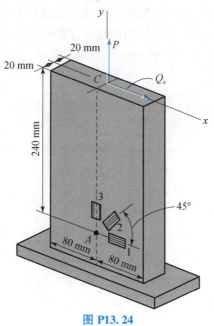

图 P13.24

第 14 章
压杆稳定性

前述章节已经系统地讨论了单一杆件不同外载下的截面合内力、内力矩，截面应力分布和变形，此外也给出了平面应力条件下的应力变换方法和不同材料的失效准则。细长杆件广泛用于结构工程中，如桥梁、建筑物、支架等。当设计杆件时，需要满足特定的强度和刚度要求。杆件材料的强度校核关注应力或应变是否满足相关的失效准则要求，如 13.5 节中给出的平面应力状态下韧性材料和脆性材料的失效准则。对刚度的要求关注杆件的变形，如指定位置处的位移不得超过某个设计指标。此外，受压杆件的稳定性是确保这些结构在外力作用下能够保持稳定的关键因素。在设计过程中，还需要考虑压杆的稳定性，以避免结构的失稳和崩塌。在工程结构设计时，需要考虑不同形状和材料的压杆在外力作用下的稳定性。通过研究压杆的失稳，可以优化结构设计，提高结构的可靠性和安全性。那么什么是压杆稳定性问题呢？它和杆件的强度、刚度校核和分析有什么区别呢？本章将重点讨论压杆稳定性的概念和判断稳定性的准则。

14.1 稳定性的基本概念和临界载荷

本书前述章节给出了分析杆件应力、应变和位移行为的一些解析和近似方法。当细长杆件承受压缩载荷时，可能引起杆件的侧向弯曲。承受轴向压缩载荷的细长杆件称为压杆，它发生侧向弯曲的现象称为屈曲。压杆的屈曲经常能导致结构发生明显的突然性破坏，因此在压杆的设计中要特别注意。压杆不发生侧向屈曲而能够承受的最大轴向压缩载荷称为临界载荷，记为 P_{cr}，如图 14.1（a）所示。此时任意小的载荷增加都将使压杆发生屈曲，并出现

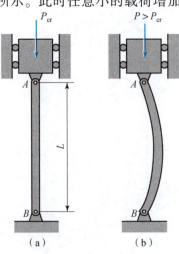

图 14.1

横向弯曲，如图 14.1（b）所示。为了更好地理解这种不稳定性的本质，考察由两根刚性杆 AC 和 BC 在 C 处用铰链和弹性系数为 K 的扭簧连成一体的模型。如果两根杆与两个轴向力 P 和 P′完美地处在同一条直线上，只要没有扰动，系统将保持在图 14.2（a）所示的平衡位置。假设出现微小扰动，使得铰接点 C 稍稍侧向偏离，致使两个杆与竖直方向的轴线之间形成一夹角 $\Delta\theta$（图 14.2（b）），当扰动消失后，系统是回到初始平衡位置，还是在压缩载荷作用下偏离初始平衡位置越来越远呢？如果是第一种情形，则图 14.2（a）所示的平衡系统则是稳定的；如果是第二种情形，则该平衡系统是不稳定的。

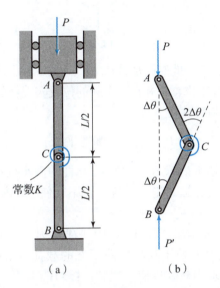

图 14.2

为了明确图 14.2（a）所示二力杆的平衡系统是稳定的还是不稳定的，现在考察作用在杆 AC 上的力（图 14.3），这些力构成两个力矩，即 P 和 P′组成的力矩，其力矩大小为 $P(L/2)\sin\Delta\theta$，这一力矩促使 AC 杆偏离竖直方向；另一个是扭矩弹簧施加在杆上的力矩 M，它又促使杆回到初始竖直位置。因为杆的偏斜，弹簧产生的扭角为 $2\Delta\theta$，因此力矩 M 为 $M = K(2\Delta\theta)$。如果第二个力矩大于第一个力矩，则系统将回到初始平衡位置，这时系统是稳定的。如果第一个力矩大于第二个力矩，则系统将继续偏离初始平衡位置，这时系统是不稳定的。使得这两个力矩平衡的轴向压缩载荷称为临界载荷，记为 P_{cr}，于是可以写出

$$P_{cr}(L/2)\sin\Delta\theta = K(2\Delta\theta) \tag{14.1}$$

式中，$\Delta\theta$ 为小量，$\sin\Delta\theta \approx \Delta\theta$，则由式（14.1）可得

$$P_{cr} = 4K/L \tag{14.2}$$

显然，当 $P < P_{cr}$ 时，即

$$P < \frac{4K}{L} \quad (\text{稳定平衡}) \tag{14.3}$$

这是系统稳定平衡的条件，因为此时扭矩弹簧产生的恢复力矩可以将杆恢复到竖直位置。

相反，当 $P > P_{cr}$ 时，即

$$P > \frac{4K}{L} \quad (\text{不稳定平衡}) \tag{14.4}$$

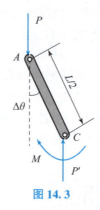

图 14.3

系统将处于不稳定平衡。换言之，此时施加载荷 P，当在 C 点出现微小扰动后，系统将离开平衡状态且不再恢复到其初始竖直位置，并在一个新的位置实现新的平衡。由 $P_{cr}(L/2) \cdot \sin\Delta\theta = K(2\Delta\theta)$ 定义的中间值 P_{cr} 为临界载荷，即

$$P_{cr} = \frac{4K}{L} \quad \text{（随遇平衡）} \tag{14.5}$$

该载荷代表系统处于随遇平衡状态。因为 P_{cr} 与杆的微小扰动位移 $\Delta\theta$ 无关，所以作用于系统的任何微小扰动既不会使它远离平衡位置，也不会使它恢复到初始位置，而是使杆件维持在扰动后的位置上。

这三种不同的平衡状态分别示于图 14.4 中。载荷 P 等于临界值 P_{cr} 的点称为分叉点。P_{cr} 的物理意义：表示使系统恰好处于临界屈曲状态的载荷。如前所述，通过假设微小的扰动位移，可以利用平衡条件求出该临界值。注意：针对图 14.2 系统计算得到的 P_{cr} 并不一定是该系统能够承受的最大轴向压缩载荷 P。如果在杆上施加更大的压缩载荷，机构将会经历稳定平衡进一步的变形，直至弹簧被充分地扭曲，并使系统实现新的平衡。

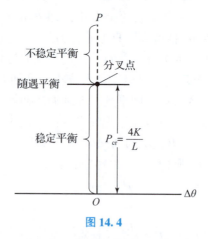

图 14.4

尽管在工程设计中可将临界载荷 P_{cr} 看作压杆能够承受的最大载荷，但要认识到，与屈曲后的双杆机构一样，压杆实际上也能支撑比 P_{cr} 更大的载荷。然而这样的载荷需要压杆经历大变形，而大变形通常在工程结构或工程机械中是不允许的。

式（14.3）~式（14.5）描述了图 14.2 所示系统平衡的三种特征及条件，包括稳定平衡、不稳定平衡和随遇平衡。那么稳定平衡、不稳定平衡和随遇平衡的具体定义是什么呢？

除了平衡法，是否还有其他方法可以计算临界载荷 P_{cr} 呢？图 14.5 的示例可以帮助我们更加直观地理解平衡的特征。对于无限光滑的曲面，存在无摩擦刚性小球。C 位置处的小球处于随遇平衡状态。随遇平衡指小球无论滚到哪个位置都是平衡的，原因是处在任意位置时小球受到的合力都为零，不受力就没有加速度，就不会使小球动起来。当小球位于凸面上时，如图 14.5 所示的 B 位置处，小球仅在最高点时合力为零，在其他位置它都远离最高点，受到的合力将使其向远离最高点的方向运动，所以最高点 B 为不稳定平衡点。当小球位于凹面上时，如图 14.5 所示的 A 位置处。在最低点时合力为零，其他位置所受合力都指向最低点，合力将使其回到最低点，所以最低点 A 为稳定平衡点。综上，稳定平衡是指系统在外界因素干扰下离开了原来的平衡位置，当干扰因素消失后，可以自动回到最初位置的平衡。对于结构来说，必须保证它是稳定平衡的，才可以保证它不发生过大变形而破坏。

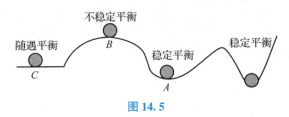

图 14.5

我们还可以从能量守恒角度分析图 14.5 中小球平衡状态的特征。不管什么性质的力，只要对物体做正功，则与此力对应的势能减小；只要对物体做负功，与此力对应的势能将增大。由弹性力学最小势能原理可知，体系的总势能总是倾向于减小的，合力对应的势能必然是倾向于减小的。分析图 14.5 中小球的外力功，由于与小球接触的曲面光滑坚硬，接触力始终与小球的运动方向垂直，不对小球做功，因此只有重力对小球做功。当小球位于最高点时（点 B），小球的任何位置变化都使得重力对其做正功，即使得小球的重力势能减小，物体总是倾向于从高势能状态转化到低势能状态，所以小球会不断向下滚动，使势能越来越低，因此最高点是不稳定的平衡点。当小球位于最低点时，任意的位置改变都使其重力势能增加，之后小球会自动返回势能更低的最低点，所以此点为稳定平衡点。因此我们可以根据最小势能原理，比较系统初始状态和运动后（变形后）状态的总势能，判断平衡状态的性质。如果在外力作用下，运动后（变形后）系统的总势能更大了，系统会自动回复到势能更小的初始状态，因此外力作用下初始状态的平衡就是稳定的，如图 14.5 中 A 位置处的小球；反之，运动后系统的总势能更小，则系统回不到初始状态，初始状态下的平衡为不稳定平衡，如图 14.5 中 B 位置处的小球。

针对杆件结构，我们可通过图 14.6 中的示例演示通过最小势能原理判断平衡状态的稳定性，并确定临界载荷 P_{cr}。图 14.6 所示杆件下端为铰接，上端与一弹性系数为 k 的水平弹簧相连。初始状态下，直杆受竖向载荷 P 作用，且无侧向位移。水平外力（扰动）给该杆件一个侧向的微小位移。我们必须强调图中的竖向载荷 P 不是使杆件发生侧移的原因，且在杆件受到扰动发生侧移时保持不变，为定值。系统产生侧移后，马上把这个水平外力（扰动）撤掉，然后我们希望通过最小势能原理考察杆件的这个侧移状态能不能自动回复到初始的竖直状态。首先杆件发生侧移的过程中，竖向载荷 P 保持不变，它做功为 $P(1-\cos q)l$，显然载荷 P 对直杆做正功，则其在力-直杆系统中对应一种势能，载荷做正功使该势能减小，取侧移后状态的势能为零，则变形前势能则为 $P(1-\cos q)l$。水平弹簧发生了变形必然产生变形能，变形能永远为正，弹簧力由初始的零增大到 $k\Delta$，变形能由初始的零增加到变形后的 $U = \frac{1}{2}k\Delta^2$。根据最小势能原理，比较初始状态和变形后状态系统的总势能，以判断系统平衡状态的性质。如果 $P(1-\cos q)l < \frac{1}{2}k\Delta^2$，变形后状态总势能更大，系统将自动恢复到势能更小的初始状态，因此载荷 P 作用下初始状态的平衡是稳定的，即稳定平衡；反之，$P(1-\cos q)l > \frac{1}{2}k\Delta^2$ 时，变形后系统的总势能更小，系统无法回到初始状态，因此系统在该载荷作用下的初始状态为不稳定平衡。当 $P(1-\cos q)l = \frac{1}{2}k\Delta^2$ 时，载荷 P 作用下的初始系统为随遇平衡状态，并可通过该条件计算临界载荷 P_{cr}。当侧向位移为小位移时，$\Delta \approx l\theta$，$\cos\theta \approx 1 - \frac{\theta^2}{2}$，代入随遇平衡条件 $P(1-\cos q)l = \frac{1}{2}k\Delta^2$，可得 $P_{cr} = kl$，可见临界载荷的大小与位移的大小 θ 无关。

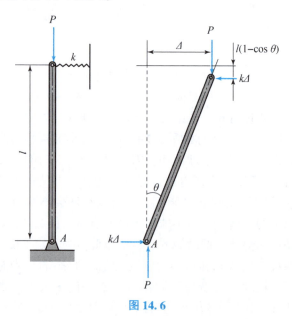

图 14.6

14.2 铰支理想压杆

图 14.2 和图 14.6 示例中的直杆在轴向压缩外载均只发生刚性侧移，不发生弹性变形。本节将求解如图 14.7（a）所示的铰支压杆的临界屈曲载荷 P_{cr}。图中的压杆为理想压杆，理想压杆是指加载前，杆件为均质材料制成的完美直杆，且轴向压缩载荷完美通过杆件横截面形心。杆件材料在载荷作用下表现为线弹性，且压杆弯曲为平面对称弯曲。由于理想压杆是完美直杆，所以从理论上说，载荷 P 一直能加载到材料因屈服或断裂而破坏。但是当轴向压缩载荷达到临界载荷 P_{cr} 时，压杆处于临界状态，则如图 14.7（b）所示的微小侧向扰动力 F 将使压杆弯曲，且在扰动力 F 撤掉（消失）后保持在变形后的位置，如图 14.7（c）所示。轴向压缩载荷 P 从 P_{cr} 任意减小一点，将使压杆变直，回到初始直杆位置；反之，P

超出 P_{cr} 任意增加一点，则会进一步增大压杆的侧向变形。显然，使压杆在任意微小扰动下不发生侧向弯曲（屈曲）而导致大变形失效的条件是轴向压缩载荷 P 小于临界载荷 P_{cr}，如何确定临界载荷 P_{cr}？

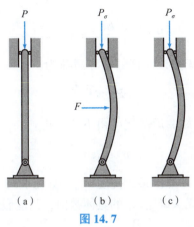

图 14.7

承受轴向载荷时压杆是稳定的还是不稳定的，取决于其抵抗弯曲而恢复自身变形的能力。于是，可利用平面弯曲杆件的横截面弯矩和曲率的关系式（式（12.3）），确定临界载荷及压杆屈曲后的形状，即

$$EI\frac{d^2v}{dx^2} = M(x) \tag{14.6}$$

注意：该公式假定挠曲线的转角是微小的且变形仅考虑了横截面弯矩作用（忽略了剪力贡献）。当压杆受扰动，处于弯曲后的位置如图 14.8（a）所示，可用截面法求出弯矩。图 14.8（b）为变形后一段杆件的受力图，其中的挠度 v 和弯矩 M 根据建立截面弯矩－曲率的关系时采用的符号约定，按正方向标出。由梁段隔离体弯矩平衡条件可得横截面弯矩 M、轴向载荷以及挠度之间的关系 $M = -Pv$。于是式（14.6）变为

$$EI\frac{d^2v}{dx^2} = -Pv \tag{14.7}$$

$$\frac{d^2v}{dx^2} + \left(\frac{P}{EI}\right)v = 0 \tag{14.8}$$

式（14.8）为一个常系数二阶齐次线性微分方程，利用微分方程方法可以得其通解为

$$v = C_1 \sin\left(\sqrt{\frac{P}{EI}}x\right) + C_2 \cos\left(\sqrt{\frac{P}{EI}}x\right) \tag{14.9}$$

其中的两个积分常数可由压杆两端的边界条件求出。在 $x = 0$ 处有 $v = 0$，所以 $C_2 = 0$。在 $x = L$ 处有 $v = 0$，于是得

$$C_1 \sin\left(\sqrt{\frac{P}{EI}}L\right) = 0$$

$C_1 = 0$ 时，上式能够满足，但是这将使得 $v = 0$，此解为平凡解，它要求压杆总是保持直杆状态，无侧向挠度。

另一种可能的解为

$$\sin\left(\sqrt{\frac{P}{EI}}L\right) = 0$$

这要求满足：

$$\sqrt{\frac{P}{EI}}L = n\pi$$

或

$$P = \frac{n^2\pi^2 EI}{L^2}, \quad n = 1, 2, \cdots \tag{14.10}$$

当 $n = 1$ 时得到 P 的最小值，于是该压杆的临界载荷为

$$P_{cr} = \frac{\pi^2 EI}{L^2} \tag{14.11}$$

该载荷为欧拉载荷。对应的杆屈曲后的挠度由下式给出：

$$v = C_1 \sin\frac{\pi x}{L}$$

其中，常数 C_1 表示产生在压杆中点的最大挠度 v_{max}，如图 14.8（a）所示。由于压杆发生屈曲变形后的准确挠度未知，因此无法确定 C_1 的具体数值，只能假设杆件横向的弯曲变形很小。

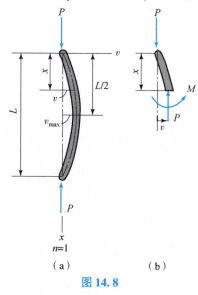

图 14.8

注意式（14.10）中的 n 表示变形后压杆形状的波数。例如，当 $n = 2$ 时，根据式（14.10），屈曲后的构形将出现两个波，如图 14.9 所示。在屈曲前压杆将承受 $4P_{cr}$ 的临界载荷。因为该数值是临界载荷 P_{cr} 的 4 倍，而且变形后的形状是不稳定的，故这种屈曲形式实际上是不会发生的。

与 14.1 节讨论的双杆机构类似，再次用图来表达理想压杆的载荷－挠度特征曲线，如图 14.10 所示。分叉点代表随遇平衡状态，此时压杆上作用着临界载荷，并处于临界屈曲状态。应该注意，临界载荷 P_{cr} 与材料的强度无关，仅与压杆的尺寸（I 和 L）以及材料的弹性模量 E 相关。如果仅考虑弹性屈曲，由于高强度钢与低强度钢的弹性模量大体相同，高强度钢压杆并不比低强度钢压杆更优越。同时还应注意到，压杆的承载能力随横截面惯性矩 I 的增加而提高。因此，设计高效的压杆时，应使尽量多的压杆横截面面积尽可能地远离截面的型心主轴。这就是工字形截面压杆及用槽钢和角钢"搭建"的压杆要比实心矩形截面压杆效率高的原因。

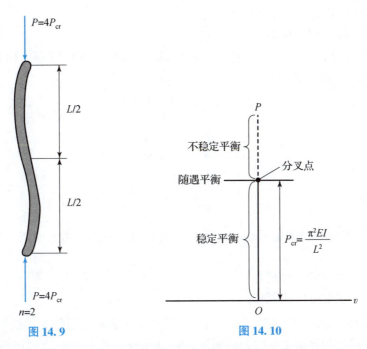

图 14.9　　　　　　　　图 14.10

压杆将关于具有最小惯性矩的截面惯性主轴（最弱轴）发生屈曲。如图 14.11 所示矩形横截面的压杆，它将关于 $a\text{—}a$ 轴（而非 $b\text{—}b$ 轴）发生屈曲。工程师们为了达到平衡，希望保持各个方向上的惯性矩相同。从几何上看，圆管是最完美的压杆。方管或者 $I_x = I_y$ 的截面杆也常用作压杆。

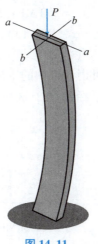

图 14.11

综上所述，给出铰支细长压杆的屈曲临界载荷公式，也称为欧拉公式：

$$P_{cr} = \frac{\pi^2 EI}{L^2} \tag{14.12}$$

式中，P_{cr}——屈曲时压杆上的临界或最大轴向载荷，该载荷所引起的压杆中的应力必须小于材料的压缩比例极限；

E——材料的弹性模量；

I——压杆横截面的最小惯性矩；

L——两端铰支间压杆的原长。

为了进行压杆设计，也可以采用表达式 $I = Ar^2$（其中 A 为横截面的面积，r 为横截面的回转半径），将式（14.12）写为

$$P_{cr} = \frac{\pi^2 E(Ar^2)}{L^2}$$

$$\left(\frac{P}{A}\right)_{cr} = \frac{\pi^2 E}{(L/r)^2}$$

或者

$$\sigma_{cr} = \frac{\pi^2 E}{(L/r)^2} \tag{14.13}$$

式中，σ_{cr}——临界应力，即临界屈曲时压杆中的平均压缩正应力，由于该应力是弹性应力，因此有 $\sigma_{cr} \leq \sigma_Y$；

E——压杆材料的弹性模量；

L——两端铰支压杆的原长；

r——压杆的最小回转半径，$r = \sqrt{I/A}$，其中 I 为横截面面积 A 的最小惯性矩。

式（14.13）中的比值 L/r 称为长细比，它是压杆柔性的度量，利用该值可将压杆分为细长、中长和短粗三类。

以临界应力 σ_{cr} 和长细比 L/r 为坐标轴，绘出式（14.13）。对典型结构钢和铝合金材料的压杆，其相应的曲线如图 14.12 所示。我们注意到曲线是双曲线型的，由于材料本构行为必须处于弹性范围，故式（14.13）和图 14.12 仅适用于材料压缩比例极限以下的临界应力的计算。结构钢的屈服应力为 $(\sigma_Y)_{st} = 250 \text{ MPa}(E_{st} = 200 \text{ GPa})$，对于铝合金有 $(\sigma_Y)_{al} = 190 \text{ MPa}(E_{al} = 70 \text{ GPa})$，将 $\sigma_{cr} = \sigma_Y$ 代入式（14.13），得到钢制和铝制压杆的最小长细比分别为 $(L/r)_{st} = 89$ 和 $(L/r)_{al} = 60.5$。因此，对于结构钢压杆，当 $(L/r)_{st} > 89$ 时，可用欧拉公式（式（14.12））来计算临界载荷，此时压杆中的本构行为仍然保持线弹性。而当 $(L/r)_{st} < 89$ 时，杆中的应力在发生屈曲前就已经超出了材料的压缩比例极限，因此欧拉公式不再适用。

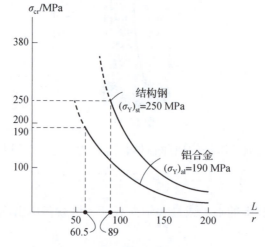

图 14.12

例14.1 长度为2 m，正方形横截面、两端铰支的木杆，假设 $E = 10$ GPa，许用正应力 $\sigma_{\text{allow}} = 10$ MPa，计算欧拉临界载荷时，安全系数采用3.0，确定压杆承受以下载荷时所需的横截面尺寸：（1）100 kN；（2）200 kN。

解：（1）对于100 kN的载荷，利用给定的安全系数，在欧拉公式（式（14.12））中，使 $P_{\text{cr}} = 3.0 \times 100$ kN $= 300$ kN，$L = 2$ m，$E = 10$ GPa，解出 I：

$$I = \frac{P_{\text{cr}} L^2}{\pi^2 E} = \frac{(300 \times 10^3 \text{ N}) \times (2 \text{ m})^2}{\pi^2 (10 \times 10^9 \text{ Pa})} = 12.16 \times 10^{-6} \, (\text{m}^4)$$

根据边长为 a 的正方形的惯性矩：

$$I = \frac{a^4}{12}$$

有 $\dfrac{a^4}{12} = 12.16 \times 10^{-6}$ m^4，

$$a = 109.9 \text{ mm} \approx 110 \text{ mm}$$

校核压杆中的正应力：

$$\sigma = \frac{P}{A} = \frac{100 \text{ kN}}{(0.110 \text{ m})^2} = 8.26 \, (\text{MPa})$$

因为 σ 小于 σ_{allow}，所以 110 mm $\times$ 110 mm 的正方形截面是可以的。

（2）对于200 kN的载荷，式（14.12）中 $P_{\text{cr}} = 3.0 \times 200$ kN $= 600$ kN，解出

$$I = \frac{P_{\text{cr}} L^2}{\pi^2 E} = \frac{(600 \times 10^3 \text{ N}) \times (2 \text{ m})^2}{\pi^2 (10 \times 10^9 \text{ Pa})} = 24.32 \times 10^{-6} \text{ m}^4$$

$$\frac{a^4}{12} = 24.32 \times 10^{-6} \text{ m}^4, \quad a = 130.7 \text{ mm} \approx 131 \text{ mm}$$

压杆中的正应力：

$$\sigma = \frac{P}{A} = \frac{200 \text{ kN}}{(0.131 \text{ m})^2} = 11.65 \text{ MPa}$$

因为这一数值大于许用应力 σ_{allow}，所得到的截面尺寸是不能接受的。这时必须基于压杆的许用应力 σ_{allow} 选择截面尺寸。据此，有

$$A = \frac{P}{\sigma_{\text{allow}}} = \frac{200 \text{ kN}}{10 \text{ MPa}} = 0.02 \, (\text{m}^2)$$

$$a^2 = 20 \times 10^{-3} \text{ m}^2, \quad a = 141.4 \text{ mm} \approx 142 \, (\text{mm})$$

最后，选择 142 mm $\times$ 142 mm 的正方形截面是可以的。

例14.2 用规格 280 mm $\times$ 124 mm $\times$ 10.5 mm/13.7 mm 26b 工字钢制成铰接压杆，如图14.13所示。求既不发生屈曲，也不发生屈服时所能支撑的最大轴向压缩载荷。

解： 从工程设计手册中可以查得，压杆的横截面积和惯性矩分别为：$A = 6\,100$ mm^2，$I_x = 74.8 \times 10^6$ mm^4 和 $I_y = 3.79 \times 10^6$ mm^4。由于 $I_y < I_x$，杆将关于 y—y 轴发生屈曲。应用式（14.12），得

$$P_{\text{cr}} = \frac{\pi^2 E I}{L^2} = \frac{\pi^2 (200 \times 10^9) \times (3.79 \times 10^6 \times 10^{-12} \text{ m}^4)}{4^2} = 467.57 \, (\text{kN})$$

加载后，压杆中的平均压应力为

$$\sigma_{\text{cr}} = \frac{P_{\text{cr}}}{A} = \frac{467.57 \text{ kN}}{6\,100 \text{ mm}^2} = 76.65 \, (\text{N/mm}^2)$$

因为该应力未超过屈服应力 $\sigma_Y = 250 \text{ N/mm}^2$，所以最大轴向载荷 P 根据屈曲临界载荷求得
$$P = P_{cr} = 467.57 \text{ kN}$$
实际中，在该载荷基础上还要考虑安全系数。

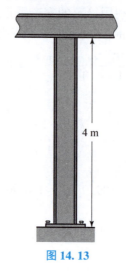

图 14.13

14.3 不同支承条件下的压杆临界载荷

14.2 节推导了一端铰接支承，另一端可自由转动压杆的欧拉载荷。但是，压杆也存在其他边界支承方式。考察如图 14.14（a）所示的端部固定支承、顶部自由的压杆，计算该压杆屈曲临界载荷的步骤与铰接压杆相同。由受力图（图 14.14（b））可知，任意截面处的内力矩为 $M = P(\delta - v)$。因此挠曲线微分方程为

$$EI\frac{d^2v}{dx^2} = P(\delta - v)$$

$$\frac{d^2v}{dx^2} + \frac{P}{EI}v = \frac{P}{EI}\delta \tag{14.14}$$

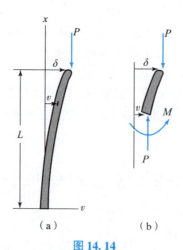

图 14.14

上式与式（14.8）不同，右端存在非零项，为非齐次方程，其解由通解和特解构成，为

$$v = C_1 \sin\left(\sqrt{\frac{P}{EI}}x\right) + C_2 \cos\left(\sqrt{\frac{P}{EI}}x\right) + \delta \tag{14.15}$$

未知系数可由边界条件确定。在 $x=0$ 处，$v=0$，于是得到 $C_2 = -\delta$。

另外，在 $x=0$ 处有 $\mathrm{d}v/\mathrm{d}x = 0$，即有 $C_1 = 0$。于是挠曲线为

$$v = \delta\left[1 - \cos\left(\sqrt{\frac{P}{EI}}x\right)\right] \tag{14.16}$$

因为压杆底部端点处的挠度为 δ，在 $x=L$ 处，有 $v=\delta$，因此要求

$$\delta \cos\left(\sqrt{\frac{P}{EI}}L\right) = 0$$

平凡解 $\delta = 0$ 表示无论载荷 P 多大，均不发生屈曲弯曲变形，因而要求

$$\left(\sqrt{\frac{P}{EI}}L\right) = 0 \text{ 或 } \sqrt{\frac{P}{EI}}L = \frac{n\pi}{2}$$

当 $n=1$ 时得到最小临界载荷，即

$$P_{cr} = \frac{\pi^2 EI}{4L^2} \tag{14.17}$$

与式（14.12）比较可以看出，一端固定，另一端自由的压杆仅能承受两端铰支压杆临界载荷的四分之一。其他类型支承的压杆临界载荷的计算方法大体相同，不在此赘述。

有效长度：欧拉公式（14.12）是针对两端铰支的压杆得到的，公式中的 L 表示两个零弯矩截面之间原长。如果压杆的支承是其他形式，只要方程中的"L"始终代表零弯矩截面之间的距离，就依旧可以用欧拉公式求临界载荷。该距离称为压杆的有效长度，记为 L_e。显然，对于两端铰支的压杆有 $L_e = L$，如图 14.15（a）所示。对于一端固定，另一端自由的

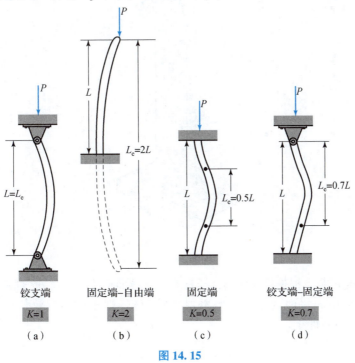

图 14.15

压杆，其挠曲线是两端铰支但长为 2L 的压杆挠曲线的一半，如图 14.15（b）所示。于是，零弯矩截面（又称拐点）之间的有效长度为 $L_e = 2L$。图 14.15（c）所示为两端固定压杆，其零弯矩截面分别距离固定端 L/4，于是压杆的有效长度为 $L_e = 0.5L$。最后，图 14.15（d）所示为一端铰支，另一端固定的压杆，其拐点距离铰支端约 0.7L，于是 $L_e = 0.7L$。

许多设计规范并不直接给出压杆的有效长度，而是利用量纲为 1 的有效长度因子 K 给出压杆欧拉公式，其中 K 的定义为

$$L_e = KL \tag{14.18}$$

具体的 K 值也在图 14.15 给出。基于这种一般性，欧拉公式可写为

$$P_{cr} = \frac{\pi^2 EI}{(KL)^2} \tag{14.19}$$

或

$$\sigma_{cr} = \frac{\pi^2 EI}{(KL/r)^2} \tag{14.20}$$

式中，KL/r——压杆的有效长细比。

例 14.3 图 14.16 所示为长度为 L 的矩形截面铝压杆，B 端固定，在 A 端承受过截面型心的压缩载荷。两块光滑、周边固定的平板限制了 A 端压杆在一个竖直对称平面（xy 平面）内的移动，但不限制转动，不限制压杆在另一个竖直对称平面（xz 平面）内运动。（1）对压杆进行最有效的抗屈曲设计，确定矩形截面的边长比 a/b；（2）已知 $L = 0.5$ m，$E = 70$ GPa，$P = 25$ kN，安全系数为 3.0，设计最有效的横截面。

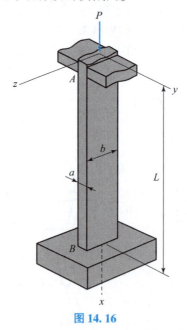

图 14.16

解：xy 平面内屈曲。根据图 14.16，压杆在这一平面内屈曲时，此时杆件 A 端的边界条件应为铰支（限制了 xy 平面内移动，但不限制转动），则压杆的有效长度 $L_e = 0.7L$。计算矩形截面关于 z 轴的惯性矩：

$$I_z = \frac{1}{12}ba^3, \quad A = ab$$

$$I_z = Ar_z^2, \quad r_z^2 = \frac{I_z}{A} = \frac{\frac{1}{12}ba^3}{ab} = \frac{a^2}{12}, \quad r_z = a/\sqrt{12}$$

当压杆在 xy 平面内屈曲时，其有效长细比为

$$\frac{L_e}{r_z} = \frac{0.7L}{a/\sqrt{12}} \tag{1}$$

xz 平面内屈曲。压杆在这一平面内发生屈曲时，此时杆件 A 端的边界条件应为自由（不限制在 xz 平面内的运动），其有效长度 $L_e = 2L$，相应的惯性半径为

$$r_y = b/\sqrt{12}$$

于是，有效长细比为

$$\frac{L_e}{r_y} = \frac{2L}{b/\sqrt{12}} \tag{2}$$

（1）最有效的设计是使对应于两种屈曲方式的临界应力相等。根据式（14.13）可知，如果上面两种屈曲方式的有效长细比 L/r 相等，则两种情形下的临界应力相等。于是

$$\frac{0.7L}{a/\sqrt{12}} = \frac{2L}{b/\sqrt{12}}$$

由此解出

$$\frac{a}{b} = \frac{0.7}{2} = 0.35$$

（2）根据给定数据设计，要求安全系数为 3.0，有

$$P_{cr} = (\text{F. S.})P = 3.0 \times 25 \text{ kN} = 75 (\text{kN})$$

利用 $a = 0.35b$，有 $A = ab = 0.35b^2$ 及

$$\sigma_{cr} = \frac{P_{cr}}{A} = \frac{75\,000}{0.35b^2}$$

由于 $L = 0.5$ m，代入式（2），有

$$\frac{L_e}{r_y} = \frac{3.464}{b}$$

将其与 E 和 σ_{cr} 都代入式（14.12），可得

$$\sigma_{cr} = \frac{\pi^2 E}{(L_e/r)^2} \quad \frac{75\,000}{0.35b^2} = \frac{\pi^2(70 \times 10^9 \text{ Pa})}{(3.464/b)^2}$$

解出

$$b = 43.9 \text{ mm} \approx 44 \text{ mm}; \quad a = 0.35b = 15.4 \text{ mm} \approx 16 \text{ mm}$$

14.4 正割公式

欧拉公式是在假定压缩载荷 P 理想作用于压杆横截面型心处，并且压杆为完美直杆条件下得到的。但这是不现实的，因为实际的杆件不可能绝对竖直，载荷的作用也不会准确通过杆件横截面型心。实际中，压杆不会发生突然屈曲。一般来说，一开始施加压缩载荷时，杆件就会开始弯曲，但挠度非常微小。因此，关于载荷的实际判据将限定为一特定的压杆挠

度或者不允许压杆中的最大应力超出某许用应力。

我们考察轴向压缩载荷作用在压杆上距离横截面型心有一微小的偏心距 e 处，如图 14.17（a）所示。压杆上该载荷静力等效于图 14.17（b）中的一轴向载荷 P 和一附加弯矩。正如图中所示，端点 A 和 B 可以自由转动（铰支）。与前面分析过程一样，考察小转角和小挠度及杆件的线弹性材料行为，而且 xv 平面是杆件的一个对称面。由任意截面的受力图（图 14.17（c）），可得压杆任意截面处的弯矩为

$$M = -P(e+v) \tag{14.21}$$

于是得挠曲线的微分方程为

$$EI\frac{\mathrm{d}^2 v}{\mathrm{d}x^2} = -P(e+v)$$

或者

$$\frac{\mathrm{d}^2 v}{\mathrm{d}x^2} + \frac{P}{EI}v = -\frac{P}{EI}e$$

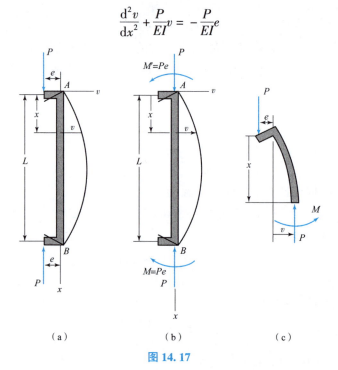

图 14.17

该方程与式（14.14）相似，其解包括通解和特解，即

$$v = C_1 \sin\left(\sqrt{\frac{P}{EI}}x\right) + C_2 \cos\left(\sqrt{\frac{P}{EI}}x\right) - e \tag{14.22}$$

为了确定未知常数，必须应用边界条件：在 $x=0$ 处，$v=0$，于是 $C_2 = e$；$x=L$ 处，$v=0$，给出：

$$C_1 = \frac{e\left[1 - \cos\left(\sqrt{\frac{P}{EI}}L\right)\right]}{\sin\left(\sqrt{\frac{P}{EI}}L\right)}$$

由 $1 - \cos\left(\sqrt{\frac{P}{EI}}L\right) = 2\sin^2\left(\sqrt{\frac{P}{EI}}L\right)$，$\sin\left(\sqrt{\frac{P}{EI}}L\right) = 2\sin\left(\sqrt{\frac{P}{EI}}L/2\right)\cos\left(\sqrt{\frac{P}{EI}}L/2\right)$，于是有

$$C_1 = e\tan\left(\sqrt{\frac{P}{EI}}\frac{L}{2}\right)$$

因此挠曲线方程（式（14.22））可以写为

$$v = e\left[\tan\left(\sqrt{\frac{P}{EI}}\frac{L}{2}\right)\sin\left(\sqrt{\frac{P}{EI}}x\right) + \cos\left(\sqrt{\frac{P}{EI}}x\right) - 1\right] \quad (14.23)$$

最大挠度：根据载荷的对称性，最大挠度和最大应力均应发生在压杆的中点。因此，当 $x = L/2$ 时，$v = v_{\max}$，于是有

$$v_{\max} = e\left[\sec\left(\sqrt{\frac{P}{EI}}\frac{L}{2}\right) - 1\right] \quad (14.24)$$

注意，若 e 趋于零，则 $v_{\max}$ 也趋于零。但是，当 e 趋于零时，如果中括号中的项趋于无穷，则 $v_{\max}$ 将存在非零值。从数学上看，这代表了轴向受载压杆在承受临界载荷 P_{cr} 而导致失效时的行为。因此，为了得到 P_{cr}，要求：

$$\sec\left(\sqrt{\frac{P}{EI}}\frac{L}{2}\right) = \infty$$

则要求

$$\sqrt{\frac{P}{EI}}\frac{L}{2} = \frac{\pi}{2}$$

$$P_{cr} = \frac{\pi^2 EI}{L^2}$$

这与由欧拉公式（式（14.12））给出的结果相同。

根据式（14.24）对不同偏心距 e 取值绘制载荷 P 与最大挠度 $v_{\max}$ 的曲线，得到如图 14.18 所示的曲线族，其中临界载荷 P_{cr} 为曲线族的渐近线，其表示理想压杆（$e=0$）情况下的载荷-最大挠度曲线。由于初始压杆非理想竖直及加载的非理想过截面型心，现实压杆 e 不可能等于零。但是，当 $e \to 0$ 时，曲线趋于理想压杆行为。同样应注意，图 14.18 中的中间两条曲线只适用于线弹性材料。当压杆长而细时就属于这种情况。但是，若考察一根短或中等长度的短粗杆，则随着所加压缩载荷的增大，最终会导致材料屈服，而压杆将表现为非弹性行为。这种情况在图 14.18 中最下方一条曲线上的 A 点发生。随着载荷的进一步增加，曲线不再到达临界载荷，相反载荷将达到 B 点处的最大值。然后，压杆的挠度继续增大，承载能力则发生突然下降。

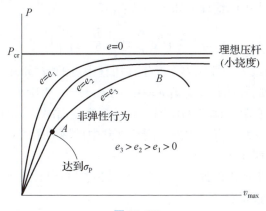

图 14.18

图 14.18 中的中间两条曲线还表明了载荷 P 与挠度 v 之间的非线性关系。因此，不能用叠加原理计算压杆逐级加载所引起的压杆总挠度。反之，必须首先将载荷相加，然后才能求出由

其合力所对应的挠度。从物理上讲，载荷和挠度无法叠加的原因在于压杆的截面弯矩既依赖于外载 P 也依赖于挠度 v，即式（14.21）：$M = -P(e+v)$。也就是说，由某个载荷引起的挠度会使弯矩增加。这种行为与梁的弯曲不同，后者载荷引起的实际挠度不会使弯矩继续增大。

正割公式：压杆中的最大应力是由轴向载荷与弯矩共同引起的，见图 14.19（a），最大弯矩发生在压杆的中点，利用式（14.21）和式（14.24），求其值为

$$M = |P(e+v_{\max})| = Pe\sec\left(\sqrt{\frac{P}{EI}}\frac{L}{2}\right) \tag{14.25}$$

如图 14.19（b）所示，压杆中的最大应力为压应力，其值为

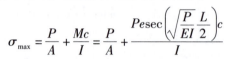

考虑到 $r^2 = I/A$，上式可以整理为如下形式：

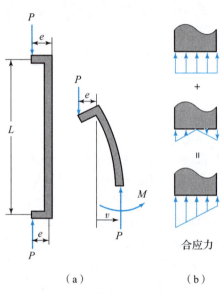

图 14.19

$$\sigma_{\max} = \frac{P}{A}\left[1 + \frac{ec}{r^2}\sec\left(\frac{L}{2}\sqrt{\frac{P}{EA}}\right)\right] \tag{14.26}$$

式中，$\sigma_{\max}$——压杆中的最大弹性应力，发生在压杆中点的内部凹面一侧，为压应力；

P——作用于压杆的竖向载荷，若 $e=0$，则 $P < P_{cr}$，否则 $P = P_{cr}$（式（14.11））；

e——载荷 P 的偏心距，即 P 的作用线到压杆横截面中性轴的距离；

c——压杆中产生最大压应力的最外侧纤维到中性轴的距离；

A——压杆的横截面面积；

L——压杆在弯曲平面内的原长，对于除了铰支外的其他支承，要用有效长度 L_e；

E——材料的弹性模量；

r——横截面的回转半径 $\sqrt{I/A}$，其中 I 关于杆件的中性轴计算。

式（14.26）表明载荷与应力之间存在着非线性关系。因此，叠加原理无法应用，即在求应力之前应先将载荷叠加。

14.5　实验专题：单杆双铰支压杆稳定实验

本章已介绍了压杆稳定的力学原理以及不同支承条件下的压杆临界载荷。那么如何通过实验来测量压杆临界载荷呢？

1. 实验原理

对于如图 14.20 所示的两端铰支、中心受压的细长杆，其临界力 P_{cr} 可按欧拉公式计算：

$$P_{\text{cr}} = \frac{\pi^2 E I_{\min}}{(KL)^2} \tag{14.27}$$

式中，$I_{\min}$——杠杆横截面的最小惯性矩，$I_{\min} = bh^3/12$；

　　　L——压杆的长度；

　　　K——有效长度因子。

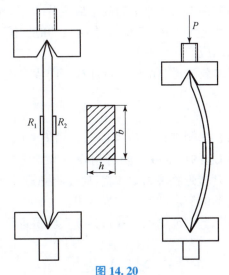

图 14.20

在细长杆两侧粘贴两个应变片，其应变－载荷曲线如图 14.21 所示。AB 水平线与 P 轴相交的 P 值，即依据欧拉公式计算所得的临界力 P_{cr} 的值。当 $P < P_{cr}$ 时，压杆首先发生压缩变形，之后由于弯矩作用而逐渐发生拉压对称变形；当 $P = P_{cr}$ 时，压杆处于丧失稳定性临界点，压杆可在微弯的状态下维持平衡；当 $P > P_{cr}$ 时，压杆将丧失稳定性而发生弯曲变形。P_{cr} 是压杆由稳定平衡过渡到不稳定平衡的临界载荷。

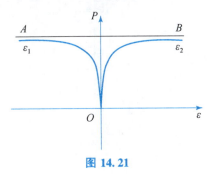

图 14.21

实际实验中的压杆，由于不可避免地存在初曲率、材料不均匀和载荷偏心等因素影响，在 P 远小于 P_{cr} 时，压杆也会发生微小的弯曲变形，只是当 P 接近 P_{cr} 时弯曲变形会突然增大，而丧失稳定性。

实验测定 P_{cr} 时，可采用如图 14.20 所示的加载实验装置，该装置上、下支座为 V 形槽口，将带有圆弧尖端的压杆装入支座，在外力作用下，通过能上下活动的上支座对压杆施加载荷，压杆变形时，两端能自由地绕 V 形槽口转动，即相当于两端铰支的情况。

2. 实验仪器与实验步骤

1）实验仪器

压杆稳定加载装置、应变仪、游标卡尺、钢板尺。

2）实验步骤

第 1 步，使用游标卡尺测量细长杆横截面的长 b 和宽 h，使用钢板尺测量试件的长度 L，并记录。

第 2 步，在试样表面粘贴图 14.20 所示的两个应变片 R_1 和 R_2，采用 1/4 桥型接法接入应变仪。以 ε_1 和 ε_2 分别表示应变片 R_1 和 R_2 左右两点的应变值，分别是由轴向压应变与弯曲产生的拉应变之代数和与压应变之代数和。

第 3 步，使用压杆稳定加载装置对试样进行加载，同步采集和记录载荷 P 与两个通道的应变。

3. 数据处理

根据采集的载荷与应变，绘制载荷 - 应变曲线。当 $P \ll P_{cr}$ 时，压杆几乎不发生弯曲变形，ε_1 和 ε_2 均为轴向压缩引起的压应变，两者相等；当载荷 P 增大时，ε_1 和 ε_2 的差值越来越大、符号相反；当载荷 P 接近临界力 P_{cr} 时，应变将急剧增加，之后都接近同一水平渐进线 AB。渐进线 AB 与纵坐标的交点即实验临界压力值。

利用式（14.27）计算得到 P_{cr} 理论值，并将其与实验值进行对比，开展误差分析。

习　题

14.1 如图 P14.1 所示，刚性杆 AC 和 CB 在 C 点连成一体，在支座 B 处有刚度系数为 K 的扭转弹簧，试确定系统的临界载荷 P_{cr}。

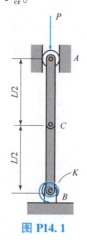

图 P14.1

14.2 如图 P14.2 所示，刚性杆 AC 和 BC 在 C 点由刚度系数为 K 的弹簧连成一体，已知弹簧既可以承受拉伸，也可以承受压缩，试确定系统的临界载荷 P_{cr}。

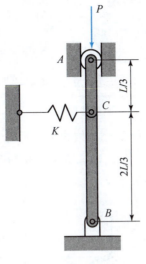

图 P14.2

14.3 如图 P14.3 所示，刚性杆 AB 在 A 处由固定铰链支承，并在 C 和 D 两处与两根刚度系数均为 $K = 55$ kN/m 的弹簧相连，每根弹簧既可以承受拉伸，也可以承受压缩，已知 $h = 8$ m，试确定系统的临界载荷。

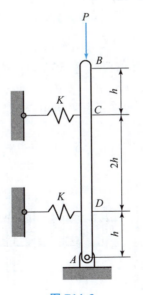

图 P14.3

14.4 有效长度为 10 m 的承受压缩的构件由半径为 20 mm 的实心截面的铜杆制成。为了减轻 20% 的质量，采用图 P14.4 所示的空心截面杆替代。

(1) 试确定临界载荷降低的百分数；
(2) 若 $E = 100$ GPa，确定空心构件的临界载荷。

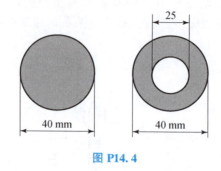

图 P14.4

14.5 定义安全系数为结构失效载荷与结构上的可施加载荷之比，已知图中 P14.5 所示结构要求安全因数为 2.6，$E = 200\ \text{GPa}$，假定结构将在结构自身平面内屈曲，试确定能够施加在图示结构上的最大载荷 P。

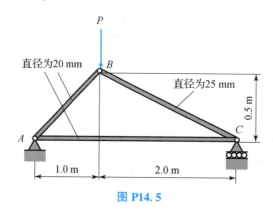

图 P14.5

14.6 图 P14.6 所示的 5 根压杆均为实心截顶钢杆。

（1）已知图 P14.6（a）中压杆的直径为 20 mm，试确定图示承载情形下的屈曲安全因数；

（2）已知 $E = 200\ \text{GPa}$，要求其他各压杆都具有与（1）中得到的相同的安全系数，试确定各压杆的直径。

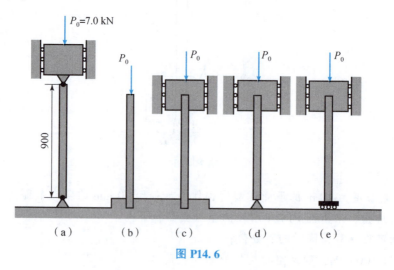

图 P14.6

14.7 如图 P14.7 所示，压杆 AB 承受大小为 80 kN 的中心轴向载荷 P 作用，缆绳 BC 和 BD 处于张紧状态，以阻止 B 端在 xz 平面内运动，已知 $E = 200\text{ GPa}$，安全因数为 2.2，且不考虑缆绳的张力，试确定压杆的最大许可长度 L。

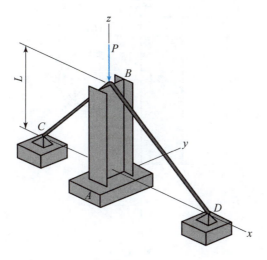

图 P14.7

14.8 轴向载荷 P 施加在直径为 35 mm 的钢杆 AB 的两端，如图 P14.8 所示。已知 $P = 40\text{ kN}$，$e = 1.5\text{ mm}$，$E = 200\text{ GPa}$。试确定：
(1) 杆中点 C 处的挠度；
(2) 杆内的最大应力。

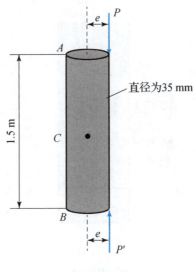

图 P14.8

14.9 铜管的截面如图 P14.9 所示，载荷 P 作用线偏离管的几何轴线 6 mm。已知 $E = 140\text{ GPa}$，试确定：
(1) 当压杆中点 C 处的水平挠度为 6.5 mm 时，载荷 P 的数值；
(2) 管内相应的最大正应力。

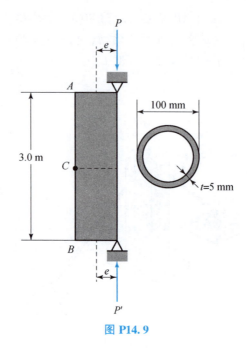

图 P14.9

14.10 如图 P14.10 所示，具有 10 mm × 10 mm 正方形横截面的钢杆 AB，安装在两个固定铰支座上，铰支座之间的距离固定不变，二者连线偏离杆的几何轴线 $e = 1.1$ mm。已知在温度 T_0 时，杆受力为零；$E = 200$ GPa，热膨胀系数 $\alpha = 12.0 \times 10^{-6}/℃$，点 C 处的间隙 $d = 0.4$ mm。试确定当温度升高多少时，杆刚好与点 C 接触。

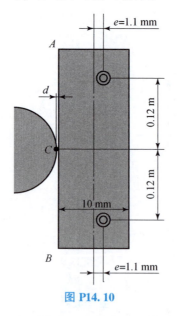

图 P14.10

14.11 轴向载荷 P 施加在正方形铝杆 BC 的点 D，偏离杆的几何中心线 6.5 mm，如图 P14.11 所示。已知 $E = 70$ GPa，试确定：

(1) 当 C 端的水平挠度为 13 mm 时，载荷 P 的数值；

(2) 杆内相应的最大正应力。

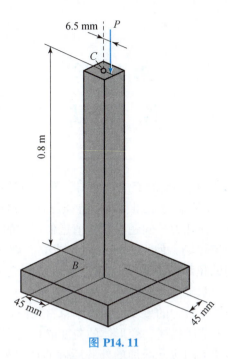

图 P14.11

14.12 图 P14.12 所示压杆 AB 的两端均由铰链支承,且两个支座之间的距离 L 保持不变。已知温度为 T_0 时,压杆中的力为零,且当温度为 $T_1 = T_0 + \Delta T$ 时发生屈曲。试将 ΔT 表示成 b、L 和 α 的形式,其中 α 为热膨胀系数。

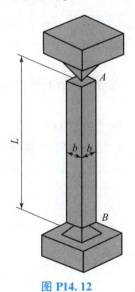

图 P14.12

第 15 章
能 量 法

5.5 节和 5.6 节通过引入虚位移场的概念，导出了弹性力学边值问题的弱形式（变分形式），并得到了固体力学中重要的虚功原理、最小势能原理及最小余能原理。实际上，弹性力学边值问题的弱形式构成了弹性力学问题进行数值近似求解的理论基础，其基本思路为寻找满足位移边界条件的协调位移场，使得式（5.68）成立。虚功原理在计算杆件（或杆件系）任意位置处沿任意方向的位移方面也有着广泛而重要的应用，而且杆件的位移计算也是采用求解超静定杆件体系的基础。

为了介绍虚功原理在杆件分析中的重要应用，本章首先回顾固体与结构力学中的另一个重要概念：应变能。正如 4.1 节所描述，变形体的应变能是变形体伴随变形而产生的能量增量。应变能等于施加在变形体上的缓慢增加的外载所做的功（外力功）。应变能密度为单位体积上的应变能，应变能密度也等于材料的应力 – 应变曲线下覆盖的面积。基于应变能和应变能密度的物理意义，本章将给出杆件在轴向和横向载荷作用下的应变能及变形体在一般应力状态下的弹性应变能。最后，将在上述结论的基础上，给出计算杆件任意位置处沿任意方向位移的重要方法——单位载荷法，以及单位载荷法的图形处理方法——图乘法。单位载荷法的重要应用体现在分析超静定结构，这部分将在后续章节讨论。

15.1 变形体的弹性应变能

考察长度为 L、横截面面积为 A 的等截面直杆 BC，杆 B 端固定，C 端承受缓慢增加的轴向拉伸载荷 F，如图 15.1 所示。通过绘制杆件的载荷大小 F 与杆件轴向变形量 x 的关系曲线，得到杆件 BC 的载荷 – 变形关系曲线，如图 15.2 所示。

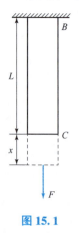

图 15.1

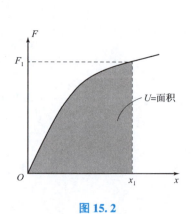

图 15.2

考察杆件在载荷 F 作用下伸长一个微量 $\mathrm{d}x$ 时所做的功。当变形足够小时，可假设变形过程中载荷 F 保持不变，因此这一外力功等于载荷的大小 F 与伸长量 $\mathrm{d}x$ 的乘积，为

$$\mathrm{d}W = F\mathrm{d}x \tag{15.1}$$

当杆件变形量为 x_1 时，载荷 F 所做的总外力功为

$$W = \int_0^{x_1} F\mathrm{d}x$$

等于载荷 – 变形图上 $x=0$ 到 $x=x_1$ 之间曲线下的面积。

当载荷 F 缓慢施加于杆件上时，外载做功。由热力学第一定律可知，在无能量耗散的情况下，随着杆件变形，外力所做的功将转化为杆件的内能——应变能 U，并储存在杆件中。随着杆件的变形增加，外力功增加，应变能也必然增加。根据能量守恒原理，有

$$U = W = \int_0^{x_1} F\mathrm{d}x \tag{15.2}$$

功与能的单位可用力的单位与长度的单位的乘积表示。在国际单位制中，功与能的单位为 $\mathrm{N \cdot m}$，或焦耳（J）。

在线弹性变形的情形下，载荷 – 变形曲线中的线弹性部分由线性方程 $F=kx$ 描述的直线表示，将 $F=kx$ 描述代入式（15.2），有

$$U = W = \int_0^{x_1} kx\mathrm{d}x = \frac{1}{2}kx_1^2$$

或写成

$$U = W = \frac{1}{2}F_1 x_1 \tag{15.3}$$

式中，F_1——与轴向变形 x_1 对应的外载值。

可见，对于如图 15.1 所示的杆件，应变能可以表达为外载和变形的函数。

如何将应变能表达为变形体应力和应变的函数呢？请回顾第 4 章应变能和应变能密度的概念。单位体积的应变能称为应变能密度，可记为 u。对于应力非均匀分布的变形体，可通过考察材料中体积为 ΔV 的微元的应变能，计算其应变能密度 u，则应变能密度可写为

$$u = \lim_{\Delta V \to 0} \frac{\Delta U}{\Delta V} \tag{15.4a}$$

或

$$u = \frac{\mathrm{d}U}{\mathrm{d}V} \tag{15.4b}$$

如果所考察的变形体仅受均匀分布的单向正应力 σ_x，则整个变形体的应变能密度为常数，可以表示成总应变能与变形体体积之比 U/V。如图 15.1 所示杆件单位体积内的应变能，可将总应变能除以杆件的体积 $V=AL$，并利用式（15.2），有

$$\frac{U}{V} = \int_0^{x_1} \frac{F}{A} \cdot \frac{\mathrm{d}x}{L}$$

在轴向拉伸外载作用下，F/A 和 $\mathrm{d}x/L$ 分别为图 15.1 所示杆件微元体 x 位置处的轴向正应力 σ_x 和正应变 ε_x，上式写为

$$\frac{U}{V} = \int_0^{\varepsilon_1} \sigma_x \mathrm{d}\varepsilon_x$$

式中，ε_1——与伸长量 x_1 对应的正应变。

因此，应变能密度可写为

$$u = \int_0^{\varepsilon_1} \sigma_x \mathrm{d}\varepsilon_x \tag{15.5}$$

可见，式（15.5）中的正应力 σ_x、应变 ε_x 及应变能密度 u 都是逐点变化的，表示材料单向拉伸应力－应变（σ_x－ε_x）曲线下覆盖的面积。式（15.5）也为4.1节中给出的应变能密度的一种特例。应变能密度的单位可由能量的单位除以体积的单位得到，在国际单位制中为 $\mathrm{J/m^3}$。

如果轴向正应力 σ_x 在材料的比例极限的范围内，根据材料一维线弹性本构关系，有

$$\sigma_x = E\varepsilon_x \tag{15.6}$$

将式（15.6）中的 σ_x 代入式（15.5），得到应变能密度：

$$u = \int_0^{\varepsilon_1} E\varepsilon_x \mathrm{d}\varepsilon_x = \frac{E\varepsilon_1^2}{2} \tag{15.7}$$

或将式（15.6）中的正应变 ε_x 表示成对应的正应力 σ_x，则应变能密度可以写成

$$u = \frac{\sigma_1^2}{2E} \tag{15.8}$$

对于仅考虑非均匀分布单向正应力 σ_x 情况下的变形体总应变能，将式（15.7）或式（15.8）中的 u 代入式（15.4），并积分得

$$U = \int \frac{\sigma_x^2}{2E} \mathrm{d}V \tag{15.9}$$

所得的应变能表达式仅对线弹性变形有效，称为变形体的弹性应变能。可见，对于单向正应力 σ_x 情况下，变形体的应变能是正应力 σ_x 或应变 ε_x、弹性模量及几何尺寸的函数。

如对于仅承受轴向拉/压载荷的连续变截面杆件，如图15.3所示，正应力 σ_x 在任意位置 x 处的横截面上均匀分布。以 A 表示位于距杆件 B 端 x 远处的横截面面积，P 表示该横截面上的内力，则有 $\sigma_x = P/A$。将其代入式（15.9），得

$$U = \int \frac{P^2}{2EA^2} \mathrm{d}V$$

令 $\mathrm{d}V = A\mathrm{d}x$，上式变为

$$U = \int_0^L \frac{P^2}{2AE} \mathrm{d}x \tag{15.10}$$

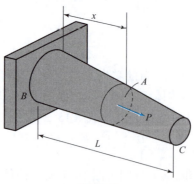

图 15.3

等截面直杆端部承受大小相等、方向相反的轴向载荷，如图15.4所示，由式（15.10）可得

$$U = \frac{P^2 L}{2AE} \tag{15.11}$$

图 15.4

可见，应变能可表达为杆件截面内力、弹性模量和几何尺寸的函数，其中截面内力可通过与外载之间的静力平衡关系获得。

如图 15.5 所示受横向载荷梁 AB，距 A 端 x 远处的弯矩为 M。应变能计算中暂时忽略截面剪力和剪切变形的影响，因此梁的横截面上仅有弯矩导致的单向弯曲正应力的作用。只考虑轴向正应力 $\sigma_x = -My/I$，将其代入式（15.9），有

$$U = \int \frac{\sigma_x^2}{2E} dV = \int \frac{M^2 y^2}{2EI^2} dV$$

令 $dV = dAdx$，其中 dA 为横截面微元面积，考虑到 $M^2/(2EI^2)$ 仅为 x 的函数，有

$$U = \int_0^L \frac{M^2}{2EI^2} \left(\int y^2 dA \right) dx$$

括号内的积分为横截面对其中性轴的惯性矩，由上式得到

$$U = \int_0^L \frac{M^2}{2EI} dx \tag{15.12}$$

可见，对于受横向载荷梁结构，仅考虑横截面上弯曲正应力条件下，梁的弹性应变能可写为横截面弯矩、弹性模量和几何尺寸的函数。

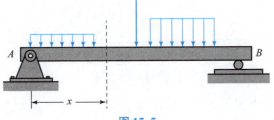

图 15.5

对于等截面悬臂梁 AB 的应变能，如图 15.6 所示。仅考虑弯曲正应力的情况下，距 A 端 x 处的弯矩为 $M = -Px$，将其代入式（15.12），得到

$$U = \int_0^L \frac{P^2 x^2}{2EI} dx = \frac{P^2 L^3}{6EI}$$

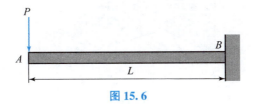

图 15.6

当变形体仅承受一平面切应力 τ_{xy} 时，变形体某一点处的应变能密度表达式可写为

$$u = \int_0^{\gamma_{xy}} \tau_{xy} d\gamma_{xy} \tag{15.13}$$

式中，γ_{xy}——材料剪切应力 - 应变曲线上与剪应力 τ_{xy} 对应的切应变。

显然，切应力的应变能密度也等于剪应力 - 剪应变曲线下覆盖的面积。当 τ_{xy} 低于比例极限时，有材料的本构关系 $\tau_{xy} = G\gamma_{xy}$，其中 G 为材料的剪切模量。将 τ_{xy} 代入式（15.13），积分后得到

$$u = \frac{1}{2}G\gamma_{xy}^2 = \frac{1}{2}\tau_{xy}\gamma_{xy} = \frac{\tau_{xy}^2}{2G} \tag{15.14}$$

利用应变能密度的表达式 $u = dU/dV$，将式（15.14）代入式（15.4），再积分，得到仅承受一平面剪切应力变形体的应变能：

$$U = \int \frac{\tau_{xy}^2}{2G} dV \tag{15.15}$$

这一表达式给出了由剪切应力引起的变形体的应变能，形式类似于单向正应力引起的应变能表达式，仅对弹性变形成立。可见，对于仅受一平面内切应力 τ_{xy} 情况下，变形体的应变能是切应力 τ_{xy} 或切应变 γ_{xy}、剪切模量 G 及几何尺寸的函数。

根据式（15.15）计算承受切应力变形体的应变能。考察承受一个或多个扭矩的实心连续变截面圆截面杆件。用 J（同 I_p）表示距 B 端 x 处横截面的极惯性矩，如图 15.7 所示。T 表示该截面上的扭矩，横截面上仅存在剪切应力，为 $\tau_{xy} = T\rho/J$，代入式（15.14），有

$$U = \int \frac{\tau_{xy}^2}{2G} dV = \int \frac{T^2\rho^2}{2GJ^2} dV$$

令 $dV = dAdx$，其中 dA 为横截面微元面积，由于 $T^2/(2GJ^2)$ 为横截面轴向位置 x 的函数，有

$$U = \int \frac{T^2}{2GJ^2}\left(\int \rho^2 dA\right)dx$$

上式括号内的积分项为实心圆截面的极惯性矩，由上式得到

$$U = \int_0^L \frac{T^2}{2GJ} dx \tag{15.16}$$

当等截面圆轴两端承受大小相等、方向相反的一对扭矩时，由式（15.16）可得

$$U = \frac{T^2 L}{2GJ} \tag{15.17}$$

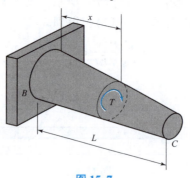

图 15.7

例 15.1 材料相同、长度相同但横截面不同的 BC 和 CD 两部分组成实心圆截面杆件 BCD，如图 15.8 所示。求圆轴受扭矩 T 作用时的应变能，并将其表示为 T、L、G、J 和 n 的形式，其中 J 为圆轴 CD 部分横截面的极惯性矩。

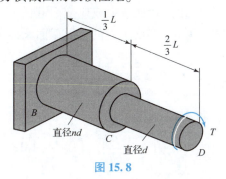

图 15.8

解：利用式（15.17）计算圆截面实心轴 BC 和 CD 两部分的应变能，再将所得到的表达式相加，考虑到 BC 部分的极惯性矩为 $n^4 J$，有

$$U_n = U_{BC} + U_{CD} = \frac{T^2\left(\frac{1}{3}L\right)}{2G(n^4 J)} + \frac{T^2\left(\frac{2}{3}L\right)}{2GJ} = \frac{T^2 L}{6GJ}\left(\frac{1}{n^4} + 2\right)$$

$$U_n = \frac{T^2 L}{6GJ} \cdot \frac{1 + 2n^4}{n^4}$$

当 $n = 1$ 时，有

$$U_1 = \frac{T^2 L}{2GJ}$$

式（15.17）给出了长度为 L，等截面圆轴的应变能表达式。上式结果也表明，当 $n > 1$ 时，$U_n < U_1$，如 $n = 2$ 时，$U_2 = \frac{33}{48}U_1$。因为最大切应力发生在 CD 部分，与扭矩 T 成正比。因此，对于给定的许用应力，增大杆 BC 部分直径的结果是，杆整体吸收应变能的能力降低。

本章前面给出了受横向载荷杆件仅考虑截面弯矩引起的轴向正应力条件下，其总弹性应变能的表达式，推导过程中忽略了截面剪力导致的剪切应力的影响。下面将考察两种应力分量同时作用下杆件的总应变能。

例 15.2 计算如图 15.9 所示的矩形截面悬臂梁 AB 的应变能，同时考虑正应力与切应力。

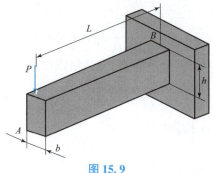

图 15.9

解： 弯曲应力引起的应变能为

$$U_{\sigma_x} = \frac{P^2 L^3}{6EI}$$

式中，总应变能下角标 σ_x 表征了由于弯曲应力或应变引起的应变能部分。为了确定切应力 τ_{xy} 引起的应变能 $U_{\tau_{xy}}$，可将宽度为 b、高度为 h 的矩形截面梁的剪切应力公式可以写为

$$\tau_{xy} = \frac{3}{2} \cdot \frac{P}{bh}\left(1 - \frac{y^2}{c^2}\right)$$

式中，c——梁高度的一半。

将上式代入式（15.15），得到

$$U_{\tau_{xy}} = \frac{1}{2G}\left(\frac{2}{3} \cdot \frac{P}{bh}\right)^2 \int \left(1 - \frac{y^2}{c^2}\right)^2 dV$$

令 $dV = b\,dy\,dx$，化简后，得

$$U_{\tau_{xy}} = \frac{9P^2}{8Gbh^2} \int_{-c}^{c} \left(1 - 2\frac{y^2}{c^2} + \frac{y^4}{c^4}\right) dy \int_{0}^{L} dx$$

$c = h/2$，对上式积分后，得

$$U_{\tau_{xy}} = \frac{9P^2}{8Gbh^2}\left[y - \frac{2}{3} \cdot \frac{y^3}{c^2} + \frac{1}{5} \cdot \frac{y^5}{c^4}\right]\Big|_{-c}^{c} = \frac{3P^2 L}{5Gbh} = \frac{3P^2 L}{5GA}$$

于是，梁的总应变能为

$$U = U_{\sigma_x} + U_{\tau_{xy}} = \frac{P^2 L^3}{6EI} + \frac{3P^2 L}{5GA}$$

对于矩形截面梁，利用 $I/A = h^2/12$，得到

$$U = \frac{P^2 L^3}{6EI}\left(1 + \frac{3Eh^2}{10GL^2}\right) = U_{\sigma_x}\left(1 + \frac{3Eh^2}{10GL^2}\right) \tag{15.18}$$

如果 $G \geq E/3$，则上式括号内项的值小于 $1 + 0.9(h/L)^2$。于是，忽略剪切效应导致的相对误差小于 $0.9(h/L)^2$。对于 $h/L < 1/10$ 的梁，误差小于 0.9%。因此，实际工程中计算细长梁的总应变能时，通常忽略剪切效应引起的应变能。

对于各向同性变形体弹性变形情形下，材料满足线性本构关系，由 6 个独立应力张量分量表征的一般应力状态下的变形体的总应变能密度如式（4.8）所示，展开可以写为

$$u = \frac{1}{2}(\sigma_x \varepsilon_x + \sigma_y \varepsilon_y + \sigma_z \varepsilon_z + \tau_{xy} \gamma_{xy} + \tau_{yz} \gamma_{yz} + \tau_{zx} \gamma_{zx}) \tag{15.19}$$

将各向同性弹性体的线性本构关系代入上式，得到任意给定点一般应力状态下的应变能密度：

$$u = \frac{1}{2E}\left[\sigma_x^2 + \sigma_y^2 + \sigma_z^2 - 2\nu(\sigma_x \sigma_y + \sigma_y \sigma_z + \sigma_z \sigma_x)\right] + \frac{1}{2G}(\tau_{xy}^2 + \tau_{yz}^2 + \tau_{zx}^2) \tag{15.20}$$

将给定点应力状态由三个主应力表示，则式（15.20）可转化为

$$u = \frac{1}{2E}\left[\sigma_1^2 + \sigma_2^2 + \sigma_3^2 - 2\nu(\sigma_1 \sigma_2 + \sigma_2 \sigma_3 + \sigma_3 \sigma_1)\right] \tag{15.21}$$

式中，$\sigma_1, \sigma_2, \sigma_3$——给定点的主应力；

ν——泊松比。

13.5 节曾经指出，判断给定点处应力状态是否会引起韧性材料屈服失效的准则之一为

最大畸变能准则，这一准则实则是基于考察材料与形状改变有关的单位体积应变能给出的。将应变能密度 u 分解为两部分：与材料体积改变有关的应变能 u_v；与同一点材料形状改变有关的应变能 u_d。即

$$u = u_v + u_d \tag{15.22}$$

为了确定 u_v 和 u_d，引入主应力的平均正应力：

$$\bar{\sigma} = \frac{\sigma_1 + \sigma_2 + \sigma_3}{3} \tag{15.23}$$

同时，令

$$\sigma_1 = \bar{\sigma} + \sigma_1', \ \sigma_2 = \bar{\sigma} + \sigma_2', \ \sigma_3 = \bar{\sigma} + \sigma_3' \tag{15.24}$$

于是，给定点的应力状态（图 15.10（a））可以通过将图 15.10（b）与图 15.10（c）叠加得到。显然图 15.10（b）所示的应力状态仅改变材料微元的体积，而不改变其形状；另外，根据式（15.23）和式（15.24）有

$$\sigma_1' + \sigma_2' + \sigma_3' = 0 \tag{15.25}$$

这表明，图 15.10（c）所示应力状态中的应力，必然有的是拉应力，有的是压应力。这种应力状态仅改变微元的形状，而不改变微元的体积。事实上，这一应力状态引起的体应变 e（微元单位体积的体积改变量）为

$$e = \frac{1-2\nu}{E}(\sigma_1' + \sigma_2' + \sigma_3') \tag{15.26}$$

根据式（15.25），有 $e=0$。根据以上分析可以得到如下结论：应变能密度的 u_v 部分必然与图 15.10（b）所示应力状态有关；应变能密度的 u_d 部分必然与图 15.10（c）所示应力状态有关。

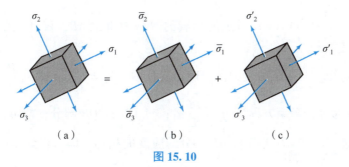

图 15.10

对应于微元体积改变的应变能密度 u_v 部分，可以将式（15.21）中主应力代之以 $\bar{\sigma}$：

$$u_v = \frac{1}{2E}[3\bar{\sigma}^2 - 2\nu(3\bar{\sigma}^2)] = \frac{3(1-2\nu)}{2E}\bar{\sigma}^2 \tag{15.27}$$

或者根据式（15.23），有

$$u_v = \frac{1-2\nu}{6E}(\sigma_1 + \sigma_2 + \sigma_3)^2 \tag{15.28}$$

对应于微元形状改变引起的应变能密度 u_d 部分可以通过式（15.22）得到，将式（15.21）和式（15.28）中的 u 和 u_v 代入其中得到

$$u_d = u - u_v = \frac{1}{6E}[3(\sigma_1 + \sigma_2 + \sigma_3)^2 - 6\nu(\sigma_1\sigma_2 + \sigma_2\sigma_3 + \sigma_3\sigma_1) - (1-2\nu)(\sigma_1 + \sigma_2 + \sigma_3)^2]$$

整理有

$$u_d = \frac{1-2\nu}{6E}[(\sigma_1^2 - 2\sigma_1\sigma_2 + \sigma_2^2) + (\sigma_2^2 - 2\sigma_2\sigma_3 + \sigma_3^2) + (\sigma_3^2 - 2\sigma_3\sigma_1 + \sigma_1^2)]$$

注意到每个圆括号内都是完全平方，显然方括号前的系数等于 $1/(12G)$，于是得到应变能密度的 u_d 部分，也就是单位体积的畸变能的表达式为

$$u_d = \frac{1}{12G}[(\sigma_1 - \sigma_2)^2 + (\sigma_2 - \sigma_3)^2 + (\sigma_3 - \sigma_1)^2] \qquad (15.29)$$

在平面应力的情形下，假设 3 轴（z 轴）垂直于应力平面，且有 $\sigma_3 = 0$，这时式（15.29）可写为

$$u_d = \frac{1}{6G}(\sigma_1^2 - \sigma_1\sigma_2 + \sigma_2^2) \qquad (15.30)$$

对于单轴拉伸试验，当拉伸至屈服时，有 $\sigma_1 = \sigma_Y$，$\sigma_2 = 0$。于是 $(u_d)_Y = \sigma_Y^2/(6G)$。对于平面应力，最大畸变能准则指出，只要 $u_d < (u_d)_Y$，将其代入式（15.30），可得

$$\sigma_1^2 - \sigma_1\sigma_2 + \sigma_2^2 < \sigma_Y^2$$

只要这一条件得以满足，给定的应力状态就是安全的。在一般应力状态下，可利用关于 u_d 的式（15.29）。这时，最大畸变能准则由以下条件表示：

$$(\sigma_1 - \sigma_2)^2 + (\sigma_2 - \sigma_3)^2 + (\sigma_3 - \sigma_1)^2 < 2\sigma_Y^2 \qquad (15.31)$$

这一表达式表明，如果给定点的三个主应力（$\sigma_1, \sigma_2, \sigma_3$）位于由式（15.32）所定义的曲面之内，则给定的应力状态是安全的。

$$(\sigma_1 - \sigma_2)^2 + (\sigma_2 - \sigma_3)^2 + (\sigma_3 - \sigma_1)^2 = 2\sigma_Y^2 \qquad (15.32)$$

这一曲面是半径为 $\sqrt{2/3}\,\sigma_Y$ 的圆柱体表面，且圆柱体的对称轴与应力的三个主轴的夹角相等。

例 15.3 对于图 15.11（a）所示的承载的等截面直梁 AB，仅计及截面上的弯曲正应力，确定梁的总应变能。

解：（1）求弯矩。利用梁的受力图，确定支反力：$R_A = \dfrac{Pb}{L}\uparrow$，$R_B = \dfrac{Pa}{L}\uparrow$

对于梁的 AD 部分，弯矩方程为 $M_1 = \dfrac{Pb}{L}x_1$；对于梁的 DB 部分，弯矩方程为 $M_2 = \dfrac{Pa}{L}x_2$。

（2）求应变能。将梁 AD 部分与 DB 部分的应变能相加，即可得到全梁的应变能。利用式（15.12）有

$$U = U_{AD} + U_{DB} = \int_0^a \frac{M_1^2}{2EI}dx_1 + \int_0^b \frac{M_2^2}{2EI}dx_2$$

$$= \frac{1}{2EI}\int_0^a \left(\frac{Pb}{L}x\right)^2 dx_1 + \frac{1}{2EI}\int_0^b \left(\frac{Pa}{L}x_2\right)^2 dx_2$$

$$= \frac{1}{2EI} \cdot \frac{P^2}{L^2}\left(\frac{b^2 a^3}{3} + \frac{a^2 b^3}{3}\right) = \frac{P^2 a^2 b^2}{6EIL^2}(a+b)$$

其中，$a+b=L$。最后得到

$$U = \frac{P^2 a^2 b^2}{6EIL}$$

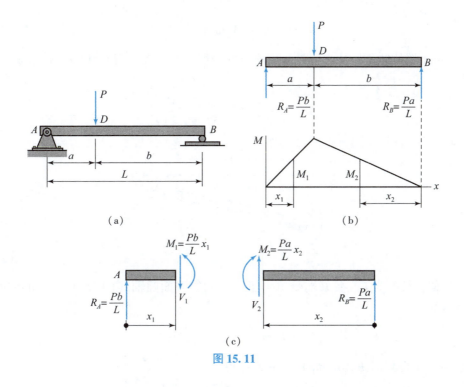

图 15.11

15.2 载荷作用时杆件的外力功和应变能

15.2.1 单一载荷作用下杆件的外力功和应变能

本章开始引入应变能概念时，曾经讨论过施加在等截面直杆端部的轴向载荷 P 所做的外力功（图 15.1），给出了杆伸长为 x_1 时的应变能，就是载荷 P 缓慢地从 0 增加到 P_1，对应于 x_1 所做的功。在弹性变形的情形下，根据热力学第一定律，外载 P 所做的外力功 W 等于变形体杆件的应变能。通过确定结构上每一点的应变能密度，再对体积积分，可确定结构在不同载荷条件下的应变能。

当结构受单一集中载荷作用时，可采用式（15.3）计算弹性应变能，但必须已知载荷与其所产生的变形之间的关系。如图 15.12 中悬臂梁的情形，有

$$W = \frac{1}{2} P_1 v_1$$

从工程设计手册典型梁的挠度与转角表中查得挠度 v_1，代入上式后，得到

$$W = \frac{1}{2} P_1 \left(\frac{P_1 L^3}{3EI} \right) = \frac{P_1^2 L^3}{6EI} \qquad (15.33)$$

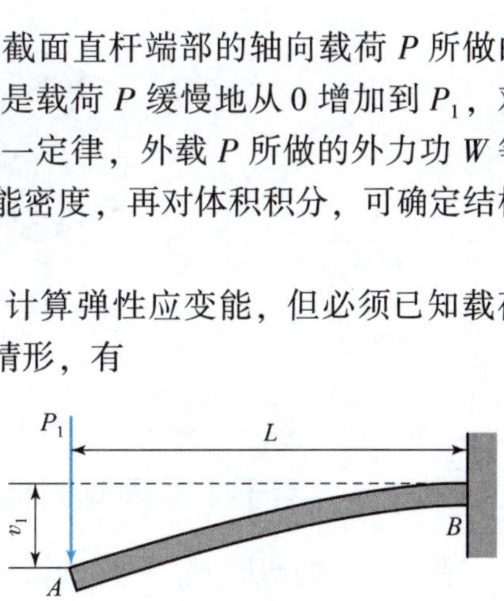

图 15.12

上式表示单一轴向外载 P_1 作用下所做的外力功，也等于该悬臂梁在集中载荷 P_1 作用下的应变能。采用类似的方法也可以计算受单一集中弯矩作用时梁的应变能。根据弯矩 M 所做的外力功为 $M \mathrm{d}\theta$，其中 θ 为小转角，由于 M 和 θ 线性相关，因此在 A 端受单一弯矩 M_1 作用的悬臂梁如图 15.13 所示，其弹性应变能可以表示为

$$W = U = \int_0^{\theta_1} M d\theta = \frac{1}{2} M_1 \theta_1 \tag{15.34}$$

式中，θ_1——A 端的转角。从工程设计手册梁的挠度与转角表中得到 A 端的转角 θ_1，代入上式后得到

$$W = U = \frac{1}{2} M_1 \left(\frac{M_1 L}{EI} \right) = \frac{M_1^2 L}{2EI} \tag{15.35}$$

上式表示单一外弯矩 M_1 对杆件所做的外力功。

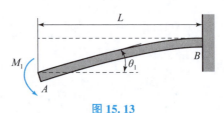

图 15.13

与此类似，长度为 L，在 B 端受单一扭矩 T 的等截面圆轴（图 15.14），扭矩所做的外力功可表示为

$$W = U = \int_0^{\phi_1} T d\phi = \frac{1}{2} T_1 \phi_1 \tag{15.36}$$

将式（9.13）中得到的扭转角 ϕ_1 代入后，可得

$$W = U = \frac{1}{2} T_1 \left(\frac{T_1 L}{GJ} \right) = \frac{T_1^2 L}{2GJ} \tag{15.37}$$

与式（15.17）一致。该式表示单一外扭矩 T_1 对等截面圆杆所做的外力功，也等于该等截面圆杆在单一外扭矩 T_1 作用下的应变能。

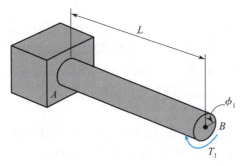

图 15.14

15.2.2 若干个载荷同时作用时杆件的外力功和应变能

在小变形的情形下，杆件的横截面上同时有轴力、弯矩和扭矩作用时，由于这三种内力分量引起的变形是互相独立的，因此总应变能等于三者单独作用时的应变能之和。于是有

$$U = \frac{P^2 L}{2EA} + \frac{M^2 L}{2EI} + \frac{T^2 L}{2GJ} \tag{15.38}$$

对于杆件长度上各段的内力分量不等的情形，需要分段计算，然后相加，即

$$U = \sum_i \frac{P_i^2 L_i}{2EA} + \sum_i \frac{M_i^2 L_i}{2EI} + \sum_i \frac{T_i^2 L_i}{2GJ} \tag{15.39}$$

如果杆件横截面内力连续变化，则可采用积分计算应变能：

$$U = \int_L \frac{P^2}{2EA}\,\mathrm{d}x + \int_L \frac{M^2}{2EI}\,\mathrm{d}x + \int_L \frac{T^2}{2GJ}\,\mathrm{d}x \tag{15.40}$$

上述若干载荷同时作用在杆件时的应变能表达式必须在小变形条件下，并且在弹性范围内加载时才适用。

弹性理论中的叠加原理对于计算杆件受多个同类型外载作用下的应变能时不适用。由式（15.38）可见，应变能与截面合力或合力矩的平方相关，它们之间不再是线性关系，因此基于线性特征的叠加法不再适用。当外载或相应的截面内力类型不同时，如截面轴力、弯矩和扭矩截面内力类型不同，引起的变形分别为轴向伸长或缩短、截面转角和截面扭转角，不同外载引起的外力功（等于杆件应变能）相互独立，不存在互相影响的耦合关系，因此外力功（应变能）可直接相加，式（15.38）~式（15.40）成立。但当载荷类型相同，如当外载 $P = P_1 + P_2$，显然有

$$U = \frac{P^2 L}{2EA} = \frac{(P_1 + P_2)^2 L}{2EA} \neq \frac{P_1^2}{2EA} + \frac{P_2^2}{2EA}$$

可见，对于同类型的外载引起的应变能，由于载荷和应变能之间没有线性关系，因此叠加法不适用。

考察若干个载荷同时作用下杆件的应变能，并且用外载荷及载荷所产生变形来表示。首先考察受两个集中载荷 P_1 和 P_2 的弹性梁 AB。梁的应变能等于 P_1 和 P_2 分别缓慢施加于梁上的点 C_1 和 C_2 的过程中所做的功，如图 15.15 所示。为了计算外力功，必须首先将点 C_1 和 C_2 的挠度 Δ_1 和 Δ_2 表示成 P_1 和 P_2 的形式。假设仅 P_1 作用在梁上（图 15.16），这时点 C_1 和 C_2 处均有挠度，分别记为 Δ_{11} 和 Δ_{21}。再假设仅 P_2 作用在梁上（图 15.17），将点 C_1 和 C_2 的挠度分别记作 Δ_{12} 和 Δ_{22}。考虑通过计算 P_1 和 P_2 所做的外力功计算梁的应变能。

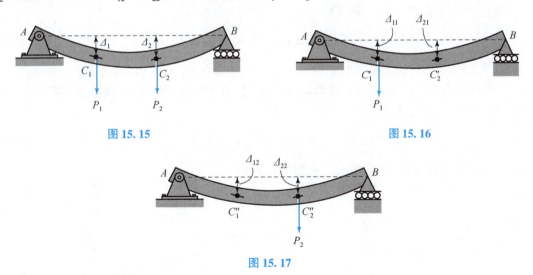

图 15.15　　　　　　　　　　图 15.16

图 15.17

假设先将载荷 P_1 缓慢施加在点 C_1（图 15.18（a））。根据式（15.3），载荷 P_1 所做的功为 $\frac{1}{2}P_1\Delta_{11}$。这时载荷 P_2 还没有施加在梁上，所以 P_2 在点 C_2 上还没有做功。现在，再将载荷 P_2 缓慢施加在点 C_2（图 15.18（b）），则 P_2 所做的功为 $\frac{1}{2}P_2\Delta_{22}$。但当 P_2 缓慢施加在

点 C_2 处时，P_1 的作用点从 C_1' 到 C_1 移动了 Δ_{12}，所以 P_1 也做功。因为在位移发生的过程中，P_1 已经全部施加在梁上（图 15.19），所以这时 P_1 所做的外力功为 $P_1\Delta_{12}$，为恒力做功。因此，现在每个载荷所做的功如图 15.19 所示。

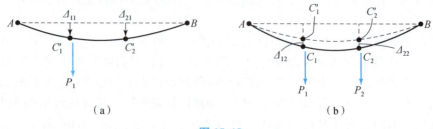

图 15.18

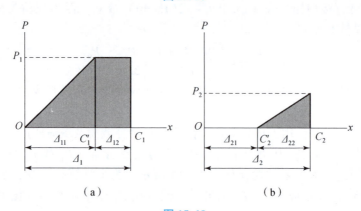

图 15.19

(a) C_1 的载荷 – 位移曲线；(b) C_2 的载荷 – 位移曲线

最后，梁在载荷 P_1 和 P_2 作用下的总应变能可以表示为

$$U = \frac{1}{2}P_1\Delta_{11} + \frac{1}{2}P_2\Delta_{22} + P_1\Delta_{12} \tag{15.41}$$

再次考察相同的结构和载荷，但首先在梁上施加载荷 P_2（图 15.20（a）），然后施加载荷 P_1（图 15.20（b）），每个载荷所做的功如图 15.21 所示，则可导出该梁应变能的另一种表达形式：

$$U = \frac{1}{2}P_2\Delta_{22} + \frac{1}{2}P_1\Delta_{11} + P_2\Delta_{21} \tag{15.42}$$

令式（15.41）和式（15.42）的右边项相等，得到

$$P_1\Delta_{12} = P_2\Delta_{21} \tag{15.43}$$

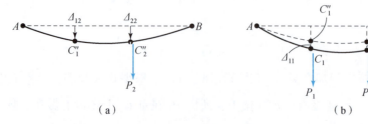

图 15.20

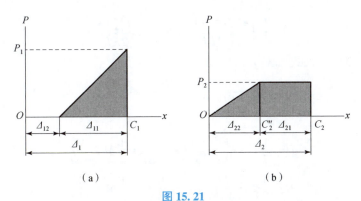

图 15.21

(a) C_1 的载荷 – 位移曲线；(b) C_2 的载荷 – 位移曲线

于是可得到如下结论：施加在点 C_2 处的载荷 P_2 在载荷 P_1 在点 C_2 处引起的挠度 Δ_{21} 上所做的功等于施加在点 C_1 处的载荷 P_1 在载荷 P_2 在点 C_1 引起的挠度 Δ_{12} 上所做的功。

该结论可以进一步推广为一个力系的力在另一个力系引起的相应位移上所做之功，称为功的互等定理，可写为

$$\sum_i P_i^1 \Delta_{ij}^2 = \sum_j P_j^2 \Delta_{ji}^1 \tag{15.44}$$

式中，P_i^1——力系 1 作用在 i 点处的广义载荷；

Δ_{ij}^2——力系 2 作用在 j 点处的广义载荷在 i 点引起的广义位移；

P_j^2——力系 2 作用在 j 点处的广义载荷；

Δ_{ji}^1——力系 1 作用在 i 点处的广义载荷在 j 点引起的广义位移。

式（15.44）称为功的互等定理。

显然对于式（15.43），当 $P_1 = P_2$ 时，有

$$\Delta_{12} = \Delta_{21} \tag{15.45}$$

这一结论称为麦克斯韦互等定理，又称为位移互等定理，是以英国物理学家麦克斯韦的名字命名的。位移互等定理可以表述为，若在某线性弹性体上作用有两个数值相同的载荷（力或力矩） P_1 和 P_2，则在 P_1 单独作用下，P_2 作用点处产生的沿 P_2 方向的广义位移（线位移或转角）在数值上等于在 P_2 单独作用下，P_1 作用点处产生的沿 P_1 方向的广义位移。

例 15.4 图 15.22 所示简支梁的总应变能，仅考虑截面弯矩效应。

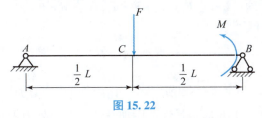

图 15.22

解：求支反力，并列弯矩方程。对于梁的左部，弯矩方程为

$$M_1 = \frac{1}{2}Fx + M\left(\frac{x}{l}\right), \quad 0 \leqslant x \leqslant l/2 \tag{1}$$

对于梁的右部，弯矩方程为

$$M_2 = \frac{1}{2}F(l-x) + M\left(\frac{x}{l}\right), \quad l/2 \leqslant x \leqslant l \tag{2}$$

总应变能：
$$U = \int_0^{l/2} \frac{M_1^2(x)}{2EI} dx + \int_{l/2}^{l} \frac{M_2^2(x)}{2EI} dx \tag{3}$$

将式（1）和式（2）代入式（3）：
$$U = \frac{1}{EI}\left(\frac{F^2 l^3}{96} + \frac{MFl^2}{16} + \frac{M^2 l}{6}\right) \tag{4}$$

上式又可以写为
$$U = \frac{1}{2}F \cdot \frac{Fl^3}{48EI} + M \cdot \frac{Fl^2}{16EI} + \frac{1}{2}M \cdot \frac{Ml}{3EI} \tag{5}$$

$$U = \frac{1}{2}F \cdot \frac{Fl^3}{48EI} + F \cdot \frac{Ml^2}{16EI} + \frac{1}{2}M \cdot \frac{Ml}{3EI} \tag{6}$$

对于图 15.22 所示受两个载荷的简支梁，考察先施加集中弯矩 M 的作用，再施加集中力 F 的作用，其变形如图 15.23（a）所示。外力功等于应变能，可写为
$$U = \frac{1}{2}F \cdot w_C + M \cdot \theta_{BF} + \frac{1}{2}M \cdot \theta_B \tag{7}$$

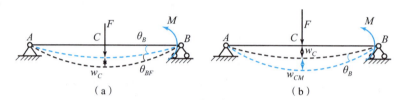

图 15.23

由梁的挠度公式可知，
$$w_C = \frac{Fl^3}{48EI}, \quad \theta_B = \frac{Ml}{3EI}, \quad \theta_{BF} = \frac{Fl^2}{16EI}$$

则外力功等于应变能，有
$$U = \frac{1}{2}F \cdot \frac{Fl^3}{48EI} + M \cdot \frac{Fl^2}{16EI} + \frac{1}{2}M \cdot \frac{Ml}{3EI}$$

再考察先施加集中力 F 的作用，再施加集中弯矩 M 的作用，其变形如图 15.23（b）所示。外力功等于应变能，可写为
$$U = \frac{1}{2}F \cdot w_C + F \cdot w_{CM} + \frac{1}{2}M \cdot \theta_B \tag{8}$$

由梁的挠度公式可知，
$$w_{CM} = \frac{Ml^2}{16EI}$$

则外力功
$$U = \frac{1}{2}F \cdot \frac{Fl^3}{48EI} + F \cdot \frac{Ml^2}{16EI} + \frac{1}{2}M \cdot \frac{Ml}{3EI}$$

从上述分析过程可见，小变形、弹性范围加载情形下，外力做功等于应变能，最后的变形状态与加载顺序无关，应变能只与最后的变形状态有关。比较式（7）和式（8）的两种表达形式，
$$M \cdot \theta_{BF} = F \cdot w_{CM} \tag{15.46}$$

因此当两个广义力在数值上相等，则 $\theta_{BF} = w_{CM}$，两个广义位移数值上也相等，这也是位移互等定理的一个体现形式。

15.3 单位载荷法

虚功原理是研究弹性体力学问题的能量方法，包含虚位移原理和虚力原理。虚位移原理用于描述当弹性变形体协调的位移状态发生微小变化时，结构系统能量的变化；虚力原理用于描述当弹性变形体平衡的力的状态发生微小变化时，结构系统能量的变化，它们统称为虚功原理。

虚位移是一种假想的、满足位移约束条件的、任意的、微小的连续位移。假想的，是指虚位移仅仅是想象中发生但实际并不一定发生的一种可能位移；满足位移约束条件的，是指虚位移应当满足变形体的变形协调条件和位移边界条件；任意的，是指虚位移与变形体上的载荷及其内力完全无关；微小的，是指虚位移并不影响变形体的几何关系，即不影响变形体力的平衡关系。虚位移既可以是真实位移，也可以是与真实位移毫无关系的位移。因此，在发生虚位移的过程中，外力与内力均保持不变，即变形体保持原有的平衡状态。虚功是指真实外力在虚位移上所做的功。为了与实功 W 区别，虚功记为 δW，虚位移为 $\delta \Delta$，则虚功为

$$\delta W = P \times \delta \Delta \tag{15.47}$$

在发生虚位移的过程中，变形体的外力和内力保持不变，因此在虚功的表达式中没有外力功表述式中的系数"1/2"。虚力是指作用在变形体上的一种假想的、满足平衡条件的任意力系。假想的，是指虚力仅仅是想象中一种可能力系；满足平衡条件的，是指虚力应当满足力的平衡方程和力的边界条件；任意的，是指虚力与变形体的变形无关。因此在发生虚力的过程中，变形体的位移保持不变，即保持原有的位移协调状态。为了与虚功有所区别，虚力在真实位移上所做的功称为余虚功，余虚功记为 δW^*，虚力记为 δP，则余虚功为

$$\delta W^* = \delta P \times \Delta \tag{15.48}$$

由于在发生虚力的过程中位移保持不变，在余虚功的表达式中也无系数"1/2"。

弹性体的虚位移原理是指弹性变形体系统在外力作用下处于平衡状态，对任意的虚位移，系统中所有真实外力在虚位移上所做的虚功总和等于所有真实的内力在虚位移上所做的虚功总和。图 15.24（a）所示为弹性变形体处于平衡的外力状态下，S_i 和 V_i 分别表示在真实外力作用下，弹性系统内第 i 个构件的内力和位移。δS_i 和 δV_i 分别为弹性系统内第 i 构件任意假想的平衡的虚内力和协调的虚位移。图 15.24（b）所示为该弹性变形体上发生一组

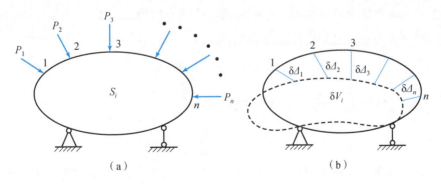

图 15.24
（a）平衡的力状态；（b）协调的虚位移状态

假想的协调的虚位移 $\delta\Delta_i$。用 δW_e 表示外力虚功，有 $\delta W_e = \sum P_i \cdot \delta\Delta_i$。用 δW_i 表示内力虚功，有 $\delta W_i = \sum S_i \cdot \delta V_i$。则由虚位移原理可知

$$\delta W_e = \delta W_i, \quad \sum P_i \cdot \delta\Delta_i = \sum S_i \cdot \delta V_i \tag{15.49}$$

弹性变形体的虚力原理是指弹性系统在外力作用下处于变形协调状态，对任意平衡的虚力状态，系统中所有虚外力在真实位移上所做的余虚功总和等于所有虚内力在真实位移上所做的虚余功总和。如图 15.25（a）所示为弹性变形体处于协调的变形状态，图 15.25（b）所示为该弹性变形体上发生一组假想的平衡的虚力 δP_i。用 δW_e^* 表示外力余虚功，有 $\delta W_e^* = \sum \delta P_i \cdot \Delta_i$。用 δW_i^* 表示内力余虚功，有 $\delta W_i^* = \sum \delta S_i \cdot V_i$。由虚力原理可知

$$\delta W_e^* = \delta W_i^*, \quad \sum \delta P_i \cdot \Delta_i = \sum \delta S_i \cdot V_i \tag{15.50}$$

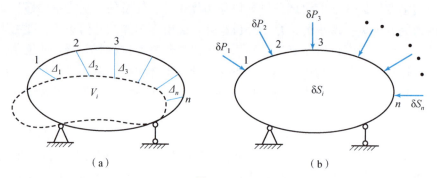

图 15.25

（a）协调的变形状态；（b）平衡的虚力状态

虚位移原理和虚力原理统称弹性变形体的虚功原理。应用弹性体虚功原理时，值得注意的是平衡状态和虚位移状态之间是相互独立的，不存在因果关系。虚位移在弹性变形体内部连续，在边界上满足几何约束条件。虚功原理并没有涉及结构的类型、变形和位移的大小，因而对任何类型结构和几何非线性弹性变形体问题均适用。

1. 卡氏定理

卡氏定理，以意大利工程师卡斯提也努（Carlo Alberto Castigliano）命名，包括卡氏第一定理与卡氏第二定理，是从能量角度研究弹性体外载与变形之间关系的定理。二者可分别由虚位移原理和虚力原理导出。

2. 卡氏第一定理

当杆件上有 n 个集中外载作用，相应的最终位移分别为 $\Delta_{P_1}, \Delta_{P_2}, \cdots, \Delta_{P_n}$，则由外力功和应变能之间的互等关系，可知杆件的总应变能为

$$U = W = \sum_i \int_0^{\Delta_i} P_i \mathrm{d}\delta_i \tag{15.51}$$

而 $\delta U = \dfrac{\partial U}{\partial \delta_i} \cdot \mathrm{d}\delta_i$，$\delta W = P_i \cdot \mathrm{d}\delta_i$，由 $\delta U = \mathrm{d}W$ 可得

$$P_i = \frac{\partial U}{\partial \delta_i} \tag{15.52}$$

上式即卡氏第一定理，可表述为：弹性杆件的应变能 U 对于杆件上与某一载荷相应的位移之变化率，等于该载荷的数值。卡氏第一定理适用于一切受力状态下的弹性杆件，其中 P_i 为作用在杆件上的广义外力，δ_i 是与 P_i 相应的广义位移。卡氏第一定理可用于已知结构位

移的情况下求该位移对应的外载。

例 15.5 抗弯刚度为 EI 的悬臂梁如图 15.26 所示，自由端已知转角 θ，求施加于自由端的外弯矩 M。梁的材料在线弹性范围内工作（仅考虑截面弯矩作用）。

解： 梁横截面上任意点的轴向正应变为

$$\varepsilon_x = \frac{y}{\rho} \tag{1}$$

梁纯弯曲，且截面弯矩为常数 M，则挠曲线为圆弧，且曲率半径 ρ 为常数，由图 15.26 可知

$$l = \rho\theta \tag{2}$$

式（1）可写为

$$\varepsilon_x = yl/\theta \tag{3}$$

仅考虑弯矩作用下梁上任意一点的应变能密度为

$$u = \frac{1}{2}E\varepsilon_x^2 = \frac{1}{2}\frac{E\theta^2}{l^2}y^2 \tag{4}$$

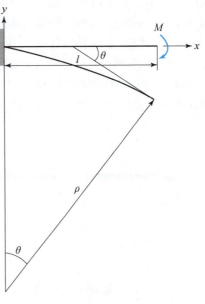

图 15.26

梁的总弹性应变能为

$$U = \int_V u\,\mathrm{d}V = \int_0^l \left(\int_A u\,\mathrm{d}A\right)\mathrm{d}x = \int_0^l \left(\frac{1}{2}\frac{E\theta^2}{l^2}\int_A y^2\,\mathrm{d}A\right)\mathrm{d}x = \frac{1}{2}\frac{EI}{l}\theta^2 \tag{5}$$

由卡氏第一定理：

$$M = \frac{\partial U}{\partial \theta} = \frac{1}{2}\frac{EI}{l}(2\theta) = \frac{EI\theta}{l} \tag{6}$$

3. 卡氏第二定理

设杆件上有 n 个集中荷载作用，相应的最终位移分别为 $\Delta_1, \Delta_2, \cdots, \Delta_n$，则杆件的外载余功或应变余能为

$$U^* = W^* = \sum_i \int_0^{P_i} \Delta_i \,\mathrm{d}P_i \tag{15.53}$$

而 $W^* = \Delta_i \cdot \mathrm{d}P_i$，$U^* = \frac{\partial U^*}{\partial P_i}\cdot \mathrm{d}P_i$，由 $U^* = W^*$ 可得

$$\Delta_i = \frac{\partial U^*}{\partial P_i} \tag{15.54}$$

而对于线弹性杆件，有 $U^* = U$，则

$$\Delta_i = \frac{\partial U}{\partial P_i} \tag{15.55}$$

上式即卡氏第二定理，可表述为：弹性杆件的应变能 U 对于杆件上某一荷载之变化率，就等于与该荷载相应的位移。卡氏第二定理适用于一切受力状态下的线弹性杆件，其中 P_i 为作用在杆件上的广义外力，Δ_i 是与 P_i 相应的广义位移。杆件受若干个载荷条件下，卡氏第二定理可写为

$$\Delta_i = \frac{\partial U}{\partial P_i} = \int_L \frac{P(x)}{EA}\frac{\partial P(x)}{\partial P_i}\mathrm{d}x + \int_L \frac{T(x)}{GJ}\frac{\partial T(x)}{\partial P_i}\mathrm{d}x + \int_L \frac{M(x)}{EI}\frac{\partial M(x)}{\partial P_i}\mathrm{d}x \tag{15.56}$$

应用卡氏第二定理时应注意：U 为整体结构在外载作用下的线弹性应变能，P_i 为变量，结构支反力、截面内力和应变能等参数都必须表示为 P_i 的函数，Δ_i 为 P_i 作用点处沿 P_i 方向的位移。当结构上没有与待求的 Δ_i 相对应的 P_i 时，可以先加一沿所求 Δ_i 方向的 P_i，求偏导后，再令其为零。卡氏第二定理可用于已知结构外载情况下，求该外载对应的位移。

例 15.6 结构如图 15.27（a）所示，用卡氏第二定理求截面 A 的挠度和转角，梁的材料在线弹性范围内工作，且仅考虑截面弯矩对变形的贡献，抗弯刚度 EI 为已知常数。

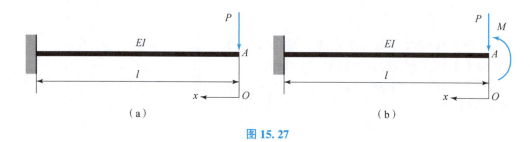

图 15.27

解：（1）求截面 A 的挠度。外载 P 作用在截面 A，并沿着挠度位移的方向。首先，建立如图 15.27 所示坐标系。

① 求截面 A 弯矩（广义内力）的表达式：$M(x) = xP_A = xP$ (1)

② 内力对外载 P_A 求导：$\dfrac{\partial M(x)}{\partial P_A} = x$ (2)

③ 求截面 A 的挠度变形，由式（15.56）有

$$v_A = \frac{\partial U}{\partial P_A} = \int_0^L \frac{M(x)}{EI}\frac{\partial M(x)}{\partial P_A}\mathrm{d}x = \int_0^L \frac{Px^2}{EI}\mathrm{d}x = \frac{PL^3}{3EI} \tag{3}$$

截面 A 挠度的方向与外载一致，向下。

（2）求截面 A 的转角。没有与待求转角相对应的外载，因此为了获得截面 A 的转角，在截面 A 处加任意方向弯矩 M，如图 15.27（b）所示逆时针方向弯矩。

① 求图 15.27（b）中截面 A 弯矩的（广义内力）表达式：$M(x) = xP - M_A$ (4)

② 内力对外载 M_A 求导后，令 $M_A = 0$：$\left.\dfrac{\partial M(x)}{\partial M_A}\right|_{M_A=0} = -1$ (5)

③ 求截面 A 的转角，这里 $M_A = 0$。由式（15.56）有

$$v_A = \frac{\partial U}{\partial P_A} = \int_0^L \frac{M(x)}{EI}\frac{\partial M(x)}{\partial M_A}\mathrm{d}x = \int_0^L -\frac{Px}{EI}\mathrm{d}x = -\frac{PL^2}{2EI} \tag{6}$$

$$\theta_A = -\frac{PL^2}{2EI} \tag{7}$$

"负号"说明 θ_A 与所加弯矩 M_A（广义力）反向，为顺时针方向。

例 15.7 结构如图 15.28（a）所示，截面 C 处受一横向集中外载 P，用卡氏第二定理求梁的挠度方程，梁的材料在线弹性范围内工作，且仅考虑截面弯矩对变形的贡献，抗弯刚度 EI 为已知常数。

解： 求梁的挠曲线，即求梁任意点的挠度 $v(x)$，没有与 $v(x)$ 相对应的广义外载，因此只能在任意截面 x 处施加横向集中外载 P_x，如图 15.28（b）所示。

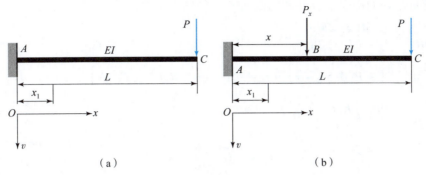

图 15.28

① 求任意截面 x 上的弯矩表达式，如图 15.28（b）所示。

$$M_{AB}(x_1) = -P(L-x_1) - P_x(x-x_1), \quad 0 \leq x_1 \leq x$$
$$M_{BC}(x_1) = -P(L-x_1), \quad x < x_1 \leq L \tag{1}$$

② 内力对外载 P_x 求导后，令 $P_x=0$：$\left.\dfrac{\partial M_{AB}(x)}{\partial P_x}\right|_{P_x=0} = x_1 - x, \quad \left.\dfrac{\partial M_{BC}(x)}{\partial P_x}\right|_{P_x=0} = 0 \tag{2}$

③ 求梁的挠度方程，这里令 $P_x=0$。由式（15.56）有

$$v = \frac{\partial U}{\partial P_x} = \int_0^L \frac{M(x)}{EI}\frac{\partial M(x)}{\partial P_x}\mathrm{d}x = \frac{1}{EI}\int_0^L -P(L-x_1)(x_1-x)\mathrm{d}x_1$$
$$= \frac{P}{EI}\left[\frac{x^3}{3} - \frac{(L+x)x^2}{2} + Lx^2\right] \tag{3}$$

例 15.8 结构如图 15.29（a）所示，截面 B 处受一横向集中外载 P，用卡氏第二定理求梁 B 点处的挠度，梁的材料在线弹性范围内工作，仅考虑截面弯矩作用对变形的贡献，抗弯刚度 EI 为已知常数。

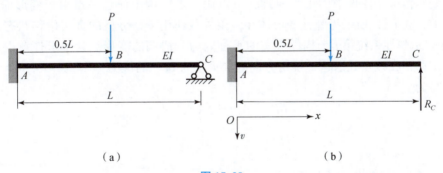

图 15.29

解：该梁为一典型超静定梁，拆除 C 截面处的多余约束，取而代之一约束反力 R_C，如图 15.29（b）所示。为了获得与原结构等效的结构，图 15.29（b）中要求 C 截面处的挠度 $v_C=0$。

① 求图 15.29（b）所示结构的截面弯矩表达式：

$$M_{AB}(x) = R_C(L-x) - P(0.5L-x), \quad M_{BC}(x) = R_C(L-x) \tag{1}$$

② 将截面广义内力（弯矩）对 R_C 求偏导：

$$\frac{\partial M_{AB}(x)}{\partial R_C} = L-x, \quad \frac{\partial M_{BC}(x)}{\partial R_C} = L-x \tag{2}$$

③求截面 C 处的挠度 v_C，并利用截面 C 处的约束条件：

$$v_C = \frac{\partial U}{\partial R_C} = \int_0^L \frac{M(x)}{EI} \frac{\partial M(x)}{\partial R_C} dx$$

$$= \frac{1}{EI} \left[\int_0^{0.5L} [-P(0.5L-x)](L-x)dx + \int_{0.5L}^L R_C(L-x)^2 dx \right] \quad (3)$$

$$= \frac{1}{EI} \left(-\frac{5PL^3}{48} + \frac{R_C L^3}{3} \right) = 0$$

所以
$$R_C = \frac{5P}{16} \quad (4)$$

进而再求截面 B 处的挠度 v_B。

①求图 15.29（b）所示结构的截面弯矩显式表达式，此时将 R_C 的结果代入式（1）：

$$M_{AB}(x) = \frac{5P}{16}(L-x) - P(0.5L-x), \quad M_{BC}(x) = \frac{5P}{16}(L-x) \quad (5)$$

②将截面弯矩对截面 B 点处的外载 P 求导：

$$\frac{\partial M_{AB}(x)}{\partial P} = \frac{11x - 3L}{16}, \quad \frac{\partial M_{BC}(x)}{\partial P} = \frac{5(L-x)}{16} \quad (6)$$

③求截面 B 处的挠度 v_B：

$$v_B = \frac{\partial U}{\partial P} = \int_0^L \frac{M(x)}{EI} \frac{\partial M(x)}{\partial P} dx$$

$$= \frac{1}{EI} \left[\int_0^{0.5L} P\left(\frac{11x-3L}{16}\right)^2 dx + \int_{0.5L}^L P\left(\frac{5}{16}\right)^2 (L-x)^2 dx \right] = \frac{7PL^2}{768EI}$$

挠度为正，说明挠度方向与外载一致，向下。

4. 单位载荷法

弹性变形体虚功原理中的虚力原理，可以用于求结构中任意一点由于变形而产生的位移。如图 15.30（a）所示为弹性变形体在一组外载作用下待分析的真实位移状态，其中 S_{ip} 和 V_{ip} 分别表示弹性系统第 i 个构件真实的平衡内力和协调的变形。为了求任意点 m 处沿某一方向的位移，在该点处沿这一确定方向施加大小为 δP_m 的虚力，则式（15.50）对应的虚功原理可写为

$$\delta P_m \cdot \Delta_{mp} = \sum \delta S_i \cdot V_{ip} \quad (15.57)$$

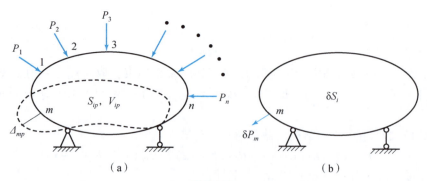

图 15.30
(a) 真实的位移状态；(b) 平衡的虚力状态

取虚力 $\delta P_m = 1$，则式（15.57）可写为

$$\Delta_{mp} = \sum \bar{S}_{i1} \cdot V_{ip} \tag{15.58}$$

式（15.58）即单位载荷法（Dummy – Unit Load Method）的一般表达式。它是由英国物理学家麦克斯韦（Maxwell）和莫尔（Mohr）提出的，故也称为 Maxwell – Mohr Method。

式中，$\bar{S}_{i1}$——弹性变形系在单位载荷作用下，第 i 个构件上产生的平衡的虚内力；

V_{ip}——弹性变形系在外载作用下第 i 个构件上的真实位移。

针对不同的构件，可以写出 V_{ip} 的具体表达式。如弹性变形系由轴向拉压杆件组成，单位载荷法的一般表达式可写为

$$\Delta_{mp} = \sum_i \frac{\bar{N}_{i1} N_{ip} L_i}{(EA)_i} \tag{15.59a}$$

如果弹性变形系由受弯的杆件组成，则单位载荷法的一般表达式可写为

$$\Delta_{mp} = \sum_i \int_0^{l_i} \frac{\bar{M}_{i1} M_{ip} \mathrm{d}x_i}{E_i I_i} \tag{15.59b}$$

如果弹性变形系由受扭的杆件组成，则单位载荷法的一般表达式可写为

$$\Delta_{mp} = \sum_i \int_0^{l_i} \frac{\bar{T}_{i1} T_{ip} \mathrm{d}x_i}{G_i J_i} \tag{15.59c}$$

若弹性变形系由若干个载荷共同作用时，则单位载荷法的一般表达式可写为

$$\Delta_{mp} = \sum_i \int_0^{l_i} \frac{\bar{N}_{i1} N_{ip} \mathrm{d}x_i}{E_i A_i} + \sum_i \int_0^{l_i} \frac{\bar{M}_{i1} M_{ip} \mathrm{d}x_i}{E_i I_i} + \sum_i \int_0^{l_i} \frac{\bar{T}_{i1} T_{ip} \mathrm{d}x_i}{G_i J_i} + \sum_i \int_0^{l_i} \frac{k \bar{V}_{i1} V_{ip} \mathrm{d}x_i}{G_i A_i}$$

$$\tag{15.60}$$

式中，等式右侧最后一项表示剪力引起杆件的变形。剪力引起细长杆件的变形远小于弯矩引起的变形，因此通常该项在计算过程中忽略不计。

用单位载荷法求结构位移的一般步骤包括：

第 1 步，求待分析结构在外载荷作用下的结构真实内力 N_p、M_p 和 T_p。

第 2 步，去掉待分析结构上的外载，施加与所求位移相对应的单位载荷，并求在单位载荷作用下的结构内力 $\bar{N}_1$、$\bar{M}_1$ 和 $\bar{T}_1$。

第 3 步，将数据代入单位载荷法的一般表达式中，求广义位移。若 $\Delta_{mp} > 0$，则表示所求位移的方向与所施加的单位力方向相同；若 $\Delta_{mp} < 0$，则表示所求位移的方向与所施加的单位力方向相反。

需要指出的是，单位载荷法中的单位载荷是广义力，既可以是力，也可以是力矩；与之相对应的待分析位移也是广义的，既可以是线位移（如挠度或伸长量），也可以是角位移（如转角）。当所求的位移为线位移时，单位载荷为集中力；当所求的位移为角位移时，单位载荷为集中力矩。单位力和单位力矩的数值均为 1。单位力的位置、类型和方位必须与所求位移相对应。若求两点（或两截面）间的相对广义位移，则在两点（或两截面）处同时施加一对方向相反的单位广义力，而施加单位载荷的原则是单位载荷 × 位移 = 所求位移值。单位载荷法中的积分必须遍及整个结构。

例 15.9 梁的弯曲刚度为 EI，不计剪力对位移的影响。采用单位载荷法求图 15.31（a）

所示梁结构 C 截面的挠度 v_C 和 A 截面的转角 θ_A。

首先确定给定外载在原结构上引起的内力。由于不考虑剪力对变形的贡献，因此仅考虑弯矩方程 $M_p(x)$：

$$M_p(x) = \frac{ql}{2}x - \frac{q}{2}x^2, \quad 0 \leq x \leq l$$

去掉原结构的所有外载，并在 C 截面处施加竖直向下的单位力 1，如图 15.31（b）所示，由单位力引起的截面弯矩方程 $\bar{M}_1(x)$：

$$\bar{M}_1(x) = \begin{cases} \dfrac{1}{2}x, & 0 \leq x \leq \dfrac{l}{2} \\ \dfrac{l}{2} - \dfrac{1}{2}x, & \dfrac{l}{2} \leq x \leq l \end{cases}$$

因此由式（15.60），C 截面处的挠度为

$$v_C = \frac{1}{EI}\left(\int_0^{\frac{l}{2}} M_p \bar{M}_1 \mathrm{d}x + \int_{\frac{l}{2}}^l M_p \bar{M}_1 \mathrm{d}x\right)$$

$$= \frac{1}{EI}\left(\int_0^{\frac{l}{2}}\left(\frac{ql}{2}x - \frac{q}{2}x^2\right)\left(\frac{1}{2}x\right)\mathrm{d}x + \int_{\frac{l}{2}}^l\left(\frac{ql}{2}x - \frac{q}{2}x^2\right)\left(\frac{l}{2} - \frac{1}{2}x\right)\mathrm{d}x\right) = \frac{5ql^4}{384EI}$$

v_C 为正，因此方向与假设的单位载荷的方向一致，向下。

为了求 A 截面处的转角，在 A 截面处沿逆时针方向施加大小等于 1 的单位弯矩，如图 15.31（c）所示。由单位弯矩引起的弯矩方程 $\bar{M}_1(x)$ 为

$$\bar{M}_1(x) = \frac{1}{l}x - 1, \quad 0 \leq x \leq l$$

A 截面处的转角为

$$\theta_A = \frac{1}{EI}\int_0^l M_p \bar{M}_1 \mathrm{d}x = \frac{1}{EI}\int_0^l \left(\frac{ql}{2}x - \frac{q}{2}x^2\right)\left(\frac{1}{l}x - 1\right)\mathrm{d}x = -\frac{ql^3}{24EI}$$

θ_A 为负，因此转角的方向与假设的单位弯矩的方向相反，为顺时针。

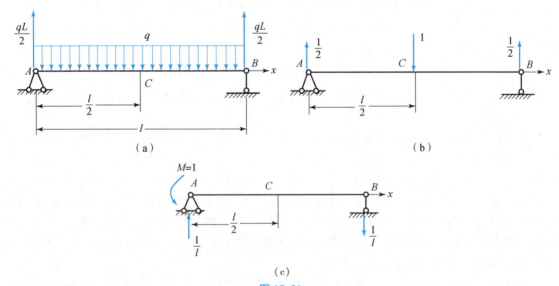

图 15.31

例 15.10 图 15.32 所示为半径为 R 的四分之一圆弧形平面曲杆，A 端固定，B 端承受铅垂平面内载荷的作用。曲杆弯曲刚度为 EI。若 EI 为已知，求 B 点的垂直位移与水平位移（不考虑截面轴力和剪力的影响）。

解：（1）在 B 点分别施加 1 单位的铅垂力和水平力，分别建立单位载荷系统，如图 15.32（b）(c) 所示。

（2）建立外载荷与单位载荷引起的内力表达式。采用截面法确定沿弧长方向变化的弯矩方程，包括原载荷系统和单位载荷系统所引起的弯矩方程。图 15.32（d）所示为了计算载荷作用下原结构的弯矩图，作曲杆的隔离体的受力图，建立弯矩方程：

$$M_p(\theta) = MR\sin\theta$$

（3）计算竖直向下的单位载荷作用下结构的弯矩。图 15.32（e）所示为图 15.32（b）所示曲杆的隔离体受力图，建立弯矩方程：

$$\overline{M}_1(\theta) = 1 \times R\sin\theta$$

则 B 点处竖直向下的位移为

$$\Delta_{By} = \int_s \frac{M_p \overline{M}_1}{EI} ds = \int_0^{\pi/2} \frac{FR^3 \sin^2\theta}{EI} d\theta = \left[\frac{FR^3}{EI} \frac{1}{2}\left(\theta - \frac{1}{2}\sin(2\theta)\right)\right]\Big|_0^{\pi/2} = \frac{\pi FR^3}{4EI}$$

（4）计算水平向右的单位载荷作用下结构的弯矩。图 15.32（f）所示为图 15.32（c）所示曲杆的隔离体受力图，建立弯矩方程：

$$\overline{M}_1(\theta) = 1 \times (R - R\cos\theta)$$

则 B 点处的水平位移为

$$\Delta_{Bx} = \int_S \frac{M_p \overline{M}_1}{EI} ds = \int_0^{\pi/2} \frac{FR^2\sin\theta - \frac{1}{2}FR^2\sin(2\theta)}{EI} R d\theta = \frac{FR^3}{EI}\left[\frac{1}{4}\cos(2\theta) - \cos\theta\right]\Big|_0^{\pi/2} = \frac{FR^3}{2EI}$$

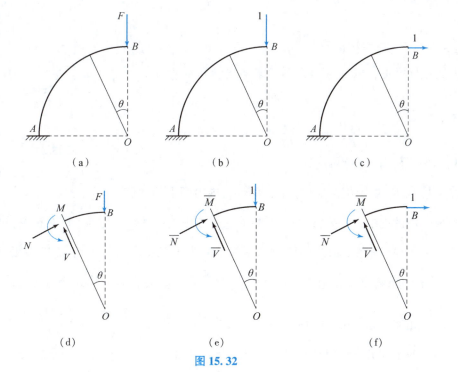

图 15.32

15.4 直杆的图乘法

对于等截面直杆,如果单位载荷法的一般表达式中 EA、EI 和 GJ 均为常数,且单位载荷下结构的内力图(包括轴力图 $\bar{N}_1$、弯矩图 $\bar{M}_1$ 和扭矩图 $\bar{T}_1$)沿杆长为线性函数,可采用一种简单的图解法求式(15.60)的积分,该方法称为图乘法。本节以直杆受弯为例,说明图乘法的推导过程。考察受纯弯的直杆,其弯曲刚度 EI 为常数时,则单位载荷的一般公式可写为

$$\int_l \frac{M\bar{M}}{EI}dx = \frac{1}{EI}\int_l M\bar{M}dx$$

当 $\bar{M}(x)$ 为杆长的线性函数时,上式可进一步写为

$$\int_l \frac{M\bar{M}}{EI}dx = \frac{1}{EI}\int_l M\bar{M}dx = \frac{A_\Omega \bar{M}_C}{EI} \tag{15.61}$$

为了进一步说明上式中 A_Ω 和 $\bar{M}_C$ 所代表的弯矩图中的几何参数,考察直杆任意载荷下的弯矩图和单位载荷下的弯矩图,如图 15.33 所示。

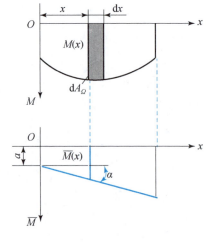

图 15.33

$$\begin{aligned}
\Delta &= \int \frac{M\bar{M}}{EI}dx = \frac{1}{EI}\int M\bar{M}dx = \frac{1}{EI}\int M(\alpha + x\tan\alpha)dx \\
&= \frac{1}{EI}\left[\alpha\int Mdx + \tan\alpha\int x(Mdx)\right] \\
&= \frac{1}{EI}\left[\alpha A_\Omega + \tan\alpha(x_c A_\Omega)\right] \\
&= \frac{1}{EI}\left[(\alpha + x_c\tan\alpha)A_\Omega\right] = \frac{A_\Omega \bar{M}_C}{EI}
\end{aligned}$$

由上述推导可见,以纯弯曲为例,图乘法的基本公式可写为

$$\Delta = \int_l \frac{M\bar{M}}{EI}dx = \frac{A_\Omega \bar{M}_C}{EI} \tag{15.62}$$

式中,A_Ω——载荷内力图的面积;

$\bar{M}_C$——载荷内力图型心坐标下,单位力内力图上的数值。

在图乘应用过程中,需要注意的是式(15.62)中的面积 A_Ω 与 $\bar{M}_C$ 均有正负,当载荷内力图(M 图)与 $\bar{M}$ 图在 x 轴的同侧时,图乘结果为正,反之为负。当 M 与 $\bar{M}$ 图乘时,要求 $\bar{M}$ 图必须为一条斜直线;当 $\bar{M}$ 图为折线(分段直线)时,必须将其分为几段,按段与 M 图分别图乘再相加。如图 15.34 所示,其图乘的表达式为 $\Delta = \dfrac{A_{\Omega_1}\bar{M}_{C_1}}{EI} + \dfrac{A_{\Omega_2}\bar{M}_{C_2}}{EI}$。

当梁的弯曲刚度 EI 有变化时,应按 EI 变化位置分段图乘再相加,图乘的表达式为

$$\Delta = \sum_i \frac{A_{\Omega_i} \bar{M}_{C_i}}{(EI)_i}$$

当 M 图的形状较复杂时，可将 M 图分块划分为几个简单图形，分别与 $\bar{M}$ 图互乘再叠加。如图 15.35 所示的载荷弯矩图和单位载荷弯矩图，当采用图乘法计算时，先将 M 图分块划分为两个简单图形，再分别与 $\bar{M}$ 图互乘，计算更为简单，即 $\Delta = \frac{A_{\Omega_1} \bar{M}_{C_1}}{EI} + \frac{A_{\Omega_2} \bar{M}_{C_2}}{EI}$。

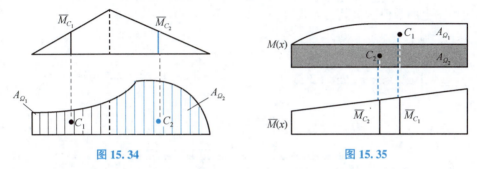

图 15.34　　　　　　　　　　图 15.35

多个载荷同时作用下的 M 图一般较复杂，可分别画出各载荷单独作用时的 M_i 图，分别与 $\bar{M}$ 图作图乘，然后相加。如图 15.36 所示，由于 $\int_l M\bar{M}\mathrm{d}x$ 积分中 M 和 $\bar{M}$ 可交换，因此作图乘的两幅内力图，只要在某一段杆上其中之一为斜直线即可（取其纵坐标），另一幅图取面积。但只有是同一种内力分量的内力图才可图乘。

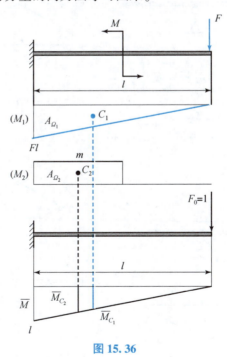

图 15.36

采用图乘法求解结构位移时的一般步骤包括：确定单位力，分别作载荷和单位载荷内力图，进而确定哪些图形可以图乘，以及如何图乘。

例 15.11 图 15.37（a）所示为一外伸梁结构，已知 $AD = DB = BC = a$，求截面 C 处的挠度 v_C（不考虑剪力对变形的影响）。

解：（1）作载荷作用下原结构的弯矩图。由于该外伸梁上有多个载荷，因此将各个载荷分开分别作弯矩图，如图 15.37（b）所示的 $M_1(x)$ 和 $M_2(x)$。

（2）为了采用单位载荷法求截面 C 处的挠度 v_C，在截面 C 处施加一个方向向下、大小为 1 的集中力，并作外伸梁在单位载荷下的弯矩图 $\bar{M}$，如图 15.37（c）所示。

（3）采用图乘法求 v_C。图 15.37（d）给出了不同图形的型心位置，以及型心坐标下单位载荷内力图上的数值，将其代入式（15.62），得

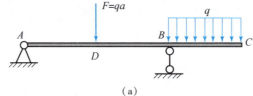

$$v_C = \frac{1}{EI}[A_{\Omega_1}\bar{M}_{C_1} + A_{\Omega_2}\bar{M}_{C_2} + A_{\Omega_3}\bar{M}_{C_3}]$$

$$= \frac{1}{EI}\left[-\frac{1}{2} \cdot 2a \cdot \frac{qa^2}{2} \cdot \frac{a}{2} + \frac{1}{2} \cdot 2a \cdot \frac{qa^2}{2} \cdot \frac{2a}{3} + \frac{1}{3} \cdot a \cdot \frac{qa^2}{2} \cdot \frac{3a}{4}\right] = \frac{5qa^4}{24EI}\downarrow$$

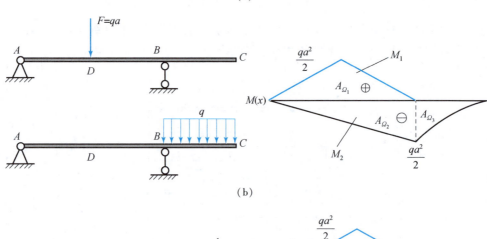

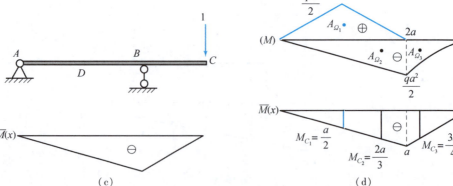

图 15.37

习　题

15.1 杆 AB 和 BC 均为钢制，弹性模量 $E = 200$ GPa，二者装配在一起，如图 P15.1 所示。为了使其不产生永久变形，杆件的拉伸应力必须小于材料的屈服极限 $\sigma_Y = 400$ MPa。试确定装配后杆件能获得的最大应变能，杆的长度 a 等于：（1）2 m；（2）4 m。

15.2 如图 P15.2 所示，直径为 8 mm 的钢制销钉 B 将一片钢条和两片铝条装配在一起，钢条和铝条的宽度均为 20 mm，厚度均为 5 mm。已知钢的弹性模量 $E = 210$ GPa；铝的弹性模量 $E = 75$ GPa；销钉 B 的许用剪应力 $\tau_0 = 80$ MPa，载荷 P 如图 P15.2 所示。试确定装配后的板条所能获得的最大应变能。

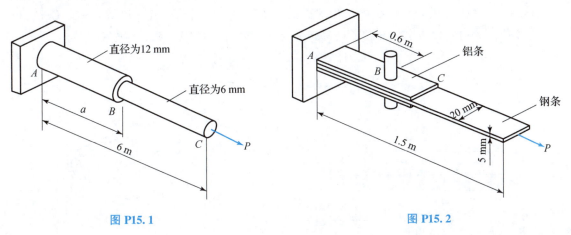

图 P15.1　　　　　　　　　　　图 P15.2

15.3 图 P15.3 所示的桁架中，所有杆的材料均相同，而且都是等截面杆，各杆的横截面面积均标在图中。试确定在图示的载荷 P 作用下各桁架的应变能。

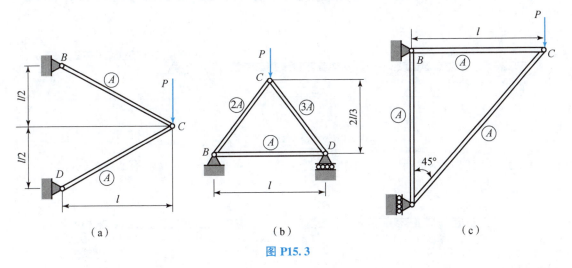

(a)　　　　　　　　(b)　　　　　　　　(c)

图 P15.3

15.4 仅计及截面弯矩对应变能的贡献，试确定等截面直梁 AB 在图 P15.4 所示载荷作用下的应变能。

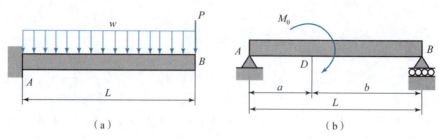

图 P15.4

15.5 如图 P15.5 所示，假设等截面直梁具有矩形横截面，试证明梁在给定载荷作用下应变能密度的最大值为 $u_{max} = 15 \dfrac{U}{V}$。$U$ 为梁中的应变能，V 为梁的体积。

15.6 如图 P15.6 所示，铝管在 A 端固定，C 端承受扭转力矩 T。已知 $G = 70 \text{ GPa}$，空心的 BC 部分的内直径为 12 mm，试确定当最大切应力为 140 MPa 时，杆的应变能。

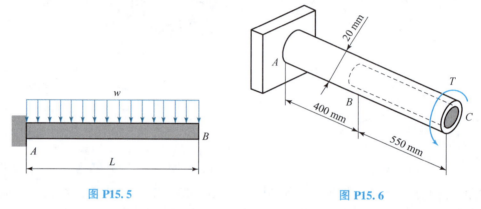

图 P15.5　　　　　　图 P15.6

15.7 如图 P15.7 所示，计算施加在梁上的载荷所做的功：先加载荷 P，后加载弯矩 M_0。

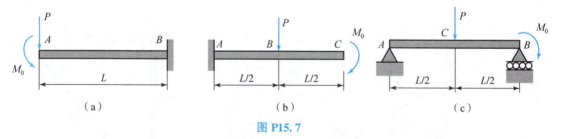

图 P15.7

15.8 如图 P15.8 所示，采用单位载荷法确定载荷 P 引起的 D 截面的挠度。

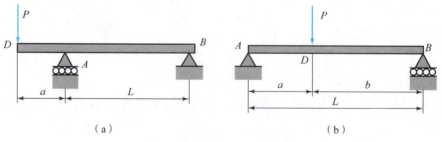

图 P15.8

15.9 如图 P15.9 所示，采用单位载荷法确定载荷 M_0 引起的 D 截面的转角。

15.10 如图 P15.10 所示，采用单位载荷法确定载荷 P 引起的 C 截面的挠度。

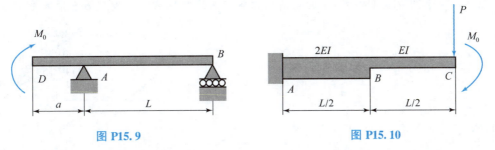

图 P15.9　　　　　　　　图 P15.10

15.11 图 P15.11 所示桁架的所有杆件都是等截面杆且横截面面积都等于 A，试采用单位载荷法确定点 B 的铅垂位移和水平位移。

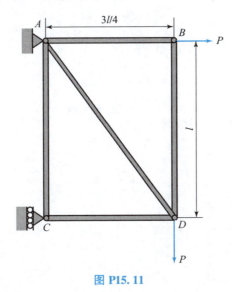

图 P15.11

15.12 对于图 P15.12 所示的直梁和载荷，已知 $E = 200$ GPa，试采用单位载荷法确定 A 端的转角。

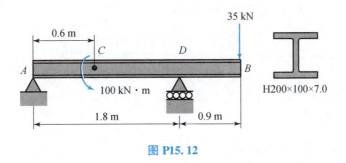

图 P15.12

15.13 对于图 P15.13 所示承受载荷的桁架，试采用单位载荷法确定节点 C 的水平挠度和铅垂位移。

15.14 对于图 P15.14 所示承受载荷的曲杆，采用单位载荷法确定：

(1) B 截面的水平位移；

(2) B 截面的铅垂位移。

15.15 对于图 P15.15 所示承受载荷的曲杆，采用单位载荷法确定 B 截面的位移。

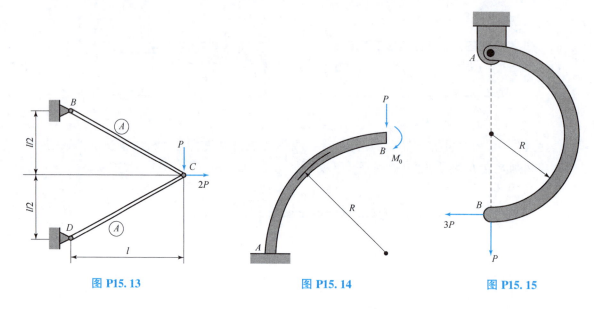

图 P15.13　　　　　图 P15.14　　　　　图 P15.15

第16章
复杂杆系结构的几何构造分析

第1~7章较为系统和详细地讨论了变形体在外载作用下需要满足的基本方程体系,包括平衡方程、位移协调方程、本构方程及边界条件,为读者建立了固体力学最一般的理论基础,并给出了部分典型圣维南问题的弹性力学解答。第9~15章针对具体的单一杆件结构,研究了杆件的拉伸、压缩、弯曲、剪切等的基本变形和破坏规律,在拉、压、弯和扭变形基本假设的基础上,结合杆件截面合力(或力矩)与应力分布之间的静力等效关系,建立了杆件外载、截面内力、截面应力分布和变形之间的数学关系,为工程中杆件的强度、刚度、稳定性校核和初步设计提供了依据。

本书前述章节已经为读者建立了从变形体材料微元静力学分析到单一杆件分析的基本路径。然而,现实生活及工程实践中还存在大量由多个杆件组成的杆系结构,杆系结构中的每一根杆件不仅受到自身载荷的作用,还受到其他杆件的相互作用,这种相互作用可以改变每个杆件的应力分布。因此,后续章节中主要研究复杂的杆系结构,根据功能和使用等方面的不同要求,分析杆系结构的组成规律和结构的合理形式,研究超静定杆系结构内力、变形计算的基本理论和方法。

16.1 复杂杆系结构

自然界形成了许多具有优异力学性能的自然结构,如植物的叶-枝-干结构、动物的骨骼-肌肉结构等;人类设计制造出大量工程结构,如飞行器、桥梁、房屋、车辆、船舶等。这些自然或人工的结构,实际上都被动或主动地应用着结构力学的原理和规律,如图16.1所示为自然结构与人工结构,其中图16.1(a)所示为Hyperion海岸红杉,高度超过115 m,是人类确切测量过的最高的树;图16.1(b)所示为非洲大象,身长达7.5 m,是陆地上最大的动物;图16.1(c)所示为迪拜哈利法塔,高达828 m,是世界第一高楼;图16.1(d)所示为安225运输机,全长84 m,是世界上最大的飞机;图16.1(e)为诺克·耐维斯号原油运输船,长458.45 m,排水量达825 344 t;(f)为丹昆特大桥,全长164.851 km,是世界上最长的桥梁。

结构力学的任务即研究结构在外界因素作用下的力学行为及其组成规律。该定义的各要素介绍如下:

(1)结构:指由结构元件或构件(如杆、梁、板等)通过某些连接方式(如螺接、铆接、焊接、胶接等)组合起来的可以承受载荷和传递载荷的受力系统。

(2)外界因素:包括静力或动力等机械力载荷,温度变化导致的元件伸长或缩短,元件制作导致的尺寸误差或元件间的连接误差等。

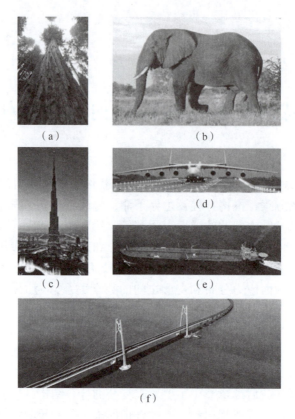

图 16.1

（3）力学行为：包括结构的受力状态（研究结构承受外界因素的能力，进行内力分析或强度分析，目的是进行强度校核）、变形状态（研究结构在外界因素作用下抵抗变形的能力，进行变形分析或刚度分析，目的是进行刚度校核）和稳定性（研究结构在外界因素作用下保持稳定边界的能力，进行前屈曲、屈曲、后屈曲分析）。

（4）组成规律：研究受力系统中结构元件之间的连接方式是否合理，以及系统的组成规律，称为结构几何组成分析。

结构力学与弹性力学、材料力学的主要区别在于：结构力学主要对由结构元件组成的复杂结构在外力作用下的内力和变形进行计算；材料力学主要对简单杆件在外力或环境因素作用下的内力和变形进行计算；弹性力学主要研究连续体在外力作用下的内力和变形。基本假设方面，结构力学与材料力学类似，都主要基于连续性、小变形、均匀、各向同性和材料线弹性。

16.2 结构的分类及计算模型简化

在开始对一个实际的自然结构或人工结构进行结构力学分析之前，需要明确此结构属于什么类别，然后构建简化的计算模型。

实际工程结构按其几何特征可以分为三种类型，即杆系结构、板壳结构和实体结构。如本书前文所述，杆件的几何特征为其横截面上两个方向上的几何尺度远小于长度，板或壳的几何特征为其厚度远小于其余两个方向上的尺度，而实体结构三个方向的尺度大小相似。实际上，结构力学对于杆系结构所发展的方法较为成熟，而对于含有板壳或实体的结构，通常会结合弹性力学理论或有限元数值模拟方法来加以分析。

实际结构的简化应遵循保留主要因素、便于计算等原则，需要从以下 5 个方面进行简化：

（1）外载荷的简化。例如，略去对结构力学行为（变形和内力）影响不大的外载荷，而着重考虑起主要作用的外载荷；将作用面积很小的分布载荷等效地简化为集中载荷；将载荷梯度变化不大的分布载荷简化为均布载荷；将动力效应不大的动力载荷简化为静力载荷。

（2）几何形状的简化。例如，用轴线代替杆件；用若干折线代替曲线，或用若干平面代替曲面；对锥度不大的物体，可用无锥度体代替有锥度体。

（3）受力系统的简化。例如，略去系统中不受力或受力不大的元件；对结构元件的受力规律或受力类型作某些假设，以抽象为理想化的元件。

（4）结点的简化（内部连接）。例如，可按照结构元件之间连接处的受力与构造特点，将元件之间的连接关系简化为不计摩擦的铰接或刚接。如果杆件之间可以发生相对转动（图 16.2（a）），则其结点可以简化为铰结点；铰结点可以传递力，但不能传递力矩（图 16.2（b））。如果杆件之间不能发生转动，则可以简化为刚结点（图 16.2（c））；刚结点既可以传递力也可以传递力矩（图 16.2（d））。

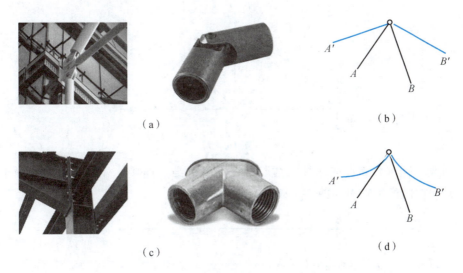

图 16.2

（5）支座的简化（外部连接）。支座是指将结构连接于基础或其他支承物的装置。主要包括活动铰支座、固定铰支座、固定支座、滑动铰支座、弹性支座等 5 种，如图 16.3 所示。

通过上述简化，将得到结构计算简图，来代替实验结构进行结构力学分析，所以也称为力学模型。杆系结构通常分为以下 5 种类型。

（1）桁架。由细长直杆组成，各杆间由铰结点连接。载荷只能作用于铰结点处，并在杆内只产生轴力，如图 16.4 所示。

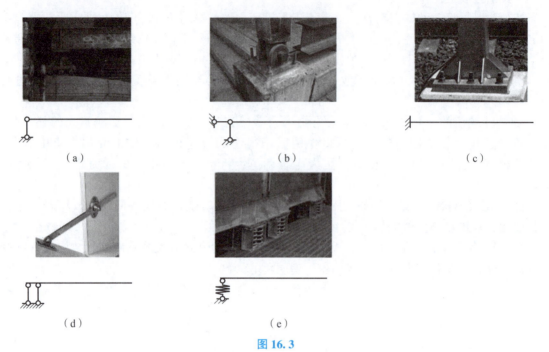

图 16.3

(a) 活动铰支座；(b) 固定铰支座；(c) 固定支座；(d) 滑动铰支座；(e) 弹性支座

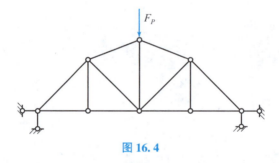

图 16.4

(2) 刚架。由细长直杆或曲杆组成，各杆间由刚结点连接。外载荷可以作用于杆件任何部位，并在杆内产生轴力和剪力，如图 16.5 所示。

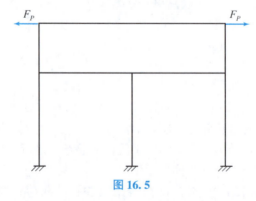

图 16.5

(3) 梁。外载荷可以作用于杆件任何部位，具体可分为单跨梁（图 16.6（a））和多跨梁（图 16.6（b））。

图 16.6

(4) 拱。拱也称曲梁,轴线为曲线,外载荷可以作用于杆件任何部位,如图 16.7 所示。

图 16.7

(5) 组合结构。组合结构由桁架杆件与梁或刚架组合而成。桁架杆件只能承受结点载荷,其余杆件能够在任何部位承受外载荷,如图 16.8 所示。

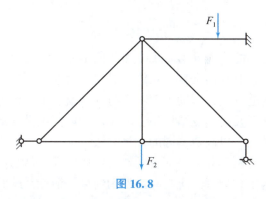

图 16.8

如图 16.9 (a)(b) 所示为用于屋顶支撑结构的中柱式 (king‑post,又称帝柱式) 组合结构,接下来以此实际工程结构为例,介绍如何得到结构计算简图。由于图 16.9 (b) 中杆件间以榫卯方式连接,连接处可以发生微量转动位移,因此可简化为铰结点,并将所有结点用字母标出,获得结构简图如 16.9 (c) 所示。注意到杆件 AB、BC、AC 都可独立承担横向载荷,因此为梁杆件,其余为桁架杆件。

(a)

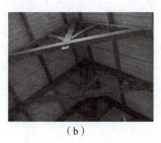
(b)

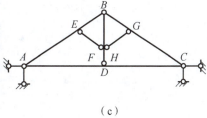
(c)

图 16.9

16.3 结构的几何特性、自由度和约束

对某一给定的受力系统,能否承受和传递外载荷,取决于该系统中元件之间的连接关系,即系统的几何组成。受力系统的几何特性是指系统各元件之间或元件与基础之间不应发

生相对的刚体位移以保证系统原来的几何形状。受力系统按照其几何形状的可变性，分为几何可变系统和几何不变系统。几何可变系统是指在一般荷载作用下系统的几何形状及位置可发生改变的系统，如图 16.10（a）所示的系统；几何不变系统是指在任意荷载作用下系统的几何形状及位置均保持不变的系统，只会发生微小的弹性变形，如图 16.10（b）所示的系统。

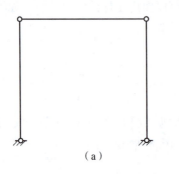
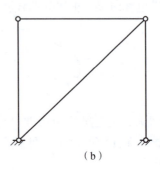

图 16.10

显然，几何可变系统不能作为受力系统，而几何不变系统可以承受任意形式的载荷，可以作为受力系统。因此，只有几何不变的系统才是结构力学的研究对象。本章后续几节介绍平面结构的几何特性及构造方法，有助于读者学习并判断系统是否为几何不变，以决定其能否作为结构使用，同时掌握几何不变结构的组成规律，以便能设计出合理的结构，进而可以区分静定结构或超静定结构，以确定不同的计算方法。

将组成系统的元件分为两部分：一部分看作自由体，计算其自由度；另一部分看作起约束作用的元件，计算其约束。如果系统没有足够的约束去消除系统的自由度，则该系统就无法保持其原有的几何形状。通过研究系统的"自由度"和"约束"来判断系统几何特性的方法，称为运动学方法。

自由度是指确定物体位置所需的独立坐标数目或系统运动时可独立改变的几何参数数目。由理论力学已知，平面内的一个动点有两个自由度，而平面内的一个刚体有三个自由度。图 16.11 所示为平面系统自由度。

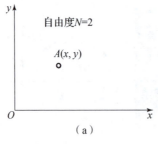
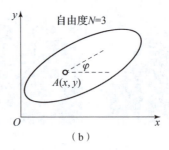

图 16.11

约束是指用于减少结构自由度的装置，约束的数目等于结构自由度减少的数目。例如，对于平面内一个曲杆两端的点，本来共有 4 个自由度，但由于受到曲杆长度曲线方程的限制，实际只有 3 个自由度，因此曲杆相当于有 1 个约束，如图 16.12（a）所示；平面内一个受链杆约束的刚体，只剩余一个平动和一个转动共两个自由度，因此该刚体相当于只有一个约束，如图 16.12（b）所示。

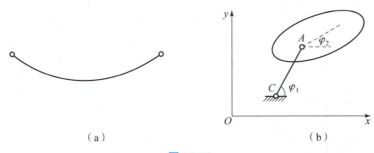

(a)　　　　　　　　　　(b)

图 16.12

一般称连接两个刚片的铰为单铰，连接两个以上刚片的铰为复铰。两个刚片之间用一个铰连接后，自由度由 6 个变为 4 个，因此一个单铰相当于两个约束，如图 16.13 中的铰连接约束，其中图 16.13（a）为单铰；而三个刚片由一个复铰连接后，自由度由 9 个变为 5 个，此复铰相当于 2 个单铰，提供 4 个约束。因此，如果 n 个刚片由复铰连接，则可以当作 $n-1$ 个复铰，相当于 $2(n-1)$ 个约束，如图 16.13（b）所示。

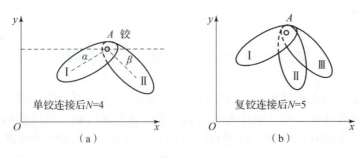

(a)　　　　　　　　　　(b)

图 16.13

将组成系统的所有元件分为自由体和约束体，然后计算所有自由体的自由度数和所有约束体的约束数，通过比较和分析来判断结构的几何特性。一般称几何不变系统所必需的约束为必要约束，而将其他约束称为系统的多余约束。系统的多余约束数 f 等于系统约束总数 C 减去系统自由度总数 N，即 $f = C - N$。容易知道，$f \geq 0$ 是保证系统几何不变性的必要条件，即如果系统几何不变，则 f 一定大于或等于零；而当 $f \geq 0$ 时判断系统是否几何不变，还需要进一步分析系统的组成规则，确定其元件或约束安排是否合理，即检查有无几何可变部分。同理，当 $f < 0$ 时系统一定是几何可变的。

例 16.1　如图 16.14 所示，求该结构的多余约束数。

解：将铰结点看作自由体，将杆和支座看作约束体。结点数 $n = 6$，则系统自由度 $N = 2 \times n = 12$。连接铰结点的链杆数 $b = 9$，支座约束数 $r = 3$，则系统约束总数为 $C = b + r = 12$。因此，系统多余约束数 $f = C - N = 0$。

因此，图 16.14 所示的桁架系统的多余约束数可总结为公式 $f = b + r - 2n$。当然，对此类平面桁架系统，也可将链杆看作自由体，将铰结点和支座看作约束，则多余约束数的公式可改为 $f = 2n_1 + r - 3b$。但应注意此时的铰结点数是单铰结点数 n_1，如图 16.14 中单铰结点数 n_1 为 12。

例 16.2　试求图 16.15 所示铰结与刚结杆件组成的混合系统的多余约束数。

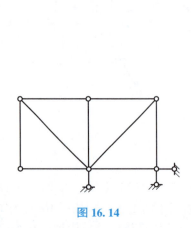

图 16.14

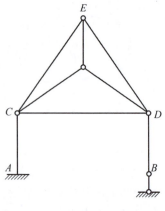

图 16.15

解：将杆看作自由体，将铰结点、刚结点、支座看作约束，应注意刚结点提供三个约束。图 16.15 所示结构的单铰结点数 $n_1 = 9$，单刚结点数 $n_2 = 1$，杆件数 $b = 8$，支座约束数 $r = 4$。所以多余约束数为 $f = 2n_1 + 3n_2 + r - 3b = 1$。注意：$D$ 点处有 2 个单铰结点和 1 个单刚结点，而 B 点处并无单铰结点。

16.4 几何不变系统的组成规则

下面介绍构造几何不变结构的充分条件，主要组成规则为两刚片规则和三刚片规则。

两刚片规则可表述为：两个刚片由不相交一点并且不平行的三根链杆相连，构成内部几何不变且无多余约束的几何结构，如图 16.16（a）（b）所示为两刚片规则示意图。此规则还可表述为：两个刚片由一个铰和一根不通过该铰的链杆相连，构成内部几何不变且无多余约束的几何结构，如图 16.16（c）所示。实际上，如果将图 16.16（a）中的杆 1、2 看作绕 O 点的"虚铰"，将图 16.16（b）中的杆 1、2 构成实铰，则上述第二种表述更为通用。

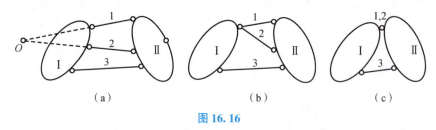

图 16.16

如果上述结构中的三根链杆相交于一点，则体系几何可变。如图 16.17（a）所示，三根链杆实际交于点 O，则刚片 I 可绕 O 点做任意方向的转动，这种结构称为常变体系。如图 16.17（b）所示，三根链杆的延长线虚交于点 O，则刚片 I 可绕 O 点做瞬时微量运动。一般将这种位形仅可发生瞬时微量变化的几何可变结构称为瞬变体系。

现在考虑两个刚片由三根相互平行的链杆连接的情况。如图 16.18（a）所示，当链杆长度相等时，刚片 I 可发生水平方向的移动，属常变体系；当链杆长度不相等时，刚片 I 发生微量移动后，三根链杆不再平行，则体系位形不再发生变化，因此图 16.18（b）所示结构为瞬变体系。

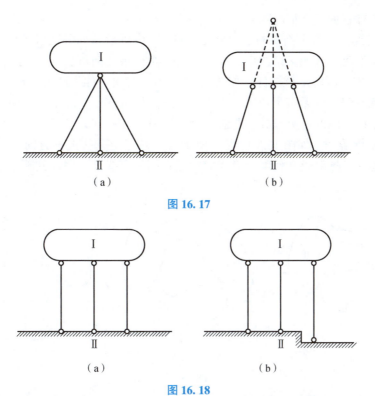

图 16.17

图 16.18

三刚片规则可表述为：三个刚片由不在一条直线上的三个铰两两相连，其体系是几何不变且无多余约束。此表述中的铰既可以是实铰（图 16.19（a）），也可以是虚铰（图 16.19（b））。

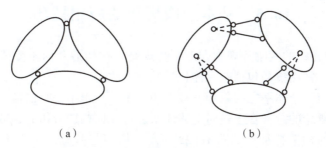

图 16.19

如图 16.20 所示，当三个刚片间的铰位于一条直线上时，所构成的结构为几何瞬变体系。

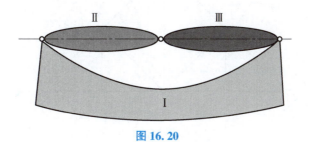

图 16.20

三刚片规则有三种特殊情况：

（1）两个实铰，一对平行链杆，如图 16.21（a）所示。如果两铰连线与链杆不平行，则体系内部几何不变，且无多余约束；如果平行，则体系几何可变。

（2）一个实铰，两对平行链杆，如图 16.21（b）所示。如果两对平行链杆的方向不同，则体系内部几何不变，且无多余约束；否则，体系几何可变。实际上，当两对平行链杆方向不同时，其交点在不同的无穷远处，可看作两个虚铰。

（3）三对平行链杆，如图 16.21（c）所示。如果三组平行链杆方向相同，则三个虚铰结点都在无穷远处，按射影几何学所有无穷远点在同一直线上，因而判断该结构为内部几何可变体系。

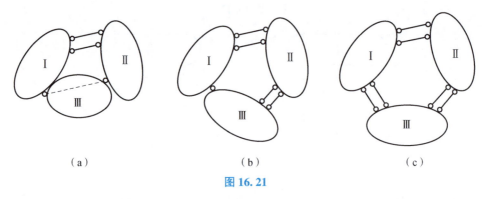

图 16.21

对于上述几何可变体系，要根据变化为微量（或有限）来判断其为瞬变体系或常变体系。

16.5　基本组成规律的应用技巧

基于 16.4 节中介绍的两刚片规则和三刚片规则，在构造几何不变体系时，可以采用一些比较方便的技巧。常用技巧包括一元体与二元体方法。

如果一个刚片与一个体系之间只用三根不相交于一点也不平行的链杆连接，则该刚片称为一元体。一元体概念的意义在于，对上述体系进行几何构造分析时，减少或增加一元体并不影响该体系的几何构造特征。如图 16.22 所示，桁架与基础之间由不共点的三根链杆连接，则去除基础后桁架的内部几何特征即整体几何特征。

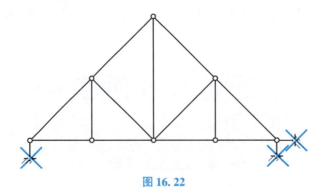

图 16.22

如果两个刚片与一个体系间用三个不在同一直线上的铰两两相连，则两个刚片称为二元体，如图 16.23 所示。此概念的意义在于：在一个体系上增加或拆除二元体，不改变原体系的几何构造性质。

下面通过几个例子来介绍结构的几何构造分析方法。

例 16.3 分析如图 16.24 所示体系的几何构造。

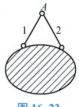

图 16.23

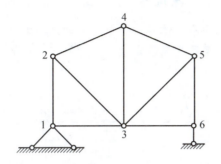

图 16.24

解：利用一元体概念，将图 16.24 所示体系去掉与大地的支座约束。然后对上部体系可依次去掉二元体 213、324、345，体系简化成一个铰接三角形。所以原体系是无多余约束的几何不变体系。

例 16.4 分析如图 16.25（a）所示体系的几何构造。

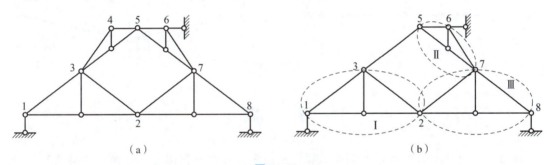

图 16.25

解：图 16.25（a）所示结构的 345 为由两个三角形组成的内部几何不变的刚片，可用一根链杆 35 来代替。由于桁架结构与基础间由不共点的三根链杆相连接，则基础可当作一元体去除。进而考虑 123 构成刚片Ⅰ，567 构成刚片Ⅱ，278 构成刚片Ⅲ，如图 16.25（b）所示。三个刚片间由两个实铰和一个链杆连接，不满足三刚片规则，因此整个结构为几何可变体系。

16.6 体系的几何构造与静定性

当通过上述两刚片规则或三刚片规则构造得到一个无多余约束的几何不变体系时，在任意外载作用下，平面体中的内力可由三个静力平衡方程联合求解确定（图 16.26）。如果一个体系的内力和反力可由静力平衡条件确定，则称该体系具有静定性。因此，无多余约束的几何不变体系称为静定结构。

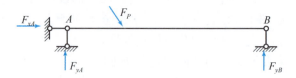

图 16.26

如图 16.27 所示，该结构虽为几何不变体系，但有一个多余约束，结构的内力和反力仅由静力平衡条件还不能确定，则该体系称为超静定结构。超静定结构的反力和内力需要结合体系的变形条件才能确定。

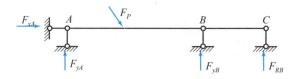

图 16.27

如图 16.28 所示，该结构为几何瞬变体系，并不能承担外载，故不能作为力学结构使用。

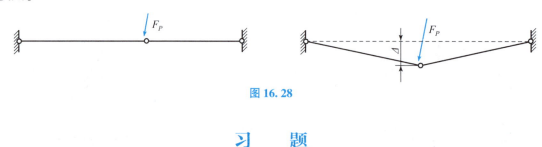

图 16.28

习　题

16.1 试对图 P16.1 所示的实际工程结构绘制计算结构简图（只考虑平面结构）。

（a）　　　　　　　　　　　　　　（b）

图 P16.1

16.2 试说明体系的必要约束与多余约束的区别，并说明如何在体系的几何构造分析中应用多余约束的概念。

16.3 试求图 P16.3 所示体系的多余约束数,并分析体系的几何构造。

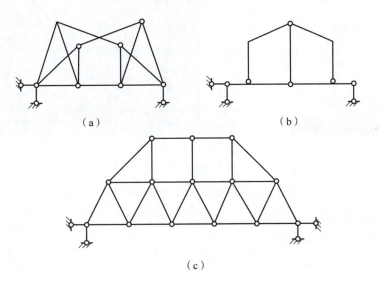

图 P16.3

16.4 试分析图 P16.4 所示体系的几何构造。

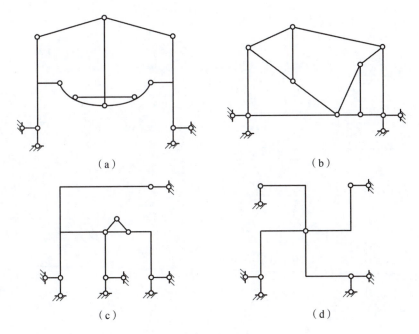

图 P16.4

16.5 试对图 P16.5 所示的实际桁架工程结构进行几何构造分析(只分析平面结构)。

(a) (b)

图 P16.5

(a) 输电塔；(b) 中柱式桥梁

16.6 试说明何为体系的静定性，以及体系的静定性与几何构造之间的关系。

16.7 试说明瞬变体系的受力特点。

第 17 章
超静定结构的力法

本书前述章节中已讨论了受轴向载荷（拉、压载荷，扭矩等）和横向载荷（横向集中力、弯矩等）超静定杆件的应力和变形分析方法，但所分析的基本为简单的单一杆件结构。这些具有多余约束的几何不变结构称为超静定结构。超静定结构的内力和反力仅由静力平衡条件还不能确定，必须结合变形条件来求解。实际工程中广泛存在着复杂的超静定杆系结构，包括超静定多跨梁、超静定刚架或超静定桁架及组合结构等，如图 17.1 所示。超静定结构的基本特点包括：结构存在多余的约束；不能仅由平衡条件确定全部反力和内力；其受力情况与材料的物理性质、截面的几何形状有关；超静定结构因支座移动、结构制造误差、环境温度改变等原因均可以产生内力。

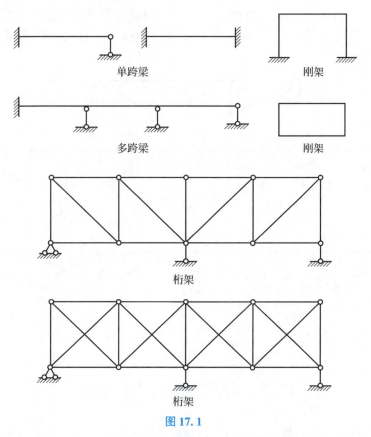

图 17.1

为了分析超静定结构的内力，前面部分章节中采用了解除多余约束的方法，用未知约束力代替多余约束对原结构的影响，并在解除多余约束的位置建立满足原结构位移条件的变形协调方程，通过求解变形协调方程确定未知约束力。这种求解方法中将某些多余约束力设为未知量，因此该方法称为力法。力法和位移法是求解超静定结构的基本方法。其中，力法是将多余约束作为未知量，利用位移条件求出多余约束，而后求出原结构的全部内力；位移法是将结点位移（线位移、角位移）作为未知量，利用静力平衡条件求出位移，再求原结构内力。由基本方法派生出的渐近法（力矩分配法）和近似法及有限元法，也是求解超静定结构常用的有效方法。本章主要介绍力法的求解过程和方法，将在第 18 章介绍位移法。

17.1　力法基本概念

应用力法求解时，首先应解除超静定结构的多余约束，代之以未知力；其次利用变形（位移）条件，列出含有未知力的方程（称为力法方程）；再次，由力法方程解出未知力；最后，对静定结构进行结构的受力分析。

将多余约束（多余未知力）的数目称为结构的超静定次数，而解除多余约束后的静定结构称为基本结构。解除多余约束时，应注意以下几个可能的问题：

（1）不要把原结构变为几何可变体系。
（2）要把全部多余约束都解除。
（3）去掉多余约束的方式有多种，因而得到的静定结构可能有多种形式。如图 17.2 (a) 所示的组合结构有三个多余约束，图 17.2 (b) ~ (e) 分别为解除不同位置处三个约束而成的基本结构。

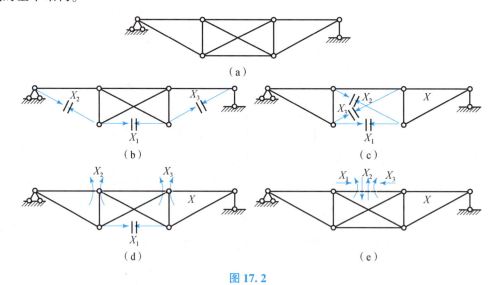

图 17.2

17.2　力法原理与力法方程

本节将分别通过一个超静定梁和超静定刚架结构的例子说明力法原理和力法方程的规范形式的意义。如图 17.3 (a) 所示的超静定梁结构，首先确定该梁结构存在两个多余约束，因此选取 B 处和 C 处的两个链杆约束为多余约束，解除这两个多余约束后，超静定结构转化成静定结构，如图17.3（b）所示，该固支梁为待分析的二次超静定结构的静定结构。解除两个多余约束后，代之以两个未知的约束反力 X_1 和 X_2，并将已知外载和未知的约束反力共同作用在基本结构上，如图17.3（c）所示。注意：解除多余约束不是简单地将约束去掉，而必须用相应的未知约束反力来代替。

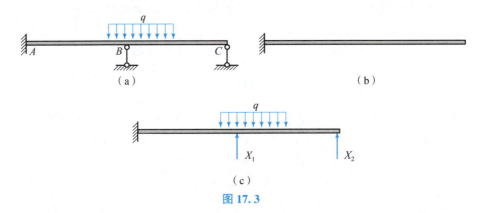

图 17.3

现考察图17.3（c）所示静定结构与原超静定结构的区别。为了使图17.3（c）中的结构能够代替图17.3（a）中的结构，在 B 处和 C 处的约束反力 X_1 和 X_2 应满足位移协调条件。由线弹性体的线性叠加原理，超静定结构在外载荷作用下的内力等于外载荷在基本系统上引起的内力（图17.4（c））与未知力 X_1 和 X_2 在基本结构上引起的内力（图17.4（d）（e））之和，即

$$S_{iR} = S_{iP} + S_{iX_1} + S_{iX_2} \tag{17.1}$$

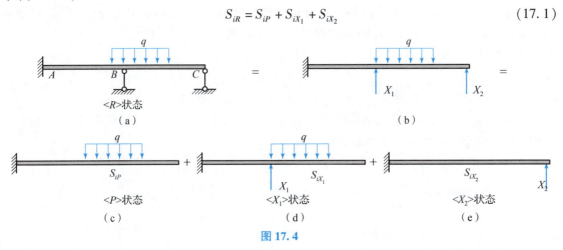

图 17.4

将 $<X_1>$ 状态、$<X_2>$ 状态分别用单位状态来表示（图17.5），则式（17.1）可以更改为

$$S_{iR} = S_{iP} + S_{i1}X_1 + S_{i2}X_2 \tag{17.2}$$

为了求出图17.3（c）所示结构中的多余未知力 X_1 和 X_2，需要利用变形协调条件，建立关于多余未知力的变形协调方程，即 B 处和 C 处的挠度均为零：$\Delta_1 = 0$，$\Delta_2 = 0$。因此，这时要分别求出 $<P>$、$<X_1>$、$<X_2>$ 三个状态在 B 处和 C 处的横向位移值：当外力单独作用在基本结构上，在 X_1 和 X_2 方向的横向位移（挠度）分别为 Δ_{1P} 和 Δ_{2P}；X_1 单独作用在基本结构上，在 X_1 和 X_2 方向的横向位移（挠度）分别为 Δ_{11} 和 Δ_{21}；X_2 单独作用在基本结

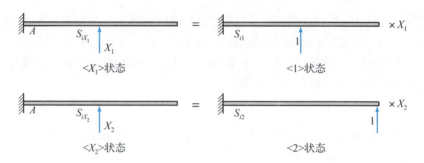

图 17.5

构上,在 X_1 和 X_2 方向的相对位移分别为 Δ_{12} 和 Δ_{22}(图 17.6)。进而,由叠加原理结合变形协调条件可以得到下式:

$$\begin{cases} \Delta_{11} + \Delta_{12} + \Delta_{1P} = \Delta_1 = 0 \\ \Delta_{21} + \Delta_{22} + \Delta_{2P} = \Delta_2 = 0 \end{cases} \quad (17.3)$$

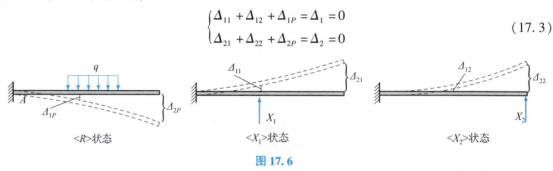

图 17.6

将 $<X_1>$ 状态和 $<X_2>$ 状态的位移分别用单位状态 $<1>$ 和单位状态 $<2>$ 的位移来表示:$<1>$ 状态下,在 X_1 和 X_2 方向的相对位移为 δ_{11} 和 δ_{21};$<2>$ 状态下,在 X_1 和 X_2 方向的相对位移为 δ_{12} 和 δ_{22}(图 17.7)。这时式(17.3)变为

$$\begin{cases} \delta_{11} X_1 + \delta_{12} X_2 + \Delta_{1P} = \Delta_1 = 0 \\ \delta_{21} X_1 + \delta_{22} X_2 + \Delta_{2P} = \Delta_2 = 0 \end{cases} \quad (17.4)$$

式(17.4)即两次超静定结构的力法基本方程。其中,δ_{11}、δ_{12}、δ_{21} 和 δ_{22} 为力法基本方程的系数,Δ_{1P} 和 Δ_{2P} 为力法基本方程的自由项。

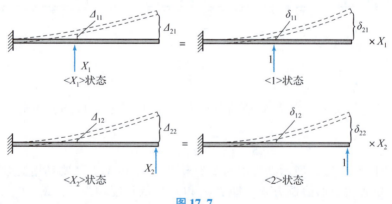

图 17.7

接下来,再看一个超静定刚架的例子。图 17.8(a)所示为一个两次超静定结构的刚架。类似地,首先选取 1 处的两个约束为多余约束,解除后代之以约束力 X_1 和 X_2(图 17.8

(b))。图17.8 (b) 实际为受外载和多余约束力的基本结构,已知外力和多余未知力都作用在该基本结构上。由线弹性体的线性叠加原理,超静定结构在外载荷作用下的内力等于外载荷在基本系统上引起的内力(图17.8 (c))与未知力 X_1 和 X_2 在基本结构上引起的内力(图17.8 (d)(e))之和,即也可写成式 (17.1) 的形式如下:

$$S_{iR} = S_{iP} + S_{iX_1} + S_{iX_2}$$

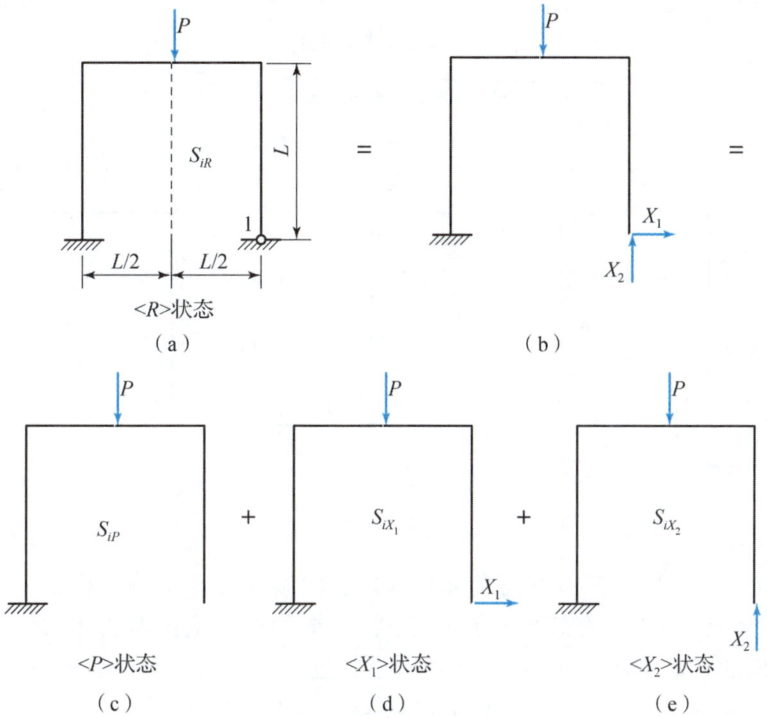

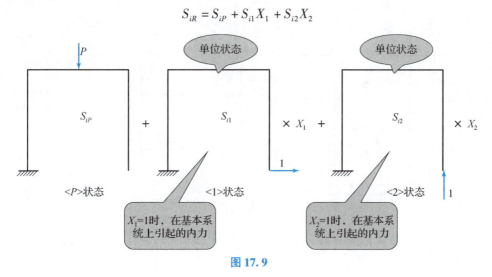

图 17.8

将 $<X_1>$ 状态、$<X_2>$ 状态分别用单位状态来表示(图17.9),则上式可以更改为式 (17.2) 的形式,如下:

$$S_{iR} = S_{iP} + S_{i1}X_1 + S_{i2}X_2$$

图 17.9

为了求出以上超静定结构的多余未知力 X_1 和 X_2，需要利用变形协调条件，建立关于多余未知力的变形协调方程，即 1 处的位移应该为零：$\Delta_1=0$，$\Delta_2=0$。因此，这时要分别求出 $<P>$、$<X_1>$、$<X_2>$ 三个状态在 1 处的位移值：外力单独作用在基本结构上，在 X_1 和 X_2 方向的相对位移为 Δ_{1P} 和 Δ_{2P}；X_1 单独作用在基本结构上，在 X_1 和 X_2 方向的相对位移为 Δ_{11} 和 Δ_{21}；X_2 单独作用在基本结构上，在 X_1 和 X_2 方向的相对位移为 Δ_{12} 和 Δ_{22}（图 17.10）。进而，由叠加原理和变形协调条件可以得到

$$\begin{cases} \Delta_{11}+\Delta_{12}+\Delta_{1P}=\Delta_1=0 \\ \Delta_{21}+\Delta_{22}+\Delta_{2P}=\Delta_2=0 \end{cases}$$

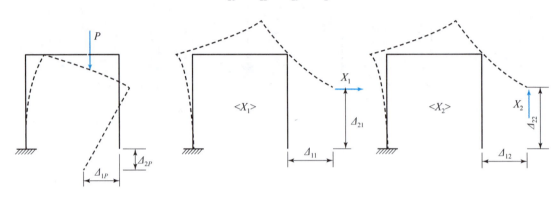

图 17.10

如图 17.11 所示，将 $<X_1>$ 状态和 $<X_2>$ 状态的位移分别用单位状态 $<1>$ 和单位状态 $<2>$ 的位移来表示：$<1>$ 状态下，在 X_1 和 X_2 方向的相对位移为 δ_{11} 和 δ_{21}；$<2>$ 状态下，在 X_1 和 X_2 方向的相对位移为 δ_{12} 和 δ_{22}。这时上式也可写成式（17.4）的形式：

$$\begin{cases} \delta_{11}X_1+\delta_{12}X_2+\Delta_{1P}=\Delta_1=0 \\ \delta_{21}X_1+\delta_{22}X_2+\Delta_{2P}=\Delta_2=0 \end{cases}$$

上式即该刚架结构的二次超静定结构的力法基本方程。可见，针对超静定刚架结构，建立力法基本方程的思路和方法与超静定梁是一致的，且得到的力法基本方程形式也是相同的。

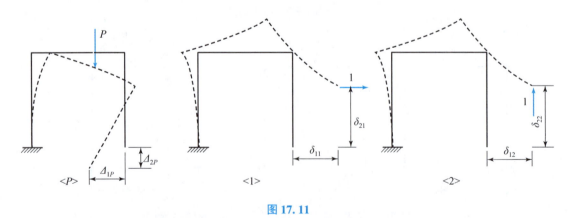

图 17.11

上述二次超静定结构的力法基本方程可扩展到一般情况下的力法基本方程：

$$\begin{cases} \delta_{11}X_1 + \delta_{12}X_2 + \cdots + \delta_{1n}X_n + \Delta_{1P} = \Delta_1 = 0 \\ \delta_{21}X_1 + \delta_{22}X_2 + \cdots + \delta_{2n}X_n + \Delta_{2P} = \Delta_2 = 0 \\ \qquad\qquad\qquad\qquad \vdots \\ \delta_{n1}X_1 + \delta_{n2}X_2 + \cdots + \delta_{nn}X_n + \Delta_{nP} = \Delta_n = 0 \end{cases} \qquad (17.5)$$

力法基本方程的典型特征包括：方程个数等于多余未知约束力的个数，也等于超静定的次数。式（17.5）中 $\Delta_1, \Delta_2, \cdots, \Delta_n$ 为原结构在去掉约束处的已知位移。δ_{ij} 为力法方程系数（又称位移影响系数或柔度系数），表示第 j 个单位力在第 i 个位移方向上引起的位移，并且由位移互等定理可知：$\delta_{ij} = \delta_{ji}$，$i \neq j$。当 $i = j$ 时，$\delta_{ij} > 0$，称为主系数。Δ_{iP} 为自由项（又称载荷系数），表示外载荷 P 在第 i 个位移方向上引起的位移。可见，力法基础方程中系数和自由项的第 1 个下标表示所求位移的方向，第 2 个下标表示载荷作用的方向。因此考察力法基本方程中的第 i 行，$\delta_{i1}, \delta_{i2}, \cdots, \Delta_{iP}$ 表示 X_i 方向的位移；第 i 列，$\delta_{1i}, \delta_{2i}, \cdots, \delta_{ni}$ 表示未知约束力处沿 X_i 方向施加的单位载荷引起的位移。$\Delta_{1P}, \Delta_{2P}, \cdots, \Delta_{nP}$ 表示已知外载引起的位移。解式（17.5），求出多余未知力 $X_1, X_2, \cdots, X_n$。叠加载荷 $<P>$ 状态和 n 个单位状态 $<i>$ 的内力，求出超静定结构的全部内力：

$$S_{iR} = S_{iP} + \sum_{i=1}^{n} S_{ij} \cdot X_j \qquad (17.6)$$

17.3 力法解超静定结构

力法求解超静定结构的基本思路包括：将超静定问题转化为静定问题，以多余未知力作为基本未知量，利用变形协调条件建立补充方程，从而求解结构内力。力法求解过程中应注意：

（1）正确判断多余约束数，即正确确定超静定次数。

（2）解除多余约束，转化为静定的基本系统。用多余未知力代替多余约束，即确定基本未知约束力。

（3）分析基本结构在单位基本未知力和外界因素作用下的位移，建立位移协调条件，即写出力法基本方程。

（4）计算力法方程的系数和自由项。

（5）从典型方程解得基本未知约束力。

（6）由叠加原理获得待分析原结构的内力。

（7）将超静定结构的分析通过将其转化为静定结构来解决。

具体计算式（17.5）中的系数和自由项时，对梁结构来说，其内力只考虑弯矩，所以作出基本结构的单位弯矩 $\bar{M}_i$ 和外力弯矩 M_P 的图形后，可按式（17.7）计算系数及自由项：

$$\begin{cases} \delta_{ii} = \sum \int \dfrac{\bar{M}_i^2}{EI} \mathrm{d}s \\ \delta_{ij} = \sum \int \dfrac{\bar{M}_i \bar{M}_j}{EI} \mathrm{d}x \\ \Delta_{iP} = \sum \int \dfrac{\bar{M}_i M_P}{EI} \mathrm{d}s \end{cases} \qquad (17.7)$$

对于拉压杆件及其组成的桁架结构，其内力只有轴力，则在计算得到基本结构的单位轴力 $\bar{F}_{Ni}$ 和外力引起的轴力 F_{NP} 后，可按下式计算系数及自由项：

$$\begin{cases} \delta_{ii} = \sum \dfrac{\bar{F}_{Ni}^2 l_i}{EA} \\ \delta_{ij} = \sum \dfrac{\bar{F}_{Ni}\bar{F}_{Nj} l_i}{EA} \\ \Delta_{iP} = \sum \dfrac{\bar{F}_{Ni} F_{Ni} l_i}{EA} \end{cases} \quad (17.8)$$

利用叠加法求内力时，对于梁结构：

$$M = \sum_{i=1}^{n} \bar{M}_i X_i + M_P$$

对于拉压杆件及其组成的桁架结构：

$$F_N = \sum_{i=1}^{n} \bar{F}_{Ni} X_i + F_{NP} \quad (17.9)$$

例 17.1 用力法分析图 17.12（a）所示的结构，并作 M 图。

解：（1）判断此梁结构为二次超静定结构。

（2）求解超静定结构过程中，选择基本结构的原则是使 M_P、$\bar{M}_i$ 图尽量简单，特别是 M_P 图。对于连续梁而言，基本结构以每一跨为简支梁为宜，保证仅在施加外载的那一跨存在 M_P 图。因此，解除图 17.12（a）中 B 处和 C 处的两个链杆约束，得到如图 17.12（b）所示的基本结构。当前的未知约束力 X_1 和 X_2 分别为 B 处和 C 处的一对大小相等、方向相反的弯矩。

（3）比较图 17.12（a）（b），建立 B 处和 C 处的位移协调条件，即 B 处和 C 处相对转角为零，得到力法基本方程：

$$\begin{cases} \delta_{11} X_1 + \delta_{12} X_2 + \Delta_{1P} = 0 \\ \delta_{21} X_1 + \delta_{22} X_2 + \Delta_{2P} = 0 \end{cases}$$

（4）作基本结构的单位弯矩图 $\bar{M}_i$ 和 M_P 图（弯矩图不再标记正负，均绘制在杆件受拉一侧），再由图乘法计算基本方程中的系数 δ_{ij} 和自由项 Δ_{iP}。$X_1 = 1$ 作用下的弯矩图如图 17.12（c）所示，$X_2 = 1$ 作用下弯矩图如图 17.12（d）所示，q 分布载荷作用下的载荷弯矩图如图 17.12（e）所示。

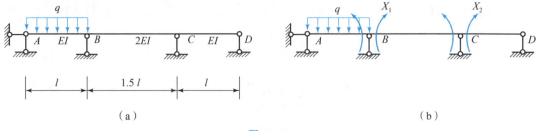

图 17.12

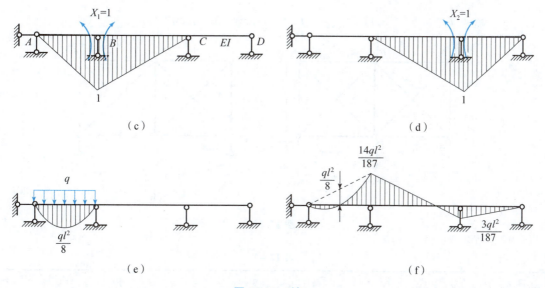

图 17.12（续）

由图乘法可知，$\delta_{ij} = \bar{M}_i \times \bar{M}_j$，$\Delta_{iP} = \bar{M}_i \times M_P$。因此由图 17.12（c）~（e）的图乘可得

$$\delta_{11} = \delta_{22} = \frac{7l}{12EI}; \quad \Delta_{1P} = \frac{ql^3}{24EI}$$

$$\delta_{21} = \delta_{12} = \frac{l}{8EI}; \quad \Delta_{2P} = 0$$

（5）解力法方程：

$$\begin{cases} \dfrac{7l}{12EI}X_1 + \dfrac{l}{8EI}X_2 + \dfrac{ql^3}{24EI} = 0 \\ \dfrac{l}{8EI}X_1 + \dfrac{7l}{12EI}X_2 = 0 \end{cases} \Rightarrow \begin{cases} X_1 = -\dfrac{14}{187}ql^2 \\ X_2 = \dfrac{3}{187}ql^2 \end{cases}$$

（6）利用叠加原理求梁的内力。内力可按下式计算：

$$M = \sum_{i=1}^{n} \bar{M}_i X_i + M_P = \bar{M}_1 X_1 + \bar{M}_2 X_2 + M_P$$

弯矩图如图 17.12（f）所示。

例 17.2 如图 17.13（a）所示，斜杆刚度为 $\sqrt{2}EA$，其余为 EA。求各杆内力。

解： 判断此结构为二次超静定结构。解除图 17.13（b）所示的两个约束，得到基本结构。由于当前的未知约束力 X_1 和 X_2 为杆件断口处的一对大小相等、方向相反的内力，因此其对应的广义位移为零，所以力法基本方程可以写为

$$\begin{cases} \delta_{11}X_1 + \delta_{12}X_2 + \Delta_{1P} = 0 \\ \delta_{21}X_1 + \delta_{22}X_2 + \Delta_{2P} = 0 \end{cases}$$

然后，利用静定桁架结构求解内力的方法，逐一求出各杆件的单位内力及外力引起的轴力，如表 17-1 所示。进而求解基本方程，得

$$X_1 = X_2 = -7F_P a/9$$

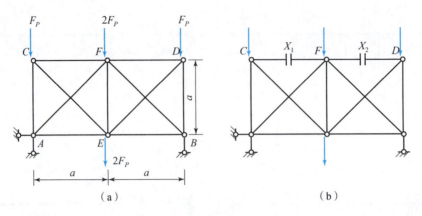

图 17.13

表 17-1

杆件	EA	l/a	$\bar{F}_{N1}$	$\bar{F}_{N2}$	F_{NP}/F_P	$\dfrac{\bar{F}_{N1}^2 l}{EA}$	$\dfrac{\bar{F}_{N1}\bar{F}_{N2} l}{EA}$	$\dfrac{\bar{F}_{N2}^2 l}{EA}$	$\dfrac{\bar{F}_{N1}F_{NP} l}{EA}$	$\dfrac{\bar{F}_{N2}F_{NP} l}{EA}$
AE	1	1	1	0	2	a	0	0	$2F_P a$	0
EB			0	1	2	0	0	a	0	$2F_P a$
CF			1	0	0	a	0	0	0	0
FD			0	1	0	0	0	a	0	0
AC			1	0	-1	a	0	0	$-F_P a$	0
EF			1	1	2	a	a	a	$2F_P a$	$2F_P a$
BD			0	1	-1	0	0	a	0	$-F_P a$
AF	$\sqrt{2}$	$\sqrt{2}$	$-\sqrt{2}$	0	$-2\sqrt{2}$	$2a$	0	0	$F_P a$	0
CE			$-\sqrt{2}$	0	0	$2a$	0	0	0	0
ED			0	$-\sqrt{2}$	0	0	0	$2a$	0	0
FB			0	$-\sqrt{2}$	$-2\sqrt{2}$	0	0	$2a$	0	$4F_P a$
叠加						$8a$	a	$8a$	$7F_P a$	$7F_P a$
系数和自由项						δ_{11}	δ_{12}	δ_{22}	Δ_{1P}	Δ_{2P}

再利用下式计算轴力:

$$F_N = X_1 \bar{F}_{N1} + X_2 \bar{F}_{N2} + F_{NP}$$

求出的各杆件内力如图 17.14 所示。

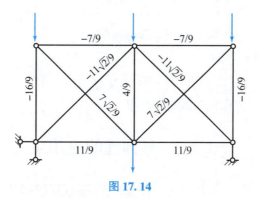

图 17.14

例 17.3 求图 17.15（a）所示刚架中的内力。

解：判断此结构为一次超静定结构。解除图 17.15（a）所示的一个约束，得到基本结构。图 17.15（b）（c）分别为外力及单位力作用于基本结构得到的弯矩图。列力法基本方程，其中系数和自由项可计算得

$$\delta_{11} = \frac{2}{EI} \cdot \frac{l^2}{2} \cdot \frac{2l}{3} = \frac{2l^3}{3EI}$$

$$\Delta_{1P} = -\frac{1}{EI} \cdot \left(\frac{2}{3} \cdot l \cdot \frac{ql^2}{8}\right) \cdot \frac{l}{2} = -\frac{ql^4}{24EI}$$

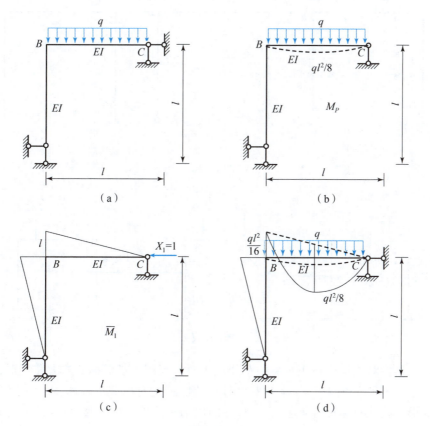

图 17.15

解基本方程可得

$$X_1 = ql/16$$

利用叠加法计算刚架内力为

$$M = \bar{M}_1 X_1 + M_P$$

图 17.15（d）所示为刚架中的真实内力图。

17.4　对称性的应用

对称结构是指几何形状、支承情况、刚度分布均对称的结构，如图 17.16（a）所示结构为一典型的对称结构，但图 17.16（b）（c）所示的结构由于支承条件和刚度非对称，因此不是对称结构。对称载荷是指作用在对称结构对称轴两侧，大小相等、方向相同、作用点相对应，绕对称轴对折后，荷载完全重合（作用点重合、大小相等、指向相同）。反对称载荷是指作用在对称结构对称轴两侧，大小相等、方向相反、作用点相对应，绕对称轴对折后，荷载完全"重合"（作用点重合，大小相等、指向相反）。因此，任何作用在对称结构上的一般荷载，均可以分解为一组正对称荷载和一组反对称荷载的叠加，如图 17.17 所示。

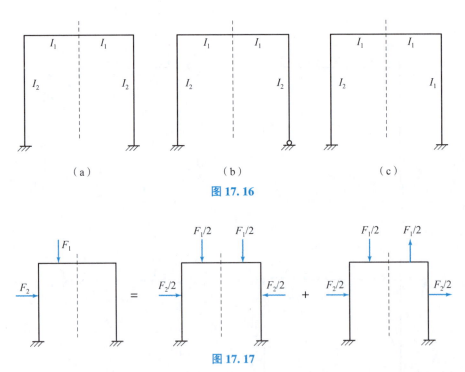

（a）　　　　　　　　（b）　　　　　　　　（c）

图 17.16

图 17.17

对称定律是指对称结构在正对称载荷作用下，一定产生正对称的内力和变形，则在对称轴（面）上，反对称的内力一定等于零。对称结构在反对称载荷作用下，一定产生反对称的内力和变形，则在对称轴（面）上，对称的内力一定等于零。表 17 - 2 给出了对称结构中位于对称轴上位置处荷载、位移和内力的属性。

表 17-2

类别	对称	反对称
载荷	沿对称轴的外力	垂直对称轴的外力、力矩
位移	沿对称轴	垂直对称轴、转角
内力	轴力、截面弯矩	剪力、扭矩

因此由表 17-2 可知，对称载荷作用下，对称结构对称轴处的内力剪力必为零。在反对称载荷作用时，对称轴处的轴力为零，截面弯矩和扭矩为零。根据表 17-2 中给出的外载特征，图 17.18 分别给出了各个对称结构对称轴处外载的属性。

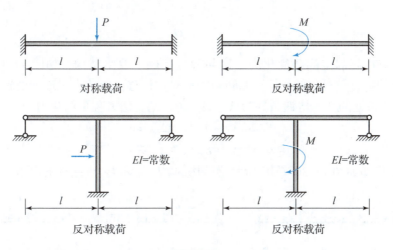

图 17.18

在超静定结构的内力计算中，可充分利用对称条件，将问题简化，降低结构的超静定次数，减少计算工作量。利用对称性简化力法计算的要点归纳如下：

(1) 选择对称的基本结构，取对称的约束内力或反对称约束内力作为基本未知量。
(2) 对称载荷作用下，只考虑对称未知力，反对称未知力为零。
(3) 反对称载荷作用下，只考虑反对称未知力，对称未知力为零。

一般载荷分解为对称载荷和反对称载荷。对于对称结构，可以根据对称结构的受力特征，在对称或反对称载荷作用下，取半结构计算，另外半结构的内力可通过对称或反对称镜像得到。半结构选取的关键在于，正确判别另外半结构对选取半结构的约束作用。判别方法有两种：其一，根据对称轴上截面的变形（或位移）特征判别；其二，根据对称轴上的杆件和截面的内力特征判别。在取半结构的过程中，需要注意变形（位移）与约束力是一一对应的：有变形（或位移），则无约束力，也就没有约束；反之，无变形（或位移），则有约束力，也就存在约束。

例 17.4 某机身框的受力模型如图 17.19 所示，试通过对称性简化力法方程。设弯曲刚度 EI 均相同。

解： 该封闭的圆框结构为三次超静定结构。该结构为一对称结构，受正对称载荷，有一个对称轴。由于对称轴处的剪力是反对称内力，因此对称轴处的内力剪力已知为零。利用对

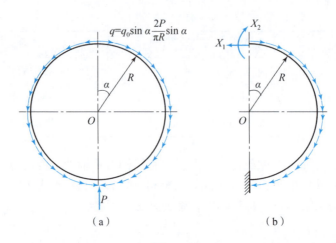

图 17.19

称定律，可将三次超静定问题简化为二次超静定问题。取半结构，如图 17.19（b）所示。由于对称轴处的垂直于对称轴的位移和转角为反对称位移，因此在对称轴处施加多余约束反力 X_1 和 X_2，且该处的变形协调条件为 $\Delta_1 = \Delta_2 = 0$，则力法方程可简化为

$$\begin{cases} \delta_{11} X_1 + \delta_{12} X_2 + \Delta_{1P} = 0 \\ \delta_{21} X_1 + \delta_{22} X_2 + \Delta_{2P} = 0 \end{cases}$$

例 17.5 已知如图 17.20（a）所示梁结构的 EI、q 和 l。求结构的内力。

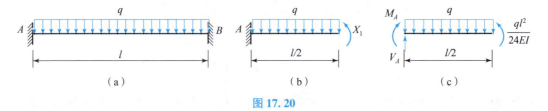

图 17.20

解： 该结构为对称结构受对称载荷，根据对称定律和对称轴处内力的特征可知，对称轴处的剪力为反对称内力，必为零。因此，对称轴处的多余约束力仅剩未知的弯矩，该二次超静定结构根据对称性可简化为一次超静定结构。取半结构，如图 17.20（b）所示，选取基本结构，令对称轴上未知弯矩为力法中的未知量。考察对称轴处的位移协调条件，建立力法基本方程：

$$\delta_{11} X_1 + \Delta_{1P} = 0$$

由于基本结构的弯矩方程形式简单，可利用式（17.7）直接求力法方程中的系数和自由项。分别计算实际载荷条件下的弯矩方程和单位载荷条件下的弯矩方程。

$$M(x) = -\frac{q}{2} x^2 + \frac{ql}{2} x - \frac{q}{8} l^2, \quad \bar{M}(x) = 1$$

$$\delta_{11} = \int_0^{l/2} \frac{\bar{M}(x) \bar{M}(x)}{EI} dx = \int_0^{l/2} \frac{1 \cdot 1}{EI} dx = \frac{l}{2EI}$$

$$\Delta_{1P} = \int_0^{l/2} \frac{M(x) \bar{M}(x)}{EI} dx = \int_0^{l/2} \frac{\left(-\frac{q}{2} x^2 + \frac{ql}{2} x - \frac{q}{8} l^2\right) \cdot 1}{EI} dx = -\frac{ql^3}{48EI}$$

$$X_1 = -\frac{\Delta_{1P}}{\delta_{11}} = \frac{ql^2}{24EI}$$

计算得到未知多余约束力 X_1 后,可通过半结构的受力图计算结构的内力,如图 17.20 (c) 所示。

$$V_A = \frac{ql}{2}$$

$$M_A = \frac{ql^2}{8} - X_1 = \frac{ql^2}{8} - \frac{ql^2}{24EI} = \frac{ql^2}{12EI}$$

17.5 支座位移、温度变化等作用下超静定结构的内力计算

超静定结构的重要特征之一即支座移动、温度改变可使结构产生变形,同时出现产生内力。考察图 17.21 所示结构,由于图 17.21 (a) 结构为一静定梁结构,在支座位移出现后,该结构将随之产生刚体位移,结构中不会产生内力和应力。图 17.21 (b) 所示结构为一超静定梁结构,出现支座位移后,该结构不但将产生位移,还将出现内力和应力。图 17.22 (a) 所示结构,由于环境温度变化,从而不会产生内力和应力,但图 17.22 (b) 所示的超静定梁结构在温度变化条件下将产生内力和应力。本节将讨论支座位移、温度变化等环境因素作用下超静定结构的内力计算方法。

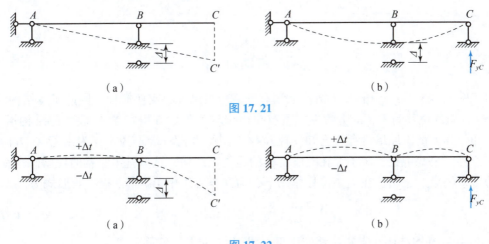

图 17.21

图 17.22

力法的基本思路是把超静定结构转化为静定结构,利用位移条件(基本方程)求基本未知量,位移条件即变形协调条件。为了建立变形协调条件,当引起结构变形的外界因素为已知载荷时,需要开展静定基本结构在已知外载荷作用下的位移计算;当引起结构变形的外界因素为支座移动时,如图 17.22 (a) 所示,则需要开展静定基本结构在支座变形条件下的位移计算。当引起结构变形的外界因素为环境温度变化时,如图 17.22 (b) 所示,则需要开展静定基本结构温度变化条件下位移的计算。考察如图 17.23 (a) 所示的超静定结构,当右端支座出现水平和竖直方向的移动和转角时,分析该结构的内力。显然,该结构为三次超静定结构,可选择图 17.23 (b) 所示结构为力法中的基本结构。由于切开截面处的位移协调条件为相对位移、相对转角为零,施加三对大小相等、方向相反的未知约束反力代替多

余约束。建立力法的基本方程为

$$\begin{cases} \delta_{11}X_1 + \delta_{12}X_2 + \delta_{13}X_3 + \Delta_{1C} = 0 \\ \delta_{21}X_1 + \delta_{22}X_2 + \delta_{23}X_3 + \Delta_{2C} = 0 \\ \delta_{31}X_1 + \delta_{32}X_2 + \delta_{33}X_3 + \Delta_{3C} = 0 \end{cases} \quad (17.10)$$

与已知外载作用下的力法基本方程相比,由已知外载荷引起的基本结构位移 Δ_{iP} 由支座移动引起的基本结构位移 Δ_{iC} 代替。上述结构也可以拆除右端多余约束,采用如图 17.23 (c) 所示的结构为基本结构,此时力法的基本方程可写为

$$\begin{cases} \delta_{11}X_1 + \delta_{12}X_2 + \delta_{13}X_3 + 0 = -a \\ \delta_{21}X_1 + \delta_{22}X_2 + \delta_{23}X_3 + 0 = b \\ \delta_{31}X_1 + \delta_{32}X_2 + \delta_{33}X_3 + 0 = \varphi \end{cases} \quad (17.11)$$

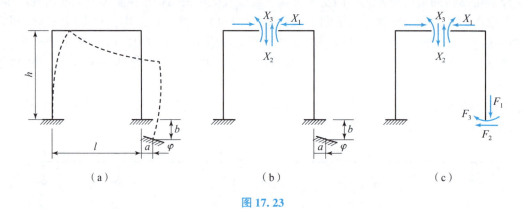

图 17.23

由于图 17.23 (c) 中的基本结构上没有外载,且已经将支座撤掉,因此基本结构沿 X_1、X_2 和 X_3 方向的位移为零,故方程左端所有自由项均为零。方程右端 Δ_i 表示原结构沿 X_i 方向的已知位移,由于原结构存在已知支座位移,因此方程右端不为零,为沿着 X_i 方向的已知支座位移。由此可见,对于存在支座位移的超静定结构,选取基本结构时应解除存在支座位移的多余约束。总结:在支座位移作用下,力法方程组中第 i 个方程一般形式为

$$\sum_{j}^{n} \delta_{ij}X_j + \Delta_{iC} = \Delta_i \quad (17.12)$$

式中,Δ_{iC}——基本结构在支座位移作用下,沿 X_i 方向上的位移;

Δ_i——原结构沿 X_i 方向上的位移。

Δ_{iC} 由支座位移引起静定基本结构的刚体位移可以通过几何关系计算,也可以采用单位载荷法计算由支座位移引起的所需计算处的位移:

$$\Delta_{iC} = -\sum \bar{R}_i C_i \quad (17.13)$$

式中,$\bar{R}_i$——单位载荷作用下静定基本结构的支反力;

C_i——沿着 X_i 方向基本结构的支座位移。

例 17.6 作图 17.24 (a) 所示的超静定结构在已知支座位移下的弯矩图。

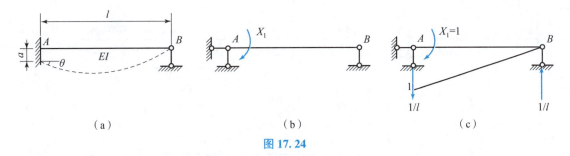

图 17.24

解：(1) 通过分析可知，该梁结构为一次超静定结构。

(2) 选择静定的基本结构如图 17.24（b）所示，列力法基本方程：$\delta_{11}X_1 + \Delta_{1C} = \Delta_1$，其中 $\Delta_1 = \theta$。

(3) 求系数 δ_{11} 和自由项 Δ_{1C}。通过基本结构刚体几何分析得到：$\Delta_{1C} = -\dfrac{a}{l}$。

令 $X_1 = 1$，作基本结构的弯矩图，如图 17.24（c）所示（弯矩图绘制在梁受拉一侧）。由图乘法得到：$\delta_{11} = \dfrac{1}{3EI}$。

(4) 解力法方程得到：$X_1 = \dfrac{3EI}{l^2}(l\theta + a)$。

(5) 内弯矩的计算：$M = \bar{M}_1 X_1 = \dfrac{3EI}{l^2}(l\theta + a) \cdot 1 = \dfrac{3EI}{l^2}(l\theta + a)$。

通过以上例题可总结支座位移作用下超静定结构的特点：力法方程右端项可以不为零；力法方程自由项由支座移动产生，可由基本结构刚体位移几何关系或单位载荷法通过式(17.13) 计算得到；选择基本结构时，应该撤去有支座移动的约束；内力全部由多余未知力引起，基本结构上无外载荷；得到超静定结构的内力大小与线刚度及相对线位移均成正比。

下面给出温度变化作用下，力法基本方程中第 i 个方程的一般形式：

$$\sum_{j}^{n} \delta_{ij} X_j + \Delta_{it} = \Delta_i \qquad (17.14)$$

式中，Δ_{it}——基本结构在温度变化作用下沿 X_i 方向上的位移；

Δ_i——原结构沿 X_i 方向上的位移。

Δ_{it} 的计算由下式给出：

$$\Delta_{it} = \sum \alpha t_0 A_{\bar{F}_{Ni}} + \sum \dfrac{\alpha \Delta t}{h} A_{\bar{M}_i} \qquad (17.15)$$

式中，$A_{\bar{F}_{Ni}}$——单位载荷作用下基本结构轴力图下覆盖的面积；

$A_{\bar{M}_i}$——单位载荷作用下基本结构弯矩图下覆盖的面积；

α——材料的线膨胀系数；

t_0——梁结构中性轴上的温度；

Δt——梁结构上下表面的温差。

例 17.7 作图 17.25（a）所示超静定结构由温度升高 t 引起的内力。

解：(1) 该结构为一次超静定结构。

(2) 选择图 17.25（b）所示的基本结构，列力法方程：$\delta_{11}X_1 + \Delta_{it} = 0$。

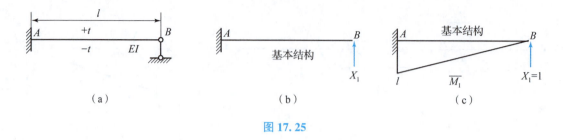

图 17.25

（3）求系数和自由项。作基本结构单位载荷作用下的弯矩图，如图 17.25（c）所示，计算系数：

$$\delta_{11} = \frac{1}{EI} \cdot \frac{l^2}{2} \cdot \frac{2l}{3} = \frac{l^3}{3EI}$$

计算由温度引起的自由项 Δ_{it}：$\Delta_{it} = \sum \alpha t_0 A_{\overline{F}_{Ni}} + \sum \frac{\alpha \Delta t}{h} A_{\overline{M}_i} = -\frac{\alpha t}{h} \cdot \frac{l^2}{2}$。

（4）解方程：$X_1 = \dfrac{3\alpha t EI}{2hl}$。

（5）内力的计算：$M = \overline{M}_1 X_1 = \dfrac{3\alpha t EI}{2hl} \cdot l = \dfrac{3\alpha t}{2} \cdot \dfrac{EI}{l} \cdot \dfrac{l}{h}$。

通过以上例题可总结温度变化下超静定结构的特点：力法方程自由项完全由温度变化产生；内力全部由多余未知力引起，与温度变化值和线膨胀系数成正比，随截面刚度的增大而增大；杆件在温度相对低的一侧产生拉应力。

17.6 超静定结构的位移计算

计算超静定结构的位移，可通过基于虚力原理的单位载荷法进行求解。当用单位载荷法计算结构位移时，必须建立两个状态，一个是满足协调条件的真实位移状态，另一个是仅需满足平衡条件的单位载荷状态。这是因为，单位载荷法中对应于所求位移的单位载荷状态实际上是一个虚力状态，只要满足平衡条件即可。为了简化计算，虚单位力不一定要求施加在原超静定结构上，而只需加在原超静定结构中某静定的部分上即可。实际计算中，通常将单位载荷状态取为静定的或最直接的传力途径。

超静定结构位移计算的一般步骤可归纳如下：

第 1 步，求超静定结构的内力（力法计算的完整过程）。

第 2 步，根据拟求位移作单位力状态（作用在基本结构上）并计算内力。

第 3 步，代入下述公式计算求位移（与静定结构位移计算相同）：

$$\Delta = \sum \int_l \frac{\overline{M} M_P}{EI} dx + \sum \int_l \frac{k \overline{V} V_P}{GA} dx + \sum \int_l \frac{\overline{N} N_P}{EA} dx - \sum \overline{R}_i C_i$$

一般情况下，上式右侧第二项和第三项可以忽略不计。

例 17.8 如图 17.26（a）所示，求超静定桁架 1 点的竖向位移。杆长均为 L，拉伸刚度 EA 均相同。

解： 判断此桁架结构为二次超静定结构。利用力法可求出超静定桁架在已知外载荷作用下的内力（图 17.26（a））。然后分析单位载荷状态，这里选取三种不同的单位载荷状态

(图 17.26（b）~（d）)，分别求出其结构位移，发现采用不同的单位载荷状态代入式 (17.16) 计算得到 1 点的竖向位移均为 $\Delta_{1V}=3PL/(5EA)$。从求解过程可以注意到，图 17.26（d）所示单位载荷状态会大幅度降低求解难度。因此，单位载荷状态在满足平衡条件的情况下，结构选得越简单越好。

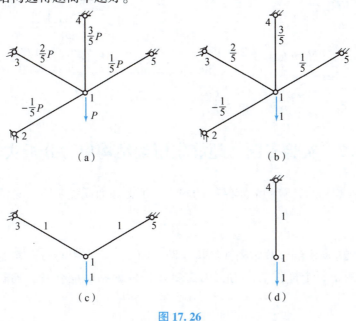

图 17.26

例 17.9 求如图 17.27（a）所示刚架 D 点的竖直方向位移。

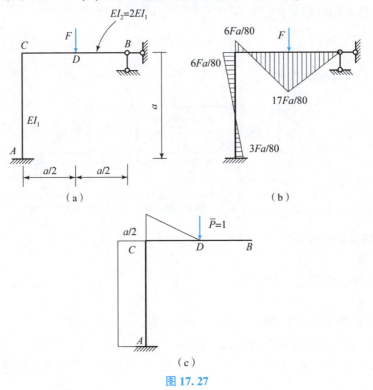

图 17.27

解: 判断此刚架结构为二次超静定结构,首先可利用力法求出其在已知外载荷作用下的内力(图17.27(b)),然后分析单位载荷状态(17.27(c)),并按以下过程求出其结构位移:

$$\Delta_{DV} = \sum \int_l \frac{\bar{M}M_P}{EI} dx$$

$$= \frac{1}{2EI_1}\left[\left(\frac{1}{2} \cdot \frac{a}{2} \cdot \frac{a}{4}\right) \cdot \left(\frac{2}{3} \cdot \frac{17Fa}{80}\right) + \left(\frac{1}{2} \cdot \frac{a}{2} \cdot \frac{a}{4}\right) \cdot \left(\frac{2}{3} \cdot \frac{17Fa}{80} - \frac{1}{3} \cdot \frac{6Fa}{80}\right)\right]$$

$$= \frac{1}{2EI_1}\left(\frac{17Fa^3}{960} - \frac{Fa^3}{640}\right) = \frac{31}{3840}\frac{Fa^3}{EI_1}$$

17.7 实验专题:超静定桁架结构应力分析实验

本章介绍了使用力法计算超静定结构的内力,那么如何通过实验来测量超静定结构的杆件内力呢?

1. 实验原理

对于如图17.28所示的超静定桁架结构,两端固支,下方中心节点受集中力,所有杆均为二力杆。要想测量每个杆件的内力,则需要在杆件上粘贴应变片,通过式(17.16)与式(17.17)计算内力 P:

$$\sigma = E\varepsilon \tag{17.16}$$

$$P = \sigma A \tag{17.17}$$

式中,E——杆件的弹性模量;

ε——杆件的应变;

σ——杆件的应力;

A——杆件的横截面积。

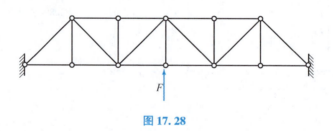

图 17.28

2. 实验仪器与实验步骤

1) 实验仪器

桁架加载装置、应变仪、游标卡尺。

2) 实验步骤

第1步,使用游标卡尺测量杆件的直径 R,并记录。

第2步,在图17.29所示桁架加载装置的每个杆件表面粘贴应变片。

第3步,使用桁架加载装置对试样进行加载,同步采集和记录载荷 F 与每个通道的应变。

图 17.29

第4步，使用式（17.16）与式（17.17）计算内力 P。之后，通过本章所介绍的方法分析每个杆件的内力并与实验值进行对比，开展误差分析。

习　题

17.1　求图 P17.1 所示刚架的内力，并绘制内力图。

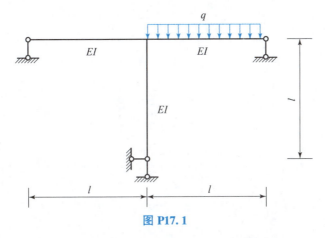

图 P17.1

17.2　求图 P17.2 所示加强梁的内力。其中 $A = 1 \times 10^{-3}$ m^2，$I = 1 \times 10^{-4}$ m^4。

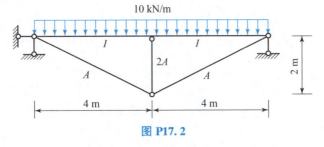

图 P17.2

17.3　求图 P17.3 所示连续梁的内力，并绘制弯矩图。

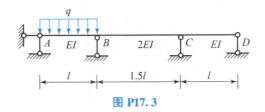

图 P17.3

17.4 求图 P17.4 所示结构的内力，并绘制弯矩图。

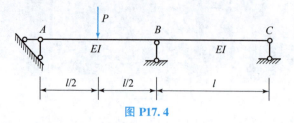

图 P17.4

第 18 章
求解超静定结构的位移法

第 17 章所介绍的力法是分析超静定结构最基本的也是历史最悠久的方法。力法的主要特点是以结构的多余约束力为基本未知量，首先根据变形协调条件求出多余约束力，然后求出其他反力、内力和变形。本章所介绍的位移法以结构的结点位移为基本未知量，以结点的平衡条件作为补充方程，首先求出结点位移，然后求出其他反力、内力。位移法求解未知量的顺序与力法正好相反。实际上，力法是位移法的基础，将典型受力状态下单个杆件应用力法求出其杆端内力，进而以杆端位移为未知量列出平衡方程进行求解。

18.1 位移法基本概念

位移法的基本假设包括：不考虑剪力、轴力对结构变形的影响；变形过程中杆件两端之间的距离保持不变；仅研究等截面直杆的简单情况。位移法的研究对象是那些构件为直杆的受弯结构，如梁和刚架等。这些结构用力法计算时的未知量较多，而使用位移法会使计算大为简化。位移法是计算结构力学的基础理论，也是目前流行的杆件结构计算软件的基础方法。

针对图 18.1 所示的刚架结构，AB 可以看作两端固定的杆件，BC 为一端固定、一端简支的杆件，BD 为一端固定、一端滑动支座的杆件。如果以 B 点处的转角位移 θ 为未知量，可以首先根据力法计算出在此位移载荷及真实外力共同作用下三个杆件在 B 处的端点弯矩 M_{BA}、M_{BC} 和 M_{BD}，注意其均为 θ 的函数；然后，在 B 点处列一个平衡方程，求解出一个未知位移 θ。此即位移法求解的基本思路：将结构分解为典型杆件，利用力法已经求出的未知位移载荷与力载荷共同作用下的内力，通过列出平衡方程求出未知位移解，从而最终得到超静定结构的内力解。

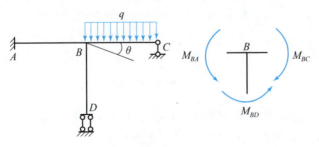

图 18.1

18.2 基本超静定杆件的形常数和载常数

对于超静定刚架结构，用附加约束（链杆和刚结点）可将所有杆件化为上述三类基本超静定杆件及静定部分。求得关键位移后，将关键位移转化为超静定杆件的支座位移，杆件内力可由力法求出。三类超静定杆件包括：两端固支直杆（图 18.2（a））、一端固支、另一端铰支直杆（图 18.2（b））和一端固定、另一端滑动支座直杆（图 18.2（c））。

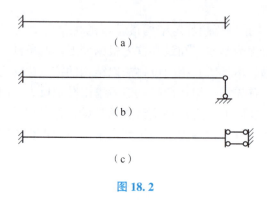

图 18.2

位移法中，三类基本超静定杆件由单位支座位移引起的杆端力大小称为形常数，其只与杆件截面尺寸、材料性质有关。由载荷引起的杆端弯矩和剪力称为载常数，其只与载荷形式有关。

在利用力法推导形常数或载常数时，必须注意物理量正负号的规定，如图 18.3 所示。
（1）杆端转角（杆端法线发生的转动角）：以顺时针转动为正。
（2）杆端线位移：以使杆件顺时针转动为正。
（3）杆端弯矩：以顺时针转动为正。注意：这与本书其他章节的规定有所不同。
（4）杆端对结点或支座的弯矩：根据牛顿第三定律，以逆时针方向为正。
（5）杆端剪力：以使杆杆微段顺时针方向转动为正。

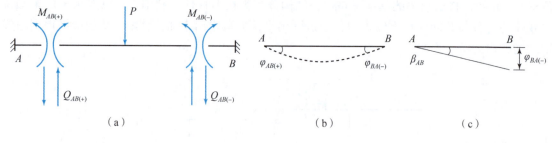

图 18.3

图 18.4 给出了通过力法计算得到的三类超静定杆件的形常数和载常数，记忆常用的形常数和载常数有利于我们通过位移法快速建立关键位置处的平衡方程。图 18.4 中左侧所示为超静定杆件的支座位移或外载下的变形情况，右侧所示为杆件的弯矩图。建议记忆常用的杆端弯矩的大小和方向。

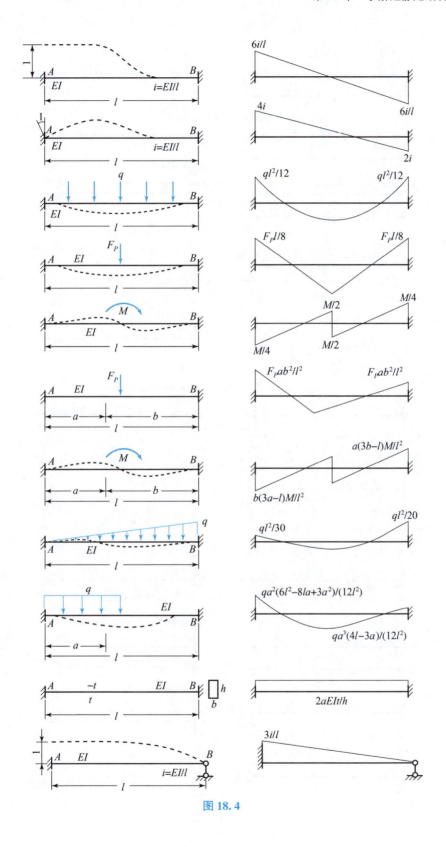

图 18.4

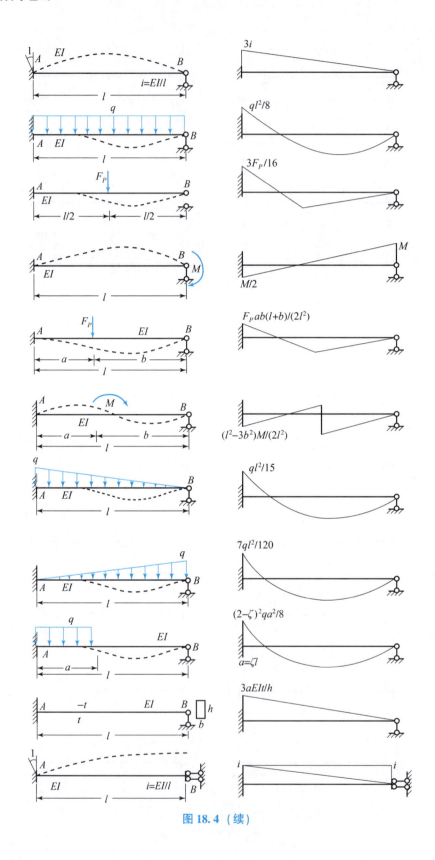

图 18.4（续）

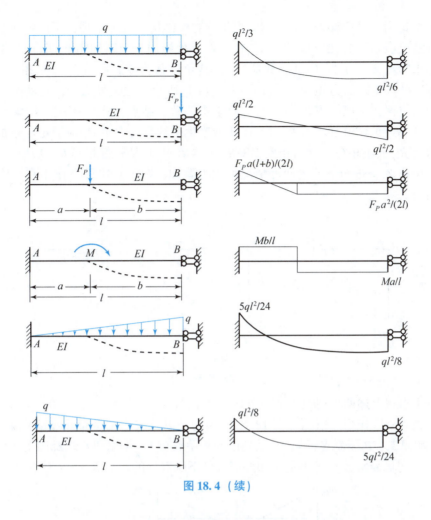

图 18.4（续）

18.3　位移法的基本未知量和基本结构

应用位移法分析刚架时，需要解决如下三个问题：
（1）确定位移法的基本未知量（至少求出位移未知量的数量）。
（2）单跨超静定杆件分析。
（3）建立基于基本未知量的位移法方程并求解。

位移法基本未知量包括独立角位移数与独立线位移数。结点独立角位移数一般等于刚结点数加上组合结点数。阶梯形杆件截面改变处的转角或有抗转动弹性支座处的转角，均应作为基本未知量一并计入在内。至于结构固定或定向支座处，因其转角等于零或为已知的支座位移值，不计入基本未知量。结点独立线位移的确定方法是把刚架所有刚结点、固定支座、抗转动弹性支座均改为铰结，这时如果原体系变为几何可变体系，则通过增设链杆使此可变体系变为几何不变体系，需要增设的最少链杆数即原结构独立结点线位移的数目。

本节以图 18.5（a）所示的刚架结构为例，介绍如何应用位移进行求解。对此结构而言，当不考虑杆件的拉伸和剪切变形时，刚结点 A 处有一个未知角位移 θ_A；将所有刚结点和支座铰接后是几何不变体系，所以无独立线位移未知量，因此 θ_A 为此结构的唯一基本未知量(也可标记为广义位移未知量 Z_1)。根据线弹性结构的叠加原理,可以将此载荷和结构分解为两种情况:如图 18.5(b)所示,在结点 A 处施加一个附加刚臂 R_{1P}(其中下标 1 对应广义位移未知量 Z_1,下标 P 对应载荷),使其角位移为零,则载荷 P 只在 AC 中产生内力,并在刚臂处产生附加力矩 R_{1P};如图 18.5(c)所示,撤去外力 P,转动刚臂,对结点施加相应的角位移,实现结点位移状态与原结构一致,结点处产生相应的约束反力矩 R_{11},同时会在杆件 AB 和 AC 中都产生内力,在 A 处产生的约束反力矩 R_{11} 应满足与附加刚臂处产生的附加力矩 R_{1P} 大小相等、方向相反,即 $R_{11} = -R_{1P}$。根据平衡方程 $R_{11} + R_{1P} = 0$,可以求解出未知角位移 Z_1,进而将上述两种情况的内力叠加,则为真实外力作用在真实结构上产生的真实内力。

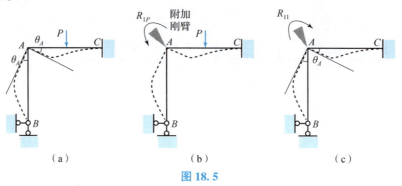

图 18.5

下面分别求解上述两种情况下 A 点处的力矩。

针对外力和刚臂作用的情况(图 18.6),结构可以分解为两个单跨超静定梁:梁 AB 无外载荷,A 端固支、B 端简支;梁 AC 受到已知集中载荷 P,A 端和 C 端都固支。对两杆件分别利用力法(记忆载常数)求出受已知外载条件下刚臂处的弯矩 $R_{1P} = -Pl/8$。

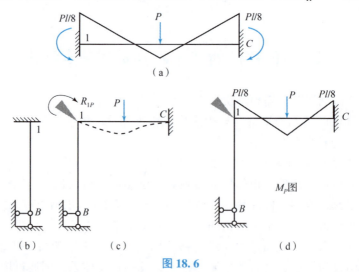

图 18.6

针对 A 处有未知广义位移 Z_1 作用的情况(图 18.7),结构也分解为两个单跨超静定梁:梁 AB 受到 Z_1 作用,A 端固定、B 端简支;梁 AC 受到 Z_1 作用,A 端和 C 端都固定。当 $Z_1 = 1$ 时,利用力法(记忆形常数)可以求出 A 处的约束反力矩为 $r_{11} = 4EI/l + 3EI/l = 7EI/l$,则 Z_1 产生的约束反力矩为

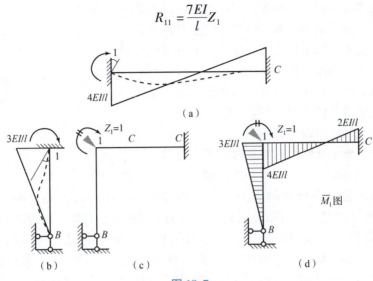

图 18.7

然后，利用叠加原理和 A 点处的平衡方程 $R_{11} + R_{1P} = 0$，可以求出（图 18.8）：

$$Z_1 = \frac{Pl^2}{56EI}$$

最后，根据叠加原理有 $M = M_P + \bar{M}_1 Z_1$，即可求出最后弯矩图（图 18.8）。

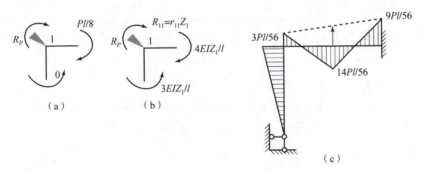

图 18.8

18.4 位移法基本方程及超静定结构的求解

根据 18.3 节中利用位移法求解刚架结构的例子，可以总结出位移法典型方程：

$$\sum_{j=1}^{n} r_{ij} Z_j + R_{iP} = 0, \quad i = 1, 2, \cdots, n \tag{18.1}$$

式中，R_{iP}——自由项，是载荷单独作用下引起的沿 Z_i 方向的附加约束反力；

r_{ij}——系数项（也称刚度系数），是单位位移 $Z_j = 1$ 作用下引起的沿 Z_i 方向的附加约束反力。

由反力互等定理可知 $r_{ij} = r_{ji}$，因此结构刚度矩阵为对称矩阵。其主对角线上的系数 r_{ii} 称为主系数，恒大于零；其他系数称为副系数，既可为正，也可为负。

利用上述位移法典型方程对超静定结构进行求解的主要步骤如下：
第1步，确定独立位移未知量数目，建立基本体系。
第2步，求基本未知量分别等于单位量时的单位弯矩图。
第3步，作载荷作用下的弯矩图。
第4步，由上述弯矩图取结点、隔离体求反力系数。
第5步，建立位移法典型方程并求解。
第6步，按叠加法作最终弯矩图。
下面通过两个例子介绍位移法求解的基本过程。

例 18.1 如图 18.9（a）所示两跨连续梁，求弯矩图。

解：设结构在组合结点 B 处有一个未知角位移，无独立结点线位移。将其转化为图 18.9（b）所示的等效结构，并取 B 处的角位移为关键位移。首先，求解得到单位关键位移作用下的弯矩 $\overline{M}_1$ 图（图 18.10（a）），以及载荷作用下的弯矩 M_P 图（图 18.10（b））。然后，求出 $r_{11} = 3EI + EI = 4EI$ 及 $R_{1P} = 25$，由位移法典型方程 $r_{11}Z_1 + R_{1P} = 0$，求出 $Z_1 = -R_{1P}/r_{11} = -6.25/(EI)$。最后，由叠加原理得到真实结构中的弯矩图（图 18.10（c））。

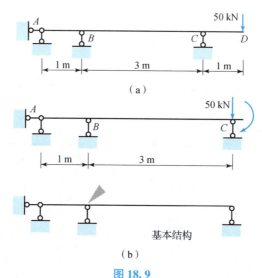

图 18.9

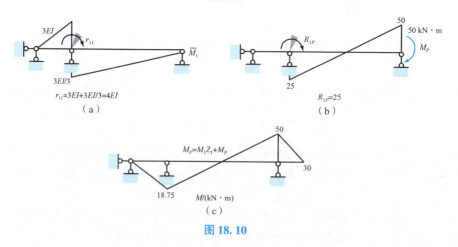

图 18.10

例 18.2 利用位移法典型方程作图 18.11（a）所示结构的弯矩图。

解： 如果不考虑此刚架结构中杆件的轴向拉伸，将结构铰接化后变为几何可变体系，这时如果在 C 点处增设一个链杆，则结构变为几何不变体系，因此有一个独立结点线位移 Z_1（图 18.11（b））；另外，C 点有一个独立角位移 Z_2。如图 18.11（c）所示，可将结构分解为三类基本超静定杆件。根据未知位移及已知载荷作用下三类杆件的力法解，可求解得到单位关键线位移作用下的弯矩 $\overline{M}_1$ 图（图 18.12（a））、单位关键角位移作用下的弯矩 $\overline{M}_2$ 图（图 18.12（b）），以及已知载荷作用下的弯矩 M_P 图（图 18.12（c））。进而求出 $r_{11}=15i/l^2$，$r_{21}=-6i/l$，$r_{12}=-6i/l$，$r_{22}=7i$，$R_{1P}=-3ql/2$，$R_{2P}=ql^2/4$。式中，$i=EI/l$，称为线刚度。进而，由位移法典型方程：

$$\begin{cases} \dfrac{15i}{l^2}Z_1 - \dfrac{6i}{l}Z_2 - \dfrac{3ql}{2} = 0 \\ -\dfrac{6i}{l}Z_1 + 7iZ_2 + \dfrac{ql^2}{4} = 0 \end{cases}$$

求出 $Z_1 = \dfrac{3}{23}\dfrac{ql^3}{i}$，$Z_2 = \dfrac{7}{92}\dfrac{ql^2}{i}$。最后，由叠加公式 $M = \overline{M}_1 Z_1 + \overline{M}_2 Z_2 + M_P$ 计算出真实结构中的弯矩图（图 18.13）。

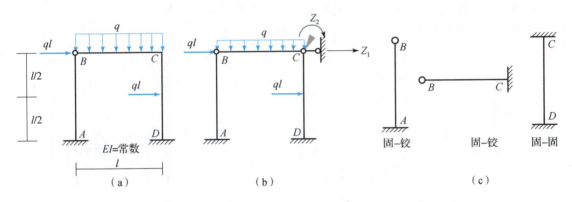

图 18.11

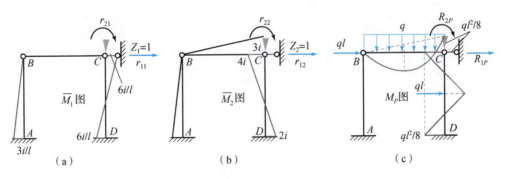

图 18.12

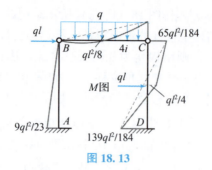

图 18.13

习 题

18.1 什么是位移法？

18.2 位移法的基本假设是什么？

18.3 简述位移法与力法的不同。

18.4 如何确定位移法的基本未知量？

18.5 利用位移法求解超静定结构的主要步骤是什么？

18.6 分析图 P18.6 所示的刚架结构，列出其位移法典型方程。

18.7 分析图 P18.7 所示的刚架结构，画出结构弯矩图。

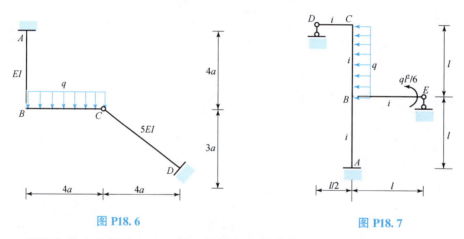

图 P18.6   图 P18.7

18.8 利用位移法求解图 P18.8 所示超静定桁架结构的内力。

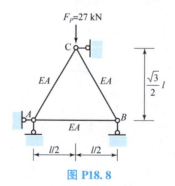

图 P18.8

18.9 对图 P18.9 所示的对称超静定刚架结构进行对称性简化，应用位移法计算结构中的内力，并绘制弯矩图。

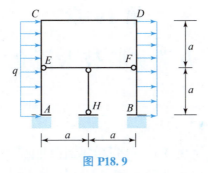

图 P18.9

18.10 应用位移法计算图 P18.10 所示对称超静定刚架结构中的内力，并绘制弯矩图。

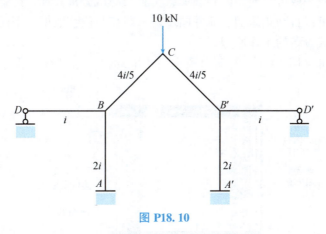

图 P18.10

第 19 章
力学实验技术简介

19.1 力学实验的加载

力学实验的加载一般可以使用砝码、加载实验架与试验机实现。试验机是目前最常用的力学加载设备,其可以自动化施加载荷并同步记录载荷与位移数据。下面以电子万能试验机为例,简要介绍加载设备的工作原理。

电子万能试验机(图 19.1)的动力源是一个电动机,通过减速装置和丝杠带动活动横

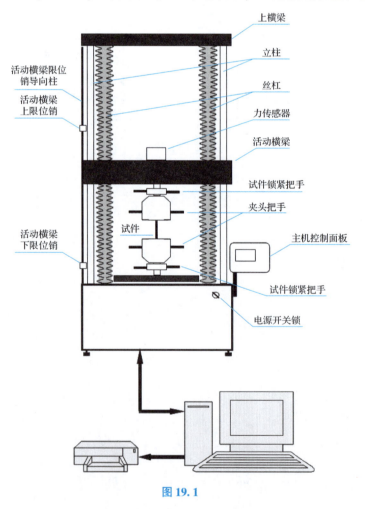

图 19.1

梁向上或向下运动，使试件产生拉伸或压缩变形。试验机的立柱、上横梁和主机箱组成刚性框架结构，可以保证试验机具有足够的刚度。活动横梁的移动速度可以通过控制面板的操作键控制。安装在活动横梁上的力传感器测量试件变形过程中的力值，即载荷值。丝杠的转动带动主机内部的一个光电编码器，通过控制器换算成活动横梁的位移值。限位销用于活动横梁的移动限位，当活动横梁碰触限位销时将自动停机。

19.2 力学实验的测量

1. 应变片电测方法

应变片电测方法利用电阻丝的电阻-应变效应来实现应变测量。1866 年，工程师在铺设横跨大西洋，连接英国和美国的电缆过程中发现电缆的电阻值会随着海水深度的变化而变化，进而 William Thomson 通过金属丝拉伸实验确定了应变与电阻间的关系，奠定了该方法的理论基础。对于如图 19.2 所示的一根金属丝，其电阻与几何参数之间的关系如式（19.1）所示，其中 R 为电阻，ρ 为电阻率，L 为长度，A 为横截面面积。

$$R = \rho \frac{L}{A} \tag{19.1}$$

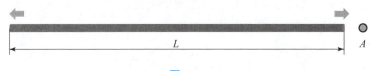

图 19.2

对式（19.1）进行求导，并将电阻率和横截面面积的变化转化为长度 L 的变化，如下：

$$\begin{cases} \dfrac{\mathrm{d}R}{R} = \dfrac{\mathrm{d}\rho}{\rho} + \dfrac{\mathrm{d}L}{L} - \dfrac{\mathrm{d}A}{A} \\ \dfrac{\mathrm{d}A}{A} = -2\nu \dfrac{\mathrm{d}L}{L} \\ \dfrac{\mathrm{d}\rho}{\rho} = m(1-2\nu)\dfrac{\mathrm{d}L}{L} \end{cases} \tag{19.2}$$

最终得到电阻变化量与长度变化量（即应变 ε）之间的关系：

$$\begin{aligned} \frac{\mathrm{d}R}{R} &= [1 + 2\nu + m(1-2\nu)]\frac{\mathrm{d}L}{L} \\ &= [1 + 2\nu + m(1-2\nu)]\varepsilon \\ &= K\varepsilon \end{aligned} \tag{19.3}$$

式中，K——灵敏度系数，通常通过标定获得。

将电阻丝制作在高分子材料基底上，即形成了可以用来测量应变的传感器——电阻应变片（图 19.3），将其粘贴于试件表面即可感知其变形。

一个常规的电阻应变片只能测量一个点（准确地说是一个小范围区域）沿应变片长轴方向的线应变，如果要测量一个点的平面应变状态，则需用图 19.4 所示的应变花。

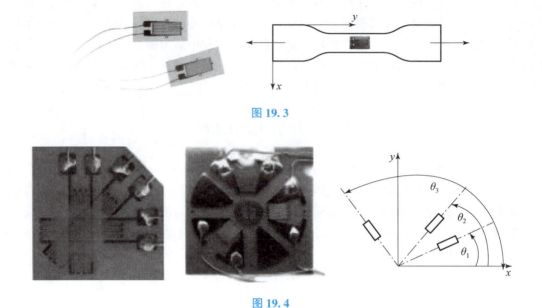

图 19.3

图 19.4

通过应变花三个应变的应变值以及它们之间的夹角就可以计算该点的主应变和主方向，结合材料本构关系即可计算此处的应力状态，如下：

$$\begin{cases} \varepsilon_{\theta_i} = \dfrac{\varepsilon_x + \varepsilon_y}{2} + \dfrac{\varepsilon_x - \varepsilon_y}{2}\cos(2\theta_i) + \dfrac{\gamma_{xy}}{2}\sin(2\theta_i), \quad i=1,2,3 \\ \varepsilon_{1,2} = \dfrac{\varepsilon_x + \varepsilon_y}{2} \pm \dfrac{1}{2}\sqrt{(\varepsilon_x - \varepsilon_y)^2 + \gamma_{xy}^2}, \quad \varphi = \dfrac{1}{2}\arctan\dfrac{\gamma_{xy}}{\varepsilon_x - \varepsilon_y} \\ \sigma_1 = \dfrac{E}{1-\nu^2}\varepsilon_1 + \nu\varepsilon_2, \quad \sigma_2 = \dfrac{E}{1-\nu^2}\varepsilon_2 + \nu\varepsilon_1 \end{cases} \quad (19.4)$$

表 19.1 展示了几种典型应变花的主应变和主应力公式。

表 19.1

简图	主应变和主应力公式	σ_1 和 0°线的夹角 φ
90°/45°/0°	$\varepsilon_{1,2} = \dfrac{\varepsilon_0 + \varepsilon_{90}}{2} \pm \sqrt{(\varepsilon_0 - \varepsilon_{90})^2 + (2\varepsilon_{45} - \varepsilon_0 - \varepsilon_{90})^2}$ $\sigma_{1,2} = \dfrac{E}{2}\left[\dfrac{\varepsilon_0 + \varepsilon_{90}}{1-\nu} \pm \dfrac{1}{1+\nu}\sqrt{(\varepsilon_0 - \varepsilon_{90})^2 + (2\varepsilon_{45} - \varepsilon_0 - \varepsilon_{90})^2}\right]$	$\dfrac{1}{2}\arctan\dfrac{2\varepsilon_{45} - \varepsilon_0 - \varepsilon_{90}}{\varepsilon_0 - \varepsilon_{90}}$
60°/120°/0°	$\varepsilon_{1,2} = \dfrac{\varepsilon_0 + \varepsilon_{60} + \varepsilon_{90}}{3} \pm \sqrt{\left(\varepsilon_0 - \dfrac{\varepsilon_0 + \varepsilon_{60} + \varepsilon_{90}}{3}\right)^2 + \dfrac{1}{3}(\varepsilon_{60} - \varepsilon_{120})^2}$ $\sigma_{1,2} = E\left[\dfrac{\varepsilon_0 + \varepsilon_{60} + \varepsilon_{90}}{3(1-\nu)} \pm \dfrac{1}{1+\nu}\sqrt{\left(\varepsilon_0 - \dfrac{\varepsilon_0 + \varepsilon_{60} + \varepsilon_{90}}{3}\right)^2 + \dfrac{1}{3}(\varepsilon_{60} - \varepsilon_{120})^2}\right]$	$\dfrac{1}{2}\arctan\dfrac{\sqrt{3}(\varepsilon_{60} - \varepsilon_{120})}{2\varepsilon_0 - \varepsilon_{60} - \varepsilon_{120}}$

简图	主应变和主应力公式	σ_1 和 0°线的夹角 φ
90°, 45°, 135°, 0°	$\varepsilon_{1,2} = \dfrac{\varepsilon_0 + \varepsilon_{45} + \varepsilon_{90} + \varepsilon_{135}}{4} \pm \dfrac{1}{2}\sqrt{(\varepsilon_0 - \varepsilon_{90})^2 + (\varepsilon_{45} - \varepsilon_{135})^2}$ $\sigma_{1,2} = \dfrac{E}{2}\left[\dfrac{\varepsilon_0 + \varepsilon_{45} + \varepsilon_{90} + \varepsilon_{135}}{2(1-v)} \pm \dfrac{1}{1+v}\sqrt{(\varepsilon_0 - \varepsilon_{90})^2 + (\varepsilon_{45} - \varepsilon_{135})^2}\right]$	$\dfrac{1}{2}\arctan\dfrac{\varepsilon_{45} - \varepsilon_{135}}{\varepsilon_0 - \varepsilon_{90}}$
60°, 120°, 90°, 0°	$\varepsilon_{1,2} = \dfrac{\varepsilon_0 + \varepsilon_{90}}{2} \pm \dfrac{1}{2}\sqrt{(\varepsilon_0 - \varepsilon_{90})^2 + \dfrac{4}{3}(\varepsilon_{60} - \varepsilon_{120})^2}$ $\sigma_{1,2} = \dfrac{E}{2}\left[\dfrac{\varepsilon_0 + \varepsilon_{90}}{1-v} \pm \dfrac{1}{1+v}\sqrt{(\varepsilon_0 - \varepsilon_{90})^2 + \dfrac{4}{3}(\varepsilon_{60} - \varepsilon_{120})^2}\right]$	$\dfrac{1}{2}\arctan\dfrac{2(\varepsilon_{60} - \varepsilon_{120})}{\sqrt{3}(\varepsilon_0 - \varepsilon_{90})}$

材料变形导致的应变片电阻变化非常小，使用基于电压–电流关系计算电阻变化原理的电阻测量设备（如万用表）无法实现如此微小电阻变化测量。1833年，塞缪尔·亨特·克里斯蒂发明了一种比较电路来测量微小电阻变化并于 1843 年由查尔斯·惠斯通改进及推广。因该电路酷似桥且由惠斯通改进和推广，因此也称为"惠斯通电桥"（图 19.5），输出电压与电阻之间的关系如下：

$$U_g = \dfrac{R_1 R_3 - R_2 R_4}{(R_1 + R_2)(R_3 + R_4)} U \qquad (19.5)$$

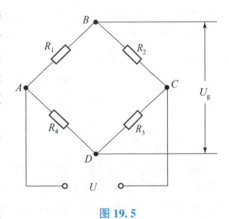

图 19.5

由电桥中电阻的数量不同，可分为 1/4 桥、半桥和全桥。不同的桥型具有不同的作用。表 19.2 中展示了不同桥型的示意图，以及输出电压与应变之间的关系。

表 19.2

名称	桥型示意图	输出电压与应变之间的关系
1/4 桥		$\Delta U_g = \dfrac{U}{4}\dfrac{\Delta R}{R} = \dfrac{U}{4}K\varepsilon_1$ ($R_1 = R + \Delta R$, $\Delta R_2 = \Delta R_3 = \Delta R_4 = 0$)
半桥		$\Delta U_g = \dfrac{U}{4}\left(\dfrac{\Delta R_1}{R_1} - \dfrac{\Delta R_2}{R_2}\right) = \dfrac{U}{4}K(\varepsilon_1 - \varepsilon_2)$ ($R_1 = R + \Delta R_1$, $R_2 = R + \Delta R_2$, $\Delta R_3 = \Delta R_4 = 0$)

名称	桥型示意图	输出电压与应变之间关系
全桥		$\Delta U_\mathrm{g} = \dfrac{U}{4}\left(\dfrac{\Delta R_1}{R_1} - \dfrac{\Delta R_2}{R_2} + \dfrac{\Delta R_3}{R_3} - \dfrac{\Delta R_4}{R_4}\right)$ $= \dfrac{U}{4}K(\varepsilon_1 - \varepsilon_2 + \varepsilon_3 - \varepsilon_4)$ $(R_i \rightarrow R_i + \Delta R_i, i = 1,2,3,4)$

下面介绍一个半桥的典型应用案例。电阻丝的电阻率与温度相关,如果测量环境温度不稳定,则测量结果中会存在温度引起的测量误差。通过半桥布置,可以巧妙地消除温度的影响,称为"温度补偿"。具体做法是使用两个应变片,一个粘贴在被测试件上,另一个粘贴在与被测试件材质相同但是不变形的试件上,利用电路相邻相减的特性,自动消除温度影响,如图 19.6 和式 (19.6) 所示。事实上,在实际测量中,该电路通过应变仪来实现,目前已有成熟的仪器设备,此处不再进行详细叙述。

$$\begin{cases} \varepsilon_1 = \varepsilon_\mathrm{real} + \varepsilon_T \\ \varepsilon_2 = \varepsilon_T \\ \varepsilon_1 - \varepsilon_2 = \varepsilon_\mathrm{real} \end{cases} \quad (19.6)$$

2. 数字图像相关方法

数字图像相关(digital image correlation,DIC)方法是一种基于图像分析的非接触变形场测量方法。该方法于 20 世纪 80 年代初由日本的 I. Yamaguchi 和美国南卡罗来纳大学的 W. H. Peter、W. F. Ranson 等人同时独立提出。

DIC 方法是将某点周围区域灰度分布作为特征,在变形图像中匹配和搜索该点新位置来计算其位移的。在一平面坐标系中,被测物体图像上某个点记为 $P(x,y)$,在变形后为 $P'(x',y')$,则

$$x' = x + u, \quad y' = y + v \quad (19.7)$$

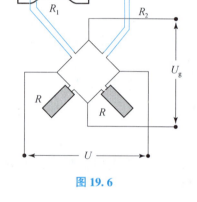

图 19.6

式中,u——x 方向位移;

v——y 方向位移。

DIC 方法测量的基本原理是匹配物体表面不同状态下数字散斑图像上的几何点,即寻找变形前图像上 P 点在变形后图像上对应的 P' 点位置(图 19.7),之后就可以计算该点的位移信息了。

散斑图像是一种高度随机的结构,其统计特性表明图像中某个点一定大小邻域内的散斑图案可作为唯一区别于图像中其他任何点同样大小邻域内的散斑图像,数学上可用相关性来表示。图 19.8 是一个典型的定义在二维参数空间 (u,v) 上的相关函数分布曲面图,相关系数的峰值点所在位置就对应匹配点位置。因此,DIC 方法先选取一个基准点,再以该基准点作为中心点选取一个一定大小的子区进行匹配。

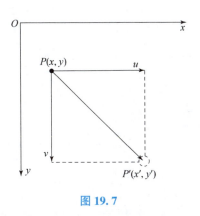
图 19.7

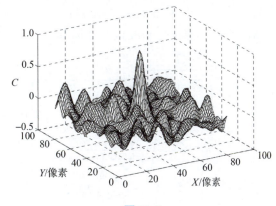
图 19.8

DIC 中对于子区的处理有两种方法：一种是不考虑子区的变形，即认为子区内所有像素点的位移都和基准点的位移相同，子区仅发生刚体平移；另一种是不仅考虑子区的刚体平移，还考虑子区内像素点间的相对位移，即子区还发生变形。

刚体平移位移模式忽略子区的变形，假设子区内所有像素点都发生刚体平移（图 19.9），所以其位移可表示为

$$d(x;a) = \begin{bmatrix} u \\ v \end{bmatrix} = \begin{bmatrix} u_0 \\ v_0 \end{bmatrix} = \begin{bmatrix} a_{01} \\ a_{02} \end{bmatrix} \tag{19.8}$$

式中，u_0, v_0——子区基准点的位移。

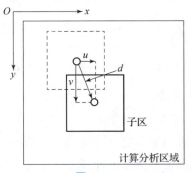
图 19.9

子区刚体平移表征模式中有两个未知参数，故也称为二参数搜索。刚体平移运动表征模式虽然不能反映子区变形、旋转等因素，但当图像中的变形比较简单、区域划分较小时，也可达到足够高的精度。

子区变形模式考虑子区的变形，假设子区内所有像素点在发生平移的同时各像素点之间还有一阶的相对位移，即子区发生了一阶变形（图 19.10），其位移可表示为

$$d(x;a) = \begin{bmatrix} u \\ v \end{bmatrix} = \begin{bmatrix} u_0 \\ v_0 \end{bmatrix} + \begin{bmatrix} \dfrac{\partial u}{\partial x} & \dfrac{\partial u}{\partial y} \\ \dfrac{\partial v}{\partial x} & \dfrac{\partial v}{\partial y} \end{bmatrix} \begin{bmatrix} \Delta x \\ \Delta y \end{bmatrix}$$

$$= \begin{bmatrix} a_{01} \\ a_{02} \end{bmatrix} + \begin{bmatrix} a_{11} & a_{12} \\ a_{21} & a_{22} \end{bmatrix} \begin{bmatrix} \Delta x \\ \Delta y \end{bmatrix} \tag{19.9}$$

式中，u_0, v_0——子区基准点 x_0 的位移；

$\Delta x, \Delta y$——点 x 与基准点的坐标差。

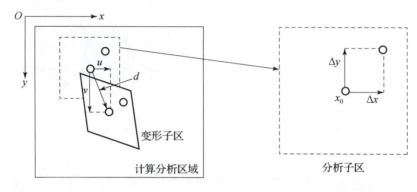

图 19.10

子区变形表征模式中有 6 个未知数，故也称为六参数搜索。子区变形位移表征方法除了考虑子区的刚体平移外，还考虑子区的简单变形。这种表征方法比刚体平移表征模式有更高的精度。但此种表征模式中未知参数的个数较刚体平移表征模式多，除刚体位移外，还增加了位移的一次导数项，因此计算复杂度更高。

位移表征模式确定后，就可以进行搜索求解了。相关搜索的核心是判断两个子区的相关程度，而相关公式就是两个子区相关程度的判断标准。一种常用的相关公式为

$$C_{\bar{r}}(\boldsymbol{a}) = \frac{\sum\limits_{x \in \Lambda}[I_1(\boldsymbol{x}) - \overline{I_1}] \cdot [I_2(\boldsymbol{x}+\boldsymbol{d}(\boldsymbol{x};\boldsymbol{a})) - \overline{I_2}]}{\left[\sum\limits_{x \in \Lambda}[I_1(\boldsymbol{x}) - \overline{I_1}]^2 \cdot \sum\limits_{x \in \Lambda}[I_2(\boldsymbol{x}+\boldsymbol{d}(\boldsymbol{x};\boldsymbol{a})) - \overline{I_2}]^2\right]^{\frac{1}{2}}} \tag{19.10}$$

式中，$I_1(\boldsymbol{x})$——变形前的散斑图像；

$I_2(\boldsymbol{x}+\boldsymbol{d}(\boldsymbol{x};\boldsymbol{a}))$——变形后的散斑图像。

用优化的方法搜索相关系数的最大值点，搜索完成后即可得到该点的位移，重复上述处理过程可得到位移场，对位移场求导就可以计算出应变场。

图 19.11 展示了一个使用 DIC 方法测量变形场的应用实例。PC 材料圆柱与 PC 材料平板接触，使用试验机对其圆柱进行加载，在此过程中使用数字相机采集散斑图像，之后计算得到试件表面的变形场。实验布置如图 19.11（a）~（d）所示，实验结果如图 19.11（e）（f）所示，从变形场中不仅观察到在接触位置发生了强烈的应变集中现象，还能观察到材料屈服区的演化过程。

DIC 方法除具有其他光测方法的优点（如非接触、全场测量）之外，由于其可使用白光照明，且测试光路简单、试件准备简单，因此特别适于复杂环境下的变形场测量。

3. 光弹性方法

1) 光的波动方程

设有一单色平面光波在介质中沿 z 轴传播（图 19.12），其振幅为 a，频率为 ν，波长为 λ，介质中光的传播速度为 c，则其波动方程可表示为

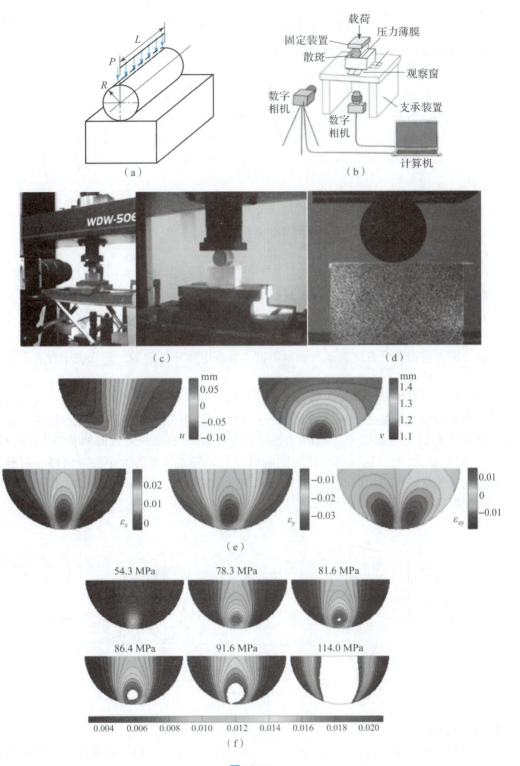

图 19.11

$$E = a\cos\left[2\pi\left(\nu t - \frac{z}{\lambda}\right)\right] = a\cos(\omega t - kz) \tag{19.11}$$

式中，$\omega = 2\pi\nu$；$\upsilon = c/\lambda$；k 为波数，$k = 2\pi/\lambda$。

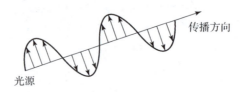

图 19.12

为了运算方便，也经常把波动公式写成复数形式，如：

$$E = \text{Re}\{a(e^{-i\omega t}e^{ikz})\} \tag{19.12}$$

式中，$e^{-i\omega t}$——时间位相因子；

e^{ikz}——空间位相因子。

单色平面光波是光波最简单的一个特例，在式（19.11）中，振幅 a 和频率 ν 均为标量常数，这是一种理想情况。普通光源发出的光（如日光、灯光）是由无数单色平面光波叠加而成的，如果要用波动方程去描述普通光源的光，则式（19.11）中 a 为矢量，其大小也不是常数，即光波沿各个方向振动且振幅不同。频率 ν 也不是常数，即光波中含有多种颜色的光。

光波是横波，其振动方向与传播方向垂直。如果某一时刻，光矢量只沿某一特定方向振动，则这种光波称为偏振光。如果光波的光矢量振动方向始终不变，只是大小随相位改变而改变，这样的光称为线偏振光。如果光矢量的大小保持不变，但方向绕传播轴均匀转动（光矢量末端轨迹为圆），这样的光称为圆偏振光。如果光矢量的大小和方向都在有规律地均匀变化，光矢量的末端为椭圆，这样的光称为椭圆偏振光。线偏振光和圆偏振光是椭圆偏振光的两个特例，如图 19.13 所示。

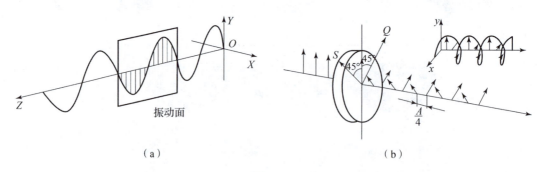

图 19.13

2）光的干涉

满足一定条件的两束（或多束）光波相互叠加后（图 19.14），其光场强度不再简单叠加，而发生重新分布，这种现象叫作干涉。能够发生干涉的光称为相干光。

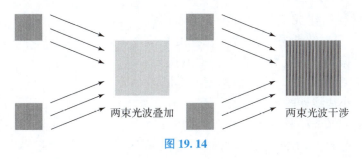

图 19.14

设有两束光波,分别发自光源 S_1 和 S_2,P 点是两光波相遇区域内的任意一点,P 点到 S_1 和 S_2 的距离分别为 r_1 和 r_2,两光波各自在 P 点产生的光振动可表示为

$$\begin{cases} E_1 = a_1 \mathrm{e}^{-\mathrm{i}(\omega_1 t - k_1 r_1)} \\ E_2 = a_2 \mathrm{e}^{-\mathrm{i}(\omega_2 t - k_2 r_2)} \end{cases} \tag{19.13}$$

若令 $\alpha_1 = -k_1 r_1$,$\alpha_2 = -k_2 r_2$,分别代表两光波到达 P 点时的相位,根据叠加原理,在 P 点的合成振动为

$$E = E_1 + E_2 = a_1 \mathrm{e}^{-\mathrm{i}(\omega_1 t + \alpha_1)} + a_2 \mathrm{e}^{-\mathrm{i}(\omega_2 t + \alpha_2)} \tag{19.14}$$

当 $\omega_1 = \omega_2 = \omega$ 时,合成振动可写为

$$E = E_1 + E_2 = (a_1 \mathrm{e}^{-\mathrm{i}\alpha_1} + a_2 \mathrm{e}^{-\mathrm{i}\alpha_2}) \mathrm{e}^{-\mathrm{i}\omega t} \tag{19.15}$$

其复振幅 A 为

$$A = a_1 \mathrm{e}^{-\mathrm{i}\alpha_1} + a_2 \mathrm{e}^{-\mathrm{i}\alpha_2} \tag{19.16}$$

该点的光强 I 为

$$\begin{aligned} I &= A \cdot A^* \\ &= [a_1 \mathrm{e}^{-\mathrm{i}\alpha_1} + a_2 \mathrm{e}^{-\mathrm{i}\alpha_2}][a_1 \mathrm{e}^{\mathrm{i}\alpha_1} + a_2 \mathrm{e}^{\mathrm{i}\alpha_2}] \\ &= a_1^2 + a_2^2 + 2a_1 a_2 \cos\delta \end{aligned} \tag{19.17}$$

式中,δ——两光波的相位差,$\delta = \alpha_1 - \alpha_2 = k_2 r_2 - k_1 r_1$。

从式(19.17)中可以看出,要想取得稳定的干涉光场强度,需要满足以下条件:

(1)两束光波的振动方向和频率相同。如果两束光波的振动方向或频率不同,在叠加区域不会得到稳定的光强分布。如果两束光的振动方向相互垂直,则在任何情况下都不会发生干涉现象。

(2)两束光波之间有固定的相位差。如果 δ 是恒定的,则光强也是恒定的。如果 δ 是急速变化的,则光强也会随之急速变化,任何接收器记录到的只是某一时间间隔内的平均光强,看到的只是某一时间内的平均亮度。该平均光强恒等于两束光波单独光强之和,因此不产生任何干涉现象。

(3)要使干涉效果明显,还需使两束光的振幅相近,即 $a_1 \approx a_2$;否则,干涉条纹会湮没。

3)光的双折射效应

当光通过各向异性的透明物体时,光的速度在各个方向上是不相同的。对于某些各向同性透明材料,其在受力后对于偏振光来说就不再是各向同性的了,此类材料被称为光弹性材料。当一束光经过光弹性材料后会分为两束光,一束称为 o 光,另一束称为 e 光,这种现象称为双折射效应,如图 19.15 所示。

如果将此类材料制作成模型，当一束平面偏振光通过平面受力模型内的任意一点时，它将沿主应力方向分解为两束振动方向互相垂直的平面偏振光。两束偏振光在模型中具有不同的传播速度，其折射率改变与主应力大小成线性关系，可表示为

$$N_1 - N_2 = C(\sigma_1 - \sigma_2) \quad (19.18)$$

式中，N_1，N_2——沿 σ_1、σ_2 方向模型材料对偏振光的绝对折射率；

C——模型材料的绝对应力光性系数。

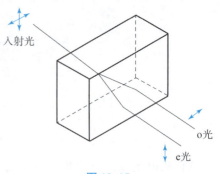

图 19.15

以上公式就建立了光特性与应力之间的关系，因此被称为平面应力-光性定理。

4）光弹性方法

利用式（19.18）的关系，就可使用光学的方法测量应力，即将具有双折射效应的材料制成的结构模型置于偏振光场中。当给模型加上载荷时，可看到模型上产生的干涉条纹图。测量此干涉条纹，通过计算，就能确定结构模型的应力场，这种方法称为光弹性方法（图 19.16（a）），用来测量的仪器称为光弹仪（图 19.16（b））。

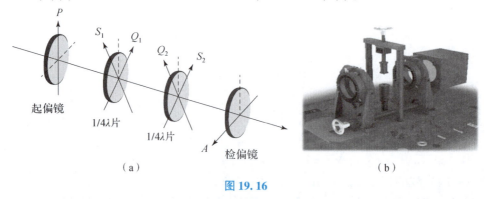

图 19.16

通过图 19.16 所示的光路，可获得等倾线和等差线，如图 19.17 所示。等倾线包含主应力方向信息，等差线包含主应力差的信息，将二者配合使用就能够获得被测试件的全场应力。

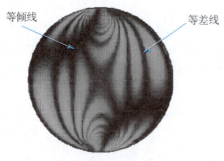

图 19.17

图 19.18 展示了一个使用光弹性方法测量应力场的应用实例。采用光弹性方法测量对径受压圆盘的应力场，可以用聚碳酸酯材料制作成圆盘状，之后将其放置于偏振光路下获得条纹图像，之后采集图像并进行分析，计算获得应力场分布。

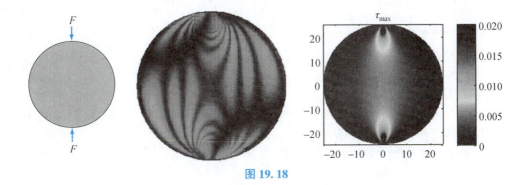

图 19.18

19.3 力学实验的数据处理

对实验数据的处理，最为关键的是数据的进一步分析和误差评价，下面对这两个环节进行简要介绍。为了便于读者进行实践，本节将结合 MATLAB 软件进行介绍。

1. 实验数据的进一步分析

1) 数据拟合和插值

数据拟合是通过将若干离散的数据进行处理，获得一个连续的函数的过程。如果曲线所描述的模型已知，还可以获得模型的参数。数据拟合分为一维拟合和多维拟合，最常用的方法就是基于多项式的最小二乘拟合。MATLAB 提供了 Polyfit 函数来实现，可以设置多项式的阶数和模型。此应用典型例子就是已知应力和应变数据，拟合材料本构关系，获得其弹性模量。

对于更加复杂的模型，MATLAB 还提供了 cftool 和 fit 两个工具。cftool 是图形化用户界面方式，便于操作；fit 函数可以自定义函数模型，使用更加灵活。

插值与拟合是不能分割的整体，其在拟合后得到的模型基础上获得使用者希望得到的自变量处的应变量数值。对于一维插值，MATLAB 提供了 interp1 函数，该函数可以定义多项式的阶数，也可以选择使用分段样条拟合。对于二维插值，MATLAB 提供了 interp2 函数（对于非矩阵数据也可以使用 griddata）；对于三维拟合，MATLAB 提供了 interp3 函数。

2) 数据求导

数据求导也是数据处理中经常使用的方法，如对位移时间数据进行求导获得速度，对位移数据进行求导获得应变等。目前的数据求导有两个思路：如果模型已知，则通过拟合方式先获得模型参数，再通过解析式求导的方式来处理；如果模型未知，则使用数值求导的方式来处理。

2. 实验数据的误差评价

实验数据的误差是评价实验质量的重要指标，经典的误差评价指标有绝对误差、相对误差、方差和标准差。

1) 绝对误差

绝对误差由测量值与真值之差来表达。由于其所表示的误差和测量值具有相同的单位，因此反映的是测量值偏离真值的大小。绝大部分情况下，真值是无法得到的，也可以使用其他标准手段测量得到的结果（称为标准值或者参考值）或多次测量的平均值来代替。

$$e_1 = |x - x_0| \tag{19.19}$$

式中，e_1——绝对误差；
      x——测量值；
      x_0——真值、标准值或平均值。

2) 相对误差

误差的另一种表示方法为相对误差，它是绝对误差与测量值（或多次测量的平均值）的比值，结果通常使用百分比来表示，即

$$e_2 = \left| \frac{x - x_0}{x_0} \right| \times 100\% \tag{19.20}$$

式中，e_2——相对误差；
      x——测量值；
      x_0——真值、标准值或平均值。

3) 方差和标准差

方差用来度量测量数据与其均值（多次测量）之间的偏离程度，也可以用来表达测量数据与理论模型获得的理想数据或者拟合数据的偏离程度：

$$D = \sum_{i=1}^{n} (x_i - \bar{x}_i)^2 \tag{19.21}$$

式中，D——方差；
      x_i——测量值；
      $\bar{x}_i$——平均值。

方差与我们要处理的数据的量纲不一致，虽然方差能很好地描述数据与均值的偏离程度，但处理结果不符合我们的直观思维，因此出现了标准差的概念：

$$S = \sqrt{\frac{1}{n} \sum_{i=1}^{n} (x_i - \bar{x}_i)^2} \tag{19.22}$$

式中，S——标准差；
      x_i——测量值；
      $\bar{x}_i$——平均值。

上面介绍的 4 种误差表达方式在目前数据处理中最为常用。事实上，目前新的误差评价体系已经转向使用不确定度来描述误差，感兴趣的读者可以参考相关文献进行学习。

19.4 各向同性材料工程弹性常数的测量

本书前述章节中已给出了应变张量和应力张量的重要概念，并通过应变能密度 Taylor 级数展开获得描述一般各向异性线弹性固体的本构方程，即广义 Hooke 定律，进而引入了几种工程弹性常数，并且给出了典型韧性材料 - 低碳钢和脆性材料 - 混凝土的单轴应力 - 应变曲线。本节将以低碳钢为例，进一步说明如何通过力学实验获得各向同性均质材料的单轴应力 - 应变曲线，并通过实验确定材料的工程弹性常数。各向同性材料工程常数的实验测量一般使用标准的实验仪器、实验方法及标准的试样形态，同时测量材料的应力和应变，进而通

过拟合等数据处理手段计算得到弹性模量等工程弹性常数。下面将以低碳钢工程弹性常数的测量为例介绍实验原理与方法。

1. 实验原理

低碳钢工程弹性常数的测量一般使用拉伸试验，需要按照《金属材料拉伸试验 第1部分：室温试验方法》（GB/T 228.1—2021）在常温下以缓慢均匀的速度对标准拉伸试样施加轴向载荷，在试件加载过程中观测载荷与应变，进而计算材料有关力学性能参数。载荷可以通过加载设备上安装的载荷传感器测量获得，应变可以通过在试样上加持引伸计或粘贴应变片测量获得。标准拉伸试样为如图 19.19（a）所示的哑铃形棒状试样或如图 19.19（b）所示的哑铃形板状试样。这里"标准"试样的形状和尺寸通常取决于待实验的材料的类型。对于金属材料，采用的"标准"试样为等截面的哑铃状棒状或板状试样，并沿着试样长度方向远离试样两端的区域，冲孔，做标记点，定义标距区域。由圣维南原理可知，标距区域与试样夹持端要保持一定的距离，通常标距区边缘与拉伸试样夹持端的距离至少要等于材料加载截面最大尺寸的一倍，以避免加载边界复杂应力状态对标距区域内应力、应变计算结果产生影响。采用哑铃状试样的目的是使材料的拉伸失效发生在横截面面积最小的等截面标距区域内。实验开始前，测量试样的截面积 A_0 和标距段初始长度 L_0。轴向拉伸或压缩试验通常采用试验机对试件施以缓慢、平稳的载荷，直至试件断裂失效。试验机可通过力传感器获得施加在试样上的轴向载荷。

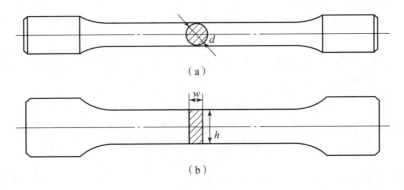

图 19.19

对于实验中每一对 P 和 δ 的测量值，由第6章长柱体轴向拉压的弹性力学解答可知，在远离加载端的标距区域内，试样的应力和应变满足圣维南放松边界条件，且在标距区域内轴向正应力和正应变均匀分布。在小变形假设下，将截面合力 P 除以试样横截面的初始面积 A_0，可得到试样标距段内的单轴拉伸正应力 σ，称为名义应力或工程应力。

$$\sigma = \frac{P}{A_0} \tag{19.23}$$

由应变片可直接获得标距区域内的正应变值，称为名义应变（或称工程应变）。以 ε 为横坐标、以 σ 为纵坐标画出曲线图，即可得到名义（工程）应力-应变关系曲线。通过单轴拉伸试验，不仅可以测定工程材料在单向拉应力作用下的工程弹性常数（包括弹性模量和泊松比），还能测量得到屈服强度及抗拉强度等力学性能参数。其实验方法简单且易于得到较可靠的数据，所以是研究材料力学性能最基本、应用最广泛的实验。

2. 实验仪器与实验步骤

1) 实验仪器

电子万能试验机、引伸计、应变仪、游标卡尺。

2) 弹性模量测量实验步骤

如果仅需要测量材料的弹性模量，则可以使用棒状标准拉伸试样，使用标准化的应变测量传感器——电子引伸计来测量试样沿加载方向的应变，如图 19.20 所示。

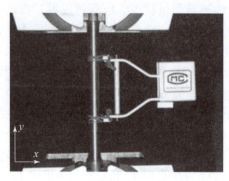

图 19.20

具体步骤如下：

第 1 步，使用游标卡尺测量试件的截面直径 d，并记录。

第 2 步，打开电子万能试验机及计算机等相关设备，试验机载荷清零，之后安装试样和引伸计。

第 3 步，使用试验机对试样进行加载，同步采集和记录载荷 F 与应变 ε 数据。

3) 弹性模量和泊松比同时测量实验步骤

如果希望同时测量材料的弹性模量和泊松比，可以使用板状标准拉伸试样，使用电阻应变片和应变仪同时测量材料在水平和竖直方向的应变，如图 19.21 所示。

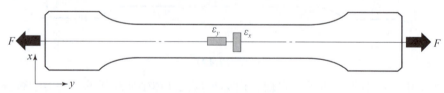

图 19.21

具体步骤如下：

第 1 步，使用游标卡尺测量试样的截面长 h 和宽 w，并记录。

第 2 步，在试样中部位置粘贴两个应变片（水平和竖直方向各一个），采用 1/4 桥或带温度补偿的半桥接法连接应变仪。

第 3 步，打开电子万能试验机及计算机等相关设备，将试验机载荷清零，之后安装试样和引伸计。

第 4 步，使用电子万能试验机对试样通过载荷控制进行加载，同步采集和记录载荷与应变数据 ε_x 和 ε_y。

3. 工程弹性常数的计算

首先，利用式（19.23）计算标距区域内的正应力 σ。其中，A_0 为试样的横截面面积。

对于棒状试样，$A_o = \pi \times d^2/4$；对于板状试样，$A_o = w \times h$。

低碳钢的典型应力 – 应变曲线如图 19.22 所示。在加载开始阶段，材料变形处于弹性阶段。该区域内应力 – 应变关系曲线的开始部分是一条斜直线，即应力、应变成正比。此时也称材料的行为是线弹性的，该线性段的最高应力水平称为比例极限 σ_p。如果应力超过比例极限，材料仍然可以保持弹性，但曲线不再保持直线，这种行为可持续到应力达到弹性极限。弹性极限之前，卸载后，试样可恢复原始尺寸。通常对于低碳钢来说，材料的弹性极限和比例极限非常接近。选择曲线的线性部分（弹性段）处理计算其斜率，即弹性模量 E。计算方法：可以选取线性段上尽量远的两个点计算斜率（如式（19.24）），也可以用最小二乘线性拟合的方式来计算斜率。

$$E = \frac{\Delta \sigma}{\Delta \varepsilon} \tag{19.24}$$

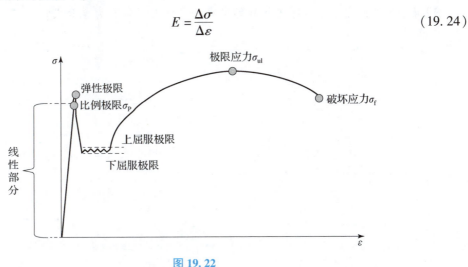

图 19.22

泊松比 ν 的计算可以选取线性段上任意一点的两个方向应变 ε_x 和 ε_y，计算其比值获取（式（19.25）），也可以绘制曲线进行拟合获得。

$$\nu = -\frac{\varepsilon_x}{\varepsilon_y} \tag{19.25}$$

19.5　力学实验技术的展望

力学实验技术需要根据力学测量需求的变化不断更新和迭代，这是实验力学研究者一直以来的任务。实验力学是以实验手段来研究力学问题的学科方向，其在力学研究中的作用体现在多个方面。首先，实验力学是开创力学新理论的关键。力学中众多新理论的提出都是基于前期实验数据的积累；其次，实验力学是验证新理论的标准。一个力学新理论必须经过实验的检验才能得到广泛认可和应用；再次，实验力学还是"求解"力学复杂问题的有效手段。即使在计算技术和硬件高速发展的今天，有些实际问题的复杂程度也远超过计算的承受能力，而相似实验可以有效求解这些问题。最后，实验力学还是工程监测必需的环节。在大型工程、复杂控制系统及精密加工生产线上，经常要实时监测位移、速度等力学量，这些都离不开实验力学。

随着微纳米力学、复合材料力学、软物质力学等前沿力学方向的不断拓展，以及高速飞行器、深潜器及爆炸冲击等工程应用需求的不断升级，未来的力学实验技术将会向跨时空尺度测量、极端环境测量等方面发展，其与深度学习和大数据分析的充分结合也将会使此项技术能够解决更多的复杂科学观测与工程测量问题。

习　题

19.1　设计一个实验来测量一种工程材料的弹性模量、泊松比与抗拉强度。

19.2　分别举出一个电测法中使用"半桥"和"全桥"提升测量精度的例子。

19.3　数字图像相关方法中图像子区的变形是由什么来表述的？

19.4　光弹性方法中的等差线和等倾线分别代表了什么力学含义？

参 考 文 献

[1] LAI W M, RUBIN D, KREMPL E. Introduction to continuum mechanics[M]. Oxford: Butterworth-Heinemann, 2009.

[2] 徐芝纶. 弹性力学[M]. 北京:高等教育出版社, 2016.

[3] 王敏中, 王炜, 武际可. 弹性力学教程[M]. 北京:北京大学出版社, 2002.

[4] TIMOSHENKO S, GOODIER J N. Theory of elasticity[M]. New York: Oxford, 1951.

[5] HIBBELER R C. Mechanics of materials[M]. 8th ed. Upper Saddle River: Prentice Hall, 2010.

[6] GERE J M, GOODNO B J. Mechanics of materials[M]. 8th ed. Boston: Cengage Learning, 2012.

[7] CRANDALL S H, DAHL N C, LARDNER T J. An introduction to the mechanics of solids[M]. New Delhi: Tata McGraw Hill Education Private Limited, 2012.

[8] 韩斌, 刘海燕, 水小平. 材料力学教程[M]. 北京:电子工业出版社, 2013.

[9] 付宝连. 弹性力学中的能量原理及其应用[M]. 北京:科学出版社, 2004.

[10] HOLZAPFEL G A. Nonlinear solid mechanics: a continuum approach for engineering[M]. New York: John Wiley & Sons, 2000.

[11] ITSKOV M. Tensor algebra and tensor analysis for engineers[M]. Cham: Springer, 2019.

[12] ROBERT A, VLADO L. Mechanics of solids and materials[M]. Cambridge: Cambridge University Press, 2006.

[13] REDDY J N. An introduction to continuum mechanics[M]. Cambridge: Cambridge University Press, 2013.

[14] 杨桂通. 弹性力学简明教程[M]. 北京:清华大学出版社, 2013.

[15] KONSTANTIN V. Mechanics of soft materials[M]. Singapore: Springer, 2013.

[16] CHAVES E W V. Notes on continuum mechanics[M]. Dordrecht: Springer, 2013.

[17] SADD M H. Continuum mechanics modeling of material behavior[M]. Amsterdam: Elsevier, 2019.

[18] BORESI A P, CHONG K P, LEE J D. Elasticity in engineering mechanics[M]. Chichester: John Wiley & Sons, 2010.

[19] 韩斌, 刘海燕, 水小平. 材料力学学习指导与题解[M]. 北京:电子工业出版社, 2013.

[20] 范钦珊, 殷雅俊, 唐靖林. 材料力学[M]. 3版. 北京:清华大学出版社, 2014.

[21] 沈观林, 胡更开, 刘彬. 复合材料力学[M]. 2版. 北京:清华大学出版社, 2013.

[22] 孙训方. 材料力学 I[M]. 北京:高等教育出版社, 2019.

[23] 胡宁,赵丽滨. 航空航天复合材料力学[M]. 北京:科学出版社,2021.

[24] 刘莉,孟军辉,岳振江. 飞行器结构力学[M]. 北京:科学出版社,2021.

[25] 黄克智,黄永刚. 高等固体力学[M]. 北京:清华大学出版社,2013.

[26] 监凯维奇. 有限元方法:固体力学和结构力学[M]. 6版. 北京:世界图书出版公司,2010.

[27] 杜善义. 高温固体力学[M]. 北京:科学出版社,2022.

[28] 董春迎. 计算固体力学[M]. 北京:北京理工大学出版社,2022.

[29] 杨庆生. 现代计算固体力学[M]. 北京:科学出版社,2007.

[30] 国家自然科学基金委员会,中国科学院. 中国学科发展战略:固体力学[M]. 北京:科学出版社,2021.

[31] 胡海岩. 振动力学:研究性教程[M]. 北京:科学出版社,2020.

[32] 刘刘,贺体人. 数字图像相关技术在复合材料本构参数识别中的应用[M]. 北京:冶金工业出版社,2021.

[33] REDDY J N. Principles of continuum mechanics:a study of conservation principles with applications[M]. Cambridge:Cambridge University Press,2010.

[34] REDDY J N. Energy principles and variational methods in applied mechanics[M]. New York:John Wiley& Sons,2002.

[35] SPENCER A J M. Continuum mechanics[M]. New York:Dover Publications Inc. ,2004.

[36] SAABYE N,RISTINMAA M. The mechanics of constitutive modeling[M]. Amsterdam:Elsevier B V,2005.

[37] MEGSON T H G. An introduction to aircraft structural analysis[M]. Amsterdam:Elsevier B V,2010.

[38] FERREIRA A J M. MATLAB Codes for finite element analysis[M]. Berlin:Springer,2008.

[39] LI S,SITNIKOVA E. Representative volume elements and unit cells concepts,theory,applications and implementation[M]. London:Woodhead Publishing,2020.

[40] 陈玉丽,马勇,潘飞,等. 多尺度复合材料力学研究进展[J]. 固体力学学报,2018,39(1):1-68.

[41] 张峻铭,杨伟东,李岩. 人工智能在复合材料研究中的应用[J]. 力学进展,2021,51(4):865-900.

[42] HAO Z Q,KE H J,LI N,et al. A novel method for the characterization of through-thickness shear constitutive behavior of composites[J]. Composites science and technology,2023,233:109919.

[43] WEI G J,HAO Z Q,CHEN G C,et al. Rapid assessment of out-of-plane nonlinear shear stress-strain response for thick-section composites using artificial neural networks and DIC[J]. Composite structures,2023,310:116770.

[44] HAO Z Q,CHEN G C,KE H J,et al. Characterization of out-of-plane tensile stress-strain behavior for GFRP composite materials at elevated temperatures[J]. Composite structures,2022,290:115477.

[45] HAO Z Q,JI X H,DENG L L,et al. Measurement of multiple mechanical properties for polymer composites using digital image correlation at elevated temperatures[J]. Materials & design,

2021,198:109349.

[46] HE T R., LIU L, MAKEEV A. Uncertainty analysis in composite material properties characterization using digital image correlation and finite element model updating[J]. Composite structures, 2018,184:337-351.

[47] HE T R, LIU L, MAKEEV A, et al. Characterization of stress-strain behavior of composites using digital image correlation and finite element analysis[J]. Composite structures,2016,140:84-93.

[48] JI X H, HAO Z Q, SU L J, et al. Characterizing the constitutive response of plain-woven fiber reinforced aerogel matrix composites using digital image correlation[J]. Composite structures, 2020,234(15):111652.

[49] DENG L L, HAO Z Q, ZHANG L, et al. Experimental and numerical investigation of progressive damage and failure behavior for 2.5D woven alumina fiber/silica matrix composites under a complex in-plane stress state [J]. Composite structures,2021,270:114032.

[50] 贺体人,刘刘,徐吉峰. 数字图像相关方法辅助的IM7/8552碳纤维/环氧树脂复合材料单向带层合板沿厚度方向非线性本构参数识别[J]. 复合材料学报,2021,38(1):177-185.

[51] 陆毛须,姬晓慧,郝自清,等. 复杂面内应力状态下平面编织高铝纤维增强氧化铝基复合材料强度及疲劳寿命预测方法[J]. 复合材料学报,2021,38(11):3785-3798.

[52] 张如一. 应变电测与传感器[M]. 北京:清华大学出版社,1999.

[53] 戴福隆,沈观林,谢惠民. 实验力学[M]. 北京:清华大学出版社,2010.

[54] 金观昌. 计算机辅助光学测量[M]. 2版. 北京:清华大学出版社,2007.

[55] SHARPE W N, Jr. Handbook of experimental solid mechanics[M]. New York:Springer,2007.

[56] SCHREIER H W, SUTTON M A, ORTEU J. Image correlation for shape, motion and deformation measurements:basic concepts, theory and applications[M]. New York:Springer,2009.